U0394981

执业兽医技能培训全攻略

宠物医师
临床急救手册

刘建柱　主编

中国农业出版社
北　京

内 容 提 要

本书全面系统地介绍了宠物医师在临床急救过程中所能遇到的各种情况，内容分为两大部分：第一部分是常用急救操作技术，讲述宠物临床中常用的急救技术，使宠物医师可以快速掌握各种急救方法和技术要点，同时也为第二部分疾病急救作铺垫；第二部分是急救各论，讲述各种疾病的发病原因、临床症状、疾病诊断和临床急救。书的最后附有2个附录，分别是犬猫正常生理生化值和犬猫常用药物剂量。

本书以手册的形式编写，内容条理清晰，一目了然，易懂易记。本书可作为宠物医院的常备用书，也适用于动物医学、动物科学专业本科生、高等职业院校学生、从事宠物临床诊疗的人员和宠物饲养人员。

编 写 人 员

主　编　刘建柱

副主编　(按姓氏笔画排序)

付志新　刘永夏　闫振贵　李宏梅　何高明　张红超

林振国　郭慧君　梁占学

编　者　(按姓氏笔画排序)

才冬杰　王　永　王书凤　王金明　王宗强　王善辉

牛瑞燕　孔爱云　邓　艳　付志新　白艳飞　白喜云

成子强　任铁艳　刘永夏　刘明超　刘建柱　刘海港

闫　勇　闫振贵　江希玲　孙子龙　孙秀辉　李宏梅

杨化学　杨忠宝　杨忠福　杨笃宝　吴国清　吴培福

何高明　张元瑞　张立振　张立梅　张红超　陈宪彬

武利利　林振国　罗　燕　周　栋　孟　凯　郝俊虎

胡俊杰　倪　静　郭慧君　梁占学　董　虹　董淑珍

韩春杨　程志学　禚雯超

主　审　韩　博　成子强

前　言

随着中国社会经济的快速发展和社会结构的变化，宠物已进入我国的普通家庭，甚至成为家庭中不可或缺的一员。而随着宠物数量的增加，需要紧急救治的病例也随之增多，但在我国能够进行系统急救的宠物门诊屈指可数，许多宠物医生仅凭借一些零散的抢救知识来应付不断增加的急危症宠物病例。因而，临床上迫切需要一本系统介绍宠物急救实用技术和方法的书来作指导，以挽救更多急危症宠物的生命。为此，我们组织山东农业大学、山西农业大学、甘肃农业大学、河南科技师范学院、河南农业职业学校从事宠物临床的专家、教授，及在山东、山西、河南等地大型宠物诊疗机构中工作的执业兽医师共同编写了本书。全书共分为两大部分：第一部分是常用急救操作技术，帮助读者快速掌握不同种急救方法和技术要点，同时也为第二部分疾病急救作铺垫；第二部分是急救各论，讲述各个疾病的病因、症状、诊断和临床急救方法。书后有两个附录，分别是犬猫正常生理生化值和犬猫常用药物剂量，以便读者翻阅查找。

本书编者在多年临床诊疗和急救研究的基础上，参考了国内外大量的相关文献，力求使内容全面系统、新颖翔实。本书文字言简意赅、通俗易懂，以追求科学性、系统性、完整性和实用性为目的，具有较高的科学和实际应用价值。

本书在编写过程中得到了中国兽医协会黄向阳副秘书长和宋华宾主任的大力支持，也得到了山东农业大学动物科技学院的领导，临床兽医系各位老师的关心、支持与帮助。临床兽医系的部分研究生参加了部分书稿的打印工作，在此一并致谢。

由于编者水平有限，书中难免有不足之处，恳请广大读者批评指正，提出宝贵意见，以便再版时加以修改补充。

刘建柱

2013 年 12 月于山东农业大学

目　录

前言

上篇　常用急救操作技术

下篇　急救各论

上篇
常用急救
操作技术

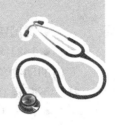

第 一 章
宠物临床急救与处理原则

第一节 宠物急救概述

一、宠物急救的概念

◆ 宠物临床急救是专门研究急、危、重症宠物病变突发过程中的相关临床变化，以及如何使用必要的手段与设备实施紧急处理、进行生命支持与延续，集综合性、边缘性、理论性与技术性为一体的临床技术（图1-1）。

图1-1 急救中的宠物

◆ 严格来说，急救属于急诊。

二、急诊的发展史

◆ 美国医学会 1972 年正式确认急诊医学为临床医学领域中的一门新学科。

◆ 1981 年，美国科罗拉多州丹佛市东亚拉米达动物医院落成，并建立了专门的动物急诊室，从 2 位医生发展到 35 位医生，医疗设备不断更新，医疗技术不断提高，坚持 24 小时服务制度。

◆ 世界上很多发达国家已建立了专门的宠物急救中心，并且宠物急救已发展为一门独立的学科，并成立了兽医急诊协会。

三、我国兽医急救的发展

◆ 我国兽医急诊尚未形成一门独立的学科——兽医急诊学。

◆ 急救知识零散，存在于：

☆ 兽医临床诊断学

☆ 家畜外科

☆ 家畜内科

☆ 家畜产科

☆ 畜禽中毒病

◆ 宠物急救诊疗技术和设备都落后于发达国家。

◆ 宠物医生仅仅凭借一些零散的抢救知识来应付不断增多的急危重症状宠物。

第二节　急救时的检查与处置

宠物急救的检查和普通的临床检查与处置的区别：

◆ 快速。

◆ 简洁。

◆ 国外宠物急救把临床检查称为 3 分钟检查。

◆ 一般临床上诊断、治疗、监护相互交融不能割裂开。

传统的宠物急救是先诊断，后处置，然后监控。然而，这种方式不利于挽救宠物生命（图 1-2）。高效的宠物急救是诊断、处置、监控同时进行（图1-3）。

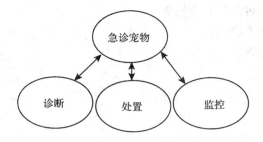

图 1-2 传统的宠物急救

图 1-3 高效的宠物急救

第三节 急诊救护程序

一、院前急救

院前急救是指宠物发生危急重症时，第一救援者从发现开始直至将宠物送到宠物医院这段时间所采取的一些必要的急救措施。

◆ 宠物处于稳定的状态。

◆ 延缓宠物的病情。

◆ 延长其生命，使其在到达宠物医院时具有更好的治疗条件。

◆ 宠物主人和医师必须完成搬运和急救。

◆ 非专业人员搬动危急重宠物可能会导致严重后果，甚至导致宠物死亡。

◆ 宠物医师和宠物主人有必要了解院前急救的一些基本处置步骤和方法。

(一)医疗

◆ 维持呼吸系统功能。

☆ 现场人工呼吸

☆ 急性胃扭转作穿刺放气等

◆ 维持循环系统功能。

☆ 心脏按摩等。

◆ 创伤处理。

☆ 止血

☆ 包扎

☆ 固定

☆ 外伤消毒、包扎

☆ 对可能发生骨折的部位实施临时固定等

◆ 解痉、镇痛、止吐、止血等对症处理。

（二）搬运

◆ 采用安全、轻巧的搬运方法。

◆ 尽快把宠物运送到宠物医院。

◆ 脊柱损伤以及骨折的宠物。

☆ 脊柱下垫硬板

☆ 采用侧卧位

☆ 头颈伸平

☆ 防止呼吸道阻塞（具体内容见本书第三章）

（三）运输

◆ 最理想的运输工具是宠物救护车。

◆ 主要交通工具。

☆ 出租车

☆ 自家车

◆ 急救运输的要求。

☆ 快速

☆ 平稳

☆ 安全

☆ 运输时应时刻注意宠物的病情

☆ 避免紧急刹车可能造成的损伤

☆ 对宠物的体位进行固定

☆ 急救人员使用安全带抓牢扶手

二、院内急救

◆ 宠物医生思维敏捷、技术娴熟。

◆ 对宠物做快速的初步检查和诊断分类。

◆ 一般程序见图 1－4。

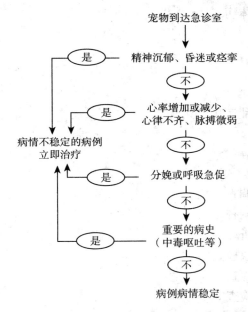

图 1－4　宠物急救分诊过程

（一）突发性损伤的急救

◆ 检查明确病因造成的急性损害。

　　☆ 交通事故

　　☆ 咬伤

　　☆ 溺水

　　☆ 触电等

◆ 尽最大努力减轻受伤器官的受害程度。

　　☆ 宠物躁动不安，应先让其安静

　　☆ 怀疑出血时，应采用各种止血方法进行止血

　　☆ 采用 X 线或 B 超进行检查时须谨慎，切忌造成检查性损伤

（二）急性传染病、寄生虫病的急救

◆ 传染性、寄生虫性急诊病例。
☆ 心肌炎型细小病毒病
☆ 神经型犬瘟热
☆ 急性传染性肝炎
☆ 窝咳急性发作
☆ 附红细胞体病
☆ 焦虫病等

◆ 疾病的特征。
☆ 发热
☆ 消化道症状
☆ 呼吸道紊乱症状
☆ 神经症状
☆ 贫血症状等

◆ 急救。
☆ 流行病学调查
☆ 免疫情况调查
☆ 血清学分析
☆ 显微镜血象检查
☆ 血液离子检查
☆ 生化指标检查等

（三）突发性中毒急救

◆ 症状。
☆ 痉挛抽搐
☆ 呼吸困难
☆ 上吐下泻
☆ 口流涎

◆ 治疗。
☆ 对症治疗
◇ 洗胃
◇ 灌肠
◇ 清洁皮肤
◇ 分析毒源

（四）急性内科病或慢性内科病的急性发作

◆ 常见病例。

    ☆ 心脏病

    ☆ 慢性心脏病的急性发作

    ☆ 哮喘发作

    ☆ 脾扭转

    ☆ 胃扭转等

◆ 内科病发病急，往往会威胁宠物生命。

◆ 出现危急情况时，应先进行急救（见内科病急救）。

（五）急性多器官损伤急救

◆ 宠物主人描述症状。

    ☆ 呼吸困难

    ☆ 腹痛

    ☆ 排尿困难等

◆ 宠物医师检查症状。

    ☆ 高热

    ☆ 水肿

    ☆ 血尿

    ☆ 皮疹

    ☆ 腹部触诊有肿硬物等

◆ 病情错综复杂。

◆ 宠物医师必须具备扎实的基本功。

◆ 迅速采集病史。

◆ 认真做全面检查。

◆ 有目的地选择有关的辅助检查。

◆ 尽早确定属于哪一类疾病：

    ☆ 消化系统

    ☆ 心血管系统

    ☆ 神经系统

    ☆ 呼吸系统

    ☆ 泌尿生殖系统疾病等

三、观察分诊技巧

◆ 宠物医师。
  ☆ 立即观察病情
  ☆ 判断疾病的严重程度和病种
  ☆ 迅速决定应由哪科医生参加抢救
◆ 现代护理观察学观念。
  ☆ 病情观察
  ☆ 思考
  ☆ 分诊
  ☆ 处理
◆ 人急诊科时宠物的表现。
  ☆ 昏睡或昏迷状态
  ☆ 生命垂危
◆ 观察分诊的主要技巧。
  ☆ 问——了解发病经过及当前的病情
    ◇ 现病史
    ◇ 既往病史
  ☆ 看——用眼睛直接观察
    ◇ 主诉的症状表现程度如何
    ◇ 还有哪些症状宠物主人未提到
    ◇ 注意观察宠物的神志是否清醒
    ◇ 面色有无苍白、发绀
    ◇ 颈静脉有无怒张
    ◇ 双侧瞳孔是否等大等圆等
  ☆ 听——用耳去听
    ◇ 呼吸
    ◇ 咳嗽
    ◇ 有无异常杂音或短促呼吸等
  ☆ 闻——闻气味
    ◇ 大蒜味
    ◇ 烂苹果味等

    ☆ 触——用手去摸
      ◇ 脉搏
      ◇ 心率
      ◇ 心律
      ◇ 周围血管充盈度
      ◇ 皮温
      ◇ 毛细血管充盈度
      ◇ 膀胱充盈度
      ◇ 疼痛的部位，了解疼痛的范围、程度
    ☆ 查——用仪器检查
      ◇ 体温
      ◇ 血压
      ◇ 各种反射等

四、急救分类与初始检查

急救分类是指在应急情况下对动物做出检查，迅速判断病例类型以及如何紧急处理的一系列方法和措施。

◆ 分为以下 3 种类型：
    ☆ 稳定
    ☆ 潜在不稳定
    ☆ 不稳定

◆ 基本检查是对动物生命威胁状况的最基本的估计。国外推崇"优先分拣"的理念，其精髓就是对一个急诊宠物优先处理危及生命的情况、对群体患病宠物优先抢救有危及生命状态的病患。

急救分类的通用规则是：

◆ 紧急评估有无危及生命的情况。

◆ 迅速去除危及生命的情况。

◆ 二次评估病患的危重和次紧急情况。

◆ 快速处理危重和次紧急情况。

◆ 仔细评估病患的其他异常情况。

◆ 处理这些非紧急的一般情况、完成病历记录、补充完善检查、满足宠物主人愿望并完成该急诊医疗过程。

1. 第一步 紧急评估：采用"ABBCS方法"快速评估，利用5～10秒快速判断宠物有无危及生命的最紧急情况。

◆ A 气道是否畅通（airway）。

◆ B 是否有呼吸（breathing）。

◆ B 体表是否可见大出血（blood）。

◆ C 是否有脉搏（circulation）。

◆ S 神志是否清醒（sensation）。

◆ **最紧急情况。**

☆ 气道梗阻

☆ 呼吸、心跳停止

☆ 神志丧失

☆ 快速大出血

2. 第二步 立即解除危及生命的情况（如果有上述危及生命的紧急情况则应迅速解除），包括：

◆ 立即开放气道。

◆ 保持气道通畅。

◆ 心肺复苏。

◆ 控制大出血（压迫、结扎等）。

3. 第三步 次紧急评估：

◆ 判断是否有严重或其他紧急的情况。

☆ 了解病史

☆ 体格检查

☆ 观察所有生命体征之后再次评估

◆ 必要时，在适当的时机进行关键性的 X 光片、实验室检查、超声或其他特殊检查。

◆ 为了节约时间，通常可以采用"crash plan"的顺序有目的、快速地进行身体检查。

☆ C（cardia 心脏）黏膜颜色，毛细血管再充盈时间（capillary refill time，CRT），脉搏。

☆ R（respiratory 呼吸）快而浅（胸腔问题），呼吸声大（上呼吸道问题），吸气及呼气困难（肺实质问题）。

☆ A（abdomen 腹部）。

☆ S（spinal 脊柱）。

　☆ H（head 头颅）。

　☆ P（pelvis 骨盆）。

　☆ L（limbs 四肢）。

　☆ A（arteries and vein 动脉与静脉）体外出血（口、肛门、伤口），内出血（胸腹腔穿刺检查）。

　☆ N（nerves 神经）。

◆ 进行必要和主要的诊断性治疗试验和辅助检查，但是严重急症和危重症抢救状态并非一定需要获得准确的诊断。

4. 第四步　优先处理病患当前最为严重或者其他的紧急问题（紧急处理）。

　☆ 固定重要部位骨折、闭合胸腹部贯穿性伤口，避免二次伤害发生。

　☆ 建立静脉通道。

　☆ 吸氧：通常需要大流量，目标是保持血氧饱和度 95％ 以上。

　☆ 抗休克。

　☆ 纠正严重呼吸、循环、代谢、内分泌紊乱。

5. 第五步　主要的一般性处理（进一步评估、救治）。

体位：侧卧位，可以防止误吸和窒息。

◆ 进一步监护心电、血压、脉搏、呼吸和体温。

◆ 力争保持理想的生命状态。

　☆ 犬血压 130～180 毫米汞柱*/60～100 毫米汞柱

　☆ 犬心率 70～160 次/分

　☆ 犬呼吸频率 16～20 次/分

　☆ 猫血压 130～180 毫米汞柱/60～100 毫米汞柱

　☆ 猫心率 140～210 次/分

　☆ 猫呼吸频率 20～24 次/分

◆ 保温、维持正常体温，尤其是在现场和寒冷状态下更为重要。

◆ 对外伤宠物处理广泛的软组织损伤。

◆ 如为感染性疾病，则应治疗严重的感染。

◆ 治疗其他特殊急诊问题。

6. 第六步　完善性和补充处理。

◆ 寻求完整、全面的资料（包括病史等）。

◆ 选择适当的进一步诊断性治疗试验和辅助检查以明确诊断（在有条件和

---

　*　毫米汞柱为非法定计量单位。1 毫米汞柱＝133.322 帕。——编者注

必要性时）。

◆ 修正或制订进一步的治疗、抢救方案。

◆ 正确确定去向（例如，是否住院、回家护理等）。

◆ 完整记录、充分反映宠物抢救、治疗和检查情况。

五、抢救的指标

1. 通气

◆ 如果动物不能得到充分的通气、换气，那么应该给它营造一个良好的通气管道，如气管切开术。

◆ 如果提供充足的氧气：指标是氧气分压大于 9 333.24 帕；二氧化碳分压 4 666.27～5 999.49 帕。

◆ 如果可能，应对潜在的疾病进行治疗。

2. 循环系统

◆ 尽可能保护有效的循环血量：测定中心静脉压。

◆ 积极纠正心跳失常。

◆ 宠物需要有安静的环境，要防止宠物受到惊吓。

◆ 防止或减少系统性炎症反应症候群，该症候群可导致多器官功能失调综合征。

六、危重病例的监护

1. 主要监护的重点

◆ 循环系统。

◆ 呼吸系统。

◆ 肾功能。

◆ 内环境状态。

2. 仪器设备

◆ 心电图监护系统。

◆ 呼吸机。

◆ 心脏起搏器等。

3. 特别注意事项

◆ 危重病例，如胸部受伤、中毒和昏迷的动物，这类动物需要不间断地监护，在监护过程中需要连续监视动物病情的变化，并做记录，这样可以抓住病情的小变化，为正确、及时治疗提供依据（图1-5、图1-6）。

◆ 体温、呼吸和脉搏等指标需要每15分钟测定1次。

◆ 动物使用了静脉导管，还要测定中心静脉压。

◆ 注意胸腔是否有积水，气管插管是否通畅等。

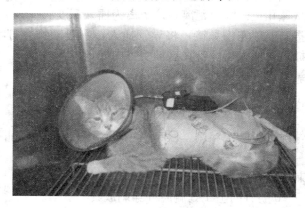

图1-5　重症监护中的猫

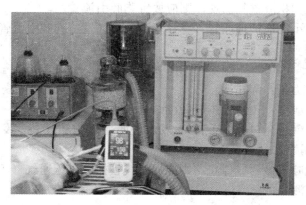

图1-6　监护记录过程中，可进行实时监控

七、急救程序的制订

为避免不必要的混乱，还需要制订一套急救程序以应付突发病情，这套急救程序要让所有宠物医师都掌握，并且张贴在明显的地方。以下是一个急救处置流程的例子。

1. 保持动物呼吸道畅通

◆ 清理口腔（开口器、绷带保定）、清理鼻腔（抽吸或棉签擦洗）。

◆ 供氧。

◆ 鼻导管操作要点。

☆ 2%利多卡因溶液喷鼻。

☆ 测量从鼻孔至内眼角距离，该距离为插入深度。

☆ 大拇指向上顶宠物鼻镜，将导管插入，一般动物会打喷嚏，3～4次
　 既可插入，插入后导管在后额头方向固定。

◆ 面罩供氧方式（略）。

◆ 如犬处于休克状态，则应实施气管插管正压给氧（呼吸机）或拍摄 X
光片。

◆ 视呼吸情况进行胸腔穿刺。[气胸，胸腔积液出血、膈疝（拍摄 X 光片
诊断）。]

◆ 胸腔穿刺要点。

☆ 在 5～8 肋骨间上 1/3 胸腔处穿刺放气。

☆ 在 5～8 肋骨间下 1/3 胸腔处穿刺放液。

如有气体和积液重复出现，则应放置胸腔引流管。

◆ 应特别小心地护理插管（鼻导管、气管插管、胸腔引流管）。

2. 维持呼吸

◆ 评估。

☆ 呼吸力量：深或浅。

☆ 呼吸频率：正常犬 15～30 次/分钟。

☆ 黏膜颜色（口腔、舌苔）：粉红说明血氧饱和度高，发绀则说明血氧
　 饱和度低。

☆ 出现呼吸微弱或停止，则应通过气管插管正压通气（呼吸机）。

◆ 系统监测。

☆ 听诊。

☆ 脉搏血氧仪监测（血氧饱和度、心率）。

血氧饱和度＞95％为正常，血氧饱和度＜90％为异常。血氧饱和度
＜80％，发绀，则有死亡危险。正常犬的心率为 100～140 次/分钟，正常猫的
心率为 110～140 次/分钟。

3. 维持有效循环和心脏机能

◆ 采血化验：血常规（HCT、RBC、HGB、TP）。

◆ 腹部检查。

 ☆ 穿刺化验。

 ☆ 拍摄 X 光片。

目的：检查腹腔有无大出血、膀胱是否破裂。

处置要点：腹部包扎（不能太紧和太松）。

◆ 同时补液：激素、止血。

◆ 疼痛处理：曲马多、平痛新、安定。

◆ 心脏机能监测。

 ☆ 心率和脉搏（股动脉）。

 ☆ 血压：当可以感知股动脉脉搏时，收缩压可能大于 40 毫米汞柱。

当可以感知桡动脉脉搏时，收缩压可能大于 60 毫米汞柱。

当可以感知指动脉脉搏时，收缩压可能大于 80 毫米汞柱。

正常血压值：犬正常收缩压为 130～180 毫米汞柱，舒张压为 60～100 毫米汞柱。

◆ 毛细血管再充盈时间：正常犬指压 1～2 秒后恢复血色，时间延长说明外周血流灌流量不足，导致体温降低。

◆ 体温。

4. 检查泌尿系统（膀胱是否破裂）

◆ 输液后犬猫一般会自主排尿，如正常排尿则说明膀胱正常，尿液排出量可为血压间接指标，若每小时每千克体重尿液排出量为 1～2 毫升，则说明平均动脉压为 60～150 毫米汞柱（注意收集尿液）。

◆ 急救宠物输液不自主排尿的，则需放置导尿管收集尿液（心输出量下降，血压下降到一定程度或脊髓损伤导致膀胱麻痹，宠物处于少尿或无尿状态）。

5. 检查颅脑损伤和脊髓、脊柱损伤

◆ 颅脑损伤的检查要点。

 ☆ 瞳孔反射：瞳孔散大说明颅内压升高，输液调整，用甘露醇。

 ☆ 眼结膜充血：说明颅内压升高，每千克体重 1～2 毫克甘露醇，静脉
  注射；速尿每千克体重 2 毫克，静脉注射。

◆ 脊柱损伤检查要点。

 ☆ 触诊。

 ☆ 拍摄 X 光片。

6. 充分暴露外伤部位，同时检查脏器

◆ 视情况决定是否进行外科缝合。

◆ B 超检查腹腔脏器。

7. 骨折处理

◆ 拍摄 X 光片。

◆ 留院择期手术。

第四节　急诊处理原则

宠物急诊医学不是一门机械的学科，灵活性比较大，所以就需要急诊医师有应变的能力。本节讲述了决定急诊处理措施的原则。这些原则是以一系列的问题启发你作出处理，绝不是"照处方拿药"那么简单呆板。

（一）首先判断宠物是否有危及生命的情况

◆ 宠物急诊医学强调预测和识别危及生命的情况。

◆ 预测危及生命的情况重点在于注意其潜在的病理生理改变，以及疾病动态发展的后果。简而言之，就是考虑如何预防"不良结果"的发生及对策。

（二）立即稳定危及生命的情况

◆ 对危及生命的情况必须立即进行直接干预和处理以使病情稳定，对预期可能会演变为危及生命的情况也须进行干预。

◆ 急诊医生必须清楚与现有症状有关的病情的危险程度，要严密监测病情的发展，并随时采取必要的处理手段。

（三）优先处理宠物当前最为严重的急诊问题

急诊强调时效观念，更强调首先处理危及生命及最为严重的情况。

◆ 急诊医生接触到一个宠物时，首先考虑到的应是与其表现相符合的最严重的疾病，并通过检查来证实或排除它。最严重的病被排除后，才转而考虑其他疾病。这就是"重病优先"原则。

◆ 这一原则同样适用于医生周围宠物众多的时候。这时宠物的表情、姿态各异，要保持对病重宠物的高度警惕性，不要被假象所麻痹。仔细观察周围的宠物，优先处理最危重者。

（四）寻求完整、全面的资料

◆ 急诊医生应保持清醒的头脑，要多问几次"这是否就是全部"。

◆ 要想到病情可能会有改变，要寻找更多的病情资料，不要让潜在的问题被掩盖。

（五）选择适当的诊断性治疗试验和辅助检查

◆ 急诊医生治疗宠物的重要手段之一就是做既可以稳定病情又能提供诊断

信息的治疗试验。它们具有把治疗和诊断相结合的特殊价值，特别是需要对宠物进行鉴别诊断时更为重要。

◆ 辅助检查对确立准确诊断有帮助，但不能过分依赖。

（六）确诊不一定是必要的

急诊医学最困难、也是最与众不同的一方面就是在作出某些重要处理之前不一定能确诊疾病。多数以腹痛为症状的宠物在缓解之后离开急诊科时仍然诊断不明。但是在不能确诊的情况下仍要对疾病作出早期处理。

（七）确定宠物是否需要住院

宠物是住院还是回家，急诊医生需要做出正确决定。实践中急诊医生一旦意识到宠物需要住院就必须立刻让宠物住院，不能拖延时间。

（梁占学　杨笃宝）

第 二 章
保 定 技 术

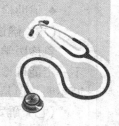

在宠物临床中为了便于诊断和治疗，并保证人和宠物的安全，用人力、器械和药物对宠物进行控制的方法，即为保定。因宠物对其主人有较强的依恋性，保定时，若有主人配合，可使保定工作顺利进行。

保定是从事宠物临床的工作人员必须具备的基本技能之一。

第一节　犬的保定

一、徒手保定

徒手保定适用于性格温顺的犬。

◆ 保定者站在犬一侧，一手托住其下颌部，一手握住耳后方固定头背部，控制头的摆动。

◆ 为防止犬回头咬人，保定者应站于犬侧方（左侧或右侧），面向犬头，两手从犬头后部两侧伸向其面部。

◆ 两拇指朝上贴于鼻背侧，其余手指抵于下颌，合拢握紧犬嘴。

二、口笼保定

口笼保定适用于嘴筒较长的犬。

犬口笼一般是用牛皮革、硬塑料或铁丝制成。可根据宠物个体大小选用适宜的口笼。

保定人员应抓住脖圈，固定好头部，防止犬头部活动或犬用两前爪将口笼抓掉（图2-1）。

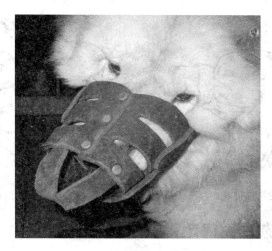

图2-1　口笼保定法（王善辉）

三、扎口保定

扎口保定适用于性情急躁、具有攻击性的犬。

1. 长嘴犬的扎口保定法

（1）方法一

◆ 用绷带（细的软绳），在其中间绕两次，打一活结圈，套在嘴后额面部，在下颌间隙系紧。

◆ 然后将绷带两游离端沿下颌拉向耳后，在颈背侧枕部收紧打结。

◆ 这种保定可靠，一般不易被犬抓松脱（图2-2）。

（2）方法二

先打开犬的嘴巴，将活结圈套在下颌犬齿后方，勒紧，再将两游离端从下颌绕过鼻背侧，打结即可。

2. 短嘴犬的扎口保定法

（1）用绷带（细的软绳），在其1/3处打一个活结圈，套在嘴后颜面，于下颌间隙处收紧。

（2）其两游离端向后拉至耳后枕部打结，并将其中长的游离绷带经额部引至鼻部穿过绷带圈，再返转至耳后与另一游离端收紧打结（图2-3）。

图2-2　绷带扎口法　　　　　　图2-3　短嘴犬扎口保定法

四、伊丽莎白圈保定

犬术后或其他外伤时戴上颈枷，使其不能回转舔咬身体受伤部位，也防止犬爪搔抓头部。不适用于性情暴躁和后肢瘫痪的犬。

◆ 伊丽莎白圈是一种防止犬自我损伤的保定装置。

◆ 有圆盘形和圆筒形两种。

◆ 可用硬质皮革或塑料制成特制的颈枷（图2-4）。

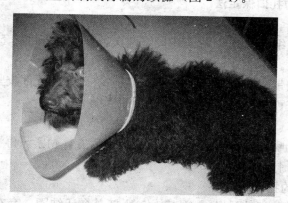

图2-4　颈枷保定法

◆ 也可根据犬头型及颈粗细，选用硬纸壳、塑料板、三合板和X线胶片自行制作。

五、犬夹保定

犬夹保定多用于未驯服或凶猛犬的检查和简单治疗，也可用于捕犬。

用犬夹夹持犬颈部，强行将犬按倒在地，并由助手按住犬四肢（图2-5）。

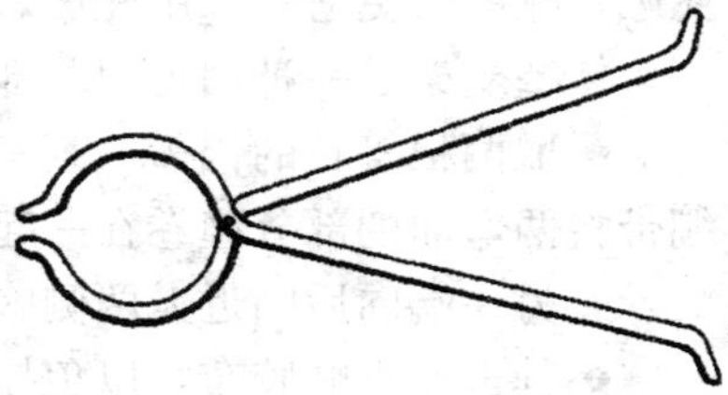

六、棍套保定

棍套保定适用于未驯服、凶猛犬的保定。

◆ 一根长1米的铁管（直径4厘米）和

图2-5　犬　夹

一根长4米的绳子对折穿出管，形成一绳圈，制成棍套保定器（图2-6）。

◆ 使用时，保定者握住铁管，对准犬头部将绳圈套住犬颈部，然后收紧绳索固定在铁管后端。这样，保定者与犬还能保持一定距离。

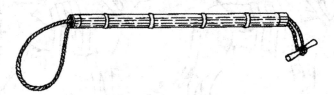

图2-6　棍套保定器

七、站立保定

站立保定在很多情况下适用于犬的体检和治疗，分为地面站立保定法和诊台站立保定法。

◆ 地面站立保定法　此法适用于大型品种犬的保定。

☆ 犬站立于地面时，保定者蹲于犬右侧，左手抓住犬颈圈，右手持牵引带套住犬嘴。

☆ 再将颈圈及牵引带移交右手，左手托住犬腹部。

◆ 诊台站立保定法　此法适用于大型品种和小型品种犬的保定。

☆ 保定者站在犬一侧，一手臂托住犬胸前部，另一手臂搂住其臀部，使犬靠近保定者胸前。

☆ 为防止犬咬人，可先做扎口保定。

八、体壁支架保定

体壁支架保定可防止犬头回转舔咬胸腹壁、肛门及跗关节以上等部位，不愿戴颈枷的犬更适宜采用此法。

体壁支架是一种固定腹肋部的方法。

◆ 取两根等长的铝棒，其一端在犬颈部两侧环绕颈基部各弯曲一圈半，用绷带将两弯曲的部分缠卷在一起。

◆ 另一端向后贴近犬两侧胸腹壁，用绷带围绕胸腔壁缠卷固定铝棒。

◆ 其末端裹贴胶布，以免损伤犬腹壁（图2－7A）。

◆ 如需提起犬尾部，则可在犬腹后部两侧各加一根铝棒，向上作30°～45°弯曲，将末端固定在犬尾根上方10～15厘米处（图2－7B）。

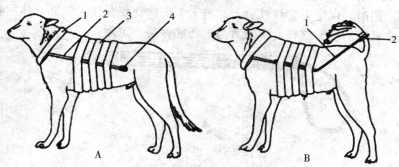

图2－7　体壁支架保定法

A：1. 铝环包扎　2. 铝棒　3. 绷带　4. 棒末端缠上绷带

B：1. 铝棒弯曲　2. 棒末端固定在尾部

九、静脉注射保定

静脉注射保定适用于犬静脉采血和注射，可分为前臂皮下静脉穿刺保定法和颈静脉穿刺保定法。

1. 前臂皮下静脉穿刺保定法

◆ 犬卧于诊疗台上，保定者站在诊疗台右（左）侧，面朝犬头部。

◆ 右（左）臂搂住犬下颌或颈部，以固定其头部。

◆ 左（右）臂跨过犬右（左）侧，身体稍依犬背，肘部支撑在诊疗台上，利用前臂和肘部夹持犬身，控制犬移动。

◆ 手托住犬肘关节前移，使其前肢伸直，再用食指和拇指横压近端前臂部背侧，使静脉怒张。

◆ 必要时，应先做犬扎口保定，以防犬咬人。

2. 颈静脉穿刺保定法

◆ 犬卧于诊疗台一端，两前肢位于诊疗台之前。

◆ 保定者站于犬左（右）侧。右（左）臂跨过犬右（左）侧颈部，夹持于腋下，手托住犬下颌，并向上提起头颈。

◆ 左（右）手握住两前肢腕部，拉直，使颈部充分显露。

十、双耳握住保定

双耳握住保定适用于性情不温顺或狂暴型的犬。

可以从后部紧紧握住犬双耳，同时尽量防止其后躯滑脱，如同时应用扎口法则更为安全。

十一、一后肢的保定

一后肢的保定适用于犬后肢静脉注射和测量体温。

让助手确实保定犬头部，术者向犬相反的方向弯腰，并将左腿或右腿伸入犬的腹下，架起犬的两后肢进行保定。

十二、倒提保定

倒提保定适用于犬的腹腔注射或腹底部、股内侧的治疗。

让犬的前肢站于地上，请主人或助手保定其头部，将两后肢向后上提起并高于头颈部，使之倒立。

第二节　猫的保定

一、布卷裹保定

布卷裹保定适用于猫的头颈或后躯诊治。

◆ 将帆布或人造革缝制的保定布铺在诊疗台上。

◆ 保定者抓起猫肩背部皮肤放在保定布近端 1/4 处，按压猫体使之伏卧。

◆ 提起近端帆布覆盖猫体，并顺势连布带猫向外翻滚，将猫卷裹系紧。猫四肢被紧紧地裹住不能伸展，丧失了活动能力。

二、徒手保定

在诊疗或其他日常管理需要抓猫时，不能抓其耳、尾或四肢，可用此法。

◆ 先给猫以亲近的表示，轻轻拍其脑门或抚摸其背部。

◆ 抓住猫颈部或靠近颈部的皮肤，迅速抓住猫的全身或托起臀部，再轻轻抚摸其背部，使其尽快安静下来。

◆ 如果是小猫，则可用一只手抓住其颈部或背部的皮肤，轻轻托起即可。

三、猫袋保定

此法适用于猫头部检查、测量直肠温度及灌肠等。

◆ 用厚布、人造革或帆布缝制与猫身等长的圆筒形保定袋，两端开口均系上可以抽动的带子。

◆ 将猫从近端袋口装入，猫头便从远端袋口露出，此时将袋口带子抽紧（不影响猫呼吸），使猫头不能缩回袋内。

◆ 再抽紧近端袋口，使猫两后肢露在外面。

四、保定架保定

此法适用于猫测量体温、注射及灌肠等。

◆ 保定架支架用金属或木材制成，用金属或竹筒制成两瓣保定筒固定在支架上。

◆ 将猫放在两瓣保定筒之间，合拢保定筒，使猫躯干固定在保定筒内，其余部位均露在筒外（图 2-8）。

五、扎口保定

扎口保定适用于猫的各种医疗处理，可防止猫的抓咬。

◆ 用绷带（细的软绳），在其 1/3 处打个活结圈，套在嘴后颜面，于下颌间隙处收紧。

◆ 其两游离端向后拉至耳后枕部打结，并将其中一长的游离绷带经额部引至鼻部穿过绷带圈，再返转至耳后与另一游离端收紧打结（图 2-8）。

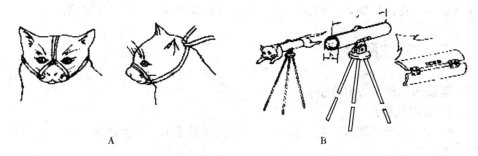

图 2-8　保定法
A. 扎口保定法　B. 保定架保定法

第三节　宠物的化学保定

宠物的化学保定适用于需要对宠物进行全身麻醉的所有术式。

临床上常用化学保定的药物有氯胺酮、噻胺酮、麻保静、846 合剂、舒泰、异丙酚等。

一、氯胺酮保定

氯胺酮又名凯他敏。

1. 使用及特点

◆ 犬和猫的氯胺酮肌内注射量为每千克体重 20～30 毫克。

◆ 3～8 分钟进入麻醉状态，可持续 30～90 分钟。

2. 氯胺酮注入犬体后的反应

◆ 心率稍增快。

◆ 呼吸变化不明显。

◆ 睁眼。

◆ 流泪。

◆ 眼球突出。

◆ 口及鼻分泌物增加。

◆ 咽喉反射不受抑制。

◆ 部分犬肌肉张力稍增高。

氯胺酮属于短效的保定药物，一般经 20～30 分钟，最长不超过 1 小时可自然复苏，在恢复期，有的犬会出现呕吐或跌撞现象，但不久即会消失。

二、噻胺酮保定

噻胺酮又称复方麻保静。

1. 使用及特点

◆ 从制动效果观察，噻胺酮的诱导期比氯胺酮长 2～3 分钟，很少出现兴奋性增高的现象。

◆ 使宠物呕吐的发生率也低于氯胺酮。

◆ 成分是 5‰氯胺酮 1 毫升，麻保静 1 毫升，混合后肌内注射。

◆ 犬的使用剂量为每千克体重 0.1～0.2 毫升。

2. 噻胺酮复苏药及使用方法

◆ 常用的是回苏 3 号（1‰噻噁唑）。

◆ 静脉推注，一般 2 分钟后可自然起立，其用量与注射噻胺酮的剂量相同，肌内注射回苏 3 号的剂量应加倍。

三、麻保静保定

◆ 药理作用很广，在以下方面有明显作用，无论是单独使用或与其他镇静剂、止痛剂合用，均能收到满意效果。

☆ 安定

☆ 镇静

☆ 镇痛

☆ 催眠

☆ 松弛肌肉

☆ 解热消炎

☆ 抗惊厥

☆ 局部麻醉

◆ 犬的用量为每千克体重 0.5～2.5 毫克。

四、846 合剂保定

◆ 864 合剂安全系数大于保定宁和氟哌啶醇等药，对呼吸的抑制效应明显低于双氢埃托啡。

◆ 犬的推荐剂量为每千克体重 0.1 毫升，肌内注射。

◆ 副作用主要是对犬的心血管系统有影响，表现为心动徐缓，动脉血压降低，呼吸性窦性心律不齐，Ⅰ、Ⅱ度房室传导阻滞等。

五、舒泰保定

1. 舒泰是一种新型分离麻醉剂　成分为：
　　☆ 镇静剂替来他明
　　☆ 肌松剂唑拉西泮

2. 全身麻醉时的特点
　　☆ 诱导时间短
　　☆ 极小的副作用
　　☆ 最大的安全性

3. 在经肌内和静脉途径注射时，舒泰具有良好的局部耐受性

4. 注射舒泰前 15 分钟皮下注射硫酸阿托品
　　☆ 犬：0.1 毫克/千克
　　☆ 猫：0.05 毫克/千克

5. 诱导麻醉剂剂量及使用方法
　　☆ 犬：7～25 毫克/千克，肌内注射；5～10 毫克/千克，静脉注射。
　　☆ 猫：10～15 毫克/千克，肌内注射；5～7.5 毫克/千克，静脉注射。

6. 麻醉维持时间　根据剂量不同，为 20～60 分钟。

7. 维持麻醉剂量　建议给予初始剂量的 1/3～1/2，静脉注射。

◆ 拳师犬禁用。

◆ 斗牛犬最好与其他药物合用，并且阿托品的剂量要充足。

8. 不良反应　临床常见斗牛犬气管分泌物过多，引起呼吸困难和气管堵塞、异物性肺炎等。

六、异丙酚保定

（1）理想的短效静脉麻醉药，平均麻醉时间在 3 分钟左右。
（2）可对老年体弱的宠物进行安全的诱导麻醉。
（3）采用连续静脉滴注，可很好的维持麻醉。
（4）经肝脏代谢，分解迅速。但是对于个别宠物可产生呼吸抑制作用。
（5）使用剂量。
◆ 犬麻醉前给药剂量：4 毫克/千克；非麻醉前给药：6.5 毫克/千克。
◆ 猫麻前给药：6 毫克/千克；非麻前给药：8 毫克/千克。

七、备注

应用保定药物时在临床上往往会出现以下不良反应，通常采取相应的应急处理措施。

1. 呼吸不畅

◆ 一般主要指由于宠物体位不当，造成机械性的呼吸障碍。

◆ 必须注意，及时纠正。

2. 呼吸抑制

◆ 保定药物对宠物呼吸机能有不同程度的抑制作用，按照每种药物各自的药理作用，呼吸抑制超过一定范围就有可能发生危险。呼吸抑制的判断除注意呼吸次数有所减少外，还应注意呼吸深度，即肺的气体交换量的变化。

◆ 呼吸发生抑制或停止时，应立即采取氧气吸入或采取人工呼吸，一直坚持到宠物出现自主呼吸或静脉注射呼吸兴奋剂吗乙苯吡酮。

3. 分泌物过多

◆ 有的药物会使宠物分泌物过多，表现为流涎增加，重则有可能导致急性肺水肿，可听到"呼噜音"。

◆ 适时肌内注射阿托品以减少分泌。

4. 应激反应

◆ 有的保定药物比较容易出现应激反应。例如，在临床常用的药物中，噻胺酮出现应激反应的比例较高。

◆ 应激反应表现在宠物复苏后，多出现：

☆ 兴奋不安

☆ 喘、呼吸粗

☆ 心率加快

☆ 分泌物增多

☆ 有时出现肌红蛋白尿

◆ 对出现应激反应的宠物，必须及时创造安静的环境。必要时采取镇静措施，配合输液、激素、抗生素治疗等医疗措施。

（刘建柱　张元瑞）

第三章
外伤止血、包扎、搬运及固定技术

第一节　止血技术

在创伤治疗过程中，止血是经常遇到和必须立即处理的问题。确实良好的止血，可以避免大失血的危险和保证创伤部位良好的暴露，有利于清创术的顺利进行，还可避免误伤重要器官，并直接关系到切口的愈合和预防并发症的发生等。现将几种常用的止血方法叙述如下。

一、局部压迫止血法

【适应证】适用于创伤中的毛细血管渗血和小血管出血的止血。

【宠物保定】根据受伤的部位采用合理的保定方法，不好控制的犬猫可进行全身麻醉。

【操作】

（1）用灭菌纱布或其他灭菌敷料压迫出血部位，以清除术部的血液，辨清组织和出血路径及出血点，以便采取相应的止血措施。

（2）在毛细血管渗血和小血管出血时，如机体凝血机能正常，压迫片刻，出血即可自行停止。

（3）为了提高压迫止血的效果，还可选用以下溶液浸湿后拧干的纱布块作压迫止血，如：

☆ 温生理盐水

☆ 1%～2%麻黄素

☆ 0.1%肾上腺素

☆ 2%氯化钙溶液

【备注】在止血时，必须按压，不可擦拭，以免损伤组织或使血栓脱落。

二、填塞止血法

【适应证】适用于深部大血管出血的紧急止血。

【宠物保定】根据受伤的部位采用合理的保定方法，不容易控制的犬猫可全身麻醉。

【操作】

（1）用一块大灭菌纱布，在其中央处用粗缝线固定，以长镊或长止血钳，钳夹纱布中央，呈半开伞状导入创内或创底，大纱布边缘固定于创外围。

（2）向纱布伞内陆续填入脱脂棉块，并不断以长镊紧塞脱脂棉，直至创腔填满为止。

（3）对其创围皮肤作暂时性缝合或用压迫绷带压紧。也可用灭菌绷带条填塞创内压迫止血。

【备注】填入纱布时，必须将创腔填满，以便有足够的压力压迫血管断端。留置的敷料一般在 12～48 小时后取出。

三、止血带止血法

【适应证】适用于四肢、阴茎和尾部的创伤出血的止血。

【宠物保定】根据受伤的部位采用合理的保定方法，不容易控制的犬猫可进行全身麻醉。

【操作】局部垫以纱布或手术巾，用橡皮管、绷带或绳索作为止血带，用足够的压力将止血带在创伤上部缠绕数周固定。

【备注】止血带装置时间最好不超过 2 小时，每隔 1 小时应松开止血带 1 次，以暂时恢复宠物肢体远端的血循环。

四、结扎止血法

【适应证】适用于明显而较大血管或重要部位血管的止血。

【宠物保定】根据宠物受伤的部位采用合理的保定方法，不容易控制的犬猫可全身麻醉。

【操作】

（1）单纯的结扎止血法

◆ 先用止血钳夹住血管断端并稍拉长，再用丝线扎住。

◆ 本法应尽量避免夹住血管周围过多的组织，以免组织发生坏死。

（2）贯穿结扎止血法

◆ 将结扎线用缝针穿过钳夹的组织（勿穿透血管）后结扎。

◆ 常用的方法有：

   ☆ "8"字缝合结扎

   ☆ 单纯贯穿结扎

【备注】结扎止血法是最可靠的基本止血方法，适用于一般部位的止血，结扎血管用的丝线粗细与血管直径成正比。

第二节　包扎技术

一、头部包扎

【适应证】适用于宠物耳外伤、耳部手术的包扎。

【宠物保定】根据宠物受伤的部位采用合理的保定方法，不容易控制的犬猫可全身麻醉。

【操作】

（1）垂耳包扎法

◆ 在宠物患耳背侧安置棉垫，将患耳及棉垫反折使其贴在头顶部。

◆ 在患耳耳郭内侧填塞纱布。

◆ 将绷带从耳内侧基部向上延伸到健耳后方，并向下绕过颈上方到患耳，再绕到健耳前方。

◆ 如此缠绕 3～4 圈将耳包扎（图 3-1A、图 3-1B）。

（2）竖耳包扎法：多用于耳成形术。

◆ 先将纱布或材料做成锥形（椎体在下，锥尖在上）支撑物填塞于两耳郭内。

◆ 分别用短胶布条从耳根背侧向内缠绕，每条胶布断端相交于耳内侧支撑上，每圈盖住前圈胶带的 1/3，依次向上贴紧。

◆ 最后用胶带以 "8" 字形包扎将两耳拉紧竖直（图 3-1C）。

【备注】

（1）应选择宽度适宜的绷带。

（2）填塞物每 3 天换 1 次，连用两周。

（3）包扎迅速确实，用力均匀，松紧适宜。

图 3-1 耳包扎法

A、B. 垂耳包扎法 C. 竖耳包扎法

二、四肢包扎

【适应证】适用于宠物四肢创伤、骨折、关节脱位时的紧急救治。

【宠物保定】宠物侧卧或仰卧保定，不容易控制的犬猫可全身麻醉。

【操作】

（1）卷轴绷带包扎法

◆ 左手持绷带的开端，右手持绷带卷，绷带的背面紧贴宠物肢体表面，由左向右缠绕。

◆ 包扎结束后将绷带末端剪成两条，打个半结，以防撕裂。

◆ 最后打结于肢体外侧，或用胶布将末端加以固定。

◆ 卷轴绷带包扎法包括：

☆ 环形包扎法

　　☆ 螺旋形包扎法

　　☆ 折转包扎法

　　☆ 蛇形包扎法

　　☆ 交叉包扎法

（2）夹板绷带包扎法

◆ 将患部皮肤刷净，包上较厚的棉花、纱布棉花垫或毡片等衬垫。

◆ 用蛇形或螺旋形包扎法加以固定。

◆ 装置夹板。

◆ 最后用绷带螺旋包扎或用结实的细绳加以捆绑固定，铁制夹板可加皮带固定（图 3 - 2）。

（3）支架绷带包扎法　在宠物四肢常用改良托马斯支架绷带，常用于后肢，其支架多用铝棒。

◆ 先测有疾患的四肢的直径。

◆ 用铝棒卷曲一圈半，圈下 1/2 屈曲呈 45°。

◆ 用绷带包扎铝棒，支架圈套入大腿。

◆ 按宠物站立姿势和高度屈曲两支架杆，用绷带或胶带缠绕其远端，支架将宠物腹股沟托紧，用胶带将爪缠绕固定在支架远端。

◆ 最后用棉花和绷带缠绕固定整个支架。

（4）石膏绷带包扎法　常应用于整复后的骨折、脱位的外固定或矫形。

◆ 骨折整复后，消除污物，涂布滑石粉。

◆ 于肢体上、下端各绕一圈薄纱布棉垫。

◆ 将石膏绷带卷浸到盛有 30～35℃ 的温水桶中，出完气泡后，两手握住石膏绷带圈的两端，从病肢的下端先作环形包扎，后作螺旋包扎向上缠绕，直至预定的部位。

◆ 每缠一圈绷带，都必须均匀地涂抹石膏泥，以使绷带紧密结合，最后表面涂石膏泥，待数分钟后即可成型。

◆ 犬猫石膏绷带应从第二、四指（趾）近端开始。

【备注】对四肢部的包扎须按静脉血流方向，从四肢的下部开始向上包扎，以免静脉瘀血。

三、躯干包扎

【适应证】适用于宠物躯干创伤的救治。

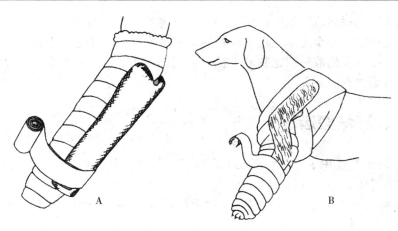

图 3-2　夹板绷带

A. 塑料夹板绷带　B. 纤维板夹板绷带

（引自林德贵. 兽医外科手术学）

【宠物保定】宠物侧卧或俯卧保定，不容易控制的犬猫可全身麻醉。

【操作】

（1）卷轴绷带包扎法　详见四肢包扎。

（2）复绷带包扎法　先按宠物体胸腹部解剖形状和大小的需要缝制具有一定结构、大小的双层盖布，在盖布上缝合若干布条，将盖布盖在患处后打结固定。

（3）缝合包扎法　在圆枕缝合的基础上。利用游离的线尾，将若干层灭菌纱布固定在圆枕之间和创口之上（图 3-3）。

【备注】包扎固定需牢靠，以免患病宠物活动时松动。

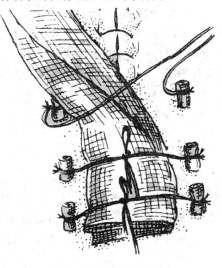

图 3-3　结系绷带

第三节　搬运技术

搬运受伤或患病宠物的方法是院外急救的重要技术之一。搬动的目的是使受伤宠物迅速脱离危险地带，纠正当时影响宠物病态的体位，以减少其痛苦，减少再受伤害，安全迅速地送往理想的宠物医院治疗，以免病情加剧或延误治疗时机。搬运受伤或患病宠物的方法，应根据当地、当时的器材和人力选定。常用的搬运法有以下几种。

一、现场搬运

【适应证】适用于意外伤害发生后对宠物的紧急救治，如火灾、爆炸、倒塌、有害气体、车祸等。

【宠物保定】根据受伤情况对宠物进行临时简单的固定，以防宠物挣扎、骚动等加剧损伤。

【操作】

（1）对受伤宠物应在现场就地检查，并做好初步处理再搬运。

（2）应迅速检查受伤宠物的头、颈、胸、背、腹、腰和四肢是否有损伤，以确定正确的搬运方法。

（3）如搬运不当，则会加重损伤甚至危及生命。

（4）在整个搬运过程中，应经常观察受伤部位和宠物的病情变化，并将变化情况及所进行的各项处理及时准确地告诉接收受伤宠物的医生，如途中有无如下情况：

☆ 昏迷

☆ 呕吐

☆ 出血

☆ 止血带的使用情况等

【备注】

◆ 搬运前必须做好对受伤宠物的全面检查，并做急救处理。

◆ 按受伤情况和环境情况选用最恰当的搬运方法。

◆ 动作要准确，并做到轻、稳、快，避免加剧损伤。

二、徒手搬运

【适应证】适用于伤势比较轻的宠物的救治。

【宠物保定】根据受伤情况对宠物进行临时简单的固定，以防由于宠物挣扎、骚动等加剧损伤。

【操作】在不影响病伤的情况下，救护人员徒手搬运的方法有以下几种。

（1）不使用工具，只运用技巧徒手搬运患病犬、猫，主要采用抱送的方法，也可以先把受伤宠物放入纸箱、铁笼等容器中，再抱送到宠物医院。

（2）根据宠物的体格大小可采用：

☆ 单人抱送

☆ 双人抱送

☆ 多人抱送

【备注】

◆ 搬运前必须做好受伤宠物的全面检查，并进行急救处理。

◆ 动作要准确，并做到轻、稳、快，避免加剧损伤。

三、器材搬运

【适应证】适用于伤势比较重、体型比较大宠物的救治。

【宠物保定】根据受伤情况对宠物进行临时简单的固定，以防由于宠物挣扎、骚动等加剧损伤。

【操作】

（1）可就地取材，制作简易担架，作担架可选用：

☆ 门板

☆ 木板

☆ 床板

☆ 梯子

☆ 长凳

（2）架子可选用：

☆ 可负重的木棍

☆ 可负重的竹竿

（3）架面可选用：

☆ 绳索

☆ 衣服

☆ 棉被

☆ 麻袋等

（4）也可用床单、被褥、窗帘、地毯等搬运。

（5）对受伤宠物应在现场就地检查，并做好初步处理，然后再小心地转移到担架上并妥善固定好，然后迅速抬到或用车辆运送到宠物医院。

运送宠物时，随时观察如下情况：

☆ 呼吸

☆ 体温

☆ 出血

☆ 面色变化等

【备注】

◆ 搬运前必须做好对受伤宠物的全面检查，并做急救处理。

◆ 动作要准确，并做到轻、稳、快，避免加剧损伤。

◆ 注意所选材料是否能负重，制成后检查担架各处是否扎紧。

四、各部位损伤搬运注意事项

1. 脊椎骨折的搬运　要避免脊柱的扭曲，不能用软担架，严禁拉车式搬运。

2. 腰胸椎骨折的搬运

◆ 先将硬式担架放在受伤宠物的一侧。

◆ 由 1～3 人分别用手托扶宠物的头、肩、臀和下肢。

◆ 动作一致地把宠物抬到或翻到担架上，使宠物俯卧位，胸部稍垫高。

◆ 如果宠物合并胸部损伤，俯卧有困难，亦可取仰卧位，但应将腰部略微垫高，最后用三角巾或裤带将宠物绑在担架上，以防宠物乱动。

3. 颈椎骨折脱位的搬运　先上好颈托，然后开始搬运，方法同前，但要有一人专门负责宠物头部的牵引和固定，使宠物头部与身体成直线，宠物仰卧在担架上时，颈下必须放一个小垫，并用衣服或枕头放于其颈部两侧，防止头部左右摇动。

4. 骨盆骨折搬运　仰卧半屈髋膝关节，膝下垫好衣卷。

5. 开放性气胸的搬运　包扎妥后方可搬运，半坐位，密切观察呼吸。

6. 腹部内脏脱出的搬运　先包后运，仰卧位膝下垫高。如腹部伤口是横裂，则屈腿，纵裂放平。

7. 颅脑损伤的搬运

◆ 健侧在下的侧卧或俯、侧中间位，也可采取仰卧位头偏向健侧。

◆ 鼻出血有呕吐物的应立即清除，以保持呼吸道通畅，头部两侧要用衣卷固定，防止摇动。

◆ 如无休克表现，可将宠物头端担架抬高 15°～30°，以利于静脉回流以防脑水肿。

8. 颌面损伤的搬运　健侧在下侧卧或俯卧位。

9. 身体带有刺物的搬运

◆ 先包扎好伤口，固定好刺入物方可搬运。

◆ 搬运时应避免挤压碰撞，刺入物外露部分较长时，要有专人负责刺入物，途中严禁震动，以防刺入物脱出或深入。

第四节　骨关节损伤固定术

一、骨折临时固定法

【适应证】适用于减轻疼痛、避免再操作和便于转送的骨折急救。

【宠物保定】宠物侧卧或俯卧保定，患病犬猫全身麻醉或局部麻醉配合镇痛或镇静。

【操作】

（1）固定前应尽可能牵引或矫正伤肢，然后将伤肢放在适当的位置，固定于夹板或其他支架上。

（2）固定时不要求过分强调姿势和肢体的位置。

（3）固定的夹板或支架要便于透视、摄片和检查、观察伤部。

（4）固定范围一般应超过骨折处远近两个关节，所有关节、骨隆突部位均要以棉垫隔离保护，既要牢固不移动，又不可过紧，趾端要露出，以便观察血液循环情况。

【备注】

◆ 如有休克，则应先抗休克，后处理骨折。

◆ 如有伤口出血，则应先止血，包扎伤口，再固定骨折。

二、闭合性整复与外固定术

【适应证】适用于闭合性骨折，也可用于开放性骨折。

【宠物保定】宠物侧卧或俯卧保定，患病犬猫应全身麻醉或局部麻醉配合镇痛或镇静。

【操作】

（1）术者手持近侧骨折段，助手纵轴牵引远侧骨折段，保持一定的对抗牵引力，使骨断端对合复位。

（2）整复完成后立即进行外固定，常用：

◆ 石膏绷带。

◆ 夹板绷带。

◆ 改良托马斯绷带等。

☆ 固定部位剪毛、衬垫棉花

【备注】

（1）闭合性整复应尽早实施，一般不晚于骨折 24 小时。

（2）进行外固定的宠物，应根据具体情况，尽早开始活动，以防止肌肉萎缩和关节僵硬。

三、开放性整复与内固定术

【适应证】适用于开放性骨折，也可用于某些复杂的闭合性骨折。

【宠物保定】根据骨折的部位采用合理的保定方法，患病犬猫应全身麻醉或局部麻醉配合镇痛或镇静。

【操作】

（1）先对患部进行检查和处理，彻底清除创内凝血块、挫灭组织及骨碎片，根据骨折性质和不同骨折部位，一般进行内固定，可选用：

☆ 髓内针

☆ 骨螺钉

☆ 接骨板

☆ 金属丝等材料

（2）为加强固定，还可在内固定之后，配合外固定。

【备注】骨折断端缺损大的，应做自体骨移植（多取自肱骨或髂骨结节网质骨或网质皮质骨），以填充缺陷，加速愈合。

第五节　牵　引　术

【适应证】

◆ 肌力较强部位的骨折。

◆ 不稳定性骨折。

◆ 开放性骨折。

◆ 骨盆骨折。

◆ 髋臼骨折。

◆ 髋关节中心脱位等。

【宠物保定】

◆ 将宠物摆放适当体位或将患肢置于牵引架上。

◆ 确定牵引贯穿部位，再将该处皮肤拉向近心端。

◆ 防止牵引时皮肤张力太大，用利多卡因浸润麻醉，重点是麻醉骨膜，其次是皮下。

【操作】

（1）用尖刀将进针点的皮肤切开约 0.5 厘米。

（2）将骨圆针从相应的部位穿入皮肤，直达骨骼。

◆ 穿针时可用金属锤锤入，也可使用手摇钻钻入。

◆ 穿过骨质时应保持骨圆针的正确方向。

（3）穿透对侧皮肤时应使外的骨圆针两端长短相等。

◆ 过长的部分可使用大力剪或老虎钳夹断。

◆ 骨圆针的出入口处，用小纱布覆盖，或以纱布条缠绕并固定。

（4）安置牵引弓于骨圆针两端，注意弓与皮肤间应有相当距离，不可压迫皮肤，骨圆针露在弓外的针尖，要套上有橡皮塞的小瓶，或将其包裹，以免刺伤术者。

（5）拧紧固定螺钉后，将牵引绳系住牵引弓。

【备注】一般股骨牵引重量为体重的 1/10～1/7，胫骨、跟骨牵引重量一般不超过 5 千克、牵引时间一般 4～8 周。

（闫振贵　张立梅）

第 四 章
清创及软组织修复术

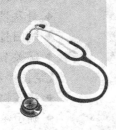

第一节 清 创 术

【适应证】适用于开放性创伤（小的刺伤或擦伤除外），特别8小时以内的开放性伤口或无明显感染的伤口。

【宠物保定】根据受伤的部位采用合理的保定方法，患病犬猫应全身麻醉或局部麻醉配合镇痛或镇静。

【操作】

（1）清洗创围和创面

◆ 将无菌敷料覆盖受伤宠物的创面，通过以下程序清洗消毒创围。

☆ 剪毛

☆ 剃毛

☆ 消毒等

◆ 去掉覆盖伤口的纱布，以灭菌生理盐水冲洗伤口。

◆ 用消毒镊子或小纱布球轻轻除去伤口内的污物、血凝块和异物。

（2）清理伤口

◆ 对浅层伤口。

☆ 可将伤口周围不整齐的皮肤缘切除0.2~0.5厘米。

☆ 切面止血，消除血凝块和异物，切除失活组织和明显挫伤的创缘组织（包括皮肤和皮下组织等）。

☆ 随时用无菌盐水冲洗。

◆ 对深层伤口。

☆ 应彻底切除失活的筋膜和肌肉（肌肉切面不出血，或用镊子夹镊不收缩者，表示已坏死），但不应将有活力的肌肉切除，以免切除过多，影响功能。

☆ 为了处理较深的伤口，有时可适当扩大伤口和切开筋膜，清理伤口，直至比较清洁和显露血循环较好的组织。

◆ 伤口如有活动性出血。

☆ 在清创前可先用止血钳钳夹，或临时结扎止血。待清理伤口时重新结扎，除去污染线头。

☆ 渗血可用温盐水纱布压迫止血，或用凝血酶等局部止血剂止血。

（3）修复伤口

◆ 清创后再次用灭菌生理盐水清洗伤口。

◆ 根据污染程度、伤口大小和深度等具体情况，决定伤口是开放还是缝合，是一期还是延期缝合。

☆ 未超过 12 小时的清洁伤口可一期缝合。

☆ 大而深的伤口，在一期缝合时应放置引流条。

☆ 污染重的或特殊部位不能彻底清创的伤口，应延期缝合，即在清创后先于伤口内放置凡士林纱布条引流，待 4～7 天后，如伤口组织红润，无感染或水肿时，再缝合。

【备注】

（1）要在宠物伤后早期彻底清创。

（2）切除伤口前，应尽可能保留和修复重要的血管、神经和肌腱。

（3）缝合时不能残留死腔，皮肤缺损时应及时植皮以保护组织。

（4）经过外科处理的新鲜创一般都要包扎，但有大量脓汁或存在厌氧菌、腐败菌感染的创伤可不包扎。

第二节　修　复　术

一、皮肤软组织修复术

【适应证】适用于皮肤软组织的损伤。

【宠物保定】根据受伤的部位采用合理的保定方法，患病犬猫应全身麻醉或局部麻醉配合镇痛或镇静。

【操作】

（1）皮肤的缝合　采用间断缝合，应注意如下事项。

◆ 缝合前对好创缘。

◆ 两侧针眼离创缘 1～2 厘米，距离要相等。

◆ 缝线在同一深度将两侧皮下组织拉拢，以免皮下组织内遗留空隙。

◆ 在创缘侧面打结，打结不能过紧。

◆ 缝合完毕后，再次对好创缘。

（2）皮下组织的缝合

◆ 创缘两侧皮下组织相互接触后再进行缝合。

◆ 一定要消除组织的空隙。

◆ 使用可吸收缝线。

◆ 打结应埋置在组织内。

（3）筋膜的缝合

◆ 切口应该与张力线平行，而不能垂直于张力线。

◆ 缝合时，应垂直于张力线，使用间断缝合。

◆ 大量筋膜切除或缺损时，缝合时应使用垂直褥式或近远-远近等张力缝合法。

（4）肌肉的缝合　应用结节缝合分别缝合各层肌肉。

◆ 宠物手术时，肌肉一般是纵行分离而不切断，因此肌肉组织经手术细微整复后，可不缝合。

◆ 对于横断肌肉，因其张力大，应该在麻醉或使用肌松剂的情况下连同筋膜一起进行结节缝合或水平褥式缝合。

【备注】

（1）应尽可能减少缝线的用量。

（2）缝合力度应该适度，不可过紧或过松。

二、阴茎及阴囊皮肤撕裂修复术

【适应证】适用于包皮和阴茎部的直接损伤。

【宠物保定】宠物仰卧保定，患病犬猫应全身麻醉或局部麻醉配合镇痛或镇静。

【操作】对于阴茎及阴囊皮肤的新鲜撕裂伤，按新鲜创治疗原则处理后，涂布抗生素油膏，全身用抗生素治疗1周，多数可治愈。

（1）如果撕裂严重引起感染而继发脓肿则须按实际情况慎重考虑是否缝合。

（2）对于阴茎海绵体的损伤，需要进行缝合。

（3）阴茎部挫伤初期采用冷疗，2～3天后改用热敷、红外线照射、按摩等疗法，并涂擦消炎止痛性软膏。损伤部后段阴茎背侧可用盐酸普鲁卡因溶液加青霉素封闭。

（4）犬阴茎骨骨折常用保守疗法。

◆ 将导尿管插入尿道超过骨折断端，保留一段时间，稳定骨折断端，可获得疗效。

◆ 若导管不能插入（尿道阻塞）或插入后不能固定骨折断端，可实施开放性整复和内固定。

◆ 严重阴茎损伤和伴有阴茎骨折且有坏死病灶，可施部分阴茎截除术。

【备注】应注意局部忌用强刺激药。

（闫振贵　陈宪彬）

第 五 章
穿 刺 技 术

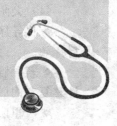

第一节 胸部穿刺、引流术

一、胸腔穿刺术

【适应证】
◆ 确定胸膜腔积液性质，以协助病因诊断。
◆ 排气减压以减轻肺脏压迫。
◆ 注入药液及冲洗治疗。
【穿刺部位】犬、猫右侧第 6、7 肋间，与肩关节水平线交点下方 2～3 厘米处，胸外静脉上方约 2 厘米处。
【宠物保定】站立保定。
【操作】
（1）术部准备
◆ 术部常规剃毛。
◆ 皮肤常规消毒。
◆ 铺无菌手术巾。
◆ 术者戴灭菌手套。
◆ 用 2％利多卡因溶液局部浸润麻醉或全身麻醉。
（2）穿刺
◆ 止血钳夹闭穿刺针连接后方的橡胶管。
◆ 术者左手将术部皮肤稍向上移 1～2 厘米并抵住皮肤穿刺点，右手持穿刺针在靠近肋骨头侧缘垂直缓慢刺入，到皮下时将橡胶管内抽成负压，再用止血钳夹闭，继续进针，穿刺肋间肌时有阻力感，当阻力消失而感空虚且橡胶管突然重新充盈时即表明穿刺针已进入胸膜腔，固定，松开止血钳，即可流出积液。

◆ 如用套管针，则拔去内芯注射器抽吸或让其自流。

（3）操作完毕，用止血钳夹闭穿刺针后橡胶管，拔出穿刺针，使局部皮肤复位。术部局部消毒，覆无菌纱布，胶布固定。

【备注】

（1）抽液时不宜过急，应用拇指不断堵住套管口，做间断性引流，以防胸腔减压过急，影响心肺功能，如针孔堵塞不流时，可用内针疏通。

（2）穿刺过程中应注意：

◆ 如遇出血，应充分止血，改变位置再行穿刺。

◆ 如患病犬猫突然剧烈咳嗽，则表明针尖可能已触及脏层胸膜，应回退穿刺针或结束穿刺。

二、胸腔闭式引流术

【适应证】

（1）影响呼吸、循环功能的外伤性血气胸。

（2）气胸压迫呼吸。

【穿刺部位】犬猫右侧第 7 肋间，与肩关节水平线交点下方 2～3 厘米处，胸外静脉上方约 2 厘米处。

【宠物保定】站立保定。

【操作】

（1）术前准备

◆ 术部常规剃毛。

◆ 皮肤常规消毒。

◆ 铺无菌手术巾。

◆ 术者戴灭菌手套。

◆ 用 2% 利多卡因溶液局部浸润麻醉或全身麻醉。

（2）引流

◆ 沿肋间切开皮肤 2 厘米，沿肋骨上缘伸入血管钳，分开肋间肌肉各层直至胸腔，见有液体涌出时立即置入引流管。

◆ 以中号丝线缝合胸壁皮肤切口，并结扎固定引流管，敷盖无菌纱布，纱布外再以长胶布环绕引流管后粘贴于胸壁。

◆ 引流管末端连接于消毒长橡皮管至水封瓶，并用胶布将接水封瓶的橡皮管固定。

【备注】引流管伸入胸腔深度不宜超过 4～5 厘米，引流瓶应置于不易被碰倒的地方。

三、套管胸腔闭式引流术

【适应证】适用于张力性气胸或胸腔积液。

【穿刺部位】犬猫右侧第 7 肋间，与肩关节水平线交点下方 2～3 厘米处，胸外静脉上方约 2 厘米处。

【宠物保定】站立保定。

【操作】

（1）术前准备

◆ 术部常规剃毛。

◆ 皮肤以碘酊、酒精常规消毒。

◆ 铺无菌手术巾。

◆ 术者戴灭菌手套。

◆ 用 2% 利多卡因溶液局部浸润麻醉或全身麻醉。

（2）引流

◆ 入针处皮肤先用尖刀做一个 0.5 厘米的小切口，直至皮下，用穿刺针自皮肤切口徐徐刺入，直达胸腔。

◆ 拔除针芯，迅速置入前端多孔的橡胶管，退出穿刺针管，橡胶管连接水封瓶。

◆ 针孔处以中号丝线缝合一针，将橡胶管固定于胸壁上。

◆ 若需记录抽气量时，需将橡胶管连接人工气胸器，可记录抽气量，并观测胸腔压力的改变。

【备注】术前需口服可卡因，剂量为每千克体重 0.03～0.06 克，以免操作时宠物突然剧烈咳嗽，影响操作或针尖刺伤肺部。

四、人工气胸与胸腔抽气术

【适应证】适用于自发性气胸、创伤性气胸。

【穿刺部位】犬猫右侧第 4～5 肋间，与肩关节水平线交点下方 2～3 厘米处。

【宠物保定】仰卧保定。

【操作】

（1）术前准备

◆ 术部常规剃毛。

◆ 皮肤以碘酊、酒精常规消毒。

◆ 铺无菌手术巾。

◆ 术者戴灭菌手套。

◆ 犬猫仰卧。

◆ 用2％利多卡因溶液局部浸润麻醉或全身麻醉。

（2）抽气

◆ 术者左手固定穿刺部位皮肤，右手持气胸针，沿下位肋骨上缘慢慢进针，进入胸腔内时即有落空感，并可见测压管内液面随呼吸上下移动，记录抽气前胸腔压力。

◆ 转动通气开关至抽气位置，随着抽气瓶内水平面下降而抽出胸腔内气体，当水平面降至"0"位置时，再次转动通气开关到另一"抽气"位置继续抽气，记录抽气量。

◆ 抽气过程中不时将通气开关转动至"测压"位置，以观察胸腔内压力变化，当胸腔压力降至0～20帕时，应停止抽气。

◆ 观察2～3分钟，判断气胸类型。

　☆ 如胸腔压力无变化，则表示是闭合性气胸。

　☆ 若压力又迅速升高，则为张力性气胸。

　☆ 若抽气前胸腔压力在"0"上下波动，抽气后亦无明显下降，观察中间也无明显升高者为交通性气胸。

　☆ 后两种类型气胸，应改用肋间插管行胸腔闭式引流术。

　☆ 抽气完毕，拔出气胸针。术部局部消毒，覆无菌纱布，胶布固定。

【备注】

（1）严格无菌操作，预防胸腔继发感染。

（2）精神紧张或频咳宠物可酌情服用镇静剂及镇咳剂。

（3）排气速度不宜过快。

五、心包穿刺术

【适应证】

◆ 抽吸心包积液，以减少对心脏的压迫。

◆ 检验心包液性质。

◆ 心包内注入药液。

◆ 治疗心包膜炎症等。

【穿刺部位】犬猫胸腔左侧、胸壁下 1/3 与中 1/3 交界处的水平线与第 4 肋间隙交点处。

【宠物保定】右侧卧保定，左前肢向前迈半步，充分暴露心区。

【操作】

（1）术前准备

◆ 术部常规剃毛。

◆ 皮肤常规消毒。

◆ 铺无菌手术巾。

◆ 术者戴灭菌手套。

◆ 犬猫右侧卧位保定。

◆ 用 2% 利多卡因溶液局部浸润麻醉或全身麻醉。

（2）穿刺

◆ 止血钳夹闭穿刺针后橡胶管，术者左手将术部皮肤稍向前移动，右手持穿刺针使针自下而上，向脊柱方向缓慢刺入。

◆ 待针尖抵抗感突然消失时，说明针已穿过心包壁层，同时感到心脏搏动，此时应退针少许。

◆ 助手立即用止血钳夹住针体固定其深度，术者将注射器接于橡皮管上，然后放松橡皮管上的止血钳。

◆ 缓慢抽吸，记录液量，留少许标本送检。如为脓液需冲洗时，可注入防腐剂，反复冲洗直至液体清凉为止。

（3）拔出针后，局部皮肤复位　术部局部消毒，覆无菌纱布，胶布固定。

【备注】

（1）为确保安全，必要时可进行全身麻醉。

（2）助手应注意宠物脉搏变化，以便及早发现异常，及时处理。

第二节　腹部穿刺术

一、腹腔穿刺术

【适应证】

（1）治疗腹膜炎等腹腔疾病。

（2）某些垂危病例，常在血液循环障碍，静脉注射又十分困难时。

【宠物保定】犬猫等宠物常用仰卧或倒提保定（图5-1）。

【操作】

（1）术前准备

◆ 术部常规剃毛。

◆ 皮肤常规消毒。

◆ 铺无菌手术巾。

◆ 术者戴灭菌手套。

◆ 用2%利多卡因溶液局部浸润麻醉或全身麻醉。

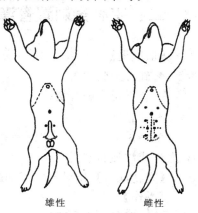

图5-1 宠物腹腔静脉穿刺部位
（引自何英等编.宠物医生手册）

（2）穿刺

◆ 术者左手固定穿刺部位的皮肤并稍向一侧移动皮肤，右手控制穿刺针头的深度，垂直刺入腹壁3~4厘米，待抵抗感消失时，表示穿刺针头已穿过腹壁层，即可回抽注射器，抽出腹水放入备好的试管中送检。

◆ 如需大量放液，则可接一橡皮管，将腹水引入容器，以备定量和检查。橡皮管可夹1个输液夹以调整放液速度。

（3）操作完毕后拔出穿刺针，局部皮肤复位 术部局部消毒，覆盖无菌纱布，胶布固定。

（4）冲洗腹腔时，犬猫宜在肷窝或两侧后腹部进行 术者右手持针头垂直刺入腹腔，连接输液管或注射器，注入药物，再由穿刺部排出，如此反复冲洗2~3次即可（图5-2）。

【备注】

（1）穿刺应避免伤及宠物腹壁血管及肠管。

（2）如放腹水，速度不宜过快，以免引起宠物晕厥，流出不畅时可将穿刺针稍作移动或稍变动宠物体位。

图5-2 腹腔内注射
（引自梁礼成译.犬猫兔临床诊疗操作技术手册）

（3）保定要确实，如遇宠物有特殊反应，则应停止操作进行适当处理。

二、腹腔穿刺置管灌洗术

【适应证】

◆ 确诊的腹膜炎。

◆ 急性重症胰腺炎。

◆ 肝脓肿。

◆ 经做 B 超及计算机断层扫描（CT）发现腹腔积液，并经腹腔穿刺证实有血性或浑浊腹水者。

【宠物保定】俯卧保定或仰卧保定。

【操作】

（1）穿刺　在局部麻醉下行腹腔穿刺，穿刺针进入腹腔后置入导丝，拔出穿刺针后沿导丝置双管引流管并缝合固定于皮肤上，导管接引流袋或持续负压吸引，保持引流管通畅，并适当变换宠物体位以利引流。

（2）引流液　送实验室进行细菌培养及药敏试验，以指导进一步有针对性地选用抗生素。

（3）灌洗　待腹水基本引流干净后，即行腹腔灌洗。

◆ 灌洗液采用温生理盐水。

◆ 灌入腹腔后即开放引流。

◆ 灌洗频率为每 4 小时 1 次，时间为 3～7 天。

◆ 出现以下特征时可停止灌洗、拔管。

☆ 腹膜刺激症消失

☆ 灌洗液清亮

☆ 灌洗液细胞计数正常

☆ 灌洗液淀粉酶水平正常

☆ 灌洗液细菌培养阴性

【备注】

（1）操作时，要求进针路线短，避开重要器官和血管，以免引起出血和脏器破裂等并发症，整个穿刺过程仅需数分钟。

（2）抽液灌洗时间则根据具体情况而定，手术要求严格无菌操作，做好局部创口护理。

三、膀胱穿刺术

【适应证】适用于因尿闭或尿道阻塞所引起的急性尿潴留。

◆ 优点。

☆ 经膀胱穿刺采集的尿液，可减少宠物排尿过程中收集尿液的污染，使尿液的化验和细菌培养结果更准确。

☆ 可减少因导尿引起医源性尿道感染的机会。

【穿刺部位】后腹部耻骨前沿 3～5 厘米处腹白线一侧腹底壁上，触摸膨胀及有弹性，即为穿刺部位。

【宠物保定】侧卧保定或者后躯半仰卧保定。

【操作】

（1）术前准备

◆ 术部常规剃毛。

◆ 皮肤消毒。

◆ 铺无菌手术巾。

◆ 术者戴灭菌手套。

◆ 用 2% 利多卡因溶液局部浸润麻醉或全身麻醉。

（2）穿刺

◆ 止血钳夹闭穿刺针后橡胶管，术者于耻骨前缘触摸膨满、波动最明显处，左手压住局部，右手持针头向后下方刺入，并固定好针头，回抽注射器活塞。

◆ 如有尿液，则证明针头在膀胱内。可持续性的放出尿液，以减轻膀胱压力。

（3）穿刺完毕，拔出针头　术部局部消毒，覆盖无菌纱布，胶布固定。

【备注】

（1）针刺入膀胱后，应始终握住针头，防止滑脱。

（2）多次穿刺易引起腹膜炎和膀胱炎，宜慎重。

四、膀胱穿刺置管术

【适应证】适用于脊髓损伤、后肢截瘫等而引起尿潴留的病例。

【穿刺部位】后腹部耻骨前沿 3～5 厘米处腹白线一侧腹底壁上，触摸膨胀及有弹性，即为穿刺部位。

【宠物保定】侧卧保定，后躯侧卧、后躯半仰卧保定。

【操作】

（1）待膀胱充盈后，常规消毒穿刺点，铺巾局麻。

（2）穿刺及置管

◆ 用16号穿刺针刺入皮肤并直达膀胱，拔出针芯见有尿液流出。

◆ 将一根长约20厘米，直径约3毫米的硅胶管一端经穿刺针孔插入膀胱内，进入膀胱4～6厘米徐徐退出穿刺针，将硅胶管固定于皮肤上，另一端硅胶管接尿袋，4～6小时开放1次。

◆ 置管期间，每天用生理盐水和1∶5 000呋喃西林液各200毫升灌输冲洗膀胱。每次置管6～8周，必要时可重复。

【备注】

（1）本法穿刺的关键是膀胱要有一定量的充盈，将腹膜褶皱部推离耻骨联合上方垂直进针。

（2）由于膀胱内的硅胶管管径较小、易阻塞，所以胶管可剪2～3个侧孔。

（3）术后宜经常变换宠物体位、加压冲洗、多饮水。

五、阴道后穹隆穿刺术

【适应证】

◆ 检查盆腔积液、积脓，以及脓肿的性质以协助病因诊断。

◆ 注入药液及冲洗治疗。

◆ 各种助孕技术。

【穿刺部位】阴道后穹隆中点。

【宠物保定】站立保定。

【操作】

（1）术前准备

◆ 犬猫排空膀胱。

◆ 外阴常规消毒。

◆ 铺无菌手术巾。

◆ 阴道检查了解宠物子宫、附件情况，注意阴道后穹隆是否膨隆。

◆ 阴道窥器充分暴露宠物宫颈及阴道后穹隆并消毒。

◆ 宫颈钳钳夹宫颈后唇，向前提拉，充分暴露阴道后穹隆，再次消毒。

（2）穿刺

◆ 用穿刺针在后穹隆中央或稍偏病侧，距离阴道后壁与宫颈后唇交界处稍下方平行宫颈管刺入，当针穿过阴道壁，有落空感（进针深约2厘米）后立即抽吸。

◆ 必要时适当改变方向或深浅度，如无液体抽出，可边退针边抽吸。

◆ 针头拔出后，穿刺点如有活动性出血，可用棉球压迫片刻。

◆ 血止后取出阴道窥器。

【备注】

（1）穿刺方向应是阴道后穹隆中点进针与宫颈管平行的方向，深入至直肠子宫凹陷，不可过分向前或向后，以免针头刺入宫体或进入直肠。

（2）穿刺深度要适当，一般2～3厘米，过深可刺入盆腔器官或穿入血管，积液量较少时，针头刺入过深可超过液平面，抽不出液体而延误诊断。

（3）有条件或病情允许时，先行B超检查，协助诊断直肠子宫陷窝有无液体及液体量。

第三节　血管穿刺术

一、深静脉置管术

【适应证】

◆ 严重创伤、休克及急性循环机能衰竭等危重病例。

◆ 需长期输液或经静脉抗生素治疗者。

◆ 全静脉营养。

◆ 需要接受大量、快速输血、输液的病例。

【穿刺部位】后肢内侧。

【宠物保定】仰卧保定。

【操作】

（1）术前准备

◆ 术部常规剃毛。

◆ 皮肤常规消毒。

◆ 铺无菌手术巾。

◆ 术者戴灭菌手套。

◆ 用2%利多卡因溶液局部浸润麻醉或全身麻醉。

（2）固定　术者左手食指和中指在腹股沟韧带下方中部摸到股动脉搏动最明显的部位，并予以固定。

（3）穿刺及置管

◆ 右手持注射器，在腹股沟韧带中部下 2～3 厘米股动脉的内侧垂直刺入，或针头斜面向上朝向心脏方向与皮肤成 30°～45°穿刺，进针深度 2～4 厘米。

◆ 在刺入过程中，不断抽吸，如无回血可缓慢回撤，边抽边退，或改变方向重复。

◆ 抽到回血后，不拔出针头，取下注射器后，立即插入引导钢丝，缓慢退针，经引导钢丝置入导管。一般需插入 10～12 厘米，然后拔除导管。再次确认有回血后，将导管接于输液装置上。

◆ 缝合固定导管于皮肤上，覆盖无菌纱布封闭。

【备注】

（1）避免反复多次穿刺，以免形成血肿。

（2）避免刺入股动脉，如抽出鲜红色血液应立即退出，压紧穿刺点数分钟。

二、漂浮导管技术

【适应证】

◆ 心肌梗塞。

◆ 心力衰竭。

◆ 心血管手术。

◆ 肺栓塞。

◆ 呼吸功能衰竭。

◆ 严重创伤。

◆ 灼伤。

◆ 各种类型休克。

◆ 嗜铬细胞瘤。

◆ 其他内外科危重病例。

【穿刺位置】颈部三角区。

【宠物保定】仰卧保定，头偏向左侧。

【操作】

（1）术前准备

◆ 术部常规剃毛。

◆ 皮肤常规消毒。

◆ 铺无菌手术巾。

◆ 术者戴灭菌手套。

◆ 用 2％利多卡因溶液局部浸润麻醉或全身麻醉。

（2）固定　术者左手食指与中指触摸到颈动脉表面，并将其推向内侧，使之离开胸锁乳突肌前缘。

（3）穿刺及置管

◆ 在其前缘的中点食指与中指之间与额平面呈 30°～45°进针，针头向尾侧指向同侧乳头。待穿刺针进入皮肤抽到静脉血后证明穿刺成功，放入引导钢丝后拔出穿刺针。

◆ 穿刺口用刀片稍扩张，以钢丝引导方向，利用扩张器将外套管置入颈内静脉中。

◆ 退出引导钢丝及扩张器，再经外套管置入心导管，使导管以小距离快速进入心腔。

◆ 打开 X 光机，追踪导管插入位置，直至进入肺动脉。使气囊充气、导管即进入肺动脉远端，气囊放气后，导管又退回原肺动脉位置，证明位置良好。

（4）外固定术完毕。

【备注】

（1）操作中必须有心电图持续监护，插入的导管如遇到阻力时不可强行进入。

（2）气囊充气最大量不能超过 1.5 毫升，临床上还有用空气、二氧化碳或盐水充胀气囊的，但由于后两者操作不便及放气困难等而尽量少采用。

（3）术中及术后操作的无菌要求必须强调，用过的导管的处理也应十分严格，对消毒后的物品定期做细菌培养。

◆ 皮肤插管处伤口每天换药 1 次，并保持局部清洁干燥。

三、有创动脉压测定及动脉穿刺术

【适应证】

◆ 重度休克须经动脉注射高渗葡萄糖液及输血等。

◆ 经动脉注射抗癌药物进行区域性化疗。

◆ 需采集动脉血检验，如血气分析。

◆ 选择性动脉造影及左室造影。

◆ 心血管疾病的介入治疗。

【宠物保定】根据要穿刺的动脉部位采用合理的保定方法，一般采取侧卧或俯卧保定。

【操作】

（1）术前准备

◆ 依据穿刺目的，铺或不铺消毒孔巾。

◆ 术者戴手套。

◆ 用碘酊、乙醇消毒左手手指。

（2）穿刺

◆ 术者立于穿刺侧，以左手食指及中指固定股动脉，右手持注射器，在两指间垂直或与动脉呈 40°刺入，如见鲜血直升入注射器，即表示已刺入动脉。

◆ 此时左手固定穿刺针的方向及深度，右手以最快速度注射药物或采血。

◆ 操作完毕后，迅速拔出针头，局部加压不得少于 5 分钟。

◆ 如作选择性动脉压测定，应迅速连接测定仪器并按相应的操作规程进行。

【备注】

◆ 局部严格消毒，操作应保持无菌，以防感染。

◆ 穿刺点应选择股动脉搏动最明显处。

◆ 动脉穿刺及注射术，只在必须使用的情况下采用。

附：输液泵的临床应用技术

输液泵是机械推动液体进入血管系统的一种电子机械装置，具有定时定量、输液速度准确、报警功能齐全等优点。

【适应证】

◆ 须严格控制输液量和输液速度的危重病例。

◆ 须严格控制输入速度的药物。

◆ 输注静脉营养液。

◆ 需快速定时输入的液体。

◆ 需维持血管通畅的病例。

【操作】

（1）微量注射泵操作步骤

◆ 先用注射器吸好药物，接管排气，再将注射器装入输入泵推注槽内。

◆ 打开电源，调滴速，连接输液系统，核对无误后按启动按钮。

（2）蠕动式输入泵操作步骤

◆ 先接输液管排气，再将输液管接入输液泵门内的蠕动泵内。

◆ 关闭输液泵门，打开输液开关，调滴速，连接输液系统，核对无误后按启动按钮。

【备注】

（1）输液过程中应密切观察管道有无漏气漏液，注射部位有无肿胀，速度是否符合要求。

（2）报警及时处理，排除故障。

（3）使用蠕动式输液泵应避免把输液瓶挂在输液泵正上方。

第四节　脑髓腔穿刺术

【适应证】适用于确定脑髓液性质或作细菌、细胞学检查。

【穿刺部位】颈背侧，寰椎与枢椎（第二颈椎）之间的寰枢孔进行。

【宠物保定】腹卧保定（站立保定），同时牢固保定头部。

【操作】

（1）术前准备

◆ 术部常规剃毛。

◆ 皮肤常规消毒。

◆ 铺无菌手术巾。

◆ 术者戴灭菌手套。

◆ 用2%利多卡因溶液全身麻醉。

（2）穿刺

◆ 术者持穿刺针在枕寰孔或寰枢孔间与皮肤成直角刺入，此时的抵抗力最大。

◆ 针头到达项韧带间隙后，抵抗力较小，说明刺到枢椎的齿突上，此时略后退针头，将犬、猫头弯向腹侧，再继续向前下方刺入（此时可拔出针芯，将注射器接到针头上，边刺边回抽，若抽出脑脊液时，立即停止刺入）。

◆ 穿过硬膜时，犬猫可出现轻微震颤和不安，有穿透牛皮纸样感觉。

◆ 拔出针芯，脑脊液即可流出。

（3）术后　操作完毕后，拔出穿刺针，术部局部消毒，覆盖无菌纱布，胶布固定。

【备注】

（1）宠物保定必须确实，针头不能过粗，穿刺不能过深，以免伤及脑组织或脊髓。

（2）多次穿刺易引起脑感染，宜慎重。

（3）进行药物注射时，应控制总量，中小宠物在 3～5 毫升，以防止脑髓压增加过大。

第五节　其他穿刺术

一、腰椎穿刺术

【适应证】适用于诊断骨髓性质或作细菌、细胞学检查。

【穿刺部位】腰椎与荐椎之间，即"百会穴"（图 5-3）。

【宠物保定】躺卧并使腰部稍向腹侧弯曲保定。

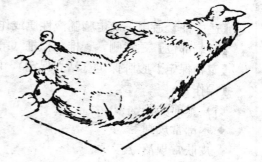

图 5-3　犬腰椎穿刺位置的正确位置
（引自宋大鲁．宠物急诊手册）

【操作】

（1）术前准备

◆ 术部常规剃毛。

◆ 皮肤常规消毒。

◆ 铺无菌手术巾。

◆ 术者戴灭菌手套。

◆ 用 2% 利多卡因溶液全身麻醉。

（2）穿刺

◆ 术者左手固定穿刺点皮肤，右手持穿刺针，以垂直背部的方向刺入，先刺透皮肤和肌肉，通过腰椎与荐椎之间插入脊柱管，此时可感觉有阻力，继续进针，当阻力突然消失时，说明已穿通韧带及硬膜。

◆ 将针芯慢慢抽出，即可见脊髓液流出。

（3）术后　操作完毕，插入针芯，拔出穿刺针，术部局部消毒，覆盖无菌纱布，胶布固定。

【备注】

◆ 保定须确实。

◆ 多次穿刺易引起脊髓感染，宜慎重。

二、骨髓穿刺术

【适应证】

◆ 寄生虫学检查。

◆ 细菌学检查。

◆ 血液学检查。

◆ 在形态上帮助诊断贫血的原因。

◆ 可以用于骨髓的骨髓细胞学、生物化学的研究。

【穿刺部位】一般在胸骨，犬猫在胸廓底线正中，两侧肋骨窝与第 8 肋骨连接处。

【宠物保定】仰卧保定。

【操作】

（1）术前准备

◆ 术部常规剃毛。

◆ 皮肤常规消毒。

◆ 铺无菌手术巾。

◆ 术者戴灭菌手套。

◆ 用 2% 利多卡因溶液局部浸润麻醉或全身麻醉。

（2）穿刺

◆ 术者将骨髓穿刺针（图 5-4）固定器固定在适当长度，用左手拇指和食指固定穿刺部位，右手持针垂直刺入骨面，当针尖接触骨面后则将穿刺针左右旋转，缓缓转刺骨质。

◆ 刺入 0.5 厘米，当针尖阻力变小，且穿刺针已固定在骨内时，表示已进入骨髓腔。

◆ 若穿刺针未固定，应再钻入少许至固定为止。

◆ 这时可拔出针芯，接上干燥的 10 厘米或 20 厘米注射器，用适当力度徐徐抽取少量

图 5-4　骨髓内穿刺针
（Cardinal Health 提供）

红色骨髓液。骨髓吸取量以 1.0～2.0 毫升为宜。

◆ 若做骨髓液细菌培养，需在留取骨髓液计数和涂片标本后，再抽吸 1～2 毫升。

◆ 如未能抽取骨髓液，可能是针腔被皮下组织块堵塞，此时应重新插上针芯，稍加旋转或再钻入少许或退出少许，拔出针芯，可见针芯带有血迹时，再行抽吸即可取得骨髓液。

【备注】

（1）术前应做凝血时间检查，有出血倾向者操作要慎重。

（2）骨髓穿刺时，如遇有坚硬部位不易刺入，或已刺入而无骨髓液吸出时，可改变位置重新穿刺。

（3）注射器与穿刺针必须干燥，以防发生溶血。

三、骨髓活体组织检查术

【适应证】

◆ 诊断骨髓增生异常综合征。

◆ 原发性或继发性骨髓纤维化症。

◆ 增生低下型白血病。

◆ 骨髓转移癌。

◆ 再生障碍性贫血。

◆ 多发性骨髓瘤等疾病。

【穿刺部位】髂前上棘或髂后上棘。

【宠物保定】仰卧保定或侧卧保定。

【操作】

（1）术前准备

◆ 术部常规剃毛。

◆ 皮肤常规消毒。

◆ 铺无菌手术巾。

◆ 术者戴灭菌手套。

◆ 用2%利多卡因溶液对皮肤、皮下和骨膜进行麻醉。

（2）检查

◆ 术者将穿刺针的针管套在手柄上，左手拇指和食指将穿刺部位皮肤压紧固定，右手持穿刺针手柄以顺时针方向进针至骨质一定的深度后，拔出针芯，在针座后端连接上接柱。

◆ 再插入针芯，继续按顺时针方向进针，其深度达 1.0 厘米左右，再转动针管 360°，针管前端的沟槽即可将骨髓组织离断。

◆ 按顺时针方向退出穿刺针，取出骨髓组织，立即置于 95％乙醇或 10％甲醛中固定，并及时送检。

（3）术后　操作完毕后，术部局部消毒，覆盖无菌纱布，胶布固定。

【备注】

◆ 开始进针不要太深，否则不易取得骨髓组织。

◆ 一般不用于吸取骨髓液做涂片检查。

◆ 穿刺前应检查出血时间和凝血时间。

◆ 有出血倾向者穿刺时应特别注意。

四、淋巴结穿刺活检术

【适应证】

◆ 淋巴瘤。

◆ 淋巴结核。

◆ 转移癌。

◆ 黑热病。

◆ 真菌病等的诊断。

◆ 淋巴结穿刺活检。

【穿刺部位】选择肿大较明显的淋巴结进行穿刺。

【宠物保定】侧卧保定或站立保定。

【操作】

（1）术前准备

◆ 术部常规剃毛。

◆ 常规消毒欲穿刺的部位。

◆ 术者左手拇指、食指及中指用乙醇擦洗后，固定欲穿刺的淋巴结。

◆ 抽取 2％利多卡因 1～2 毫升，在欲穿刺点的表面，做局部浸润麻醉。

（2）检查

◆ 右手持注射器，将针头以垂直方向或 45°方向刺入淋巴结中心，左手固定针头和针筒，右手抽针筒活塞至 5 毫升刻度，抽成负压，用力抽取内容物

2～3次，然后放松活塞，拔出针头，勿使抽吸物进入注射器内。

◆ 如未见任何抽出物，可取下注射器，吸取生理盐水 0.5 毫升左右，将其注入淋巴结内再行抽吸。

◆ 如抽出液很少，可将注射器与针头分离，抽吸空气再套上针头推，这样可将针头内抽出液射在玻片上进行涂片染色。

◆ 若抽出量较多也可注入 10％福尔马林固定液内作浓缩切片病理检查。

（3）术后　抽取完毕，术部局部消毒，覆盖无菌纱布，胶布固定。

【备注】

◆ 淋巴结局部有明显炎症反应或即将溃烂者，不宜穿刺。

◆ 具有轻度炎症反应而必须穿刺者，可从健康皮肤由侧面潜行进针，以防形成瘘管。

◆ 刺入淋巴结不宜过深，以免穿通淋巴结损伤附近组织。

◆ 穿刺一般不宜选腹股沟淋巴结。

五、鞘内注射术

【适应证】适用于中枢神经性白血病。

【宠物保定】侧卧保定，背部与床板垂直，头向胸前屈曲，使脊柱尽量后突以加宽脊椎间隙，便于进针。

【操作】

（1）术前准备

◆ 常规皮肤消毒。

◆ 戴无菌手套。

◆ 铺孔巾，暴露穿刺部位。

◆ 用 1％～2％普鲁卡因 2～4 毫升自皮下到椎间韧带作局部麻醉。

（2）注射

◆ 用左手固定穿刺点皮肤，右手持穿刺针垂直于脊柱缓慢刺入 4～6 厘米。

◆ 当针头穿过韧带与硬脑脊膜时，可感到阻力突然消失，此时可将针芯慢慢拔出，如有脑脊液溢出，应立即插上针芯。

◆ 将已准备好的鞘内注射药物用 4 毫升生理盐水稀释后，加入地塞米松 5 毫克，待拔出针芯后立即接上注射器，缓慢推注。

◆ 推注完毕后再将针芯插入，拔出穿刺针，覆盖无菌敷料，用胶布固定。

【备注】

（1）注意无菌操作。

（2）注射后注意观察，如发现宠物有呕吐、口唇发绀、瞳孔不等大、颈项强直等反应，则应立即停止穿刺，并作相应处理。

（3）穿刺时，宜选用小号穿刺针，避免药物外渗及穿刺损伤。

（闫振贵　杨化学）

第 六 章
切 开 术

第一节 气管切开术

【适应证】

◆ 解除各种原因引起的呼吸道阻塞。

◆ 方便吸除下呼吸道的分泌物，并可经切口滴入治疗性药物。

◆ 有些宠物头颈部手术，便于气管插管、吸入麻醉或维持术后呼吸通畅。

◆ 气管切开后呼吸道阻力降低，可以减轻患病宠物呼吸时的体力负担，减少耗氧量。

【宠物保定】仰卧保定。

【操作】

（1）术前准备

◆ 局部浸润麻醉。

◆ 术部剃毛、消毒。

（2）术式

◆ 暴露气管 沿颈正中线作 5～7 厘米的皮肤切口，切开浅筋膜、皮肌，用创钩张开创口，进行止血并清除创内积血，于深部寻找两侧胸骨舌骨之间的白线，用手术刀切开，张开肌肉，再切开深层气管筋膜，完全暴露气管。

◆ 气管切开 气管切开之前应充分止血，防止创口血液流入气管。钝性分离气管腹侧面皮肌和肌肉组织，以及结缔组织，拉出气管，在第 3～4 气管环上作一个圆形切口，插入导气管，用线或绷带固定于颈部。

◆ 固定与缝合 皮肤切口的上、下角各作 1～2 个结节缝合，有助于气导管的固定。皮肤及肌肉切口过长，可缝合数针，但不能缝合过紧。再用纱布块垫在套管的底板上保护创口。

【备注】

◆ 术后密切注意导气管是否畅通，如有分泌物则应立即清除。

◆ 术后防止宠物摩擦术部，防止导气管脱落，每天清洗术部。

◆ 待原发性疾病转好时，撤出气导管，创口作常规处理，取第二期愈合。

第二节　食管切开术

【适应证】

◆ 不能通过口腔和胃取出阻塞物的食管阻塞。

◆ 食管憩室。

【宠物保定】侧卧保定。

【操作】

（1）术前准备

◆ 全身镇静。

◆ 术部选择决定于异物阻塞的部位，通常由颈静脉沟来触诊。

（2）术式

◆ 暴露食管　切开皮肤、筋膜（含皮肌），钝性分离颈静脉和肌肉（臂头肌或胸头肌）之间的筋膜，在不破坏颈静脉周围的结缔组织腱膜的前提下，用剪刀剪开纤维性腱膜，根据解剖位置，寻找食管。

◆ 食管切开　食管暴露后，小心将食管拉出，并用生理盐水浸湿的灭菌纱布隔离。

　☆ 若食管梗塞的时间不长，则切口可作在梗塞物的食管上。

　☆ 若食管梗塞的时间过长，食管黏膜有坏死，则食管切口应作在梗塞物的稍后方，切口大小应以能取出梗塞物为宜。

◆ 食管闭合和缝合　食管闭合必须确认在局部无严重血液循环障碍的情况下方可进行。食管的缝合应作二层缝合，第一层用铬制肠线连续缝合全层，第二层仅对纤维肌肉层作间断缝合。

　☆ 食管周围结缔组织、肌肉和皮肤分别作结节缝合。

　☆ 若食管壁坏死，则需保持开放，食管不得缝合，皮肤可作部分缝合，用消毒液浸润的棉纱填塞或者放置一个引流管。

【备注】

（1）打开手术通路时，注意不要损伤食管周围的重要组织。

（2）食管手术时，尽量避免使食管与周围组织剥离，撕断的组织在筋膜间可形成渗出物蓄积的小囊，使创伤愈合变的复杂化。

（3）术后1~2天，禁止宠物饮水，以减少对食管创的刺激，以后给柔软饲料和流体食物，必要时静脉注射葡萄糖和生理盐水，以供给宠物能量和液体。

（4）为防止术后感染，应使用抗生素治疗1周左右。

第三节　脓肿切开术

【适应证】脓肿早期保守治疗无效且已成熟时，为防止毒素被吸收扩散，及时切开排脓。

【宠物保定】根据手术部位选择合适的保定方式。

【操作】根据脓肿的部位分为浅表脓肿和深部脓肿。

（1）浅表脓肿

◆ 术前准备　在浅表脓肿隆起外周用1‰普鲁卡因作皮肤浸润麻醉。

◆ 脓肿切开及引流

　☆ 切开　用手术刀刃先将脓肿切开一小口，再把刀翻转，使刀刃朝上，由里向外挑开脓肿壁，排出脓液。随后用手指或止血钳伸入脓腔探查脓腔大小，并分开脓腔间隔。根据脓肿大小，在止血钳引导下，向两端延长切口，达到脓腔边缘，把脓肿完全切开。如脓肿较大，或因局部解剖关系，不宜作大切口者，可以作对口引流，使引流通畅。

　☆ 引流　用止血钳把凡士林纱布条一直送到脓腔底部，另一端留在脓腔外，垫放干纱布包扎。

（2）深部脓肿

◆ 术前准备

　☆ 根据手术的部位选择合适的麻醉方式，然后常规处理。

　☆ 皮肤用碘酊、酒精消毒，铺无菌巾，局部穿刺抽得脓液后留针。

◆ 脓肿切开及引流

　☆ 切开　切口方向应根据脓肿部位，与动、静脉和神经或其他主要血管走向平行。切开皮肤、皮下组织后，注意避开静脉和动脉或其他主要血管、神经顺针分离，找到深部脓肿的部位，将脓肿壁作一纵行小切口，用止血钳分进脓腔内排出腔液。再用手指伸入脓腔，分开纤维间隔，扩大脓肿壁切口，使引流通畅。

　☆ 引流　按脓肿大小与深度放置凡士林纱布条引流。若有活动性出血可用止血钳钳夹后结扎，一般小渗血用凡士林纱布堵塞，加压包扎后即可止血。

【备注】

（1）术后体质较弱的宠物，应及时加强营养，必要时静脉滴注营养药。

（2）术后第 2 天开始换药，松动脓腔内引流条，以后每次换药时，根据脓液减少情况逐步拔出引流管，并剪除拔出部位，直至完全拔出为止。

第四节　膀胱切开术

【适应证】膀胱结石、膀胱肿瘤等疾病的外科疗法。

【宠物保定】仰卧保定。

【操作】

（1）术前准备

◆ 全身麻醉。

◆ 术部剪毛、消毒。

◆ 固定创巾。

（2）术式

◆ 暴露膀胱

　☆ 腹壁切口选择　切开腹壁，母畜在耻骨前后下腹作切口；公畜在耻骨前，应避开包皮，包皮侧旁一指宽作切口，将包皮边缘拉向侧方，露出腹壁白线，切开腹壁时应注意避免损伤血管、充满尿液的膀胱。

　☆ 膀胱暴露　纵行切开皮肤 3～5 厘米，然后依次切开肌肉和腹膜，暴露腹腔，腹壁切开后，需要排空蓄积尿液，使膀胱空虚。

　☆ 膀胱固定　用一或两指握住膀胱的基部小心地把膀胱翻转出创口外，使膀胱背侧向上，然后用纱布隔离，以防尿液流入腹腔。

◆ 膀胱切开

　☆ 膀胱切口选择　传统的膀胱切开位置是在膀胱的背侧，无血管处，因为若在膀胱的腹侧面切开，易在缝线处形成结石，沿着膀胱的纵轴切开膀胱 2～3 厘米，在切口两端放置牵引线。如果是膀胱肿瘤，则视肿瘤生长的部位，尽量将膀胱移至创口外，在距肿瘤生长部位附近切开膀胱壁 5～8 厘米，将膀胱黏膜部翻转，在明视下切除肿瘤。

　☆ 膀胱切开及处理　膀胱切开后取出结石或切除肿瘤等处理。对于膀胱破裂的应先清理腹腔，后用生理盐水冲洗，以防腹膜炎。

◆ 膀胱缝合　在支持线之间，应用双层连续内翻缝合，保证缝线不露在膀胱腔内，因为若缝线露在膀胱腔内，可能会增加结石的复发性。

☆ 缝合时，第1层应用库兴氏缝合，膀胱壁浆肌层连续内翻水平褥式缝合。

☆ 第2层应用伦勃特式缝合，膀胱壁浆肌层连续内翻垂直褥式缝合，缝合材料应选择吸收性缝合材料。

◆ 缝合及还纳　缝合膀胱后，将膀胱清洗还纳腹腔，常规缝合腹壁、肌肉、皮肤等，消毒包扎。

【备注】

（1）术后应使患病宠物充分休息，防止剧烈运动。

（2）观察患病宠物的排尿情况，特别在手术 48～72 小时，有轻度血尿或尿中有少量血凝块属正常现象，如果血尿较多，而且较浓，则应采取止血措施。

（3）给予患病宠物抗生素治疗，防止术后感染。

第五节　肾切开术

【适应证】肾结石、肾盂结石、肾盂肿瘤等疾病。

【宠物保定】仰卧保定。

【操作】

（1）术前准备

◆ 全身麻醉。

◆ 术部剃毛，消毒。

（2）术式

1）暴露肾脏

◆ 肾脏显露　沿最后肋骨弓后缘 2 厘米与肋骨平行作弧形皮肤切开，钝性依次分离腹外斜肌、腹内斜肌、腹横肌，切开腹膜，暴露肾脏。

◆ 血管处理　使用血管钳暂时阻断肾动脉和肾静脉。

◆ 肾脏固定　将肾固定在拇指和食指之间，充分露出肾的凸面。

2）肾脏切开

◆ 切开　用手术刀从肾脏凸面纵行矢状面切开皮质和髓质部达到肾盂，除去结石。

◆ 冲洗　用生理盐水冲洗沉积在组织内或肾盂的矿物质沉积物，从肾盂的输尿管口插入纤细柔软管，用生理盐水轻微冲洗输尿管，证明输尿管畅通。肾的切口位置出血量很少，因为该手术切口不损伤主要血管。

　　3）缝合

　　◆ 止血　缝合肾脏前，取下暂时阻断肾动脉、肾静脉的止血钳，观察切面血液循环恢复情况，对小出血点，压迫止血。

　　◆ 缝合　用拇指和食指将切开的肾脏两瓣紧密对合，轻微压迫，使肾组织瓣由纤维蛋白胶接起来，只需要肾脏被膜连续缝合，不需要肾组织褥式缝合，该法称为"无缝合肾切开闭合法"，逐层缝合腹壁切口。

　　【备注】

　　（1）由于犬猫肾盂较小，如果是肾盂结石，不应作肾切开术，因为肾盂切开术有损伤血管的危险。

　　（2）肾脏切开术能出现暂时性肾机能降低 20%～40%，因此要注意观察肾机能恢复过程。

　　（3）如果是两侧肾结石，患病的宠物患有严重氮血症，在一次手术时，只能做一个肾的切开，不能同时做两个肾切开，要间隔一段时间，待肾机能恢复正常时，再做另一侧手术。

　　（4）术中和术后给予静脉补液，以便血液凝块从尿道排出。

　　（5）由于术后血尿将持续几天，所以术后要给予止血药。

第六节　公犬尿道切开术

　　【适应证】公犬尿道结石或尿道异物。

　　【宠物保定】仰卧保定。

　　【操作】

　　（1）术前准备

　　☆ 全身麻醉或高位硬膜外腔麻醉。

　　☆ 使用导尿插管或探针插入尿道，确定尿道阻塞部位。

　　（2）术式　根据阻塞部位，选择手术通路，可分为前方尿道切开术和后方尿道切开术（彩图 6-1）。

　　1）前方尿道切开术

　　◆ 切口定位及准备　应用导尿管或探针插入尿道，以确定阻塞部位是否在阴茎骨后方到阴囊之间。包皮腹侧面皮肤剃毛、消毒。

　　◆ 切开及清理　左手扯住阴茎骨提起包皮和阴茎，使皮肤紧张伸展，在阴茎骨后方和阴囊之间正中线作 3～4 厘米切口，切开尿道海绵体，使用插管或探针指示尿道。在结石处作纵行切开尿道 1～2 厘米，用钝刮匙插入尿道小心取出结石。然后导尿管进一步向前推进到膀胱，证明尿道通畅，冲洗创口。

◆ 缝合

☆ 如果尿道无严重损伤，则应用吸收性缝合材料缝合尿道；

☆ 如果尿道损伤严重，则不要缝合尿道，进行外科处理，大约 3 周即可愈合。

2) 后方尿道切开术

◆ 切口定位与准备

☆ 术部选择在坐骨弓与阴囊之间，正中线切开。

☆ 术前应用柔软的导尿管插入尿道。

◆ 切开及清理　切开皮肤，钝性分离皮下组织，大的血管必须结扎止血，在结石部位切开尿道，取出结石，生理盐水冲洗尿道，清洗松散结石碎块。其他操作同尿道切开术。

【备注】

（1）为了防止犬舔咬伤口，应给犬带上伊丽莎白颈圈。

（2）术后应注意排尿情况，若再出现排尿困难或尿闭时，马上拆除缝线，仔细探诊尿道是否有结石嵌留。

（3）术后全身给予抗生素或磺胺类药物治疗 1 周左右，留置导尿管 48～72 小时后拔出。

第七节　公猫尿道切开术

【适应证】尿道结石或由于局部瘢痕收缩造成的尿道狭窄。

【宠物保定】仰卧保定。

【操作】

（1）术前准备

◆ 全身麻醉。

◆ 将阴茎到坐骨弓之间剃毛、消毒。

◆ 将阴茎从包皮拉出约 2 厘米，用手指固定。

（2）术式

1) 切口定位及切开

◆ 定位与切开　从尿道口插入细导尿管到结石阻塞部位，于阴茎腹侧正中切开皮肤，钝性分离皮下组织，结扎大的血管，在导尿管前端结石阻塞部位切开尿道，取出结石。

◆ 导尿与冲洗　导尿管向前推进到膀胱，排出尿液，用生理盐水冲洗膀胱和尿道。

2）缝合

◆ 如果尿道无严重损伤，应用可吸收缝线缝合尿道。

◆ 如果尿道严重损伤不能缝合，进行外科手术处理后，经过几天后即可缝合。

（3）尿道造口手术　对于患有下泌尿道结石性堵塞的公猫，可以实施尿道造口手术。

1）保定及准备

◆ 猫趴卧保定，后躯垫高。

◆ 常规消毒阴茎周围的皮肤。

2）尿道切开与处理　切开阴茎周围的皮肤，分离阴茎与周围的组织，使阴茎暴露于创口外4～6厘米，在阴茎头的背侧距阴茎头2厘米向后纵向切开阴茎组织3～4厘米，使尿道暴露，将双腔导尿管插入膀胱，并注射1毫升液体使双腔导尿管位置稳固。

3）缝合　将尿道黏膜与创缘皮肤缝合在一起，导尿管连接尿袋，固定于背部，用纱布使尿袋稳固。

【备注】

（1）术部涂抗生素软膏，并连续冲洗3天，建议采用静脉输液4天供应营养并纠正体内酸碱平衡。

（2）为防止猫咬坏导尿管，应给猫戴上伊丽莎白圈，使其不能咬到创部和导尿管，术后使用7天抗生素。

第八节　竖　耳　术

【适应证】犬耳郭不能直立，耳后背或腹侧偏斜弯曲，影响犬的美观，主要施术对象是拳击狮品种犬、丹麦品种大丹犬等品种。

【宠物保定】俯卧姿势保定，用带子将嘴缚住，并打结固定于头后部。

【操作】

1）切皮矫正法

◆ 方法描述　该法是通过将犬两耳间头部皮肤切除，来矫正耳向腹侧倾斜下垂。视情况可进行单侧或双侧矫正。皮瓣一般做菱形或三角形，切除大小应根据耳下垂程度和皮肤松紧度而定。

　　◆ 注意事项。

　　　　☆ 皮肤切口前端应达两眼连线中点上 2 厘米左右。

　　　　☆ 术前采用全麻胸卧位保定。

　　2）第二阶段手术　如果上述手术方法仍不能矫正，仍向前垂下，则需要进行第二阶段手术。

　　◆ 方法描述　从耳甲骨的外侧切下纺锤形皮肤，形成一个人造的直立的耳朵。该法是在耳郭外侧基部切开皮肤，分离皮下组织，暴露盾形软骨，然后分离耳肌组织附着部，使软骨部分游离，将软骨内移 12～16 厘米，并稍向切口侧牵拉，使耳基部紧靠头部。用水平褥式缝合将软骨缝合到颞肌筋膜上。

　　3）缝合　将皮肤切口创缘进行修整，去掉少量皮肤，切除多少视耳下垂程度而定。一般最大直径处切除 1.2～1.6 厘米，用垂直褥式缝合来闭合切口。

【备注】

　　（1）术后 2～3 天除去包扎绷带，术后 7～10 天可以拆线，按常规进行创伤处理。

　　（2）拆线后如果犬耳突然下垂，可用脱脂棉塞于犬耳道内，并用绷带在耳基部包扎 5 天后解除绷带，若仍不能直立，再包扎绷带，直至耳直立为止。

第九节　犬胃切开术

【适应证】

　　◆ 宠物胃内异物（彩图 6-2）的取出。

　　◆ 胃内肿瘤的切除。

　　◆ 急性胃扩张-扭转的整复。

　　◆ 胃切开、减压或坏死胃壁的切除。

　　◆ 慢性胃炎。

　　◆ 食物过敏时胃壁活组织检查等。

【宠物保定】仰卧保定。

【操作】

　　（1）术前准备

　　1）非紧急手术，术前应禁食 24 小时以上。

　　2）紧急手术要先对症治疗。

　　◆ 如果出现休克症状应先纠正休克，强心补液。

◆ 对于胃内压较大的宠物，应经口插入胃管以倒出胃内蓄积的气体、液体或食物，以减轻胃内压力。

（2）术式

1）切口定位

◆ 脐前腹中线切口，从剑突末端到脐之间作切口，但不可自剑突旁侧切开。

◆ 因为在剑突旁切开时，极易误切开膈肌而同时开放两侧胸腔，造成气胸而引起致命危险。

◆ 切口长度因宠物体型、年龄大小及宠物品种、疾病性质而不同。

☆ 幼犬、小型犬和猫的切口，可从剑突到耻骨前缘之间。

☆ 胃扭转的腹壁切口及胸廓深的犬腹壁切口均可延长到脐 4～5 厘米处。

2）切开

◆ 暴露腹腔　沿腹中线切开腹壁，显露腹腔。

◆ 镰状韧带的处理　对镰状韧带应予以切除，若不切除，不仅影响和妨碍手术操作，而且再次手术时因大片粘连而给手术造成困难。

◆ 胃部切开

☆ 在胃大弯与胃小弯之间的预定切开线两端做缝合浆膜肌层的牵引线。

☆ 牵拉牵引线，使胃壁显露在切口之外，并用生理盐水纱布填塞在胃和腹壁切口之间，以减少胃切开时对腹壁和腹壁切口的污染。

☆ 在胃大弯和胃小弯之间血管稀少处纵向切开胃壁。

3）处理　先用刀再用剪对胃进行检查或根据情况进行相应的治疗。

4）缝合　胃壁切口的缝合时第一层做胃壁全层的连续缝合或康奈尔缝合，一定要缝合紧密，然后清除胃壁切口边缘的血凝块及污物，用连续的伦贝特缝合法进行第二层缝合。

5）胃的还纳与腹腔闭合　拆除牵引线，除去隔离纱布，用生理盐水清洗胃壁后，将胃还纳。常规闭合腹壁切口，消毒后打结系绷带。

【备注】

（1）术后 24 小时内禁饲，不限饮水。

（2）24 小时后给予少量肉汤或牛奶，术后 3 天可以给予软的易消化的食物，应少量多次喂给。

（3）在恢复期间，应注意宠物水、电解质代谢是否紊乱及酸碱平衡是否失调，必要时应予以纠正。

（4）后 5 天内每天定时给予抗生素，可首选青霉素，剂量为每千克体重 2 万～4 万单位，每天 2 次肌内注射。

（5）手术后还应密切观察胃的解剖复位情况，特别在胃扩张-扭转的病犬，经胃切开减压整复后，注意犬的症状变化，一旦发现胃扩张-扭转复发，应立即进行救治。

（韩春杨　闫振贵）

第 七 章
复 位 技 术

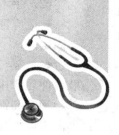

第一节 关节脱位概述

关节脱位是指关节骨间关节面失去正常的对合关系，如关节完全失去正常对合，称全脱位；反之，称不全脱位。犬猫常发生髋关节、肩关节、肘关节和髌骨脱位，腕关节、跗关节、寰枕关节及下颌关节发生较少。

【病因】

◆ 强烈的直接或间接外力作用所致。

◆ 某些先天性或发育异常因素导致，多与遗传有关。

【症状与诊断】

（1）全身各部的关节均有脱位的可能，但以四肢肘膝以上关节多见，各部位关节脱位表现的症状不完全相同，但有基本相同的特征，主要有：

◆ 关节变形。

◆ 异常固定。

◆ 关节肿胀。

◆ 姿势改变。

◆ 机能障碍（跛行）等。

（2）根据临床症状和X线检查可确定关节脱位的部位、脱位的程度以及组织损伤的情况，但应注意与骨折相鉴别。

【治疗】以整复、固定和功能恢复为原则，治疗方法包括保守疗法和手术治疗两种。

（1）保守疗法

◆ 适应证 不全脱位或轻度全脱位，应尽早采用闭合性整复与固定。

◆ 整复与固定 将宠物侧位保定，患肢在上，对比对侧正常的关节，采用牵拉、按揉、内旋、外展、伸屈等手法，使关节复位，然后选择夹板绷带或石膏绷带固定。

（2）手术治疗

◆ 适应证　中度或严重的关节全脱位和慢性不全脱位，多采用开放性整复与固定。

◆ 整复与固定　不同的关节脱位采用不同的手术径路，通过牵引、旋转患肢、伸屈和按压关节或利用杠杆原理，使关节复位。根据脱位性质，选择髓内针、钢针和钢丝等进行内固定，若发生韧带断裂，则尽可能缝合固定，并配合外固定以加强内固定。

【备注】

（1）整复1周后应让患病宠物适当运动，以利于患肢功能的恢复。

（2）保守疗法无效时，应及时采用开放性整复与固定。

第二节　肘关节脱位复位固定

【适应证】

◆ 小型犬因肘关节内侧韧带、肘突及滑车等发育不全或发育异常而诱发导致的先天性肘关节脱位。

◆ 因外伤所致的后天性肘关节脱位。

【宠物保定】宠物应全身麻醉，侧卧保定，患肢在上，肘关节屈曲100°～110°。

【操作】有闭合型复位和开放性复位两种。

（1）闭合性复位

1）注意　先天性肘关节脱位犬、小于4月龄时适宜闭合性复位。

2）整复　宠物应全身麻醉，侧卧保定，患肢在上，肘关节屈曲100°～110°，右手拇指向内压迫鹰嘴突，使其锁在臂骨外上髁嵴内面（鹰嘴窝）。然后左手拇指向内推压桡骨头使其滑过臂骨小头而复位。

如向内压迫桡骨头难以复位，可先稍伸展关节使鹰嘴突卡在鹰嘴窝内，并以此作为固定的支点，再向内旋转和内收前臂骨，可使桡骨头向内滑动复位。

3）其他情况　如果肘突位于外上髁关节面，可用另一种整复方法。肘关节屈曲100°～110°，向内旋转前臂迫使鹰嘴突卡在鹰嘴窝。在连续向内推压桡骨头的同时，先稍伸展、后屈曲肘关节，并内收前臂部，就迫使桡骨头越过臂骨小头而复位。

（2）开放性复位

1）注意　慢性脱位或严重变形时需开放性复位。

2）手术通路　一般选择肘关节外侧手术径路。

3）术式

◆ 切开关节囊，显露关节。

◆ 可用一钝头器械（如骨膜剥离器）插入桡骨头内侧面与臂骨外髁间，在完全屈曲肘关节的同时，向前外方撬动臂骨外髁，使其复位。如外侧韧带断裂，应施韧带再造术。

◆ 可用缝线将两断端缝合或分别在臂骨外髁和桡骨头钻入一根螺钉，再用缝线"8"字形缠绕在两螺钉上。

【备注】

（1）肘关节复位后，检查关节的稳定效果。

（2）患肢应包扎人字形绷带 2 周，限制活动 6 周，以减少关节的屈曲。

（3）绷带拆除后可进行物理疗法，包括被动伸展关节。

第三节　髋关节脱位复位固定

【适应证】适用于因骨盆部受到间接暴力所致的髋关节脱位。

【宠物保定】宠物侧卧保定，患肢在上。

【操作】

（1）闭合性复位

1）注意　适用于最急性髋关节脱位，以左髋关节脱位为例。

2）整复　术者右手抓住膝部，左手拇指或食指按压大转子。先外旋、外展和伸直患肢，使股骨头整复到髋臼水平位置，再内旋、外展股骨，使股骨头滑入髋臼内。如复位成功，可听到复位声，患肢可作大范围的转动。

3）术后护理

◆ 术后应用后肢悬系法（又称"8"字形吊带）将患肢悬吊，使髋关节免负体重，连用 7 天。

◆ 宠物限制活动 2 周以上。

4）复发病例的预防与处理

◆ 预防　复位后，采用髓内针外固定。

◆ 处理　用一根长的髓内针经坐骨腹外侧越过股骨头和颈的上方插至髂骨翼。应在宠物全身麻醉和股骨头整复后，在坐骨结节腹外侧作一个小的皮肤切口，髓内针经此切口刺入，沿坐骨腹外侧缘缓慢向前旋动抵股骨颈。当到达髂骨翼时，用力旋转骨钻柄，使针刺入骨骼（图 7 - 1）。

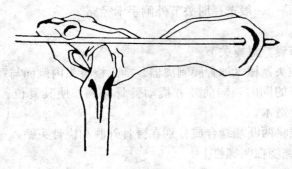

图 7-1 针刺入骨骼

（2）开放性复位固定

1）注意 闭合性复位不成功、长期脱位或脱位并发骨折者。

2）手术通路 多选择背侧手术路径，此路径优点是最易接近髋关节，均适用于急性或慢性髋关节脱位。

3）术式

◆ 关节的暴露与处理。在切开暴露髋关节后，彻底清洗关节内血凝块、组织碎片。除去股骨头、髋臼内圆韧带的残留部分。

◆ 整复与固定。

☆ 将股骨头的头窝转向外侧。

☆ 选一根两头均是尖的髓内针，其直径为头窝的 2/3～3/4。先从头窝斜向下钻入，于大转子下方钻出，并从外侧调整髓内针使其针尖与头窝持平。然后股骨头整复至髋臼内，使股骨平行于手术台，与脊柱呈 90°。再将髓内针钻入臼窝，并穿过髋臼入骨盆腔约 1 厘米（一般大小的犬）。助手可经直肠触摸针进入骨盆腔长度。注意不要刺破结肠。最后弯曲髓内针外侧末端，将其剪断（图 7-2）。

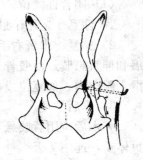

图 7-2 髋关节脱位固定

◆ 常规闭合关节囊、肌肉及皮肤等。

【备注】

（1）术后患肢系上"8"字形吊带，宠物禁止活动 2 周，并于术后 14～21 天拔除髓内针和拆除绷带。

（2）术后可能发生髓内针移位、弯曲和折断，故髋关节脱位也可用钢丝内固定。

第四节 膝部关节脱位复位固定

【适应证】适用于先天性和外伤性膝部骨折或关节脱位，如

◆ 小型品种犬发生的髌骨内方脱位。

◆ 大型品种犬发生的髌骨外方脱位。

【宠物保定】宠物全身麻醉，局部浸润麻醉，患肢在上的侧卧保定。

【操作】

（1）髌内方脱位 治疗方法有保守疗法和手术疗法两种。

1）保守疗法

◆ 注意 对于偶发性髌骨内方脱位、临床症状轻微或无临床症状、病犬大于1岁以上者可采用保守疗法。

◆ 方法 包括减轻体重、限制活动，必要时给予非固醇类抗炎药物，如阿司匹林或保泰松等。一旦影响运动，应及早施行手术。

2）手术疗法 手术疗法有多种。根据髌骨内方脱位程度，选择适宜的手术方法。

◆ 一级脱位 在外侧关节囊作一排伦巴特缝合（间断内翻缝合），缝线仅穿过其纤维层。从接近髌骨远端1厘米处开始缝合，向下缝至胫结节。

对于大型品种犬，也可从腓骨外侧穿一根线，经髌骨近端股四头肌腱穿至髌骨内侧，在沿其内侧缘向下穿出于髌骨远端的髌韧带，在外侧收紧打结。

◆ 二级脱位

☆ 切开关节囊，髌骨向外移位，暴露滑车。

☆ 测量髌骨的宽度，确定滑车成形术的范围。

☆ 滑车软骨可用手术刀（幼年宠物）、骨钻、骨钳或骨锉去除。其深度达至骨松质足以容纳50%的髌骨。新的两滑车嵴应彼此平行，并垂直于新的滑车沟床。

☆ 成形术完成后，将髌骨复位，伸展关节，以估计其稳定性。

◆ 三级脱位

☆ 其手术方法同二级脱位。

☆ 如仍脱位，则表明内侧松弛不够或存在胫骨内旋不稳定。需在原内侧切口的基础上继续向近端切开部分缝匠肌和股内直肌，增加内松弛的作用，再在腓骨外侧与胫结节间安置一根粗的缝线，收紧打结，使髌

骨向外旋转，以矫正因内旋造成的不稳定。

◆ 四级脱位　由于严重骨的变形，上述手术方法难以矫正髌骨脱位。一般需作胫骨和股骨的切除术。

（2）髌外方脱位　髌外方脱位亦划分四级，可按髌内方脱位选择适宜的手术方法。因髌外方脱位手术目的是加强内侧支持带和松弛外侧支持带，故对选用某些矫正髌内方脱位的手术作相应的改进。

【备注】

（1）手术修补髌内、外方脱位，其患肢应包扎绷带 2 周，限制活动至少也要 3 周。多数病例预后良好。

（2）对两肢患有髌骨脱位者，应先选最严重的一肢做手术，间隔 4 周后再作另一肢手术。

第五节　足部关节脱位复位固定

【适应证】

◆ 车轮辗轧或严重的扭伤所致的跖跗关节脱位。

◆ 由于外力作用所致的跖骨基底部向内、外、背、跖的任何一侧脱位。

【宠物保定】宠物全身麻醉，局部浸润或传导麻醉，患肢在上的侧卧保定。

【操作】术者一手握宠物小腿下段，一手握足趾，向远侧拔伸牵引。术者用拇指直接按压突出的跖骨头，推向跖骨基底，使其复位。

【备注】

◆ 复位后以夹板绷带固定踝关节。

◆ 中立位，并抬高患肢，以利于肿胀消退。

◆ 固定期间，可作踝关节的屈伸活动。

◆ 4～6 周解除固定，解除固定后应逐步练习负重行走。

第六节　疝

【适应证】

◆ 腹前部疝（脐疝、损伤性腹壁疝）。

◆ 腹后部疝（腹股沟疝、阴囊疝、股疝）。

◆ 膈疝。

◆ 会阴疝（彩图 7-1）等。

【宠物保定】宠物全身麻醉，局部浸润麻醉，根据疝发生的部位采用不同的保定姿势。

【操作】

◆ 注意　多数疝需用外科手术修复。

◆ 术式

☆ 疝囊的切开及处理　按预定切开线切开皮肤，沿切口两侧钝性分离皮下结缔组织直至疝轮周围，充分止血后，在疝囊无粘连处皱襞切开疝囊，手指伸入囊内探查疝内容物与囊壁的粘连情况，扩大疝囊切口，显露疝囊内容物及疝轮（需充分显露），还纳内容物。

☆ 疝的缝合　对疝轮作间断水平纽扣缝合，切除疝轮缘增生的瘢痕组织对切成新鲜创面的疝轮作间断缝合，可将一侧疝囊的纤维性结缔组织囊壁拉向疝轮的一侧，使其紧紧盖住已缝合的疝轮，并将囊壁缝在疝轮的外围，切除多余的皮肤囊，进行间断缝合，消毒后，打结系绷带。

【备注】

◆ 手术后的疝囊消失，术后5～7天应用抗生素，以预防术部的感染。

◆ 术后不宜让宠物吃得过饱，限制其剧烈活动，以防止腹压增高。

（闫振贵　董虹）

第 八 章
输 血 技 术

第一节　静脉、动脉输血术

一、静脉输血技术

【适应证】

◆ 由于损伤或手术而出血过多。

◆ 因烧伤、消化道疾病等引起的大量体液丧失。

◆ 由于各种原因引起的贫血。

【宠物保定】宠物由主人配合保定在输液台上。

【操作】

◆ 常规消毒血袋开口处，从生理盐水瓶塞上拔出输血器针头，插入血袋消毒部位，将血袋挂至输液架。

◆ 输血开始速度宜慢，少于 20 滴/分钟，观察 10 分钟，若无不良反应，可按病情调节滴速，一般 40～60 滴/分钟。

◆ 待血液输完后，继续滴入少量生理盐水，使输液管内血液全部输入体内后拔针。

◆ 输入两袋以上血液者，在两袋血液间需输入少量生理盐水。

◆ 输血完毕拔出针头，用棉签按压穿刺点至无出血。

【备注】

◆ 输血前必须进行血液相合试验。

◆ 认真检查库存血质量，如血浆变红，血细胞呈暗紫色界限不清，则提示可能有溶血，不能使用。

◆ 注意滴速，开始时速度应慢，如无反应则可根据需要调节滴速。

◆ 输血过程中应密切观察宠物有无局部疼痛、有无输血反应，一旦出现输血反应，则应立即终止输血，并立即处理。

二、动脉输血技术

【适应证】

◆ 出血量过多。

◆ 病情危重伴心力衰竭者，静脉输液见效慢反而加重心脏负担时采用动脉输血法。

【宠物保定】宠物应该全身麻醉，穿刺部位做浸润麻醉，由主人配合宠物保定。

【操作】穿刺部位可选肱动脉、股动脉，切开插管多选用左侧桡动脉。剥离并固定动脉后，将采血针插入动脉。

【备注】动脉输血较复杂，有发生肢体出血、动脉栓塞等危险，现已少用。

第二节 临床输血治疗

一、全血输注

全血是指血液的全部成分，包括血细胞及血浆中的各种成分。将血液采入含有抗凝剂或保存液的容器中，不做任何加工，即为全血。

◆ 全血的种类。

☆ 新鲜全血 一般认为，采集后 24 小时以内的全血称为新鲜全血，各种成分的有效存活率在 70% 以上。

☆ 保存全血 将血液采入含有保存液容器后尽快放入 4℃ 冰箱内，即为保存全血。保存期根据保存液的种类而定。

【适应证】

◆ 大出血 如：

☆ 急性失血。

☆ 产后大出血。

☆ 大手术等。

◆ 体外循环

◆ 换血 如新生儿溶血病、输血性急性溶血反应、药物性溶血性疾病。

◆ 血液病　如再生障碍性贫血、白血病等。

【备注】

◆ 全血中含有白细胞、血小板，可使受血宠物产生特异性抗体，当再次输血时，可发生输血反应。

◆ 血量正常的患畜，特别是老龄或幼龄宠物应防止出现超负荷循环。

◆ 对烧伤、多发性外伤以及手术后体液大量丧失的患病宠物，往往是血容量和电解质同时不足，此时最好是输血与输晶体溶液同时进行。

二、血小板输注

【适应证】

◆ 原发性血小板减少症。

◆ 继发性血小板减少症。

◆ 血小板功能异常。

◆ 在骨髓移植、猫遗传性 Chediak-Higash 病和用长春新碱治疗免疫介导性血小板减少症时。

【操作】血小板制剂是将以 ACD*、CPD**、CPDA－1*** 为保存液的血液，置于室温下（20～24℃）经离心分离得来的。根据血小板含量，可分为富血小板血浆和浓缩血小板血浆。

【备注】

◆ 输注要有针对性，不要滥用。

◆ 输注前要了解患病犬猫的血小板数量、功能、血容量及一般情况。

◆ 对脾脏肿大、发热、感染及弥漫性血管内凝血的患病犬猫，其血小板开始输注量均需加大。

◆ 输注速度以患病犬猫耐受为准，一般输注速度越快越好，以达到迅速止血的目的。

◆ 血小板的半存活期只有 3～4 天，因而，输注间隔不宜太长，最好在1～2 天内输 1 次，直至血小板数量上升，起到止血效果时即停止输注。

---

　* ACD：每 100 毫升中含枸橼酸钠 1.33 克、枸橼酸 0.47 克、葡萄糖 3 克的保养液。

　** CPD：枸橼酸盐—磷酸盐—葡萄糖血液保养液（citrate phosphate dextrose，CPD）。

　*** CPDA－1：是枸橼酸钠、枸橼酸、葡萄糖、腺嘌呤与磷酸二氢钠混合制成的灭菌水溶液。

三、血浆输注

◆ 血浆的种类。

☆ 新鲜液体血浆　血液采集后 4～6 小时离心分离制备，分离后应尽快输注或暂置于 4℃冰箱内保存，24 小时内输完。

☆ 普通液体血浆　血液采集后 24 小时至保存有效期内分离制备，或新鲜液体血浆在 4℃冰箱内保存超过 24 小时，但不超过 4 周。

☆ 新鲜冰冻血浆　血液采集后 4～6 小时离心分离制备后快速冰冻，保存于－20℃以下，有效保存期 1 年。

☆ 普通冰冻血浆　普通液体血浆制备后快速冰冻，保存于－20℃以下或新鲜冰冻血浆－20℃保存超过 1 年。普通冰冻血浆有效期 5 年。

【适应证】

◆ 血容量减少症。

◆ 低蛋白血症。

◆ 凝血因子缺乏的出血性疾病。

【备注】

◆ 输注血浆时应做交叉配合试验，相合者才比较安全。

◆ 用量可根据宠物个体大小及血浆丧失程度而定。

◆ 犬和猫，一般为每千克体重 5～20 毫升，且输入速度要慢，为 4～6 毫升/分钟，以防止引起循环负荷过量。

第三节　自体输血

动物自体输血就是采集受血者自身的血液或回收手术中的失血，以满足动物本身手术或紧急情况时需要的一种输血方式。主要包括以下 3 种方式。

一、预存式自体输血

【适应证】适用于择期手术动物。

【操作】术前数天或数周内定期反复采集患病犬猫血液，并贮存于保存液中备用，待手术时输还给患病犬猫。

【备注】血液有效期可延长到 35 天，但保存时间越长，血液成分的改变也越大，故应尽早输血。

二、稀释式自体输血

【适应证】适用于择期手术和急症手术的动物。

【操作】在患病犬猫麻醉后，术前经静脉采血短暂储存于保存液瓶内；同时，可经另一静脉输入一定比例的晶体液或胶体液以保存患病犬猫的正常血容量，使患病犬猫在血容量正常的血液稀释状态下接受手术，手术中或术后再回输给患病犬猫。

【备注】采血量应以红细胞压积不低于 30% 为限。

三、回收式自体输血

【适应证】适用于胸、腹腔出血的犬猫，如肝、脾破裂等。

【操作】采用先进的血液回收设备，负压吸引手术视野中的血液，将其回收在过滤器中，在严格无菌技术操作的环境下，滤过血液中的组织碎块、血凝块、脂肪等，再经过抗凝、洗涤等处理，在手术中回输给患病宠物。

【备注】伤口污染或含有菌血症宠物不可用自身供血。

第四节　输血不良反应及防治方法

一、输血不良反应及处理方法

1. 过敏性反应或类过敏反应

（1）原因及表现　主要是抗原抗体反应，活化补体和血管活性物质释放引起，可出现：

◆ 呼吸急迫。

◆ 痉挛。

◆ 皮肤上出现块状荨麻疹等。

（2）处理方法　应立即停止输血，肌内注射苯海拉明等抗组胺制剂以及钙剂等进行解救，必要时进行对症治疗。

2. 发热反应

（1）原因及表现　输血易发生的一种反应，可发生在输血中或输血后 1 小时，一般持续1～2小时。主要是由热致原引起，这可能是血液保存液和采血用具被污染，或因免疫反应引起。可出现：

☆ 寒战

☆ 发热

☆ 不安

☆ 呕吐

☆ 心动亢进

☆ 出汗

☆ 血尿

☆ 结膜黄染等

（2）处理方法　可在每100毫升血液中加入2‰普鲁卡因5毫升或氢化可的松50毫克输入，并放慢输血速度，持续观察。如症状继续加剧或无效时，应停止输血，并肌内注射盐酸哌替啶（度冷丁）；同时对症治疗。

3. 溶血反应

（1）原因及表现　多因输入错误血型或配合禁忌的血液所致，或因血液在输血前处理不当，大量红细胞破坏所引起。可出现：

☆ 突然不安

☆ 呼吸困难

☆ 脉搏频数

☆ 肌肉震颤

☆ 不时排尿、排粪，出现血红蛋白尿

☆ 可视黏膜发绀

☆ 甚至不能站立而跌倒等

（2）处理方法　立即停止输血，皮下注射0.1‰盐酸肾上腺素，静脉注射生理盐水或5%～10%葡萄糖注射液，随后再注射5%碳酸氢钠注射液。为了加强肾脏的排泄功能，可静脉注射强心利尿剂。肝功能差时，还需注射复合维生素B、维生素C、维生素K。

二、输血不良反应的预防方法

为避免输血发生不良反应，应注意以下事项：

◆ 输血前一定要做血液相合性试验，尤其是生物学试验。

◆ 输血量应根据犬猫的病情需要及体重等决定，一般为其体重的1%～

2%。在重复输血时，为避免输血反应，应采用更换供血动物的方法输入。一般情况下，犬 200～300 毫升，猫 40～60 毫升。

◆ 一定要严格执行无菌操作，一切输血器具都应该经过严格的清洗和消毒，特别是贮存血液时。

◆ 输血速度与疾病种类、犬猫心肺功能状态密切相关。一般情况下，输血速度不宜太快，尤其是输血开始时，一定要慢而且先输少量，以便观察犬猫有无反应。

◆ 输血过程中，应密切观察患病犬猫的全身变化，若出现异常应立即停止输血。

◆ 不使用贮存时间长的血液，贮存 10 天以上的血液不要再用，最好是使用新鲜血液。严重溶血的血液应弃之不用。如果血液颜色变淡或变深，应涂片进行革兰氏染色和温箱内培养，检查有无细菌污染。

◆ 输血时血液一般不需加温，否则会造成血浆中的蛋白质凝固、变性、红细胞坏死，若输入机体会立即造成不良后果。

◆ 用枸橼酸钠做抗凝剂大量输血后，应立即补充钙制剂，否则可因血钙骤降导致心肌机能障碍，严重时可导致心脏骤停，进而死亡。

◆ 对患有严重器质性疾病的犬猫应禁止输血。

（闫振贵　杨忠福）

附：血液相合试验

【适应证】适用于输血性疾病输血前的血液配型。

【操作】

1. 交叉配血（凝集）试验　配血试验主要是检验受血动物血清中有无破坏供血动物红细胞的抗体。如果受血动物血清中没有能使供血动物红细胞破坏的抗体，即称为"配血相合"，反之称为"配血不合"。一般将配血试验的重点放在受血动物的血清与供血动物的红细胞配合方面，称为"主侧"或"直接配血"。但在完全输血时，不仅输入红细胞，而且还有血浆输入，如果输入的血浆中含有与受血动物的红细胞不相合的抗体，也可以破坏受血动物的红细胞。不过由于输入的血浆量少，其抗体可被稀释，故危险性较小。因此，把受血动物的红细胞与供血动物的血清配血，称为"次侧"或"间接配血"。"主侧"、"次侧"同时进行，称为交叉配血。

（1）操作步骤

◆ 取 2 支试管做好标记，从受血动物和供血动物的颈静脉各采血 5～10 毫升，于室温下静置或离心析出血清备用。急需时可用血浆代替血清，即先在试管内加入 4％枸橼酸钠溶液 0.5 毫升或 1.0 毫升，再采血 4.5 毫升或 9.0 毫升，离心取上层血浆备用。

◆ 另取加抗凝剂的 2 支试管并做标记，分别采取供血动物和受血动物血液各 1～2 毫升，振摇，离心沉淀（自然沉降），弃掉上层血浆；取其压积红细胞 2 滴，各加适量生理盐水，用吸管混合，离心并弃去上清液后，在加生理盐水 2 毫升混悬，即成红细胞悬液。

◆ 取清洁、干燥载玻片 2 张，于一载玻片上加受血动物血清（血浆）2 滴，再加供血动物红细胞悬液 2 滴（主侧）；于另一载玻片上加供血动物血清（血浆）2 滴，再加受血动物红细胞悬液 2 滴（次侧）。分别用火柴梗轻轻混匀，置室温下经 15～30 分钟观察结果。

试验时室温以 15～18℃最为适宜，温度过低（8℃以下）可出现假凝集，温度过高（24℃以上）也会使凝集受到影响以致不出现凝集现象。观察结果的时间不要超过 30 分钟，否则会由于血清蒸发而发生假凝集现象。

（2）试验结果的判定

◆ 肉眼观察载玻片上主、次侧的血液均匀红染，无细胞凝集现象；显微镜下观察红细胞呈单个存在，表示配血相合，可以输血。

◆ 肉眼观察载玻片上主、次侧或主侧红细胞凝集呈沙粒状团块，液体透明；显微镜下观察红细胞堆积一起，分不清界限，表示配血不相合，不能输血。

◆ 如果主侧不凝集而次侧凝集时，除非在紧急情况下，最好还是不要输血。即使输血，速度也不能太快，且要密切观察动物反应，如发生输血反应，应立即停止输血。

2. 三滴试管法　用吸管吸取 4％枸橼酸钠溶液 1 滴，滴于清洁、干燥的载玻片上；再滴供血动物和受血动物的血液各 1 滴于抗凝剂中。用玻璃棒搅拌均匀观察有无凝集反应。若无凝集现象，表示血液相合，可以输血；否则，表示血液不合，不能用于输血。

3. 生物学相合试验　每次输血前，除做交叉凝集试验外，还必须进行个体生物学血液相合试验。先检查受血动物的体温、呼吸、脉搏、可视黏膜的色泽及一般状态。然后取供血宠物一定量血液注入受血宠物的静脉内。大动物可注入 100～200 毫升，中、小动物 10～20 毫升。注射 10 分钟后若受血动物无输血反应，便可正式输入需要量的血液。若发生输血反应，如不安、脉搏和呼吸加快、呼吸困难、黏膜发绀、肌肉震颤等，即为生物学试验阳性，表示血液不合，应立即停止输血，更换供血动物。

【备注】

◆ 条件允许时，应严格交叉配血，这是输血前检验的必要操作，主侧是交叉配血的关键性试验，而次侧对检出亚型和变异型十分重要。

◆ 防止造成假阴性凝集造。成假阴性的常见原因：

☆ 红细胞悬液过浓或过淡，抗原抗体比例不当，出现前带或后带现象。

☆ 误将溶血看成不凝集。

（禚雯超　王　永）

第 九 章
异 物 取 出 术

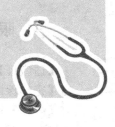

第一节　呼吸道异物取出术

【适应证】异物在喉部、气管、支气管等造成的呼吸困难、咳嗽，气急、疼痛、发热等症状。

【宠物保定】根据手术部位选择合适的保定方式。

【操作】根据异物所在部位的不同选择操作方式。

（1）喉部异物

◆ 拍背法　将患病宠物倒提，然后用力拍打其背部，直到异物吐出来；间接喉镜或直接喉镜下取出。

◆ 腹部加压法　一名医师双手将患病宠物倒提（大型动物需要助手），另外一名医师的双手分别放于患病宠物的背部和腹部，然后一手保定，另外一手压迫腹部，反复多次，以使患病宠物肺内的气体将异物冲出。

（2）气管异物　气管内活动异物，无明显呼吸困难，可直接在喉镜下取出，多次无法取出的肺叶支气管异物或肺段支气管异物，开胸取异物。

（3）支气管异物　支气管内异物必须用支气管镜取出。异物较大、呼吸困难严重患病宠物，应先作气管切开术，然后经切口置入支气管镜取出。

【备注】

◆ 尽量不要喂小宠物瓜子、花生、豆类等食物。

◆ 不可喂宠物鱼类等有刺的食物。

◆ 外出遛弯时，尽量不要让宠物乱吃杂物，不要给其买太小的玩具，以防其吞咽。

◆ 宠物主人不要乱丢针、钉等尖锐物品。

第二节　眼、鼻、咽、外耳道异物取出术

一、眼异物取出术

【适应证】各种眼内异物。

【宠物保定】根据手术部位选择合适的保定方式。

【操作】可用温水浸湿的棉球轻敷宠物眼角清除异物，最好使用宠物专用的眼液。这种药液不但能清洁眼部，而且还可治疗轻度炎症或传染病。稍稍抬起宠物的头部，翻开下眼睑并滴入宠物专用的药液，然后用干棉球吸掉流到眼角的多余药液。

【备注】

◆ 每天清洁宠物的眼睛及眼部下方的毛发是控制沾污最有效的方法。

◆ 不要直接用干棉球擦拭宠物的眼睛，因为棉花纤维可能会损伤眼睛。

◆ 对于患有眼部疾病的宠物，应先控制病情，然后选择合适的措施将眼部异物清除。

◆ 白色和浅色，尤其是宠物犬，其眼睛周围的毛发经常会被泪腺分泌的黏液污染，这种分泌液使宠物毛发呈难看的红棕色，如果过多会造成黑眼圈。

二、鼻异物取出术

【适应证】宠物各种鼻中异物。

【宠物保定】视情况而定。

【操作】根据异物的性质、形态、大小及存留的位置，采取适当的取出法。患病宠物不合作的，可考虑在全麻下取出。

◆ 细小异物　可用刺激物刺激鼻黏膜，使宠物打喷嚏，进而借喷嚏将异物喷出。

◆ 圆形异物　如珠子、豆子、纽扣等，可用异物钩或小刮匙，绕至异物后方，由后向前拨出。不可用镊子夹取，以免将异物推向深处。

◆ 质软或条状异物　如纸团、纱条等，可直接用镊子夹取。

◆ 动物性异物　须先将其麻醉或杀死后再钳取出。

◆ 形态不整或体形较大的异物　可夹碎分次取出。如经前鼻孔难以取出，可取宠物仰卧低头位，将异物推向鼻咽部，经口腔取出。

◆ 较深的金属异物　需在 X 线观察下手术取出。

三、咽部异物取出术

【适应证】因各种异物造成的咽部不适，而其中以尖锐物造成的不适居多。

【宠物保定】视情况而定。

【操作】由于异物停留的部位不同，手术钳取异物的方法也有易有难。

◆ 较浅部位（口咽、扁桃体）的异物，一般不用麻醉亦能顺利取出。如口咽部异物常停留在扁桃体上，检查时应细心观察方能发现。用压舌板将舌压下，看清异物后用鼻镊或扁桃体止血钳取出。

◆ 较深部位（舌根部、咽侧壁）的异物，咽反射往往敏感，应喷 1％丁卡因表面麻醉 2～3 次，妥善麻醉后再进行操作。如喉咽部异物多停留在会厌骨、舌根部、梨状窝、喉咽侧壁或杓状软骨后等处。将 1％丁卡因喷于喉咽和舌根部，要求达到表面麻醉后咽反射消失。术者先用间接喉镜仔细看清异物后，依异物刺入方向选择合适的异物钳，助手将宠物的舌头朝前下方拉出，术者左手持间接喉镜，右手用异物钳，沿舌根放下，渐渐靠近异物后取出，对梨状窝深部的异物，间接喉镜下不能取出时，可在直接喉镜下取出。

【备注】

◆ 对咽部异物要耐心详细地检查，异物可能被唾液掩盖，有的异物刺入扁桃体和咽后柱间，有的异物刺入扁桃体隐窝深处，会厌骨异物可被会厌遮住而不易暴露，用鼻镊或异物钳边推开组织，边细致检视。

◆ 在检查及取异物时避免异物滑脱，呛入气管。

◆ 若检查未发现异物，可暂按黏膜擦伤处理，门诊随访。

四、外耳道异物取出术

【适应证】各种异物造成的外耳道不适。

【宠物保定】视情况而定。

【操作】根据异物的种类、大小，以及所在部位的不同，选择合适的方法取出。

◆ 动物性异物　如昆虫等，可于耳道内先滴入 1％可卡因溶液或乙醚、油类溶液（如 4％硼酸甘油），待小虫窒息后，再用镊子直接取出，或用耳道冲洗器以消毒水自耳道后向上壁向深部冲洗，使液体在异物与鼓膜间产生一定压力，迫使异物冲出。

◆ 植物性异物　如豆类、玉米等，可用精细的异物小钩子于耳道壁空隙内伸入到异物的后方将异物钩出，或用小麦粒钳从左右或上下 2 个方向抓住异物取出。

◆ 非生物性异物　如珠子、小玻璃球等，选用适合异物形状的钳或钩取出。如异物过大，不能取出时，可作耳内切口取出。

◆ 耵聍　一般用耵聍钩取出。过硬的耵聍，可用 3‰苏打液滴入，每天 4～5 次，3 天后待耵聍软化后，再用耵聍钩取出或以耳道冲洗器洗出。

【备注】

◆ 冲洗时一定要将液体注向外耳道后上壁，以迫使异物冲出，如有中耳炎者不宜用此法。

◆ 用异物钳或异物钩时，自耳道壁空隙处伸入，注意避免损伤宠物耳道皮肤及鼓膜，并要当心勿使异物被推入深处。

◆ 如外耳道已有炎症者，应先加处理。

第三节　消化道异物取出术

【适应证】各种异物造成的消化道疾病。

【宠物保定】视情况而定。

【操作】

（1）口腔异物

◆ 处理　用止血钳直接取出异物，之后用 0.1‰高锰酸钾溶液冲洗口腔，涂擦复方碘甘油或 2‰龙胆紫液。

◆ 术后护理及注意事项

☆ 为防止感染，术后肌内注射抗生素 3 天。

☆ 患病宠物禁食 1 天，但不限制饮水。

☆ 对于凶猛患病宠物在治疗前应给予镇静剂，或全身麻醉，以防伤及术者。

（2）咽喉部异物

◆ 处理　常规麻醉后，直接从咽喉部除去异物，然后止血。

◆ 注意事项

☆ 如果周围组织发生蜂窝织炎，可行切开术。

☆ 患病宠物高度呼吸困难时，需施行气管切开术。

（3）食管异物

◆ 对胸腔以上的食管异物　如果异物不太大，且比较圆滑，可进行保守疗法。通过对患病宠物进行全身麻醉保定，咬肌内注射普鲁卡因以使咬肌松弛，灌服适量石蜡油，人工将异物从食管按挤到口腔。

◆ 位于胸腔以下的异物　尽可能先将其导入胃内，再进行后续处理；保守疗法无法除去异物或后送不成功时，则需手术治疗，行食管切开术。对胸腔入口下方及导入胃内不能消化的异物，需切开胃取出。

（4）胃内异物

◆ 当胃内异物为光滑物体，且体积不是很大时，可给宠物喂催吐药物，使其将异物吐出。

◆ 对于小而尖锐的异物可给患病宠物投服浸泡牛奶的脱脂棉球和液体石蜡，使异物与胃内容物一并通过肠道排出。

◆ 采用保守疗法无效或异物大而尖锐时应实施手术治疗。治疗本病的有效手段是行胃切开术取出异物。

（5）肠道异物

◆ 首先根据异物阻塞的程度给宠物补充电解质，纠正酸中毒，并辅以抗生素治疗。

◆ 然后施行肠切开术取出肠道内异物，再进行肠缝合。

◆ 如肠道有坏死，则应切除坏死肠段，行肠断端吻合术。

【备注】

◆ 取到异物后，应尽量收紧取物器材，并使其紧贴内镜，这样有利于异物与内镜同时退出。

◆ 异物取出时容易卡在贲门或咽喉部等狭窄部位而难以退出。此时应将内镜朝前推进，异物推进胃内或食管中反复调整异物的位置，直至异物能顺利通过狭窄处。

◆ 将异物随内镜退至咽喉部时，还应将患病宠物的头向后仰，亦有利于异物的取出。

◆ 嵌顿性异物可试用各种器械先缓缓将其松动，待嵌顿解除后方可取出，切忌强行拉出造成损伤。

◆ 异物取出后应注意有无消化道损伤，如有损伤则应及时处理。

◆ 术后补液，应用抗生素3～5天。

◆ 术后24～48小时禁食，然后仅给予少量流食，逐渐过渡到正常饮食。

（韩春杨　闫振贵）

第 十 章
注射应用技术

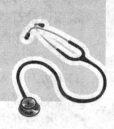

一、静脉注射

【适应证】

（1）大量输液、输血。

（2）用于以治疗为目的急需速效的药物，如：

　　☆ 急救药物

　　☆ 强心药物等

（3）注射药物有较强的刺激作用，又不能皮下注射，只能够通过静脉内才能发挥药效的药物，如：

　　☆ 钙剂

　　☆ 水合氯醛等

（4）静脉采血检查血液。

（5）宠物最常用的输液方法，注射血管常选择：

　　☆ 前肢桡侧皮静脉

　　☆ 后肢外侧隐静脉

　　☆ 股内侧静脉

　　☆ 颈静脉

【宠物保定】犬猫可侧卧、俯卧或站立保定。

【操作】

（1）前臂头静脉注射（图 10 - 1）

◆ 部位　位于前肢小臂部的背面或背内侧面，是最常选用的静脉。

◆ 保定　助手或主人位于患病宠物的左侧，用左手从腹侧环抱患犬的颈以固定头部，右手跨过背部。于右侧肘关节的上部握紧注射肢，静脉怒张后方可注射，也可用止血带结扎使静脉怒张。

◆ 注射　操作者位于犬的前面，注射针由近腕关节 1/3 处刺入静脉，当确定针头在血管内后，针头连接管处可见到回血，再顺静脉管进针少许，以防宠物乱动时针头滑出血管，松开止血带即可注入药液，并调整输液速度。药物注射完成后拔出针头，用酒精棉球或干棉签压迫针孔。

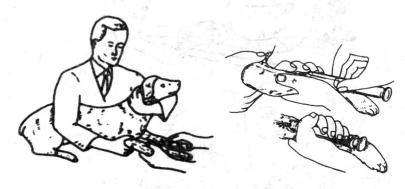

图 10-1　前臂头静脉注射

（引自何英等编．宠物医生手册）

（2）后肢外侧小隐静脉注射

◆ 部位　位于后肢胫部下 1/3 的外侧浅表部，由前斜向后上方，易于滑动。

◆ 保定　宠物侧卧保定，局部剪毛消毒。用乳胶带绑在宠物股部，或由助手用手紧握股部，使静脉怒张；也可以令宠物俯卧，助手用右大臂压抵宠物头颈部，用双手合力压迫宠物膝关节部，使静脉怒张（图 10-2）。

◆ 注射　操作者位于宠物腹侧，左手从内侧握紧下肢以固定静脉，右手持注射针由左手指端处刺入静脉进行注射。

（3）后肢侧面大隐静脉注射

◆ 部位　位于后膝部，内侧浅表的皮下。

◆ 保定　助手将宠物背卧后固定，伸展后肢向外拉直，暴露腹股沟，在腹股沟三角区附近，先用左手中指、食指探摸股动脉跳动部位，在其下方剪毛消毒。

◆ 注射　右手持针头，针头由跳动的股动脉下方直接刺入大隐静脉管内。方法同前述的后肢小隐静脉注射法。

（4）颈静脉注射

◆ 此法主要用于仔犬及猫。

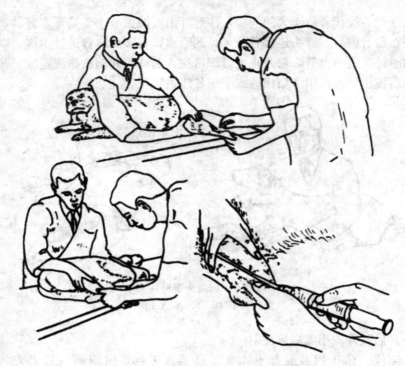

图 10 - 2　隐小静脉注射及保定

（引自何英等编．宠物医生手册）

◆ 保定　助手用左手持住宠物的后肢及臂部，右手把持颈部，并用中指和无名指于颈基部固定颈静脉。助手用左手拇指压迫颈静脉使之怒张，剪毛，消毒。

◆ 注射　操作者用右手拇指、食指持针头与颈静脉成 30°角向头部方向刺入，见回血后进行注射（图 10 - 3）。

【备注】

（1）静脉注射时，多不必进行特殊的保定，只要注射的药物对机体无碍，均能顺利进行。

（2）对于不安的宠物，要注意观察。

（3）如果出现以下情况应及时调节滴速或注射速度，如：

　　☆ 不安

　　☆ 气喘

　　☆ 肌肉震颤

图 10-3 颈静脉注射及保定方法

（引自何英等编．宠物医生手册）

☆ 心搏异常

☆ 呕吐等

（4）静脉留置针技术见图 10-4 至图 10-6。

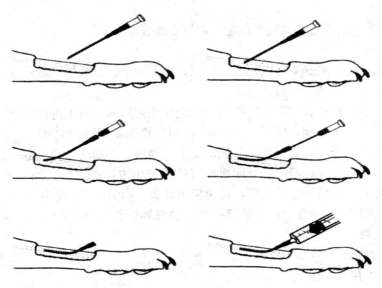

图 10-4 静脉留置针的插入示意图

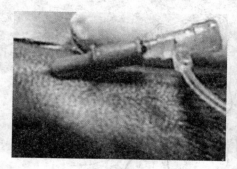

图 10 - 5　插入静脉的留置针
（引自梁占学）

图 10 - 6　固定静脉留置针
（引自梁占学）

二、肌内注射

【适应证】

◆ 刺激性较强和较难吸收的药物。

◆ 进行血管注射有副作用，以及油剂、乳剂等不能进行血管内注射的药液。

【宠物保定】对宠物适当保定，可站立或腹卧保定。

【操作】

◆ 前处理　犬猫一般选用 7 号针头，可在臀部、股内侧或腰背部脊柱两侧肌肉，进行常规消毒处理。

◆ 注射　操作者左手的拇指与食指轻压注射局部，右手持注射器，使针头与皮肤垂直，迅速刺入肌肉 1～2 厘米，而后用左手拇指与食指握住露出皮外的针头结合部分，以食指指关节顶在皮上，再用右手抽动针管活塞，观察无回血后即可缓慢注入药液，如有回血则将针头拔出少许再进行试抽。注射完毕，用左手持酒精棉球压迫针头部，迅速拔出针头（图 10 - 7、图 10 - 8）。

【备注】注射油性悬液、微细结晶悬浊液和药性强劲的药物时，确定无回血更为重要。

三、皮下注射

【适应证】

◆ 易溶解，无强刺激性的药品。

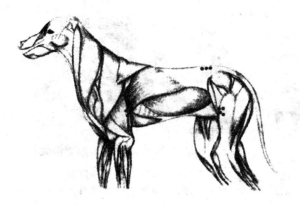 

图 10-7　适合肌内注射的肌群　　　　图 10-8　股四头肌内注射针头放置
（引自梁礼成译．犬猫兔临床诊疗操作技术手册）　　（引自梁礼成译．犬猫兔临床诊疗操作技术手册）

◆ 疫苗。

◆ 菌苗。

◆ 血清。

◆ 抗蠕虫药。

◆ 某些局部麻醉操作

◆ 不能口服或不宜口服的药物要求在一定时间内发生药效时

【宠物保定】可采用侧卧或俯卧的保定，注射位置见图 10-9。

【操作】

◆ 前处理　宠物注射部位可在背胸部、股内侧、颈部和肩胛后部。注射前，先进行局部剪毛、清洗、擦干、除去体表的污物。

◆ 注射　注射时，操作者左手中指和拇指捏起注射部位的皮肤，同时用食指尖下压使其呈皱褶陷窝。右手持针，针头斜面向上从皱褶的基部刺入 1～2 厘米。此时如感觉针头无阻抗且能自由活动，可注入药液，注射后用酒精棉球轻轻按摩，有利于药液的扩散和吸收（图 10-10）。

【备注】

（1）刺激性强的药品不能做皮下注射，特别是对局部刺激较强的药品，易诱发炎症甚至组织坏死，如：

☆ 钙制剂

☆ 砷制剂

☆ 水合氯醛

☆ 高渗溶液等

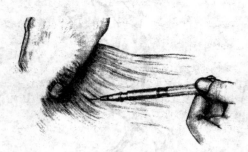

图 10-9　皮下注射针头的位置　　　　　　　图 10-10　皮下注射

（引自梁礼成译．犬猫兔临床诊疗操作技术手册）　　（引自梁礼成译．犬猫兔临床诊疗操作技术手册）

（2）长期注射者应经常更换注射部位。

（3）建立轮流交替注射计划，达到在有限的注射部位吸收最大药量的效果。

四、皮内注射

【适应证】

（1）某些疾病的变态反应诊断，如：

　　☆ 结核病

　　☆ 副结核等

（2）进行药物过敏试验。

【宠物保定】根据注射部位对宠物进行适宜保定，注射位置见图 10-11。

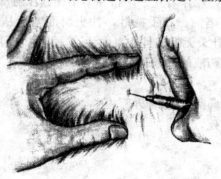

图 10-11　针头扎入皮内

（引自梁礼成译．犬猫兔临床诊疗操作技术手册）

【操作】

◆ 前处理　注射部位可选在颈侧中部或尾根内侧，注射部位剃毛，消毒。

◆ 注射　操作者左手绷紧注射部位，右手持注射器，针头斜面向上，与皮肤呈 45°角刺入皮内。待针头斜面全部进入皮内后，左手拇指固定针柱，右手推注药液。局部可见一球形隆起，俗称"皮丘"。注射完毕，迅速拔出针头，术部轻轻消毒，但应避免压挤局部（图 10 - 12）。

【备注】

◆ 注射部一定要判定准确无误，否则将影响诊断和预防接种的效果。

图 10 - 12　皮内注射
（引自梁礼成译．犬猫兔临床诊疗操作技术手册）

◆ 进针不可过深，以免刺入皮下，应将药物注入表皮和真皮之间。

五、气管内注射

【适应证】

◆ 咽喉炎、支气管炎引起的剧烈咳嗽。

◆ 肺炎。

◆ 肺脏驱虫。

【宠物保定】小宠物常用仰卧或侧卧保定，也可用站立保定。

【操作】

（1）注射部位　在宠物颈部甲状软骨和环状膜的中点或颈部中央处，于腹侧气管软骨环间进行注射。

（2）注射药物

◆ 青霉素 5 万～10 万 U，溶于 1～2 毫升注射用水，1～2 天 1 次。

◆ 链霉素 0.25 克，溶于 1.2 毫升注射用水中滴入，每周 3 次。

◆ 注射药物的温度应加温至 38℃。

（3）注射方法　注射部位剪毛，常规消毒后，用左手食指摸清穿刺点，左手拇指和中指固定其表面皮肤，右手持针在穿刺点，将 8 号针头垂直刺入气管内 1～2 厘米，缓慢摆动针头，感觉针头周围空而无物时，再接上盛有药液注射器，慢慢注入药液。

【备注】

◆ 注射前宜将药液加温至与宠物同温，以减轻刺激。

◆ 注射过程如遇宠物咳嗽时，应暂停注射，待其安静后再注入。

◆ 注射速度不宜过快，最好一滴一滴地注入，以免刺激其气管黏膜，咳出药液。

六、心脏内注射

【适应证】常用于心脏功能急剧衰竭，静脉注射无效或心跳骤停时，可将强心剂直接注入心脏内，恢复心功能。

【宠物保定】一般宠物采用右侧卧保定。

【操作】

（1）注射部位　犬猫注射部位在左侧第3～4肋间，肩关节水平线直下方。

（2）注射　操作者以左手稍移动注射部位皮肤然后压住，右手注射针头与皮肤垂直刺入2～8厘米，当针头刺入心脏时可感觉有心搏动感，拉动针筒活塞时有暗褐色血液回流，然后徐徐注入药液，注毕拔出针头，术部轻压并常规消毒。

【备注】

◆ 宠物确实保定，操作者要认真，刺入部位要准确，以防心肌损伤过大。

◆ 心脏内注射时，由于刺入的部位不同，可引发各种危险，应严格掌握操作规程，以防意外，有条件的可在B超监视下进行。

◆ 刺入心房壁时，因心房壁薄，伴随搏动而有出血的危险，此乃注射部位不当，应改换位置，重新刺入。

◆ 刺入心肌，注射药液时，易发生各种危险。此乃深度不够所致，应继续刺入至心室内经回血后再注入。

◆ 心室内注射，效果确实，但注入过急，可引起心肌的持续性收缩，易诱发急性心搏动停止。因此必须缓慢注入药液。

◆ 心脏内注射不得反复应用，这种刺激可引起传导系统发生障碍。

◆ 所用注射针头宜尽量选用小号，以免过度损伤心肌。

◆ 在心搏动中如将药液注入心内膜时，有引起心动停搏的危险，这主要是注射前判定不准确，未回血所造成。

附：静脉内导管的放置操作方法

【适应证】

◆ 输液。

◆ 给药。

◆ 麻醉。

◆ 输血。

◆ 给予某些试验物质。

◆ 监测中心静脉压。

【宠物保定】

◆ 犬猫有 4 根静脉可以做静脉内导管插入术。

　　☆ 颈静脉

　　☆ 前肢静脉

　　☆ 隐静脉

　　☆ 股静脉

◆ 输等渗液、长时间输液及测量中心静脉压时应选择颈静脉。

◆ 保定姿势取决于选择做导管插入术的静脉。

【操作】

(1) 插入前的准备工作

◆ 洗手。

◆ 在插入导管的周围剪毛。

◆ 选择粗细合适和长短合适的静脉内导管，并检查有无毛病。

(2) 针头外导管的插入（针头外导管的插入）

◆ 插入　首先做好导管插入术准备工作，用足够长的 1.3 厘米宽的胶带绕过导管轴并缠绕于宠物的腿上，叫助手扩张血管，针头斜面朝上将针头和导管插入静脉，向前推进针头直到 1.3 厘米长的针头插入静脉内。将针头放于适当位置，慢慢将导管插入静脉直到导管中心位于皮肤穿刺点。

◆ 固定　手握导管中轴，将针头从导管内撤出，并将注射帽套在导管上，用胶带将导管中轴和动物腿环绕在一起。用肝素生理盐水冲洗导管，用棉球擦去穿刺部位的血迹，在导管插入皮肤处，涂少量抗生素软膏，并用消毒纱布垫覆盖，用纱布绷带和胶带包扎腿部，仅露出注射帽。

◆ 护理

　　☆ 未输液时，每 8～12 小时用肝素生理盐水冲洗导管 1 次。解除绷带并每 48 小时检查腿部 1 次，当静脉内输液不顺利或宠物插管后明显表现腿的疼痛症状时，要立即解除绷带。

　　☆ 如持续输液，则每 24 小时更换输液装置和针头 1 次，使用 70% 酒精清洁注射帽。撤出导管后，立即用酒精棉球压迫导管插入口，然后用准备好的绷带包扎。

(3) 带针头的导管的插入

◆ 插入 首先做好导管插入术准备工作，让助手帮助扩张血管，针头斜面朝上插入，将针头送进静脉 1.3 厘米。一手紧握在针头塑料袖套内，向前推导管中轴，使导管穿行进入静脉，直到导管中轴进入针头中心。

◆ 固定 从针头上拆除塑料袖套，从皮肤拔出针头，并取出金属针管，给导管套上注射帽。用肝素生理盐水冲洗导管，将针套安放在导管从针尖处冒出的地方并且扣上针头。按照以前描述的包扎过程、注意事项和导管移动方法完成包扎。如输等渗液，应给胸部照 X 线以检查导管在颈静脉内的位置。

（郭慧君　刘海港）

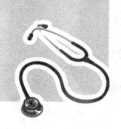

第十一章
特殊部位注射及清洗术

第一节　眼科注射及清洗术

一、结膜下注射法

【适应证】此法适用于结膜下注入药物和封闭疗法。常用于结膜炎和角膜炎的局部给药。

【宠物保定】宠物常全身麻醉，并侧卧保定，患眼朝上。

【操作】

◆ 前处理　用2%硼酸溶液清洗患眼，洗净眼睑、结膜及角膜上的分泌物。

◆ 注射　操作者抬起宠物眼睑露出巩膜，在眼球12点钟位置处滴注1～2滴局麻药。等待30～60秒助手抬起宠物上眼睑，操作者用眼科镊子加起球结膜，从球结膜下刺入针头，轻轻拉回注射器活塞，如注射器内无血液出现，则注入药物；如出现血液，则拔出针头，再选另一个注射点（图11-1）。

【备注】注射用针头尽量选用小号（5号针头），注射完毕，该处结膜隆起，拔出针头，根据病情需要选用以下药物，每周1～2次。

◆ 青霉素5万～10万 U/次。

◆ 庆大霉素2万～4万 U/次。

◆ 多黏菌素3万～5万 U/次。

◆ 强的松龙0.3毫升/次。

图 11-1 结膜下注射

（引自梁礼成译，犬猫兔临床诊疗操作技术手册）

二、球后注射法

【适应证】

◆ 眼部手术做球后麻醉。

◆ 眼后部炎症。

◆ 玻璃体出血。

◆ 视网膜血管病变等。

【宠物保定】宠物最好全身麻醉并侧卧保定。

【操作】

◆ 前处理　注射部位在眼眶缘中 1/3 与外 1/3 交界处，注射时局部常规消毒。

◆ 注射　术者左手食指放在宠物上眼睑上方，在注射部位向眼眶后缘压迫眼球，使眼球与眼眶之间出现一凹陷，右手食指与拇指将针头贴向眼眶后缘垂直进针约 1 厘米，手下有突破感时，表明已穿过眶隔，此时应改变方向，即改以 30°角斜向鼻侧，使针进至外直肌和视神线之间。入针约 2 厘米后，回抽注射器，如无回血即边注药边再略进针数毫米。注射完毕后，抽回注射器后，局部加压 1~2 分钟，局部消毒。

【备注】

☆ 球后注射药量不宜过大，一般以 2~5 毫升为宜（视宠物大小而定）。

☆ 注射次数不宜过多，以免引起眼底出血。若发现眶内出血，应立即加压包扎。

三、球周注射法

【适应证】适用于多次进行结膜下注射瘢痕较多、球结膜水肿、严重影响药物吸收或不合作患病宠物可行此种办法。

【宠物保定】宠物最好全身麻醉并侧卧保定。

【操作】

◆ 前处理　注射前用2%碘酊消毒下眼睑皮肤，75%酒精脱碘。

◆ 注射　术者用6～7号半钝针头（视宠物大小而定），在眶缘的下睑外1/3和中2/3交界处直刺皮肤（亦可自下睑球结膜穹隆部进针）达眼球赤道部的前方，沿着眶下壁，停留在比球后注射离视神经稍远一点的部位，针头斜面对眼球，进针1.5～2厘米，当穿过眼直肌筋膜时感到有阻力，抽吸无回血，即可缓慢推注药液，再缓慢拔出针头，使患畜闭眼，用无菌棉球压针眼处，手掌压迫眼球3分钟。

四、结膜囊冲洗法

【适应证】主要用于各种宠物眼病，特别是结膜与角膜炎症的治疗。

【宠物保定】宠物最好全身麻醉，并确定固定宠物头部。

【操作】操作者用一手拇指与食指翻开宠物上下眼睑，另一只手持冲洗器（洗眼瓶、注射器等）使其前端斜向内眼角，徐徐向结膜上灌注药液冲洗眼内分泌物。洗净之后，左手食指向上推向上眼睑，以拇指与中指捏住下眼睑缘，向外下方牵引，使下眼睑呈一囊状，右手拿点眼药瓶，靠在宠物外眼角眶上，斜向内眼角，将药液滴入宠物眼内，闭合眼睑，用手轻轻按摩1～2下，以防药液流出，并促进药液在眼内扩散。

【备注】洗眼药通常用以下药物：

◆ 2%～4%硼酸溶液。

◆ 0.1%～0.3%高锰酸钾溶液。

◆ 0.1%雷佛奴耳溶液。

◆ 生理盐水等。

第二节 鼻、咽、耳冲洗术

一、上颌窦穿刺冲洗术

【适应证】

(1) 有脓鼻涕史，X线鼻旁窦摄片显示上颌窦区混浊者。

(2) 对亚急性和慢性上颌窦炎，可冲洗排出蓄脓，促进黏膜纤毛恢复功能，并通过穿刺针向窦腔内注入药物。

(3) 通过穿刺造孔，插入各种视角的上颌窦内窥镜，可进行活检、摄像和录像等。

(4) 上颌窦穿刺活检或涂片检查还可用来判断有无上颌窦恶性肿瘤。

【宠物保定】宠物坐立并头部保定。

【操作】

(1) 经自然孔冲洗法　黏膜表面麻醉，用弯尖的上颌窦冲洗管插入中鼻道，约达前后深度的一半，将尖端转向外下方，再缓慢前拉，经过颌窦前进入自然开孔。

(2) 经中鼻道上颌窦内壁膜部穿刺冲洗

◆ 依前法将上颌窦冲洗管尖端朝向下鼻甲上缘的外侧壁，触之有柔软感，然后刺入窦腔内进行冲洗。

◆ 优点是不损伤鼻泪管，不损伤腭大动脉分支，因而不会引起出血。该处造孔不易封闭。

(3) 经下鼻道穿刺冲洗

◆ 麻醉与保定　进行下鼻道前方黏膜麻醉，患病宠物最好取坐位。

◆ 穿刺与冲洗　操作者一手固定患病宠物头部，一手持穿刺针，置针于下鼻道近下鼻甲附着处，距下鼻甲前端后方约1厘米，以45°角朝眼外眦方向穿刺，当穿入窦腔时有突然无阻力的感觉，如未穿透骨壁，可将穿刺点后移，或作旋转钻进。穿入窦腔后，抽出针芯，助手使患病宠物低头，并双手捧托弯盘。接上针筒，试抽，如能抽出空气或脓液，则表示已刺入窦腔内，可注盐水冲洗。此时患病宠物需张口呼吸，至洗出液澄清为止。然后根据病情，排除余液，注入适量抗生素。冲洗完毕拔出穿刺针，用1‰麻黄素棉片填塞于下鼻道内止血，10分钟后取出。

此法优点是成功率高，能确保针尖在上颌窦腔内。缺点是不能完全无痛，有损伤鼻泪管引起并发症之可能。

（4）经尖牙窝穿刺法　先使患病宠物仰卧，消毒唇龈沟上方，深达骨膜。然后将上颌窦穿刺针在眶下缘 1 厘米处刺入上颌窦内。穿刺成功后使患病宠物坐起，进行冲洗。

（5）塑料管窦内留置冲洗法

◆ 用较粗穿刺针穿透窦腔，用合适的细聚乙烯管或长 10～15 厘米硅胶管（视宠物大小而定），经针孔插入窦腔内，将其外端用胶布固定在上唇或鼻翼上。

◆ 优点是免去多次穿刺的痛苦，可每天多次冲洗，缩短治疗时间，并可根据需要随时采取窦内分泌物行细胞学、细菌学研究。

【备注】

（1）穿刺部位和方向要正确，以防止穿入面颊软组织和眼眶内。在未确定穿入窦内之前，不要灌水冲洗。

（2）操作过程中，若宠物发生昏厥等情况，应立即停止操作，并使患病宠物平卧休息，密切观察变化。

（3）冲洗之前，切勿注入空气，以免发生气栓的危险。

二、鼻腔冲洗术

【适应证】适用于鼻腔内炎症，以及清除鼻腔内的异物等。

【宠物保定】宠物可进行全身麻醉，并进行头部保定。

【操作】

◆ 洗鼻管多先用前端为盲端而周围有许多孔的特制橡胶管，小宠物可用细橡胶管，连接洗耳球吸取药液。

◆ 洗鼻时，应注意把宠物头部保定好，使头稍低；冲洗液温度要适宜，灌洗速度要慢，以防药液进入喉或气管。

◆ 洗涤时，将胶管插入鼻腔一定深度，同时用手捏住外鼻翼，然后连接漏斗，装入药液，稍抬高漏斗，使药液流入鼻内，即可达到冲洗的目的。

【备注】冲洗剂应选用具有杀菌、消毒、收敛等作用的药物。

◆ 生理盐水。

◆ 2%硼酸溶液。

◆ 0.1%高锰酸钾溶液。

◆ 0.1%雷佛奴耳溶液等。

三、鼓膜穿刺术

【适应证】适用于诊断和治疗宠物分泌性中耳炎。

【宠物保定】宠物最好全身麻醉，并固定宠物头部。

【操作】首先消毒外耳道，术者用左手向外上后方牵拉耳郭，拉直外耳道，右手持针，在鼓膜前下方进针，有落空感后停止进入，固定注射器（与针连接），回吸，吸尽中耳腔内积液，退针，外耳道口置一个干消毒棉球。

【备注】

◆ 整个操作过程应无菌操作。

◆ 进针部位应选准。

◆ 对于温驯的动物，回吸力切勿过大、过快。

◆ 手术后防止污水入耳。

四、外耳道冲洗术

【适应证】

◆ 获取外耳道疾病的标本。

◆ 清除耳垢、外来物、无光泽毛发和其他碎屑。

◆ 治疗外耳炎。

◆ 处理外耳道，做外科手术。

【宠物保定】大多数温驯的宠物能容忍轻微保定时的耳朵清洗和治疗，助手使宠物处于站立或侧卧姿势，一手绕过宠物的口鼻以固定其头部，耳朵感染并有疼痛的凶猛宠物需全身麻醉或化学镇静。

【操作】

◆ 仔细检查宠物的两只耳朵，需检查：

☆ 气味

☆ 溃疡

☆ 红肿

☆ 组织增生

☆ 泄露物

☆ 碎屑

如出现炎症症状或有渗出液，则应将消毒棉签垂直插入宠物耳道1～2厘米，拭去耳道内容物。

◆ 用耳镜检查两耳，先从那只更正常一些的耳朵开始（图11－2）。

图11－2 耳镜检查两耳

（引自梁礼成译．犬猫兔临床诊疗操作技术手册）

◆ 如有毛发，用止血钳夹住毛发并捻转止血钳手柄，直到毛发渐渐除去（图11－3）。

◆ 如可完整地看到鼓膜，用滴管滴注溶耵聍剂或用洗耳球滴注中性肥皂液（图11－4），并轻轻按摩外耳道外皮肤；如看不见鼓膜，再用无菌水或生理盐水冲洗即可。

◆ 用棉块清除脱落的碎屑和耳道排泄物（图11－5）。

◆ 如有必要，重复清除可视碎屑，直到完全清除为止。

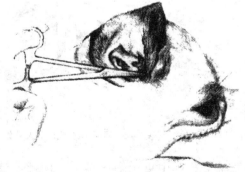

图11－3 清除外耳道内毛

（引自梁礼成译．犬猫兔临床诊疗操作技术手册）

◆ 用温水或正常生理盐水淋洗耳道。

◆ 用棉签擦拭清洗耳郭内部皮肤皱褶处（图11－6）。

◆ 彻底晾干耳道，用耳镜检查耳道。

◆ 滴注处方药（药液或药膏），应轻轻按摩外耳道。

【备注】宠物耳朵的鼓膜边缘会部分被耳道遮盖。一般来说，通过耳镜只

图 11-4　用洗耳球向耳内滴液
（引自梁礼成译．犬猫兔临床诊疗操作技术手册）

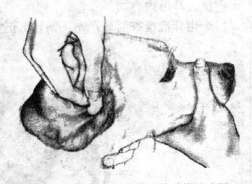

图 11-5　用棉花清洗外耳道脱落的碎屑
（引自梁礼成译．犬猫兔临床诊疗操作技术手册）

图 11-6　用棉签清除耳郭内皱褶
（引自梁礼成译．犬猫兔临床诊疗操作技术手册）

能看到鼓膜中央 $40\%\sim60\%$。因此，鼓室的周边损伤或撕脱是看不到的。如鼓膜有损伤，不要滴注可能有刺激性的液体或药物。

（郭慧君　刘海港）

第十二章
置 管 术

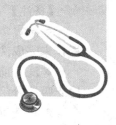

第一节　胃管洗胃术

【适应证】

◆ 催吐洗胃法无效或有意识障碍、不合作的患病宠物。

◆ 需要留取胃液标本送毒物分析的患病宠物。

◆ 因误食毒物中毒、无禁忌证的患病宠物。

【宠物保定】视情况而定。

【操作】

◆ 开口器和胃导管的选择　洗胃前应先准备 1 个金属的或硬质木料的纺锤形带手柄的开口器，表面要光滑，开口器的正中要有 1 个插胃管的小孔，再准备 1 根投药管，小型宠物用直径 0.5～0.6 厘米，大型宠物用直径 1～1.5 厘米的胶皮管或塑料管（也可用人用 14 号导尿管代替）。

◆ 宠物保定　投药时，大型宠物采取坐立姿势保定，小型宠物可将前躯抬高呈竖直姿势保定。

◆ 操作

☆ 助手将纺锤形开口器放入口内，任其咬紧，并用绳子将开口器固定在口角处，术者手持涂有润滑剂的胃管，自开口器的小孔内插入，在舌的背面缓慢地向咽部推进，随其吞咽动作，将胃管推入食管内。

☆ 插入一定深度后，将胃管的末端放入一个盛水的杯子中，若自胃管末端向外冒出气泡，则说明胃管被插入气管内，应立即拔出再插；若无气泡，则表明已插入胃内，此时应继续将胃管向深部推进一部分，然后自末端接上无推芯的注射器，洗胃液通过注射器及胃管缓缓进入胃内。

☆ 洗胃液用量为每千克体重 5～10 毫升，洗胃液进入胃内后，应尽快用注射器抽回液体，另外再注入洗胃液，再抽回。如此反复多次，直到将胃内容物充分洗出为止。

【备注】

◆ 洗胃多是危急情况下的急救措施，术者必须迅速、准确、轻柔、敏捷的操作来完成洗胃，以尽最大努力抢救患病宠物的生命。

◆ 洗胃前应检查宠物生命体征，如有缺氧或呼吸道分泌物过多的情况，则应先吸取分泌物、保持呼吸道通畅，再行胃管洗胃术。

◆ 在洗胃过程中应随时观察患病宠物生命体征的变化，如患病宠物感觉腹痛、流出血性灌洗液或出现休克现象，则应立即停止洗胃。

◆ 要注意每次灌入量与吸出量的基本平衡，灌入量过多可引起急性胃扩张，使胃内压上升，增加毒物吸收。

◆ 凡呼吸停止、心脏停搏患病宠物，应先做心肺复苏术，再行洗胃术。

第二节　导　尿　术

【适应证】

◆ 尿道炎。

◆ 膀胱炎。

◆ 尿道结石症等。

【宠物保定】仰卧保定，后肢拉向前方固定。

【操作】一般不需要麻醉，用甘油润滑导尿管，然后根据患病宠物的性别选择不同的操作方式。

◆ 雄性宠物　术者一只手握住阴茎，另一只手将阴茎包皮向下，暴露龟头，使尿道口张开，将导尿管缓缓插入，导尿管推进到尿道膜时会有抵抗感，此时一定要注意动作要温柔，继续向膀胱推进尿道管，即有尿液流出。

◆ 雌性宠物　尿道外口在阴道前庭，术者左手一指深入并压于阴道前庭腹侧，右手将导尿管沿手指腹侧插入阴道外口，在手指轻压下进入尿道口，导尿管推进到尿道膜时会有抵抗感，此时一定要注意动作要温柔，继续向膀胱推进尿道管，即有尿液流出。

【备注】

◆ 严格无菌操作，预防尿路感染。

◆ 插入尿管动作要轻柔，以免损伤尿道黏膜，若插入时有阻挡感则可更换方向再插，见有尿液流出时再插入 1 厘米，勿过深或过浅，尤忌反复抽动导尿管。

◆选择导尿管的粗细要适宜。

◆对膀胱过度充盈的患病宠物，排尿宜缓慢以免骤然减压引起出血或晕厥。

◆留置导尿时，应经常检查尿管固定情况，是否脱出，必要时以无菌药液每天冲洗膀胱1次。

◆每隔5～7天更换尿管1次，再次插入前应让尿道松弛数小时，再重新插入。

（韩春杨　闫振贵）

第十三章
心 肺 复 苏 术

　　心肺复苏是针对心跳骤停及呼吸停止而采取的抢救措施。心跳骤停为临床上最紧急的状况，典型的表现为：

　　☆ 意识突然丧失

　　☆ 大动脉波动消失及听不到心音

　　☆ 肌肉抽动

　　☆ 发绀

　　☆ 瞳孔逐渐散大

　　☆ 喘息样呼吸乃至呼吸停止

心肺复苏的目的是维持肺换气和向组织运氧供血。

第一节　气道开放法

　　【宠物保定】确定宠物的意识状态，轻摇宠物并呼唤其昵称，如无反应则应将动物仰卧放置于地上或木板上，立即用手指甲掐压人中，山根突；如已有心搏停止的可靠证据则可省略这一步。

　　【操作】

　　（1）畅通气道

　　◆ 首先让宠物头部伸长，并将其舌头拉出口外。

　　◆ 其次清除分泌物或呕吐物，必要时进行气管插管，无气管插管时使用面罩或用手圈住口鼻对准嘴部，由鼻孔吹气入肺，然后借助肺的回缩使其自行呼出气体来完成换气。

　　◆ 建立起畅通的呼吸道后，首先要观察患病宠物的呼吸状况。若已有自然呼吸，则密切观察情况，若仍无呼吸，则先给予两口空气（持续 1～1.5 秒）以刺激其呼吸，否则进行人工呼吸。

（2）人工呼吸（图13-1）

◆ 速率为25～35次/分钟（酸中毒者用较高的速率），长度为吸气与呼气各一半，潮气量为每千克体重10～15毫升。

◆ 氧气最好是纯氧，也可以是空气或由人嘴中呼出的气体；也可使用自动呼吸器。

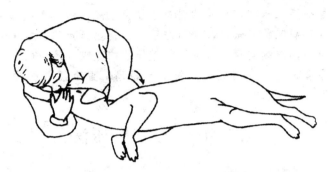

图13-1 宠物的人工呼吸

（引自何英等编．宠物医生手册）

附：气管插管

（1）经口插管

◆ 保定 预先在宠物颈部量好插管长度，助手将患病宠物胸卧保定，扩展其颈部并用一手抓住其上颌使嘴张开。

◆ 操作

☆ 操作者用一手将宠物舌头拉出，操作者同时使用喉镜定位喉部，并观察声门，如需要给猫做气管插管，可在猫喉部使用局麻药，用喉镜开张钳嘴或气管插管端压住会厌部，以检查勺状软骨和声带。

☆ 末端润滑过的气管插管通过声门插入气管至导管顶端位于喉和胸口之间的中央处。

☆ 检查导管的位置是否正确，听诊两侧胸膛的呼吸音；触摸顶部看是否出现两根管。如宠物麻醉效果较好，则可直接触摸喉和气管内的插管。

☆ 用纱布条围绕插管打一个单半钩结并系一个活结，将插管系到宠物上颌、下颌或耳后部。

（2）经鼻气管插管

◆ 适用于张口困难等难以经口插管等的患病宠物。

◆ 操作

☆ 选择合适的气管插管外涂少量润滑油。

☆ 选择通畅一侧的鼻孔，滴入少量1%麻黄素以减少出血，对有意识的患病宠物应进行表面麻醉。

☆ 将导管插入鼻孔，导管的斜口紧靠鼻中隔，沿着鼻底部出鼻后孔，此时如患病宠物能张口，则用左手持喉镜显露声门，右手继续推进导管入声门，继续向声门推进并依靠导管内呼吸气流声的强弱或有无来判断导管斜口与声门之间的位置和距离，直至插入气管，以后同经口插管。

第二节　心脏按压法

【宠物保定】同气道开放法。

【操作】

（1）胸外按摩术　胸外按摩术见图13-2。

◆ 体位与按摩处。

☆ 小于7千克的患病宠物宜采用侧躺，按摩第3～6肋骨间，胸膜下1/3处。

☆ 大于7千克的患病宠物宜采用背侧躺，按摩胸骨后1/3处。

◆ 按摩速率80～120次/分钟（与人工呼吸速率配合约为3∶1）。

◆ 按摩方式。

☆ 采用快而短的按摩，使下腹部，胸腔直径缩小25%～30%。

☆ 增加回心血流的方法包括间断性按压腹部，加压包裹后肢及下腹部，提高后肢等。

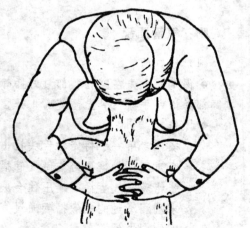

图13-2　胸外心脏按摩的部位与方法
（引自何英等编·宠物医生手册）

（2）胸内按摩术

【适应证】

◆ 胸外按摩已进行2～20分钟，仍无心跳时。

◆ 体重超过 20 千克的宠物可考虑直接使用。

◆ 存在下列情况时也应考虑直接使用。

☆ 气胸

☆ 血胸

☆ 心包积液

☆ 横膈疝

☆ 非常肥胖

☆ 严重低血容量造成的心跳停止等

【切开部位】左侧第 5 肋间，心包的心尖部位及心包横膈韧带处（小心避开膈神经）。

【按摩速率】80～120 次/分钟。

【按摩方式】

◆ 双手或单手握住心脏，手指（掌）均匀的放在宠物左右心房，以指腹或手掌按摩（不要以指尖按摩），压力由心尖至心底施予，不可旋转心脏从而阻碍血流。

◆ 增加脑部血流的方法是压迫下行动脉。

◆ 复苏成功后用温生理盐水冲洗，不缝合心包，放置胸内导管，投予抗生素，监测感染情况。

（孔爱云　才冬杰）

第十四章
心脏电复律与体外起搏术

第一节　心脏电复律

心脏电复律是以患病宠物自身的心电信号为触发标志，同步瞬间发放高能脉冲电流通过心脏，使某些异位快速心律失常转复为窦性心律。心脏电除颤则应用瞬间高能电脉冲对心脏进行紧急非同步电击，以消除心室扑动、心室颤动。

【适应证】
◆ 心房颤动（房颤）。
◆ 心房扑动（房扑）。
◆ 室上性心动过速（室上速）。
◆ 室性心动过速（室速）。
◆ 心室颤动/心室扑动（室颤/室扑）。

传统观点室颤/室扑为其绝对适应证，其余为相对适应证。按心复律的紧急程度对适应证进行分类，包括

☆ 择期复律　主要是房颤，适宜于有症状且药物无效的房颤患病宠物。
☆ 急诊复律　室上速伴心绞痛或血流动力学异常，药物无效的室速。
☆ 即刻复律　任何引起意识丧失或重度低血压者。

【禁忌证】确认或可疑的以下疾病：
◆ 洋地黄中毒。
◆ 低钾血症。
◆ 多源性房性心动过速。
◆ 已知伴有窦房结功能不良的室上性心动过速（包括房颤）。

【操作】
（1）体外电复律
◆ 患病宠物仰卧于硬木板床上，常规测血压，做心电图以留作对照。

◆ 吸氧 5～15 分钟，开通静脉输液通道，并使复苏抢救设备处于备用状态。

◆ 连接好电复律器，再次检查其同步性能是否完好，并充电到所需能量水平。

◆ 静脉缓慢注射安定 10～20 毫克，直至其睫毛反射消失。

◆ 放置电极板，择期复律以前后位为宜，电极板应均匀涂以导电糊或垫 4～6 层湿盐水纱布。前侧位时，两电极板之间至少相距 10 厘米，操作者应将电极板紧贴宠物皮肤，每只电极板施以 12 千克的压力。

◆ 选择同步或非同步，同步复律时强调与 R 波同步，并且放电时同步的 R 波与其前 R 波间期至少应大于 300 毫秒，以便脉冲波落入前 R 波的 T 波上。这种功能在有些体外复律器上已具备。

◆ 按下按钮进行电击。

◆ 立即听诊心脏并记录心电图，如未能转复可再次进行电击。

◆ 如果转复为窦性心律，应立即测血压，听心率，记录心电图，与术前对照，观察有无 ST 段抬高及 T 波变化。连续监护 8 小时，观察患病宠物的生命体征及心率、心律情况，直至病情稳定。

（2）体内电复律

◆ 胸内电复律　胸内电复律/除颤仅用于心脏直视手术中与心脏直视手术体外循环终止后，应给予直流电体内除颤。胸内除颤电极板一个置于右室面，另一个置于心尖部，为避免心肌灼伤，心脏表面应洒满生理盐水。因电极板直接接触心肌，故所需电能较小，并可反复应用，电能常为 20～30 焦，一般不超过 70 焦（视宠物大小而定）。

◆ 经静脉电极导管心内电复律　该技术是经静脉插入电极导管至心内，由直流电复律/除颤器释放电脉冲对快速心律失常进行低能量电复律/除颤，途径可在颈内、锁骨下及股静脉进行电极放置，电极的放置有右心房-左肺动脉、右心房-冠状窦两种形式，其中双螺旋电极除颤的效果显著高于单螺旋电极。

◆ 经食管电极导管直流电复律/除颤　该技术应用之初是将一个特制的食管电极导管置于食管内，另一电极置于心前区，同步电复律所需电能为 20～40 焦。

第二节　心脏电起搏

【适应证】

◆ 药物中毒、电解质紊乱、急性心肌梗死、急性心肌炎、心脏外伤或心脏手术后引起的Ⅲ度传导阻滞，严重窦性心动过缓伴有异搏的宠物。

◆ 顽固的快速性心律失常伴心力衰竭，心源性休克等，不宜用电复律和药物治疗无效的宠物。

◆ 心室搏动、心室颤动继发于过缓型心律失常的宠物。

◆ 各种原因引起的心脏停搏。

【起搏心电图】

◆ 起搏心电图特征 基本标志是有一个时限很短的起搏脉冲信号，方向与心电图等电位线垂直。脉冲信号之后紧接着是心房或心室激动的波形。心房起搏时，脉冲信号后紧接一个畸形的 P 波，之后是正常的 P-R 间期、QRS 波群及 T 波。心室起搏时，脉冲信号之后紧接着是宽大畸形的 QRS 波群及 T 波。起搏的 QRS 波及 P 波脱节或看不到 P 波。

◆ 心脏停搏宠物起搏效果的判断 起搏成功，电脉冲刺激能夺获心室、心电图示脉冲信号后紧跟一个相关的 QRS 波；临床有效起搏脉冲夺获心室，可扣及大动脉搏动或测到血压；复苏成功，恢复有效循环的宠物，出现自主呼吸，意识恢复至心脏停搏前状态。

【操作】

◆ 经胸壁电极体表心脏起搏

　　☆ 正极置于左肩胛骨下角与脊柱之间或左前胸上部，负极置于心前区，连接好心电监护导联和起搏器，即可起搏。

　　☆ 此法操作简便、迅速、安全。

◆ 经静脉心内膜心脏起搏法 导管经股静脉、肘正中静脉和锁骨下静脉穿刺法置入右心房或右心室心内膜。到位后，测起搏阈值、感知阈值，满意后，起搏器与电极导管尾部连接后即可起搏，起搏电压常是阈电压的 2～3 倍。导管留置最长不应超过 2 周。

◆ 经食管电极心脏起搏 食管电极由鼻孔进入一定距离时，心电图上 P 波为征服双相或最尖 P 波，提示电极已达心脏水平，即可起搏。起搏电压 20～35 伏，适用于无房室传导阻滞患病宠物的紧急起搏。

　　　　　　　　　　　　　　　　　　　　（郭慧君　刘海港）

第十五章
氧气疗法应用技术

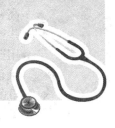

　　氧气疗法是指通过给氧提高动脉血氧分压和动脉血氧饱和度，增加动脉血氧含量，纠正各种原因造成的缺氧状态，促进组织的新陈代谢，维持机体生命活动的一种治疗方法。主要适用于以下几方面疾患：

◆ 呼吸道疾患。主要因氧供应减少，氧分压过低所致的疾患。

☆ 喉部、气管、支气管通气障碍

☆ 肺充血

☆ 肺水肿

☆ 肺气肿

☆ 各种类型的肺炎

☆ 气胸

☆ 血胸

☆ 脓胸

☆ 乳糜胸

☆ 有呼吸费力、呼吸过快或过缓，呼吸节律不整等症状出现时

◆ 循环系统疾患。影响氧运输能力为主的疾患。

☆ 心力衰竭

☆ 心肥大

☆ 心率过快

☆ 心律失常

☆ 心肌炎

☆ 心脏瓣膜病

☆ 心丝虫病

☆ 心血管功能不全等

◆ 血液系统疾患。携带氧能力减弱的疾患。

☆ 急性失血

☆ 严重贫血

☆ 高铁血红蛋白症等

◆ 某些药物或有毒物质中毒。因组织利用氧发生障碍的疾患。

☆ 用药错误或超大剂量使用某些常规治疗药物

☆ 氰化物、一氧化碳中毒等

◆ 严重的体温升高。

☆ 见于某些传染性疾病引起的高热，如犬瘟热。

☆ 其他原因所致的体温严重升高，用以减缓氧消耗量增加而致的低氧分压状态。

◆ 其他常见的适应证。

☆ 全身麻醉过度、中暑、多种原因引发的休克

☆ 黏膜、结膜或皮肤出现紫绀时

◆ 某些外科手术后的宠物大出血、休克等。

◆ 宠物昏迷，如脑血管意外等。

第一节　给氧方法

一、静脉注射输氧

【适应证】主要用于心脑血管病，也可用于其他一些疾病。

◆ 冠心病。

◆ 肺心病。

◆ 心绞痛。

◆ 心衰。

◆ 脑供血不足。

◆ 脑血栓。

◆ 肺气肿。

◆ 肺水肿。

◆ 一氧化碳中毒。

◆ 手术麻醉后恢复。

◆ 过敏性疾病。

◆ 皮肤病。

◆ 伤口修复。

◆ 药物中毒。

◆ 失血性休克。

◆ 颅脑损伤。

◆ 疲劳综合征。

【宠物保定】宠物侧卧保定于输液架上。

【操作】静脉输入双氧水（过氧化氢）法。

按 3％双氧水 5～20 毫升加入 10％～25％葡萄糖溶液 120～240 毫升的比例剂量使用，缓慢地一次静脉注射。

【备注】

（1）静脉注射的医用双氧水浓度为 3％，是一种不稳定的强氧化剂，具有易分解氧的特性，所以应选用近期产品并在临使用时开启瓶封的为好，与 50％葡萄糖溶液混合后立即使用。

（2）化验用的过氧化氢（CP 级或 AR 级）纯度很高，也可使用，但它的浓度为 30％，用量为 3％双氧水的 1/10，此点应特别注意。

（3）静脉注射一定要注意双氧水的质量、用量和注入的速度，同时静脉注射双氧水有时会引起发生溶血（表现血尿、黄疸等）、尿闭以及形成血管气栓等副作用，这些问题在使用中应加以注意。

二、鼻导管给氧

【适应证】麻醉或昏迷状态的宠物。

【宠物保定】宠物仰卧保定。

【操作】

◆ 鼻导管输氧简单易行，是较经济有效的常用给氧方法，咽喉为天然的储气囊，无增加死腔及漏气之弊。

◆ 用一根橡皮导管，一端接盛有水的玻璃瓶（潮化瓶——滤过氧气用），一端直接插入患病宠物鼻孔（深度以达到鼻咽腔为宜），导管用绳子固定于头部。

◆ 氧流量为 2～3 升/分钟，渐增至 6 升/分钟，吸入氧浓度为 30％左右，连续吸入 5～10 分钟（图 15-1、图 15-2）。

【备注】应用前先检查管腔有无堵塞，并清洗患病宠物鼻孔。

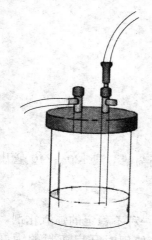

图 15-1 鼻导管输氧的设备

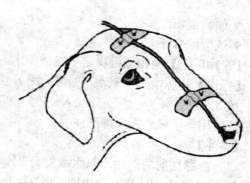

图 15-2 鼻导管输氧

三、皮下输氧

把氧气注入肩后或两肋皮下疏松结缔组织中，通过皮下毛细血管内红细胞逐渐吸收而达到给氧的目的

【适应证】轻微呼吸困难的宠物。

【宠物保定】宠物站立保定即可。

【操作】

◆ 将注射针头刺入皮下，把氧气输入导管和针头相连接，打开流量表的旁栓或氧气筒上的总阀门，则氧气输入，皮肤逐渐鼓起，待皮肤比较紧张时停止输入。

◆ 如 1 次注入量不足，可另加 1 处。宠物 0.5～1 升。

◆ 输入速度为每分钟 1～1.5 升，皮下给氧后一般于 6 小时内被吸收。

【备注】

◆ 皮下输氧不能迅速的解决缺氧状态，可分别在宠物体数处同时注氧。

◆ 为避免氧气中带有某些微生物引起感染，应将湿化瓶中的液体改为 0.05％呋喃西林溶液。

四、气管穿刺给氧

【适应证】严重呼吸困难的宠物。

【宠物保定】使宠物平卧，头偏向一侧。

【操作】用一根输氧导管，一端接在氧气流量表上，另一端直接插入患病宠物气管内。

【备注】

◆ 为使输入的氧气有适当的湿度，导管之间应安装一个盛水玻璃瓶，水温45℃左右，使氧气通过此瓶。

◆ 输氧的浓度以 30%～60% 为宜，以防氧中毒或"氧烧伤"。

◆ 氧气流量以 4～6 升/分钟为宜。

◆ 插管时间一般不宜超过 48～72 小时，否则，可能引起喉头水肿及拔管后宠物发生严重的呼吸困难。

◆ 插管后，要尽量避免触动导管，以减少对喉头的刺激。

◆ 导管管腔易被分泌物堵塞，须注意定时吸痰，以保持管腔和呼吸道的通畅。

　　☆ 要将气管插管和牙垫固定好，保持插管的正确位置，防止其滑入一侧总支气管或自气管脱出。

五、高压氧舱

【适应证】重剧的循环障碍宠物。

【宠物保定】宠物仰卧保定。

【操作】将宠物头部或整体放入氧舱内（图 15-3）。舱内氧气的浓度，可根据病情的需要进行调节，一般含氧量为 40%～60%，并含二氧化碳 1.2% 以上，以兴奋呼吸中枢。

【备注】连续输入纯氧的时间不宜超过 12 小时，以防引起氧中毒。

图 15-3　犬高压氧舱

第二节　给氧注意事项

（1）严格遵守操作规程，注意用氧安全。

◆ 切实做好四防。

☆ 防震

☆ 防火

☆ 防热

☆ 防油

◆ 搬运时避免倾倒撞击。

◆ 氧气筒应置阴凉处。

◆ 周围严禁烟火和存放易燃品，至少距火炉 5 米、暖气 1 米，氧气表及螺旋口上勿涂油，也不可用带油的手拧螺旋。

（2）宠物保定，为保证安全，给氧时患病宠物需妥善保定，氧气筒与患病宠物保持一定的距离。

（3）输氧导管的选择及给氧前的检查。

◆ 宜选用便于穿插、较为细紧的橡皮管，以减少对鼻、咽黏膜的刺激。

◆ 给氧前应检查导管是否通畅，并清洁患病宠物鼻腔。

（4）氧气疗法时，对输氧时间的控制。连续输入纯氧的时间不宜超过 12 小时，以防引起氧中毒，使肺泡膜受刺激、变厚，从而减弱氧和二氧化碳的正常弥散作用，进而导致特异性并发症（痉挛及肺的闭塞区域因氧气被挤出而形成无气肺）。

（5）输氧时，氧气湿度、二氧化碳浓度、环境温度的控制。

◆ 氧气湿度应达到 40%～60%。

◆ 应保持二氧化碳浓度在 1.5% 以下。

◆ 环境温度保持在 18～21℃。

（6）吸氧流量的控制及皮下给氧的注意事项。

◆ 吸入氧气流量的大小应根据患病宠物呼吸困难的改善状况进行调节。

◆ 皮下给氧时，不能把氧气注入血管内，以防形成气栓。

（7）应用氧气疗法时，应密切注意患病宠物的反应。

◆ 观察呼吸困难情况有无好转。

◆ 过快的心率是否减缓。

◆ 结膜、黏膜颜色是否由紫绀或苍白转为红润。

◆ 骚动不安等症状能否得以改善。

如上述状况无明显改善时，则应考虑是否给氧得当，输氧导管是否畅通，或氧流量过大、过小等相关因素。

（8）随时注意导管有无阻塞，并应避免长时间或固定用一种方法输氧。

◆ 氧气是一种干燥的气体，用氧气导管输氧时必须通过湿化瓶。

◆ 较长时间的输氧会导致呼吸道分泌物增加，并黏附于气管黏膜上不易咳出，有时还会对气管黏膜造成损害。

（9）长期及高浓度的吸入氧气或静脉注射双氧水，都会产生某些副作用，所以应密切注意输氧反应，及时做出调整和纠正，以使氧气疗法发挥最为安全和有效的作用。

◆ 前者可造成氧中毒、肺不张、呼吸道干燥和损伤。

◆ 后者有时会对肾脏及血细胞造成某些损害。

（10）使用输氧设备时的注意事项。

◆ 使用氧气时应先调节流量，停氧时应先拔出导管，再关闭氧气开关，以免一旦关错开关，大量氧气突然冲入呼吸道损伤肺部组织。

◆ 氧气筒内氧气不可用尽，压力表上指针降至 5 千克/厘米^2，即不可再用，以防止灰尘进入筒内，再次充气时引起爆炸。

◆ 对未用或已用完的氧气筒，应挂"满"或"空"的标志，以便于及时调换氧气筒。

◆ 用氧中，应经常观察缺氧状况有无改善，氧气装置有无漏气，是否通畅。持续用氧患病宠物应每天更换导管 1~2 次，并由另一鼻孔插入，以减少对鼻黏膜刺激。

（程志学 孟 凯）

第十六章
麻 醉 应 用 技 术

　　良好的麻醉是使外科手术得以顺利进行的重要环节，因此麻醉是宠物外科手术的基本技术之一。麻醉的目的在于安全有效地消除手术疼痛，确保人和宠物安全，使宠物失去反抗能力，为顺利手术创造良好的条件。

　　宠物临床目前所采用的麻醉方法有：

　　　　☆ 全身麻醉

　　　　☆ 局部麻醉

　　　　☆ 电针麻醉

　　宠物临床上多用全身麻醉，局部麻醉较少应用。

第一节　局部麻醉

　　定义：利用阻滞神经传导的药物，使麻醉作用局限于躯体某一局部称为局部麻醉。感觉神经被阻滞时，产生局部的痛觉及感觉的抑制或消失；运动神经同时被阻滞时，产生肌肉运动减弱或完全松弛，这种阻滞是暂时的和完全可逆的。

　　局部麻醉的优点：

　　◆ 局部麻醉对机体生理的干扰轻微，麻醉并发症和后遗症较少，所以是一种比较安全的麻醉方法。

　　◆ 局部麻醉的设备简单、操作方便、费用经济，可用于全身各部位的许多手术。目前，包括腹腔在内的许多手术也都可以在局部麻醉下进行。

　　◆ 对于患有心、肺、肝和肾等疾病的宠物，局部麻醉对全身影响较小，也提供了较好的手术条件。

　　但是，在局部麻醉下，因患病宠物神志依然清醒，所以手术时应特别注意，在必要的情况下可以使用镇静剂。

一、局部麻醉药

局部麻醉药的种类繁多，但是常用的有普鲁卡因、利多卡因和丁卡因3种，前两者作用快，潜匿期短，有效作用期也短；后者作用慢，潜匿期长，有效作用期也长。

1. 普鲁卡因 本品是临床上最常用的局麻药。

（1）优点

◆ 安全范围大。

◆ 药效迅速。

◆ 注入组织1～3分钟即可出现麻醉作用。

（2）缺点

◆ 药物易被各种组织中的脂肪酶水解而作用消失，故作用时间相对较短。

◆ 不耐高压灭菌，遇碱类、氧化剂能分解，遇酸性盐药效降低。

（3）应用 临床上多用做浸润麻醉剂，使用浓度为0.5％～1％。

◆ 传导麻醉一般采用2％～5％溶液。

◆ 脊髓麻醉用2％～3％溶液。

◆ 关节内麻醉可用4％～5％溶液。

2. 利多卡因

（1）特点 本品浓度在1％以下时，其局部麻醉强度和毒性与普鲁卡因相似，但浓度在2％以上时局部麻醉强度可增强至2倍，并有较好的穿透性和扩散性，作用出现时间快、持久。

（2）应用

◆ 用作表面麻醉时，溶液浓度须提至3％～5％。

◆ 传导麻醉为2％溶液。

◆ 浸润麻醉为0.25％～0.5％溶液。

◆ 硬膜外麻醉为2％溶液。

3. 丁卡因

（1）特点 本品的局部麻醉作用强、作用迅速，并具有较强的穿透力，常用于表面麻醉。本品的毒性较普鲁卡因强12～13倍，而麻醉强度则强10倍。表面麻醉的强度较可卡因强10倍。

（2）应用

◆ 眼科用0.5％～1％溶液，无角膜损伤等严重不良反应。

◆ 作为鼻、喉、口腔等黏膜表面麻醉，可用1‰～2‰溶液。

◆ 本品毒性大，不适于浸润麻醉。

二、局部麻醉方法

1. 表面麻醉　利用局麻药透过黏膜或皮肤而阻滞浅表的神经末梢，称为表面麻醉。

【适应证】眼、鼻、咽喉和尿道等处的浅表手术或内腔镜检查。

【宠物保定】根据不同的麻醉部位采用合适的保定方法。

【操作】

（1）可将配制好的麻醉药倒进小喷壶中，并握于手掌中，喷口指向手术部位的皮肤或黏膜，距离保持在20～30厘米，使麻醉药直接垂直喷射到皮肤或黏膜的表面，用于小的皮肤切口或穿刺。

（2）黏膜（口腔、咽、鼻道、阴道等）的表面麻醉可用棉药签浸局部麻醉药，例如，5‰普鲁卡因溶液，压迫到黏膜表面几分钟，也可以把浸上局部麻醉药的棉花球用镊子夹好在黏膜表面擦拭几次。

（3）眼结膜和角膜的麻醉，可用吸液管将5‰～10‰可卡因滴入眼结膜囊和角膜表面2～3次，每次间隔5分钟，即可麻醉。

【备注】黏膜吸收局麻药迅速，特别是在黏膜有损伤时，其吸收速度接近静脉注射，故用药剂量应减少。

2. 局部浸润麻醉　将局麻药注射于手术区的组织内，阻滞神经末梢从而达到麻醉作用，称局部浸润麻醉。

【适应证】皮肤和皮下组织的切开。

【宠物保定】根据不同的切口部位采用合适的保定方法。

【操作】先在手术切口线一端进针，针的斜面向下刺入皮内，注药后则有橘皮样隆起，称皮丘。将针拔出，在第1个皮丘的边缘再进针，如法操作行成第2个皮丘，如此在切口线上形成皮丘带。再经皮丘向皮下组织注射局麻药，即可切开皮肤和皮下组织。

局部浸润麻醉的方式有多种，如直接浸润麻醉法、外周浸润麻醉法等，可根据手术需要选用。

（1）直接浸润麻醉法　在准备切口部位对整个长度和深度进行直接浸润麻醉，皮下组织浸润，麻醉真皮。应用足够长的针刺入皮下组织，沿着准备切口部位长度缓慢推进皮内。如果切口有较大深度，针要向下，再注入深层组织。

（2）外周浸润麻醉法　对于手术部位周围和下层组织的四周注射，达到术部麻醉，针刺入手术部位边缘周围的皮下组织，呈菱形或扇形注射。

为了保证深层组织麻醉完全，为了减少单位时间内组织中麻醉药液的过多积聚和吸收，可采用逐层浸润麻醉法，即用低浓度和较大剂量的麻醉药液浸润一层随即切开一层的方法将组织逐层切开。

由于这种麻醉药液浓度很小，部分药液会随切口流出或在手术过程中被纱布吸走，故使用较大剂量药液也不易引起中毒。

【备注】

（1）剂量　应用 0.5%～1% 盐酸普鲁卡因溶液。

（2）浸润麻醉的禁忌证：

◆ 如果术部存在蜂窝织炎和坏死性炎症时，不能进行。

◆ 矩形或圆形浸润麻醉注射剂量要根据麻醉的面积大小来决定。

（3）产生的麻醉效果要取决于被麻醉组织的厚度和密度，一般 5～10 分钟出现麻醉，持续时间为 0.5～1 小时。

（4）为了减少药物吸收的毒副作用，延长麻醉时间，常在药物中加入适量 0.1% 的盐酸肾上腺素。

3. 传导麻醉　传导麻醉也称为神经阻滞麻醉，在神经干周围注射局部麻醉药，使其所支配的区域失去痛觉，称为传导麻醉。其特点是使用少量的麻醉药产生较大区域的麻醉。传导麻醉常用的局麻药为 2% 利多卡因或 2%～5% 普鲁卡因。

（1）睑神经传导麻醉

【适应证】眼睑的检查和治疗，尤其对眼球术后防止眼睑挤压眼球有价值。

【宠物保定】侧卧保定，确实保定头部。

【操作】在颧弓最突起部（颧弓后 1/3 处）背侧约 1 厘米处，注射 1 毫升局麻药，除眼睑提肌外，其他所有眼睑肌都被麻醉。

【备注】睑神经是耳睑神经（由面神经分出）的一个分支，经颧弓走向眼部，分布到眼睑和鼻部。

（2）臂神经丛传导麻醉

【适应证】犬前肢手术。

【宠物保定】站立保定。

【操作】犬站立于诊疗台上，助手固定其头部，并偏离注射一侧。穿刺点定位于岗上肌前缘、胸侧壁和臂头肌背缘三线交界处，为一个凹陷的三角区。

术者左手食指触压三角区中央和第一肋骨，右手持接有注射针的注射器，用力穿透皮肤，并向后沿胸外侧壁和肩胛下肌之间刺入，使针尖抵至肩胛骨水平位置。

回抽注射器，如无血液可注射 3% 利多卡因 1～3 毫升。

【备注】多数动物注射后 10 分钟患肢表现镇痛，逐渐肌肉松弛，运动消失，肢下部感觉消失。

（3）犬下颌神经传导麻醉

【适应证】犬下颌骨骨折或下颌部位的手术。

【宠物保定】侧卧保定，确实保定头部。

【操作】在下颌骨角突的前面，可摸到凹陷。用 3 厘米长的 22 号针，在下颌的腹侧缘，垂直刺入，其深度为 1～2 厘米。在此处注射 2% 盐酸普鲁卡因溶液 2 毫升，则同侧下颌的牙齿均产生麻醉作用。

下颌共有前、中、后 3 个颏孔，常以中颏孔为注射点，该孔位于下颌第二前臼齿前面的基部，约在下颌骨背侧与腹侧缘的中间，其孔口用手触摸不到，必须用针尖进行探诊，将针刺入该孔内少许，并向下颌管内注射 2% 普鲁卡因溶液 1 毫升，则门齿、犬齿和 1～2 臼齿均被麻醉。

【备注】犬的 3 个颏孔在形态方面有许多变化，而且两侧下颌间有吻合情况，因此，在给药之后，所有门齿都处于麻醉状态。而给药的同侧其他部位，不发生麻醉作用。

4. 脊髓麻醉　将局部麻醉药注射到椎管内，阻滞脊神经的传导，使其所支配的区域无痛感，称为脊髓麻醉。根据局部麻醉药液注入椎管内的部位不同，又可分为硬膜外腔麻醉和蛛网膜下腔麻醉两种。

（1）硬膜外麻醉

【适应证】泌尿道、肠道、后肢的手术及断趾、断尾等。

【宠物保定】俯卧或侧卧保定。

【操作】麻醉部位是最后腰椎和荐椎之间的正中凹陷处，大型犬的断尾可在第 1～2 尾椎之间实施。选择髂骨突起连线和最后腰椎棘突的交叉点，局部剪毛、消毒，皮肤先小范围麻醉。

用 4～5 厘米长的注射针在交叉点慢慢刺入，在皮下 2～4 厘米刺通弓间韧带时有"落空感"。如无此感觉，则是刺到骨头上了，可拔出针，改变方向重新刺入。

【备注】如有脊髓液从针头流出，是刺入蛛网膜下腔所致，把针头稍微拔出至不流出脊髓液的深度即可，然后注入麻醉药。

（2）蛛网膜下腔麻醉

【适应证】腹部、会阴、四肢及尾部手术。

【宠物保定】俯卧或侧卧保定。

【操作】腰椎穿刺点位于腰荐结合最凹陷处。腰椎穿刺时，针头经过的层次分别为皮肤、皮下组织、棘上韧带、棘间韧带和黄韧带时会出现第一个阻力减退感觉。继续缓慢推进针头，待针头穿过硬膜和蛛网膜时，可出现穿刺过程中的第2个阻力减退感觉。拔下针栓，即见有脑脊液从针孔中流出。

当判断穿刺正确后，将吸有2%普鲁卡因的注射器，缓缓注入5～10毫升，然后再回吸脑脊液，若能畅通流出，针头可一起拔下。

【备注】严格无菌操作，保持前高后低的体位，麻醉药要预热。

第二节　全身麻醉

定义：全身麻醉是指用药物使中枢神经系统产生广泛的抑制，暂时使宠物机体的意识感觉、反射活动和肌肉张力减弱或完全消失，但仍保持延髓生命中枢的功能。

麻醉表现：宠物在全身麻醉时，会形成特有的麻醉状态，表现为镇静、无痛、肌肉松弛、意识消失等。宠物在全身麻醉条件下，可以施行比较复杂和难度较大的手术。

一、麻醉前准备

（1）掌握病情

◆ 首先了解宠物现病史和既往病史，如是否患过呼吸系统和心血管系统疾病。

◆ 体检时着重检查。

　　☆ 动物体质

　　☆ 营养状况

　　☆ 可视黏膜变化

　　☆ 生命指征，即呼吸、脉搏和体温等

◆ 结合实验室检查和其他特殊检查，对病情作出判断和估价。可按五类法将病情进行分类（表16-1）。

表 16 - 1　犬猫身体状况分类

分类	体　况	实　例
Ⅰ类（极好）	主要器官功能正常，无潜在疾病	阉割术、截爪术、髋关节发育异常 X 线检查
Ⅱ类（良好）	主要器官轻微病变，但代偿健全，无临床症状	新生或老年动物，肥胖、骨折、轻度糖尿病。心或肾代偿性病变，轻度犬恶心丝虫
Ⅲ类（一般）	实质器官中度病变，功能减退或紊乱，有轻度临床症状	贫血，厌食，中度脱水，轻度肾病，轻度心杂音和心脏病，轻度发热
Ⅳ类（差）	实质器官严重病变，功能代偿不全	严重脱水，休克，贫血，毒血症，非代偿性心脏病，糖尿病，肺病
Ⅴ类（极差）	病情严重，随时有死亡危险	严重心、肾、肝、肺及内分泌系统疾病，严重休克、头颅损伤，严重创伤，肺动脉栓塞

注：如系急诊手术，则在评定级后加 E（emergency），以便区别。

（2）宠物准备

◆ 择期手术的宠物，一般应提前 1 天住院，以便医生对宠物作进一步观察和体况评估，也利于宠物适应医院的环境。

◆ 麻醉前，宠物禁食 12 小时，如是胃肠手术，则应禁食 24 小时。

◆ 对病情严重者，不能急于麻醉和手术，应在手术前给予积极治疗，待病情缓和，各系统功能处于良好状态时再进行手术。如：

　　☆ 急腹症、严重外伤或脱水、酸中毒者，应尽快补液、输血或给予碱性药物治疗。

　　☆ 休克宠物应根据病因，采取各种措施改善循环功能。

　　☆ 呼吸系统感染者，应在控制感染后再行手术。

　　☆ 严重骨折者，应等待炎症减轻，体温正常时再手术。

（3）麻醉器械及药品的准备

◆ 为防止宠物在麻醉期间发生意外事故，麻醉前应对麻醉用具和药品进行检查。

◆ 对可能出现的问题，尤其对Ⅲ类以上的患病宠物，应全面考虑，慎重对待，并做好各种抢救设备和药品的准备。

二、麻醉前给药

常用的麻醉前用药主要包括以下几类：

1. 氯丙嗪　临床上最常用的一种。

◆ 特征　氯丙嗪可使宠物安静，加强麻醉效果，减少麻醉药用量。

◆ 用量　犬 1～2 毫克/千克，猫 2～4 毫克/千克，均为肌内注射。

2. 安定　属苯二氮卓类。

◆ 特征　肌内注射给药 5 分钟后，产生安静、催眠和肌肉松弛的作用。

◆ 用量　犬猫 0.66～1.1 毫克/千克。

3. 麻保静（隆朋）　2，6-二甲苯胺噻嗪，1986 年正式合成该药，并逐渐用于临床。

◆ 特征　该药具有镇静、镇痛和肌松作用，大剂量应用时中枢性抑制作用明显。

◆ 用量　犬用量为 1～3 毫克/千克；猫 3 毫克/千克。

4. 吗啡　是镇痛药的代表性药物。

◆ 特征

☆ 吗啡对中枢神经系统的作用较复杂，缺少一致的规律性。小剂量时抑制，大剂量时可能兴奋，并有种属和个体差异。

☆ 作用具有特异选择性，作用于中枢神经系统的吗啡受体，镇痛作用很强，对手术中的切割痛、钝痛以及内脏的牵拉痛都有明显的镇痛作用。但用于剖宫产时，因抑制新生仔畜的呼吸，要慎用。高于镇痛剂量则使动物兴奋。对犬作用较好。

◆ 用量　参考剂量：犬 2 毫克/千克，皮下注射或肌内注射。猫慎用。

5. 阿托品

◆ 特征

☆ 主要作用是可减少呼吸道的分泌物，为全麻特别是吸入性麻醉不可缺少的术前用药。

☆ 具有兴奋呼吸中枢、降低迷走神经反射、预防和治疗麻醉中的心动过缓和血压下降、解除胃肠道痉挛、抑制蠕动、减少恶心和呕吐等作用。

☆ 副作用是使心率增快，口干，体温升高，基础代谢率提高等。

◆ 用量　犬 0.045 毫克/千克，猫 1 毫克/千克，皮下注射或肌内注射。

三、常用的全身麻醉方法

根据麻醉药物种类和麻醉目的，给药途径有吸入、注射（皮下注射、肌内注射、静脉注射、腹腔内注射)、口服、直肠内注入等多种。常用的麻醉方法有吸入麻醉和非吸入麻醉两种。全身麻醉时,单用一种麻醉药效果不理想时,可采用2种以上药物合并麻醉。

1. 吸入麻醉

【定义】指用气态或挥发性液态的麻醉药,使药物经过呼吸由肺泡毛细血管进入循环,并达到中枢,使中枢神经系统产生麻醉效应。

【适应证】所有需要全身麻醉的手术。

【宠物保定】俯卧或侧卧保定。

【常用吸入麻醉药】

(1) 乙醚

◆ 性状　乙醚为透明的液体,相对密度低(0.7),沸点也低(35℃),其蒸气易燃,要置于阴凉处保存。

◆ 麻醉特点

　☆ 由于光和空气的氧化作用,储存过程中能生成乙醛和过氧化物,后者的刺激性很强,在临床上被认为是产生吸入性肺炎的原因,其血/气分布系数较大(12.10左右),故乙醚的诱导和苏醒较慢。

　☆ 乙醚对呼吸道黏膜有强烈的刺激性,诱导期间能反射性地促进呼吸,增加支气管黏膜腺体分泌。麻醉前可给予阿托品。

　☆ 轻度的乙醚麻醉能引起呼吸道反射性地换气过度,从而使血中 CO_2 浓度下降,这种碱中毒/或低碳酸血症,可引起不规则的呼吸。

(2) 氟烷(三氟乙烷,三氟溴氯乙烷)

◆ 性状　氟烷为无色透明、具有香味的挥发性液体,无局部刺激性,在强光下分解,应装在棕色瓶中保存。本品作用快,不燃不爆,使用安全,是目前国内外兽医临床最常用的吸入麻醉药之一。

◆ 麻醉特点

　☆ 麻醉性很强,麻醉作用约为乙醚的4倍。血/气分配系数为2.3。

　☆ 诱导和苏醒都较快,但会有血压下降、心率弛缓和呼吸抑制等情况。

◆ 麻醉较深时,潮气量减少, CO_2 蓄积,发生呼吸性酸中毒。

◆ 反复应用可产生肝损伤,可使肾功能下降,肾血流减少。

(3) 安氟醚

◆ 性状　为无色透明的挥发性液体,无明显的刺激性气味,其化学性质稳定,与光或碱石灰接触不分解,对金属和橡胶无腐蚀性,在临床使用浓度不燃不爆。

◆ 麻醉特点

　☆ 安氟醚麻醉效能高，镇痛作用优于氟烷，对呼吸系统作用与氟烷相似，对循环系统的抑制作用随浓度增加而加重。

　☆ 安氟醚对肝脏影响轻微，重复应用不产生明显的肝功能损害。

　☆ 安氟醚可短暂降低肾血流量、肾小球滤过率和尿量，一般停药 2 小时可恢复。

（4）异氟醚（异氟烷）

◆ 性状　与安氟醚在结构上是同分异构体，其特性和安氟醚相同。有轻度的刺激性气味，但不会引起宠物屏息和咳嗽。

◆ 麻醉特点

　☆ 对呼吸有明显的抑制作用。

　☆ 血/气分配系数小（1.41），故诱导、苏醒均比其他氟类吸入麻醉快，更容易控制麻醉深度。

　☆ 异氟醚在体内的代谢较安氟醚更少，仅少量代谢产物（<1%）由肾排出，故对肝、肾等器官的功能影响更小。

【操作】

（1）气管内插管　是将特制的气管导管，经口腔插入到宠物的气管内。是临床麻醉必须熟练掌握的技能。

（2）插管前麻醉　诱导麻醉，可用静脉快速诱导麻醉或吸入诱导麻醉。

◆ 静脉快速诱导麻醉

　☆ 常用药物及药量　硫喷妥钠为 16～25 毫克/千克。硫戊巴比妥钠为 16～20 毫克/千克。甲己炔巴比妥钠为 10～12 毫克/千克。

　　也可用丙泊酚，起效快，作用时间短，宠物苏醒迅速，对呼吸道无刺激，可降低脑代谢率和颅内压。

　☆ 不良反应　对心血管和呼吸系统有抑制作用，注射过快可出现呼吸和/或心跳暂停，血压下降等。

　☆ 猫可用氯胺酮作诱导麻醉　先肌内注射，剂量为 10～20 毫克/千克，3～5 分钟后再缓慢静脉注射，剂量为 1～2 毫克/千克。

（3）气管插管法　气管插管见图 16-1。

◆ 保定　宠物俯卧保定，头抬起伸直，使下颌与颈呈一直线。

◆ 插管

　☆ 助手打开宠物口腔，拉出宠物的舌头，使会厌前移。

　☆ 麻醉师左手持喉镜插入宠物口腔，其镜片压住舌根和会厌基部，暴露

图 16-1　气管插管

会厌背面、声带和杓状软骨。

☆ 在直视情况下，右手持涂过润滑油的气管导管经声门裂插入气管至胸
腔入口处。

☆ 此时应触摸颈部，若触到两个硬质索状物，则提示导管插入食管，应
退出重新插入。

☆ 导管后段于切齿后方系上纱布条，固定在上颌上，以防滑脱。

☆ 然后挤压连接套囊上的注气球或用注射器连接套囊上的胶管注入空
气，30～45 分钟后再充气 1 次。

☆ 最后将气管导管与麻醉机上螺旋形接头连接，施自主呼吸或辅助
呼吸。

☆ 对上、下颌骨折或口腔面部手术的宠物，不能经口腔插管，需施咽切
开术或气管切开术插管。前者适用于麻醉后短期维持呼吸道的畅通；
后者则用于麻醉后需长期保持呼吸道通畅的宠物。

（4）气管插管拔出方法

◆ 先停用吸入麻醉药，并维持输纯氧 3～5 分钟，待宠物有吞咽、咀嚼及
咳嗽等动作，意识恢复和呼吸正常时拔管。

◆ 拔管前，应松开固定导管的纱布条，吸出口腔、咽喉及气管内的分泌
物、呕吐物及血凝块等。

◆ 放掉套囊内的空气，迅速拔出导管，以防导管被咬坏。

【临床应用】

（1）开放式　有开放点滴法、吹入法和麻醉箱法 3 种。

1）开放点滴法 该法最简单，使用时，将一面罩套在宠物口鼻部，外覆盖盖数层纱布，再滴麻醉药于纱布上，让宠物吸入。

◆ 常用药物

    ☆ 乙醚

    ☆ 氟烷

    ☆ 甲氧氟烷等

◆ 特点 此法耗药量大，又使空气污染，故完成诱导麻醉后需改成气管插管进行维持麻醉。

2）吹入法 此法是将混合气体麻醉药引进宠物鼻孔吸入。此法应用于性情暴烈的动物。

如关在笼内的宠物经麻醉枪注射药物镇静后，将连接麻醉机上的一软管放入宠物鼻孔诱导，一旦宠物意识丧失，再用面罩麻醉直至能气管插管为止。

3）麻醉箱法 此法是将宠物放入由有机玻璃等材料制成的密闭箱内，并引入氧气和气体麻醉药诱导。

麻醉介质及作用特点 氧化亚氮和氧气的比例为2：1，总气流量为4～6升/分钟，一般3～5分钟宠物意识丧失，如加入3%～5%的氟烷，宠物则会快速失去知觉。然后，将宠物从箱内取出，并继续用面罩吸入诱导直至能气管插管为止。此法尤其适用于猫的诱导麻醉。

（2）半开放式 借助简单活瓣装置将氧气或空气与麻醉药混合吸入呼吸道，其呼出气体经活瓣排出大气中。适用于体重小于7～10千克宠物的麻醉。

（3）半关闭式 呼出的气体一部分经活瓣排出到外界，一部分重新吸入，称半关闭式，可用半开放式装置改装而成。

将麻醉机导出的气源（氧气和麻醉药）连接于呼吸囊，再将呼吸囊用螺纹管与气管导管相接，两者之间安装一个呼出活瓣。吸气时，此活瓣关闭，呼气时则开放，大部分呼气经此瓣逸出，一小部分呼气入气囊，被氧稀释，再被吸入。

也可用紧闭式进行半关闭式麻醉。加大紧闭式气流量，每分钟氧流量达每千克体重20～30毫升时，呼气有一部分经安全活瓣或排气活门逸出，这时紧闭式装置就变成了半关闭式装置。

（4）紧闭式 该装置在吸气时，混合的麻醉气体经开放的吸气活瓣，进入螺纹管和气管插管而入肺。呼气时，吸气活瓣关闭，呼气经开放的呼气活瓣入CO_2吸收器（钠石灰罐），余下气体进入呼吸囊。气体作单向循环流动，不与外界相通。

紧闭式氧气流量小（每千克体重每分钟氧流量 6～10 毫升），耗费药量少，易于控制麻醉深度，保持呼吸道黏膜湿润和不污染室内空气。故它是小动物最常用的吸入麻醉方法。

2. 非吸入麻醉

◆ 非吸入麻醉有许多优点，突出的是：

☆ 易于诱导，宠物很快进入外科麻醉期，不会出现吸入麻醉所出现的挣扎和兴奋现象。

☆ 操作简便，一般不需要特殊的麻醉装置。

◆ 缺点：

☆ 不易控制麻醉深度、用药量和麻醉时间。

☆ 用药不易排出和解毒，只有被组织代谢和由肾脏排出后才能停止作用。

◆ 小动物非吸入麻醉药有：

☆ 巴比妥类

☆ 氯胺酮

☆ 隆朋

☆ 神经安定镇痛药等

应根据宠物品种及全身状况选用不同的非吸入麻醉药。

（1）巴比妥类

1）戊巴比妥钠　为短时作用巴比妥类药物。

◆ 作用机制及特点

☆ 主要作用是抑制中枢神经系统。

☆ 由于有抑制脑运动区域的作用，故常用来抗惊厥。

☆ 本品止痛作用弱，催眠作用强。

☆ 深麻醉时对呼吸循环系统抑制明显。

☆ 在苏醒期，静脉注射葡萄糖或肾上腺素会延长恢复期，称"葡萄糖反应"。

☆ 由于该药苏醒期长，并在诱导和苏醒期表现兴奋现象，故小动物临床不以此药作为常用麻醉药。

◆ 使用

☆ 用量　单纯用此药麻醉，可静脉注射 5％～6％戊巴比妥钠溶液，剂量为 25～30 毫克/千克。

☆麻醉特点　麻醉作用时间为 30 分钟至 2 小时，苏醒期 6～24 小时。麻醉前应用镇静药或止痛药，戊巴比妥钠的用量可减少 30%～50%。

2）硫喷妥钠　为超短时作用巴比妥类，脂溶性高，易透过血脑屏障，注射后迅速产生麻醉作用，故本品多用于诱导麻醉。

◆性状　本品为淡黄色粉末，味苦，有洋葱样气味，易潮解，在水中溶解度尚好，但水溶液极不稳定。

◆应用　常用作包括短、小外科手术和吸入麻醉时的诱导剂。

◆剂量　犬剂量 0.6 毫升/千克（首次给药），追加剂量为 0.1～0.15 毫升/千克，推注速度为 0.2 毫升/秒，常用浓度为 2.5% 溶液静脉注射，总量不超过 25 毫克/千克。

3）硫戊巴比妥钠　为超短时作用药物。其作用原理与硫喷妥钠相同，但其药效为硫喷妥纳的 1.5 倍。本品广泛用于犬猫的诱导麻醉、各种小手术及诊疗等。也为淡黄色结晶粉末。用前配置成 4% 的水溶液，供静脉注射。诱导麻醉剂量为 6～8 毫克/千克；手术麻醉剂量为 10～25 毫克/千克。用法和作用时间同硫喷妥钠。

（2）非巴比妥类

1）氯胺酮　为 2-氯苯-2 甲基胺环己酮，常用其盐酸盐。

◆性状　系白色结晶，易溶于水，水溶液无色透明，pH 3.5～5.5。

◆作用机制及特点　可选择性地阻断痛觉传导，注射后对大脑中枢的丘脑—新皮质系统产生抑制，故镇痛作用较强，但对中枢的某些部位则产生兴奋，注射后虽然显示镇静作用，但受到惊扰仍能醒觉并表现有意识的反应，这种特殊的麻醉状态叫"分离麻醉"。本品对组织无明显的刺激性，对呼吸只有轻微的影响（抑制），对肝、肾未见不良影响，对唾液分泌有增强现象，可先注入阿托品加以抑制。

◆使用　氯胺酮静脉注射总量一般不超过 10 毫克/千克，肌内注射不超过 30 毫克/千克。

2）隆朋（二甲苯胺噻嗪）　为一种有效的非麻醉性镇痛、镇静和肌松药。

◆作用机制及特点　镇痛、镇静作用机制是抑制中枢神经系统，肌松作用则在中枢神经水平上抑制神经内冲动传递的结果。该药有催吐作用，95% 的猫和 50% 的犬均发生呕吐，故麻醉前必须给予阿托品。

◆使用　犬猫肌内注射或静脉注射剂量为 1.0～2.0 毫升/千克，对健康的动物可持续麻醉 30 分钟。本品也可作麻醉前用药，可减少硫喷妥钠诱导麻醉用量的 50%～70%。临床上常与氯胺酮合用，即先用隆朋作麻醉前用药，再用氯胺酮作维持麻醉，可获得满意的麻醉效果。

（3）安定镇痛麻醉　在安定镇痛术的基础上，再用另一种镇痛药或氧化亚氮，这种方法称安定镇痛麻醉。尤其适用于剖宫产、老年或病情危重宠物的麻醉。具有以下优点：

☆ 麻醉平稳

☆ 安全

☆ 有效

☆ 对心血管影响极小

1）芬太尼—氟哌啶合剂

◆组分　每毫升合剂含芬太尼 0.4 毫克，氟哌啶 20 毫克，对羟基苯甲酸甲酯 1.8 毫克和对羟基苯甲酸丙酯 0.2 毫克。

◆剂量　5～10 千克体重的犬肌内注射 1 毫升此合剂，可进行小的手术和诊断。

◆拮抗剂　纳洛酮是麻醉性镇痛药的拮抗药，静脉注射纳洛酮 0.1～0.4 毫克，可促进动物苏醒。

◆使用　如用药前先肌内注射戊巴比妥钠 4～6 毫克/千克或用药后应用50％～60％氧化亚氮，就产生安定镇痛麻醉状态。如此合剂用于危重病犬的全身麻醉，按每 10～20 千克体重 1 毫升的剂量加入 250 毫升乳酸林格氏液或生理盐水，静脉滴注 5～10 分钟产生麻醉作用。当动物镇静后，套上麻醉面罩，提供氧气和氧化亚氮，达到足够的麻醉深度，再进行插管。

2）氧吗啡酮—乙酰丙嗪合剂

◆作用特点　氧吗啡酮作用时间长，乙酰丙嗪镇静效果好，适宜用作全身麻醉。

◆使用　先给宠物皮下注射乙酰丙嗪 0.1 毫克/千克（可与阿托品同时注射），使其镇静，15 分钟后静脉注射氧吗啡酮 0.1～0.3 毫克/千克；也可两药同时注射，但麻醉深度不如分开注射易于控制。如给患病宠物麻醉，氧吗啡酮可加入 250 毫升乳酸林格氏液中静脉滴注，以后吸入氧化亚氮和氧，使宠物安定镇痛麻醉。

3）速眠新

◆组分　由二甲苯胺噻唑（静松灵）、乙二胺四乙酸（EDTA）、盐酸二氢埃托啡和氟哌啶醇组成的复方制剂。

◆作用特点　无色透明，pH4.0～5.0，有较强的镇静、镇痛和肌肉松弛作用。

◆ 使用　犬在用药后 5～10 分钟会进入麻醉状态，麻醉前可给予阿托品 0.04 毫克/千克，对杂种犬，可肌内注射 0.1 毫升/千克，纯种犬 0.05 毫升/千克；猫为 0.2～0.3 毫升/千克。可维持 1 小时左右的镇痛期。为减少速眠新对呼吸系统的抑制，可将速眠新与氯胺酮合用。麻醉过量或催醒可用苏醒灵 4 号 0.1 毫升/千克肌内注射（每毫升含 4-氨基吡啶 6.0 毫克，氨茶碱 90.0 毫克）。

　　4）舒泰

◆ 组分　舒泰是一种新型分离麻醉剂，它含镇静剂替来它明和肌松剂唑拉西泮。替来它明是一种分离麻醉剂，作用持久，具有良好的止痛作用。唑拉西泮属于苯二氮卓类镇静剂，具有良好的肌松作用和抗惊厥作用。

◆ 作用特点　在全身麻醉时，舒泰能够保证诱导时间短、极小的副作用和最大的安全性。在经肌内和静脉途径注射时，舒泰具有良好的局部耐受性。舒泰是一种非常安全的麻醉剂。适用于犬猫和野生动物的保定及全身麻醉。

◆ 使用

　☆ 诱导麻醉剂量　犬，7～25 毫克/千克，肌内注射；5～10 毫克/千克，静脉注射。

　☆ 麻醉剂量　犬，10～15 毫克/千克，肌内注射；5～7.5 毫克/千克，静脉注射。

　☆ 维持时间　根据剂量不同，为 20～60 分钟。

　☆ 维持剂量　建议给予初始剂量的 1/3～1/2，静脉注射。

第三节　麻醉意外

　　麻醉意外是指由于药物的特殊作用，宠物对麻醉药物或麻醉疗法的特殊反应，宠物的特殊生理变化，麻醉处理遭遇特殊困难或宠物原有病理改变，在常规麻醉及手术不良刺激下，所引起的意想不到的一些问题，轻者影响麻醉手术的顺利进行，重者导致产生严重后果甚至危及宠物生命。

一、麻醉意外的常见原因

1. 麻醉选择不当

◆ 麻醉时机选择不当，如宠物水、电解质、酸碱平衡紊乱。

◆ 方法选择不当，如严重休克的患病宠物用椎管内麻醉，患有气道梗阻的宠物不作气管插管等。

2. 麻醉操作和管理因素

◆ 气管导管误入食道或导管过深造成单肺通气或肺不张。

◆ 导管接口与回路衔接管脱开。

◆ 接头标志不清。

◆ 将二氧化氮接管错接到吸氧管通路。

◆ 气压过高导致气压伤，气道穿通伤，咽喉及气道肿。

◆ 气管导管漏气，扭曲和阻塞，造成通气不足，气流中断，导致低氧血症，二氧化碳积存及呼吸抑制。

◆ 硬膜外导管置入蛛网膜下腔未发现，注药后造成全脊髓麻醉，操作过程中引起自主神经反射。

3. 术前准备不足　对患病宠物重要器官功能估计不足，术前应详细询问病史，认真了解各种体检资料，估计麻醉和手术对患病宠物生理功能的扰乱和影响，但有时往往因病情复杂，难以准确诊断和合理处理，因此必须重视初步评估，并预计可能发生的意外而采取相应预防措施，术前患病宠物常伴有：

☆ 贫血

☆ 血容量不足

☆ 低血钾等

忽视对上述情况的检查，未及时予以纠正。

4. 监测仪及麻醉器械故障　麻醉机和部件发生故障能造成严重不良后果，此外其他器械、器材发生故障，失灵及气源接错，喉镜失灵，气管导管漏气以及监测等均可造成：

☆ 低氧血症

☆ 通气不足

☆ 高碳酸血症

5. 麻醉过深　多见于挥发器故障，致使吸入麻醉药吸入浓度过高，导致：

☆ 低血压

☆ 心动过缓

☆ 甚至心跳骤停

6. 监测项目数据失真　心电监护仪的血氧饱和度（SpO_2）数据的失实，正常情况下，SpO_2 的脉率次数与心电图的心率一致，如出现不一致或波型不规则，则提示 SpO_2 不能准确反映氧合血红蛋白饱和度，应及时查找原因并纠正。二氧化碳监测仪数据的失真，导致通气状况的改变，造成手术的失败。

二、麻醉意外的预防

1. 规范麻醉操作和管理　虽然安全、完善的麻醉使恶性事件明显减少，但麻醉差错仍时有发生，通常包括：

☆ 低血容量

☆ 低血压

☆ 通气不足

☆ 缺氧

☆ 气道梗阻

☆ 用药过量和错用

☆ 反流误吸

☆ 仪器失灵

☆ 设备故障以及操作失误

☆ 观察不细

☆ 判断错误

☆ 对危象处理不当等

且多数由于一种或多种因素成为激发原因，造成事故差错和意外的发生，因此必须规范麻醉技术操作，加强麻醉期间管理。

2. 做好应急准备

◆ 进行椎管内麻醉和神经阻滞等必须要备好麻醉机和急救物品。

◆ 估计手术中可能出现心脏问题时则必须备好相应药品、物品。

◆ 对实施胆管手术的患病宠物，为防止胆心反射的意外发生，必须用注射器吸好阿托品、麻黄素备用。

◆ 麻醉器械故障的预防和处理应熟练。

3. 加强手术组医护人员的合作与联系　合作是保证安全和防止或缓解危害情况的关键，联系是合作的基础，通过相互联系达到互相支持、协作，配合完成共同的目标。

4. 吸取教训　对于引起严重后果的事件，应该总结经验，吸取教训，改进工作，防止在同样情况下再次发生类似事情。

5. 建立安全标准　应建立与安全有关的科室管理规范、麻醉实施标准和监测标准，并逐渐使之制度化、规范化。

（韩春杨　闫振贵　邓　艳）

第十七章
给 药 应 用 技 术

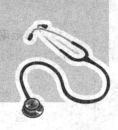

第一节　经口投药

经口投药法是投服少量药液时常用的方法，多用于犬猫等小动物。

一、准备

要准备好橡胶瓶、小勺、洗耳球或注射器等投药器具。

二、方法

1. 胃导管投药法

【适应证】适用于投入大剂量水剂、油剂或可溶于水的流质药液。方法简单，安全可靠，不浪费药液。

【宠物保定】投药时对犬施以坐姿保定。

【操作】

◆ 打开犬的口腔，装开口器。

◆ 选择大小合适的胃导管，用胃导管测量犬鼻端到第八肋骨的距离后，做好记号。

◆ 用润滑剂涂布胃导管前端，插入口腔从舌面上缓缓地向咽部推进，在犬出现吞咽动作时，顺势将胃导管推入食管直至胃内（判定插入胃内的标志：从胃管末端吸气呈负压，犬无咳嗽表现）。

◆ 然后连接漏斗，将药液灌入。灌药完毕，除去漏斗，压扁导管末端，缓缓抽出胃导管。

2. 匙勺、洗耳球或注射器投药法

【适应证】此法适用于投服少量的水剂药物,粉剂或研碎的片剂加适量水而制成的溶液、混悬液,以及中药的煎剂等。

【宠物保定】投药时对犬施以坐姿保定。助手使犬嘴处于闭合状态,犬头稍向上保持倾斜。

【操作】

◆ 术者以左手食指插入犬嘴角边,并把其嘴角向外拉,用中指将犬上唇稍向上推,使之形成兜状口。

◆ 右手持勺、洗耳球或注射器将药灌入。

◆ 注意一次灌入量不宜过多;每次灌入后,待犬将药液完全咽下后再重复灌入,以防误咽。

3. 丸、片、囊剂投药法

【宠物保定】对犬施以坐姿保定。

【操作】

◆ 术者以左手握住犬的两侧口角,打开口腔,以右手四指呈槽状(小型犬以中指和食指)夹药送于舌根部,然后快速地把手抽出来,并将犬嘴合上。

◆ 也可用镊子夹药于舌根部。当犬把舌尖少许伸于牙齿之间,出现吞咽动作时,说明药已吞下。如犬含药不咽,可通过刺激咽部或将犬的鼻孔捏住,促使犬快速将药吞下。

三、注意事项

(1)每次灌入的药量不宜过多,不要太急,不能连续灌,以防误咽。

(2)灌药中,宠物发生强烈咳嗽时,应立即停止灌药,并使其头部低下,使其将药液咳出,安静后再灌药。

(3)当宠物咀嚼、吞咽时,如有药液流出,则应用盆接取,以免药物损失。

(4)插胃管时,应注意判定是否正确插入食管。

第二节 直肠给药

【适应证】

◆ 宠物采食障碍或咽下困难、食欲废绝时,进行人工营养。

◆ 直肠或结肠炎症时,灌入消炎剂。

◆ 患病宠物兴奋不安时，灌入镇静剂。

◆ 排除直肠内积粪时使用。

【用药】

◆ 药量　小动物每次 100～200mL。

◆ 药剂选择　灌肠溶液根据用途而定，一般用：

　　☆ 1‰温盐水

　　☆ 林格氏液

　　☆ 甘油

　　☆ 0.1‰高锰酸钾溶液

　　☆ 2‰硼酸溶液

　　☆ 葡萄糖溶液等

【宠物保定】一般站立保定，助手把宠物尾巴拉向一侧。

【操作】术者一手提盛有药液的灌肠用吊桶，另一只手将连接吊桶的橡胶管徐徐插入肛门 10～20 厘米，然后高举吊桶，使药液流入直肠内。

【备注】

◆ 灌肠后应使宠物保持安静，以免引起排粪动作而将药液排出。

◆ 对以人工营养、消炎和镇静为目的的灌肠，在灌肠前应先把直肠内的宿粪取出。

第三节　局部给药

局部给药在宠物临床上也是常见的用药方法，主要有滴药法和皮肤给药法。

一、滴药法

将药物制成液体后，滴入某一部位的治疗方法，通常有滴耳、滴鼻、滴眼（又称点眼）等方法。

【适应证】主要用于眼科各种疾病、中耳炎及异物入耳、鼻炎、头痛以及高热不退等。

【操作】滴药时应选择正确的姿势。

◆ 滴耳时一般患病宠物取侧卧位，令患耳朝上，滴入药物后适当按压耳屏。

◆ 滴鼻取仰卧位或坐位仰头，滴入 2～3 滴后，稍稍挤压鼻翼两侧。

◆ 滴眼姿势与滴鼻相同。

【备注】使用此法，应防止药物的强烈刺激。通常每次滴药不超过 5 滴，可以增加频次来保证受药局部的药物浓度。

二、皮肤给药

【特点】皮肤给药主要是用浇淋剂，它必须具有以下两个条件：

◆ 药物必须从制剂基质中溶解出来，然后透过角质层和上皮细胞。

◆ 由于通过被动扩散吸收，故药物必须是脂溶性。主要有溶液剂、糊剂、软膏、乳膏剂、酊剂和醋剂以及粉剂。

【操作】涂擦药物前先用温水与中性肥皂清洁皮肤，如有皮炎则仅用清水清洗。根据剂型采用相应的方法施用于皮肤之上。

【备注】用药后注意观察局部皮肤的反应情况，如出现不适，则应予及时处理。

（刘永夏　成子强）

第十八章
输 液 疗 法

　　输液疗法是通过以下方式补充体液，以及时纠正体液平衡的变化，达到治疗或者辅助治疗疾病目的的治疗方法。
　　☆ 口服
　　☆ 皮下注射
　　☆ 静脉注射
　　☆ 腹腔注射
　　☆ 直肠灌注或者其他方式
　　特别是在宠物临床急救中，输液疗法简单易行，及时有效，通过最直接的给药方式，实现最大程度挽救宠物生命的效果。因此，输液疗法是临床急救最基本、最重要的手段之一。

第一节　输液疗法急救的原则与途径

一、输液急救前检查

　　临床上在使用输液疗法治疗宠物水、电解质及酸碱平衡失调前，通常先对宠物进行检查。
　　◆ 首先询问病史，然后对宠物体况进行一般检查。
　　◆ 再根据具体病情开展实验室检查。
　　◆ 最后综合判断水、电解质及酸碱平衡失调的类型及程度，以确定补液的类型、剂量。
　　◆ 需要特别说明的是，一般临床检查的方式不能检测出脱水，除非已经有至少体重 4%～5% 的水分流失。急性的流失超过体重 12% 的水会有生命危险。

（一）既往史调查

◆ 意义 既往史调查可以让临床兽医师明确宠物既往生活史，确定是否存在导致脱水的因素，且能更正确地评估脱水程度。

◆ 调查内容

☆ 通过询问宠物主人以下内容可以知道患病宠物水分摄入量的多少。

◇ 患病宠物饮水量大小

◇ 是否表现饥渴

◇ 采食量大小

◇ 食物的含水量

☆ 通过询问以下内容可以确定体液丢失量的多少。

◇ 动物是否下痢

◇ 呕吐

◇ 多尿

◇ 喘

◇ 大汗

◇ 过度流涎

☆ 观察宠物是否有大面积的烧伤、烫伤或者大面积的伤口，这些也是能够引发水分丢失的重要因素。对于既往生活史及发病史的调查对确定宠物缺水程度，具有很重要的意义。

（二）一般检查

◆ 意义。临床一般检查也是判断宠物是否脱水的依据。

◆ 调查内容。

☆ 精神状态

☆ 皮肤弹性

☆ 眼球凹陷程度

☆ 黏膜干燥程度

☆ 毛细血管回血时间长短

☆ 心搏情况

☆ 是否有休克表现等

◆ 发生脱水的宠物，如果脱水得不到及时控制和补充，脱水会逐渐加重。进而导致如下现象：

☆ 精神沉郁

☆ 皮肤弹性下降

☆ 眼球凹陷

☆ 黏膜干燥

☆ 心搏过速

☆ 毛细血管回血时间延长等现象

☆ 严重病例将会发生休克

依据这些指标判断脱水程度的方法，可参照表18-1。

表 18-1 临床体检判断宠物脱水程度

脱水比例	临 床 表 现
4%	无异常表现
4%～5%	有体液丢失历史，可视黏膜轻度干燥
6%～7%	可视黏膜干燥，皮肤弹性下降，眼球轻度凹陷
8%～10%	可视黏膜干燥，皮肤弹性下降，眼球明显凹陷，毛细血管回血时间轻度延长，可能休克
＞12%	可视黏膜极度干燥，皮肤弹性显著下降，眼球明显凹陷，毛细血管回血时间显著延长，休克，生命危险

注：引自 *A Colour Handbook of Small Animal Emergency and Critical Care Medicine*。

1. 观察精神状态与外观

（1）脱水严重的宠物　一般均会有以下表现：

☆ 精神沉郁

☆ 目光呆滞

☆ 卧地不起

（2）脱水加重后或者持续时间延长的宠物　一般会有以下表现：

☆ 被毛干燥

☆ 杂乱无章

☆ 缺乏光泽

☆ 被毛清洁度也差

宠物无精打采和抑郁可能是脱水所致，但也有可能是由其他疾病引起，或者伴随有电解质和酸碱方面的异常。

2. 称量宠物体重

（1）体重也是临床判断宠物脱水情况的手段之一，前提是宠物主人在宠物生病前知道宠物的体重。

（2）病前体重减去病后体重得到一个值，宠物体重急剧增加或减少通常是由于身体水分急速的增加或减少引起，这种改变是评估脱水或多水最敏感的临床依据。

（3）急性的减少或增加 1 磅*体重等于流失或增加 500 毫升液体。

3. 皮肤弹性检查

（1）轻轻地将皮肤提离身体后放开，测定皮肤回复到原来位置的时间。

（2）部位选择。一般选择躯干部位的皮肤进行测试，避免用颈部的皮肤。

（3）判定。在正常情况下提起的皮肤在松手后会立即回复，脱水的皮肤会显示出不同程度的缓慢回复。随着脱水的加剧，皮肤回复所需的时间也会随之延长。临床上脱水程度的百分比越高，不正常的皮肤弹力就越严重。

（4）影响因素。

◆ 皮肤弹力主要由组织间隙的含水量决定，其次是血管内和细胞间的含水程度。

◆ 皮肤内的弹性纤维和脂肪以及皮下组织也会影响皮肤弹性。

◆ 宠物的肥胖或消瘦、被毛长短会影响到判断结果。在同样皮肤弹性缺乏的情况下，肥胖狗失水比消瘦狗多。

（5）也可以用手指掐皮肤，以判断脱水的程度。弹性良好的皮肤，指甲的掐压痕迹马上消失，而脱水较重的宠物，指甲掐压的痕迹很难消失，手指下掐的时候，皮肤明显缺乏弹性。

4. 可视黏膜检查

◆ 检查部位。

　☆ 口角

　☆ 齿龈

　☆ 结膜

　☆ 眼睑等处

◆ 判定。

　☆ 健康宠物这些部位淡粉红色，颜色均匀，有光泽和一定的润滑度。

　☆ 脱水的宠物，不同程度的表现可视黏膜干燥，缺乏润滑。颜色变淡、
　　变浅或苍白。

　☆ 持续脱水严重的病例，眼球结膜可能会充血发红或黄染。口腔黏膜毛
　　细血管再充盈时间也可用于评估机体水合状态，脱水时由于血液灌注
　　量下降，毛细血管再充盈时间延长。

5. 眼球凹陷程度

（1）判断眼球的凹陷程度，要首先排除品种差异性。就是在与同一品种健

---

* 磅为非法定计量单位。1 磅＝0.453 592 千克。——编者注

康宠物相比，眼球位置是凹陷、凸出，还是正常。

（2）一般随着脱水程度的加重，眼球凹陷程度会逐渐加重，因此外观眼角很深，结膜颜色暗黄或充血发红。

（三）实验室检验

1. 基础实验室检验

（1）意义　主要用于评估血管内的水分情况，总血浆蛋白（TPP）和红细胞压积（PCV）值上升表示血液脱水。

（2）检测指标

◆ 静脉穿刺采集数滴血液，测定 TPP 和 PCV，TPP 浓度要比 PCV 更具有参考价值。

◆ 为了减少由贫血或低蛋白血症造成的误差，建议同时检测 TPP 和 PCV。

◆ 为准确掌握脱水的进程，要对 TPP 和 PCV 进行连续监控。

2. 尿分析

◆ 检测指标　尿分析对于反应脱水具有很重要的临床意义，临床上主要检测尿比重*和尿素氮。

（2）判定

◆ 一般情况下，尿比重升高（犬＞1.030、猫＞1.035），则代表机体脱水。

◆ 已经有一定程度脱水的宠物，若有稀释尿现象，即尿比重低于正常值，则表示脱水可能由肾脏功能障碍引起。

◆ 尿素氮升高也代表肾脏存在原发性疾病。

◆ 脱水情况下，也会伴有尿色加重，特别是先排出的尿液，颜色往往变深。

3. 血清生化检验

（1）检测指标　主要检测血清电解质和血气。血清电解质不能检测液体流失量，但有助于了解流失液体的性质。

（2）判定

◆ 宠物脱水时，血清中的钠离子、钾离子和氯离子浓度将发生变化，通过这些变化可确定脱水的类型，尤其是高渗性脱水时，利用检验血清钠离子，可计算机体脱水量。脱水的宠物可能会出现血液气体量质异常。

◆ 有些造成脱水的病例，不需要理学检查和实验室检验。例如：

☆ 处于昏迷状态的糖尿病患犬就非常有可能有脱水。

---

* 比重为非法定计量单位，即相对密度。——编者注

☆ 慢性肾衰竭以及上部肠道阻塞的动物也容易有脱水的情形。

二、体液代谢失调的类型

宠物临床上常见的体液代谢失调有以下 3 种：

1. 容量失调　体液量减少或增加，渗透压未发生改变。例如，大出血时，由于血液的流失导致体液容量整体的减少，宠物因而发生血容量减少。

2. 浓度失调　细胞外液水分增加或减少，导致渗透压改变。例如，水中毒时血浆有形成分的浓度会降低，而大汗后血浆有形成分的浓度会增加。临床上低钠血症或高钠血症也属于此类型，它们的丢失会造成渗透压的改变。

3. 成分失调　细胞外液除钠以外的离子改变，不影响渗透压。例如，低血钾、高血钾、酸中毒、碱中毒等都属于成分失调。

三、输液急救的途径

输液治疗的途径取决于：

◆ 患病宠物临床病情。

　☆ 异常的性质

　☆ 严重程度

　☆ 症状的急缓

◆ 丢失体液的性质与数量。

◆ 输入液体因素。

　☆ 成分

　☆ 疗效

　☆ 是否容易获得

◆ 临床医师的个人偏好。

◆ 输液途径所需设备。

常用的输液途径见表 18 - 2。

表 18 - 2　常用输液疗法的给药途径

输液疗法给药途径	英文全称	常用英文简写
口服	oral	po
皮下	subcutaneous	sc

（续）

输液疗法给药途径	英文全称	常用英文简写
腹腔	intraperitoneal	ip
骨髓内	intraosseous	io
静脉	intravenous	iv
直肠	rectal	无

（一）临床常见输液疗法给药途径

1. 口服

【适应证】用于预防和治疗体内失水。对腹泻、呕吐、经皮肤和呼吸道等液体丢失引起的轻、中度失水的防治，可补充水、钾和钠。

【宠物保定】一般徒手保定即可，大型犬和性格较烈的犬种可考虑使用开口器协助口服。

【操作】轻轻打开宠物口腔，从一侧口角拉起唇部，将盛有药液的药匙插入口角，向上抬举柄部送入药液，或者使用注射器将药物经口角缓速注入口腔内。危重长期患病宠物无法配合工作，可经胃管、鼻饲管途径补液。

【备注】在使用药匙或者注射器注入药液时，防止呛入气管，造成异物性肺炎。喂完一次，待前次药液完全吞咽后，再次注入药液。

2. 皮下注射　见第十章。

3. 腹腔注射　见第十章。

4. 骨髓内注射　见第五章。

5. 静脉注射　见第十章。

6. 直肠灌注

【适应证】主要用于配合其他疗法治疗后段肠道疾病（炎症或便秘），或者大脱水后输液困难时，用以补充营养性液体。

【宠物保定】徒手保定，主要是抬高后躯。

【操作】固定宠物头部，顺肛门插入经过润滑的导管，推进适宜深度，抬高后躯，防止药液倒流，推动注射器或者灌注器灌入药液。可选用专门的灌注胶管或者输液器塑料管。

【备注】操作时动作尽可能轻柔，以防损伤宠物肛门和直肠。如果注射前直肠内积粪过多，可以先软化粪便并导出，再注入药液。

（二）不同输液疗法优缺点的比较

关于不同输液方法优缺点的比较见表 18-3。

表 18 - 3　不同输液疗法优缺点的比较

给药途径	优　　　点	缺　　　点
口服	宠物主人可以自己在家给药，因此不必住院	1. 费时间 2. 不是所有的药物都可以经口服使用 3. 肠道功能失调时，药不能被充分吸收 4. 不适宜用于大量补液
皮下	用于体重较小的动物，无法通过其他途径补液体时	1. 注射位点液体的吸收至少要 30 分钟 2. 给药时宠物会有痛感 3. 每个注射位点的给药量不可太多 4. 可能产生并发症
腹腔内	休克早期较为有用 用于体重较小的动物	1. 液体从注射位点的吸收至少要用 20 分钟 2. 可能产生并发症
骨髓内	1. 当外周静脉不能进行给药时可以使用 2. 外周循环虚脱时此法较为有用	1. 可能继发骨髓炎 2. 禁止用于感染性休克、骨折部位以及鸟类含气骨
静脉内	1. 药物直接进入循环系统 2. 可用于大量给药 3. 药效快	1. 需要特殊的设施和器械 2. 患病宠物必须住院 3. 患病宠物需要常规监控 4. 有水中毒的风险 5. 可能对宠物造成一定干扰 6. 可能造成静脉感染
直肠	能够灌注大量未经灭菌的液体	1. 不能用于肠道无吸收能力的患病宠物 2. 患病宠物通常不能忍受这种刺激

引自 *Fluid Therapy for Veterinary Nurses and technicians*，Butterworth-Heinemnn，2004。

总之，临床输液的途径应根据病情、体况、药物性质等进行选择。危重急救宠物可以考虑同时开放两条输液通路，一条是补液，一条是根据病情加用各种药物静脉滴注。

第二节　输液急救原则与液体选择

一、输液急救原则

（1）积极治疗原发病，并制订纠正水、电解质、酸碱平衡的治疗方案。

（2）通过输液给予急救药物时，选择适宜的剂量及给药速度，注意相应的配伍禁忌。

（3）输液遵循一定给药顺序。

☆ 先快后慢

☆ 先盐后糖

☆ 先晶后胶（晶胶交替）

☆ 宁酸勿碱

☆ 尿畅补钾

（4）危重患病宠物应该结合给氧疗法，或输血疗法，昏迷者可考虑给予电击。

（5）选择最直接、最快速、最安全的给药方式。特别是幼龄宠物或者小型品种宠物，在给予强心剂、兴奋呼吸药物、能量合剂、酶类时应该注意。

（6）密切监控病情发展，补液时根据病情变化、生理指标变化，合理评估宠物体况，适时调整输液方案。

二、补液液体的性质、类型和选择

1. 分类 补液用的液体分为类晶体液和胶体液两大类。

2. 特点

◆ 类晶体液是溶解于水中的小分子物质，它们能通过毛细血管膜，如钠离子和葡萄糖等。

◆ 胶体液内的小分子物质也能通过毛细血管膜，大分子物质不能通过。

◆ 类晶体液和胶体液根据其渗透压高低分为高张性、低张性和等张性3种液体。

3. 类晶体液 又分为替代液和维持液。

◆ 替代液主要用来补充血液和机体已累积缺乏的水分、电解质和缓冲其酸碱度，常用的有乳酸林格氏液和生理盐水，有时为了满足特殊需要，还需向液中加入其他物质。

◆ 维持液是用来补充正常情况下，宠物每天丢失的低张液和电解质，也可用来满足健康宠物对钾的需要。此液中钠离子和氯离子含量比血液中低，但钾离子含量比血液中高，故不易静脉快输。

4. 胶体液 分为天然的胶体液和合成的胶体液，由于它们的大分子结构和重量不同，所以它们的张力作用、排出方法和半衰期也不相同。胶体液主要是血管容积的替代液。

◆ 常用的天然胶体液有全血、血浆和浓缩白蛋白等。他们的张力分子主要是白蛋白，占70%，其他的是纤维蛋白原和球蛋白。

☆ 新鲜全血含有红细胞、白细胞、凝血因子、血小板、白蛋白和球蛋白等。

☆ 新鲜血浆除了红细胞和白细胞外，包含的成分和全血一样。

☆ 静脉输入全血需检验血型或做血液相合试验（第八章输血技术）。

◆ 常用合成胶体液包括右旋糖酐、氧基聚明胶（oxypolygelatin）和羟乙基淀粉［包含五淀粉（pentastarch）和六淀粉（hetastarch）］，它们货源充足，能及时供应。

☆ 它们提供的胶体张力压比天然胶体液还好，同时还能和全血或血浆一起使用，但它们不像全血或血浆里还含有多种机体需要物质。

☆ 合成胶体液的特性见表 18 - 4，其临床应用见表 18 - 5，临床可根据其特性选用，见表 18 - 6。

表 18 - 4　常用液体的性质、类型及成分

性质		名称	渗透压（毫渗透摩尔/升）	pH	Na$^+$	Cl$^-$	K$^+$	Ca^{2+}	Mg^{2+}	葡萄糖（克/升）	缓冲作用（毫摩尔/升）
类晶体液	替代液	0.9%氯化钠液	308（等张）	4.5～7.0	154	154	0	0	0	0	0
		乳酸林格氏液	275（等张）	6.5	130	109	4	1.5		0	28
		林格氏液	310（等张）	4.5～7.5	147	155	4	2		0	0
		Plamalyte - A	294（等张）	7.4	140	98	5		3	0	有
		Normosol - R	295（等张）	5.5～7.0	140	98	5		3	0	有
		5%葡萄糖液	252（等张）	3.5～4.5	0	0	0	0	0	50	0
		5%葡萄糖液和0.9%氯化钠液等量混合液	280（等张）	4.5	77	77	0	0	0	25	0
	维持液	含5%葡萄糖液和乳酸林格氏液等量相混液	264（低张）	4.5～7.5	65.5	55	2	0.75	0	25	14
		含5%葡萄糖液和0.9%氯化钠液	560（高张）	3.5～4.5	154	154	0	0	0	50	0
		Procal Amine	735（高张）	6～7	35	41	24	0	5	30	有
		3% FreAmine Ⅲ	405（高张）	6～7	35	41	24		5	0	有
胶体液	天然的	全血	300（等张）	7.4	140	100	4	2	0.9	4	有
		冷冻血浆	300（等张）	7.4	140	110	4	2	0.9	4	有
	合成的	右旋糖酐40	311（等张）	3.5～7.0	154	154	0	0	0	0	0
		右旋糖酐70	310（等张）	3～7	154	154	0	0	0	0	0
		6%六淀粉	310（等张）	5.5	154	154	0	0	0	0	0
		10%五淀粉	326（等张）	5.0	154	154	0	0	0	0	0

表 18-5　临床上不同疾病时对类晶体液的选择

疾病	类晶体液	原因	注解
酸中毒	乳酸林格氏液 Plasmalyte-A Normosol-R	缓冲液	乳酸盐在肝脏降解为碳酸氢盐。不能和血液一起输入，以防林格氏液中钙凝血
碱中毒	0.9%氯化钠液	氯和氢离子丢失，pH 低	可能还需供应钾
心衰竭	等张液或 1/2 等张液，如乳酸林格氏液	尽量减少钠的输入，减少血管容积	林格氏液不能和血液一起输入，以防凝血
高钙血症	0.9%氯化钠液	不含钙，有利尿作用	可能还需供应钾
高钠血症	乳酸林格氏液	含钠相对较少	不能和血液一起输入
肾上腺皮质功能降低	0.9%氯化钠液	不含钾，高钠有利于替代	
肝衰竭——末期	Plasmalyte-A Normosol-R	无乳酸盐，含钠较少，门脉压低	
肾衰竭——高钠末期	Plasmalyte-A Normosol-R 1/2 强度乳酸林格氏液	降低钠含量，减少肾小球过滤	林格氏液不能和血液一起输入
肾衰竭——少尿/无尿	0.9%氯化钠液	避免钾潴留	监视钠水平升高
休克复苏——低血容量	乳酸林格氏液 Plasmalyte-A Normosol-R	缓冲液，替代血管内容积	乳酸盐在肝脏降解为碳酸氢盐。乳酸林格氏液不能和血液一起输入

表 18-6　临床上胶体液的应用

类型	名称	应用特点
天然胶体液	新鲜血液	急性出血快速恢复容积，低白蛋白性贫血，凝血病/血小板减少性出血
	血库贮存的全血血浆	急性出血快速恢复容积，低白蛋白性贫血，凝血因子Ⅴ或Ⅶ缺乏凝血病（新鲜冷冻血浆适于凝血因子Ⅴ或Ⅶ缺乏）、弥散性血管内凝血、抗凝血酶减少、急性低白蛋白血症
合成胶体液	右旋糖酐 40	用于低容积性休克，能快速短期恢复血管容积；能快速改善微循环；预防深部静脉形成血栓/肺部栓塞
	右旋糖酐 70	用于低容积性、创伤性或出血性休克，能快速恢复血管容积
	羟乙基淀粉（706 代血浆）	能快速恢复所有形式休克的血管容积，用于全身炎症反应综合征的毛细血管通透性增强/白蛋白外漏，小容积性恢复
	氧基聚明胶	用于低容积性休克，能快速短期恢复血管容积

第三节　输液速度与量

一、输液速度

◆ 不同的病情输液的速度也不同，但是总体的原则是宜缓不宜急。

◆ 临床急救中，除注意宠物的原发病情况以外，尚需考虑的因素是：

☆ 宠物脱水程度

☆ 酸碱平衡或电解质平衡失调程度

☆ 心脏负荷

☆ 渗透压

☆ 有效循环血量

☆ 微循环灌注情况

☆ 药物理化性质等

◆ 遇到危重病时，为了更好地控制输液的速度，有必要在开始给药后对患病宠物多项生理指标进行检测和监控。并根据病情、宠物品种和药物性质调整给药速度。

1. 输液速度与时间计算公式

◆ 已知每分钟滴数与液体总量。

　　　输液时间（小时）= 输液总量×点滴系数/每分钟滴数×60

◆ 已知液体总量与计划输液所用时间。

　　　每分钟滴数 = 输液总量（毫升）×点滴系数/输液时间（分钟）

2. 给药时应根据以下情况进行调整

（1）不同药物的滴速不一样

◆ 如含钙药、含镁药、含钾药、升压药、强心药、高渗透氯化钠注射液、某些激素类（如催产素）滴速宜慢。

◆ 治疗中暑或者热射病等，需要降低颅内压时，甘露醇的滴速应快，否则起不到降低颅内压的作用。

（2）不同的疾病滴速不一样

◆ 患严重心肺疾病和肾功能不全者，尽量不宜静滴，以免加重心肺负担，非用不可时，应谨慎，缓慢小滴滴注，同时密切观察心、肺、肾功能。

◆ 因腹泻、呕吐、出血、烧伤等引起严重脱水而出现休克者，静滴速度要快，如有必要可同时多通道输液，以尽快增加血容量，使病情好转。

（3）不同的宠物滴速不一样

◆ 幼龄宠物和老年宠物、体弱多病的宠物必须慢滴，否则会因短时内输进大量液体，使其心脏负担过重从而导致心力衰竭。

◆ 小型品种慢滴，大型品种可加快速度。

（4）不同的病情滴速不一样

◆ 如果宠物处于休克状态，液体应尽可能快地输注，通常每小时输注量与血容量相等。

◆ 滴速。

☆ 犬猫非心源性休克液体补充量分别为每小时每千克体重 90 毫升、60 毫升。

☆ 非休克宠物常规液体给予速度不定，基本原则是每小时每千克体重 6～10 毫升。

◆ 从以上可以看出，在宠物临床急救中滴速是比较复杂的问题。一般来说，成年宠物 40～60 滴/分钟较安全，但最佳滴速应根据患病宠物的年龄、体况、病情和药物性质来控制和调整滴速。

二、输液量

1. 输液剂量与疗效密切相关。临床上犬种大小差异极大，所以输液量的精确性越发显得重要。

（1）如果补液量不足，患病宠物症状得不到充分缓解或恢复。

（2）若补液超量，则会加重宠物病情或会出现一系列并发症。

（3）输液量的大小取决于宠物临床表现、实验室检查以及生理参数。

（4）宠物机体对液体需求分为以下 3 个部分。

◆ 体液的缺失量。

◆ 维持需要量。

◆ 预计进行性丢失量，例如：

☆ 呕吐

☆ 腹泻

☆ 多尿

☆ 大汗

☆ 气喘

☆ 大面积烧伤等

2. 病情稳定的患病宠物总输液量，可根据以下公式*计算。

◆ 总输液量＝体液缺失量＋维持需要量＋预计进行性丢失量

◆ 体液缺失量（毫升）＝ 体重（千克）× 脱水百分比（%）×1 000

　　☆ 当 2 千克≤体重≤50 千克时，维持需要量（毫升）＝ 体重（千克）×30 ＋ 70（毫升/天）

　　☆ 当患病宠物体重＜2 千克或者体重＞50 千克时，维持需要量（毫升）＝ 体重（千克）$^{0.75}$×70

上述维持需要量计算公式已经考虑到进行性丢失量，因此不必再另行计算。

◆ 例如，一只体重 10 千克的犬脱水 5%，那么它 24 小时内需要补充的液体量是：

　　☆ 体液缺失量（毫升）＝ 10 × 5% × 1 000 ＝ 500 毫升

　　☆ 维持需要量（毫升）＝ 10 × 30 ＋ 70 ＝ 370 毫升

　　☆ 所需液体总量＝ 体液缺失量 ＋ 维持需要量（已包含进行性丢失量）＝870 毫升

3. 临床输液量的计算也有其他的方法。

◆ 例如，使用红细胞压积（PCV）来计算体液缺失量。一般认为 PCV 每升高 1%，体液损失就增加近 10 毫升/千克。计算公式如下：

　　体液缺失量（毫升）＝PCV（%）×10 毫升×体重（千克）

◆ 也有人使用"维持需要量（毫升）＝ 体重（千克）×50 毫升"来计算维持需要量。

◆ 这些不同的计算方法大同小异，最终的计算结果基本相似。不管哪一种计算方法得到的都是一个理论值，临床输液还需在输液过程中进行适当的调整。

◆ 呕吐、腹泻等造成的进行性丢失量，也有不同的计算方法，主要是依据"呕吐量（毫升）× 体重（千克）× 呕吐次数＝进行性丢失量（毫升）"来进行计算，也是较为科学的方法。

◆ 总的来说，输入液体的量由体液缺失量、维持需要量、预计进行性丢失量三部分组成。无论哪种计算方法都应合理地考虑这 3 个方面，以得出最大程度接近体内真实液体损失量的结果，促进宠物的康复。

---

* 引自 Sunder，*Small Animal Critical Care Medicine*，2009。脱水情况判断参照表 18 - 1。

三、输液速度和量的控制方法

（一）手动控制
人工调节输液器阀门以达到控制输液速度和给药量的目的。

1. 优点　灵活机动，可随患病宠物输液后反应随时调整速度。

2. 缺点　需要专门的护理人员看护，比较费工、费时。

（二）输液泵控制

1. 优点

◆ 输液泵（图 18 - 1）能准确控制输液滴数或输液流速，保证药物能够速度均匀、药量准确并且安全地进入患病宠物体内。

◆ 输液泵还能提高临床给药操作的效率和灵活性，降低护理工作量。

2. 应用　常用于需要严格控制输液量和药量的情况，如在应用钙制剂、强心药、升压药、抗心律失常药、幼龄或高龄宠物静脉输液或静脉麻醉时。

四、制订治疗计划

制订液体治疗计划应根据机体缺失的液体性质，在最短时间内选出适宜的液

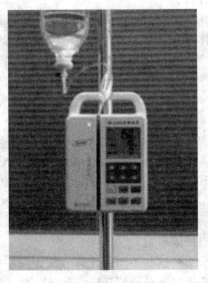

图 18 - 1　输液泵控制下的输液过程

体、用量、补液途径和输液速度，用以补充发病后的累积缺失液量。估算的液量在患病宠物肾脏和心血管正常时能接纳，如果病情严重或年老，肾脏和心血管有些损伤，临床宠物医师就必须适时把握输液种类、速度和输液量，以防损伤宠物肺、脑和肾脏产生不良后果。小型胆小神经质犬，如约克夏㹴等，静脉输液操作时，因犬太闹可能会导致急性应激死亡，临床上也多见，所以对此类型犬，静脉输液操作时需特别注意。临床上根据犬猫病理状况选择不同液体、用量、补液途径和输液速度（表 18 - 7）。

表 18 - 7　根据病理状况选择液体、用量、途径和速度

病理状况	液体种类	用量和速度	补液停止标准	注解
(1) 代偿性休克：MM 发红，CRT<1 秒　心率快　MAP 正常到增加　CVP 正常到增加	等张、替代类晶体液；或等张、替代类晶体液与合成胶体液	犬：每小时每千克体重 90 毫升，IV、IO　猫：每小时每千克体重40～60 毫升，IV、IO　犬：每小时每千克体重35～55 毫升，IV、IO　猫：每小时每千克体重24～36 毫升，IV、IO　HES/DEX：每千克体重 20 毫升；IV、IO 合输或者 OXY：每千克体重 15 毫升按 5 毫升/千克增加合输 IV	MM 变粉红，CRT 1～2 秒　心率正常　MAP≥80 毫米汞柱　CVP＞6 和＜80毫米水柱　COP≥14 毫米汞柱　ALB>20 克/升	继续脱水时，给予维持液
(2) 早期代偿失调性休克：MM 苍白，CRT>2 秒　心率快　MAP 正常到降低　CVP 降低	等张、替代类晶体液；或等张替代类晶体液与合成胶体液	犬：每小时每千克体重 90 毫升，IV、IO　猫：每小时每千克体重40～60 毫升，IV、IO　犬：每小时每千克体重35～55 毫升，IV、IO　猫：每小时每千克体重24～36 毫升，IV、IO　HES/DEX：每千克体重 20 毫升，IV、IO 合输或者 OXY：每千克体重 15 毫升按 5 毫升增加合输 IV	MM 变粉红，CRT 1～2 秒　心率正常　MAP≥80 毫米汞柱　CVP＞6 和＜80 毫米水柱　COP≥14 毫米汞柱　ALB>20 克/升	如果维持恢复困难，应继续输入 HES：犬：每小时每千克体重 0.8～1.2 毫升　猫：每小时每千克体重 2～8 毫升　继续脱水时，给予维持液
	或高张盐液与合成胶体液	7‰氯化钠液　犬：每千克体重 4～8 毫升，IV、IO 和 HES/DEX：每千克体重 20 毫升，IV、IO合输　猫：每千克体重 1～4 毫升，IV、IO 和 HES/DEX：每千克体重 20 毫升，IV、IO合输		给脱水动物高张盐液，应极其注意；或如果怀疑脑或肺出血时继续脱水，给予

（续）

病理状况	液体种类	用量和速度	补液停止标准	注解
(3) 晚期代偿性失调性休克：MM 苍白到灰色，CRT>2秒 心率正常到缓慢 MAP 降低 CVP 正常、增加或降低 器官衰竭	等张、代替类晶体液与合成胶体液	犬：每小时每千克体重35～55毫升，IV、IO 猫：每小时每千克体重24～36毫升，IV、IO HES/DEX：每千克体重20毫升，IV、IO 合输或者 OXY：每千克体重15毫升按每千克体重5毫升增加合输 IV	MM 粉红，CRT1～2秒心率正常 MAP≥80毫米汞柱 CVP>6和<80毫米水柱 COP≥14毫米汞柱 ALB>20克/升	如果维持恢复困难，应继续输入 HES：犬：每小时每千克体重0.8～1.2毫升 猫：每小时每千克体重2～8毫升 可能还需要额外能支持心血管正收缩或正常血压
	或高张盐液与合成胶体液	7％氯化钠液：犬：每千克体重4～8毫升，IV、IO 和 HES/DEX：每千克体重20毫升，IV、IO 合输 猫：每千克体重1～4毫升，IV、IO 和 HES/DEX：每千克体重20毫升，IV、IO 合输		给脱水动物高张盐液，应极其注意；或如果怀疑脑或肺出血时更应注意
(4) 急性出血：(HCT<20％)	全血或浓缩红细胞与等张盐液，血浆 HES 或 DEX 混合	尽快地补充达到恢复，IV、IO	HCT>25％ MAP=80毫米汞柱 ALB>20克/升	需要有效的止血 需要额外合成胶体液，其用量达血管恢复 继续脱水，应给与维持液
(5) 慢性出血或溶血：(HCT<15％)	浓缩红细胞与等张盐水混合	在4～6小时 IV、IO，达到恢复	HCT>25％	继续脱水，应给与维持液
(6) 肺出血、脑出血、心脏机能不全	HES 与等张、替代类晶体液	每千克体重5毫升增加合输达到恢复 犬：每小时每千克体重35～55毫升，IV、IO 猫：每小时每千克体重24～36毫升，IV、IO	MAP=80毫米汞柱 COP≥14毫米汞柱 ALB>20克/升	如果维持恢复困难，应继续输入 HES：犬：每小时0.8～1.2毫升/千克 猫：每小时2～8毫升/千克 继续脱水时，应给与维持液
(7) 低血浆白蛋白：(<20克/升) 凝血病：(PT/APTT延长) 抗凝血酶：(<90％)	血浆	每千克体重10～20毫升或在4～6小时 IV、IO 直到恢复	凝血蛋白活性正常 ALB>20克/升	继续脱水，应给与维持液

（续）

病理状况	液体种类	用量和速度	补液停止标准	注解
（8）全身炎症反应综合征:	HES	犬：每小时每千克体重 0.8~1.2毫升, IV、IO 猫：每小时每千克体重2~8毫升, IV、IO	COP≥14毫米汞柱 ALB>20克/升	必须替代补充好血管内容积；注意调整维持液输液速度；密切监控防止输液过多
（9）组织间脱水: 皮肤弹性降低 眼窝下陷 MM干燥 眼睛发干	等张、替代类晶体液	缺液量（升）＝脱水％×体重（千克） 急性脱水, IV, 输1~2小时 慢性脱水, IV, 输12~24小时 如果血容积正常, 每千克体重20毫升皮下输液, 分几点输入	再水化	必须替代补充好血管内容积；在再水化期间, 必须获得维持液、在体液继续丢失时, 能够得到调整
（10）自由水丢失 （高血浆钠）	5％葡萄糖液	缺水量（升）＝0.6×体重（千克）×［（测定钠值—140毫摩尔/升）/140], IV、IO 急性脱水, IV, 达12~24小时 慢性脱水, IV, 输24~48小时	血浆钠达正常水平	必须替代补充好血管内和组织间容积；在再水化期间, 必须获得维持液
（11）维持	等张、维持类晶体液	60毫升每天每千克体重, IV、IO、PO、SC		必须替代补充好血管内和组织间容积

　　注：MM为黏膜颜色；CRT为毛细血管再充盈时间；MAP为平均动脉压；CVP为中心静脉压；HCT为红细胞比容；ALB为白蛋白；PT为凝血酶原时间；APTT为活化部分凝血酶原时间；COP为胶体膨胀压；IV为静脉输入；IO为骨髓输入；SC为皮下注入；PO为口服；HES为六淀粉；DEX为右旋糖酐；OXY为氧基聚明胶。

第四节　危重动物输液疗法

一、糖尿病酮症酸中毒输液

◆ 首选输0.9％生理盐水或林格氏液。

◆ 宠物多尿时，应加入10％KCL溶液。大量的氯化钾是必需的，因为钾离子大量消耗且胰岛素会降低血清钾离子浓度。

◆ 同时输适量5％碳酸氢钠。

二、肝病宠物输液

◆ 输复合电解质溶液（林格氏液和 5％葡萄糖溶液 1∶1 稀释，合并钾离子补充给药）。

◆ 不要用储存血或血浆，因为它们会引起肝性脑病。

◆ 尽可能避免乳酸盐（不能用乳酸林格氏液，因为乳酸需要在机体肝脏的乳酸脱氢酶作用下才能转化为碳酸氢根，严重肝病时此过程受阻）。

三、心脏病宠物输液

◆ 要避免钠离子过剩加重宠物心脏负担。

◆ 首选 5％葡萄糖溶液输液。

◆ 不用林格氏液、5％的糖盐水等。

四、胰腺炎和腹膜炎宠物输液

◆ 输平衡电解质溶液（0.9％生理盐水，5％糖盐水，复方盐水等）。

◆ 需要补充钾离子。

◆ 如果总蛋白质下降到低于 40 克/升，输血浆、白蛋白或葡聚糖。

五、严重腹泻宠物输液

◆ 选择乳酸林格氏液或者林格氏液＋5％$NaHCO_3$ 溶液（纠正酸中毒）。

◆ 当宠物排出尿液时，再输 10％氯化钾。

◆ 如发生低蛋白血症，则输血浆、白蛋白、球蛋白或右旋糖酐。

六、急性和慢性肾衰宠物输液

◆ 0.9％生理盐水、5％糖盐水等直到确定血清钾离子浓度或利尿生成。

◆ 最初不要输含有钾离子的溶液，以免医源性高钾血症的形成。

◆ 患有慢性肾衰的宠物通常伴有低血钾，所以输液首选林格氏液＋10％KCl 溶液。

七、低血容量性和出血性休克宠物输液

◆ 选择等渗电解质溶液（0.9％生理盐水、林格氏液）、高渗液体（5％的糖盐水）。

◆ 如果 HCT 下降到小于20％，则输全血或积压细胞。

◆ 如果 TP 下降到40克/升，则输血浆、白蛋白或葡聚糖。

◆ 发生氮质血症尤其是少尿或者无法测定血清钾离子浓度时，输不含钾离子的溶液。

八、严重呕吐宠物输液

◆ 首选0.9％生理盐水或林格氏液，也可以输5％糖盐水。

◆ 从最初的多尿开始，加入10％KCl溶液。

九、中暑宠物输液

◆ 中暑是典型的高渗性脱水（血浆高渗和高钠，失水大于失钠，通过呼吸丢失水分）。

◆ 输液应该以补水为主，补钠为辅。选择5％葡萄糖溶液或者5％葡萄糖溶液和0.9％生理盐水按1∶1的比例配比输液。

十、胸腹腔积液宠物输液

◆ 胸腹腔炎性渗出液的引流，大量反复的放胸腹水等医疗处置。

◆ 首选等渗液（0.9％生理盐水、林格氏液），因为胸腹腔积液属于等渗性脱水。

第五节　输液效果的评判及方案调整

一、输液疗法效果的评判标准

◆ 原发病是否得到控制？采用输液疗法后，原发病是否治愈或临床症状是

否得到有效缓减？

◆ 休克是否缓减？根据宠物休克缓减情况，对输液进行调整。

◆ 宠物的精神是否紧张，有无舒适感？

◆ 宠物的行为是否自如？

◆ 尿液排出情况如何？

◆ 机体营养状况是否得到改善？

二、输液效果评判依据及治疗方案的调整

◆ 一般情况下：

☆ 有效循环血量的调节，可在 3～8 小时完成。

☆ 酸碱平衡的调节，可在 12～36 小时纠正。

☆ 细胞内缺水和缺钾等则可在 3～4 天予以解决。

◆ 需特别注意：

☆ 对年老体弱或心肾功能不全的患病宠物，输盐过多过快可导致循环血量骤增，引起心衰和肺水肿。

☆ 5％～10％糖液输入过多，水易进入细胞内，有可能引起以脑水肿为主要表现的水中毒。

☆ 当需大量快速输液时，为安全计，最好测定 PCV。

（一）临床上常采用的简易方法

1. 观察颈静脉的充盈度

◆ 正常宠物颈静脉沟明显而不怒张，压迫颈静脉后约 7 秒，颈静脉充盈良好。

◆ 若颈静脉沟明显塌陷，压迫而不充盈或迟于 7 秒充盈者，则表示血容量不足，可以安全输液。

◆ 反之，若颈静脉明显怒张，则提示输液过量或心衰，应纠正心衰，并减缓或停止输液。

2. 观察尿量及尿色的改变

◆ 输液至开始排尿，说明细胞外液量已基本适中，应逐渐减慢输液速度。

◆ 若尿频量多而色清，兼有心血管现象改变者，则提示输液过量或输入速度过快。

3. 观察肺部是否有湿性啰音　若输液后出现啰音，则说明血容量已过多

或输入盐液过多过快，应减缓或停止输液，以防发生肺水肿。

4. 注意四肢末梢或腹下有无水肿　若在输液过程中或输液后上述部位出现水肿，在排除心肾功能不全、血浆蛋白明显不足或针孔漏液等情况后，则常提示细胞外液量已大大超出正常量。

（二）输液的监控

◆ 自输液开始后每天要进行数次检查以知道水分补充是否足够、避免过度给水和探查同时期的水分流失。

◆ 成功输液治疗的指标是：

　☆ 皮肤弹力恢复正常

　☆ 黏膜面湿润

　☆ 脉搏变强

　☆ 灌流增加（再充血时间减少）

　☆ 活泼程度增加

（1）水分成功回复会让体重增加。

◆ 急性的增加或减少 1 磅体重表示增加或减少了 500 毫升身体的水分（或是体重改变 1 千克相当于 1 000 毫升的水分）。

◆ 然而在厌食的宠物，体重每天消失 0.1～0.3 千克是因为组织的分解作用。

（2）在输液治疗期间连续追踪血球容积比（PCV）和总血浆蛋白（TPP），这两者同时降低则表示静脉内水分回复成功。

（3）比较严重的病例，特别是有肾脏和心脏衰竭的宠物，监测中心静脉压以便快速输液时对宠物造成心脏过度负荷和造成肺水肿的机会降到最低。

（4）以颈静脉导管量测中心静脉压（导管前端与右心房在同一高度）。

◆ 正常的中心静脉压是 0～100 毫米水柱高。

◆ 在输液治疗期间中心静脉压突然增加则表示输液速度过快，此时要据此降低输液的速度。

（5）注意：

◆ 所有接受输液治疗的宠物都要受到密切的观察。

◆ 严重脱水接受输液治疗的宠物要连续监测血清电解质。

　☆ 理想状况下，血清电解质不足或过量的宠物，在接受合适的治疗后会
　　回复到近似正常值。

　☆ 借由这些一开始电解质正常的病例电解质的测定，推论找出可能造成
　　这些改变的真正原因。

◆ 成功的输液治疗根本在于临床宠物医师探知和矫正造成液体流失和电解质流失或停滞真正原因的能力。了解和阻止进行中的体液流失特别重要。

（白喜云　梁占学）

下篇
急救各论

第十九章
宠物常见临床症状的急救

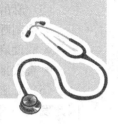

第一节 心跳停止

【定义】心跳停止即心脏突然停止跳动或心跳骤停，是指心脏射血功能突然终止，大动脉搏动与心音消失，重要器官，如脑严重缺血、缺氧导致。

【病因】发生心跳骤停的原因很多，主要有以下几种：

（1）自主神经功能变化

◆ 迷走神经兴奋可直接抑制窦房结上起搏点，导致心率减慢，心缩减弱，心输出量减少和血压降低而致冠脉血流量减少，导致心跳骤停。

◆ 交感神经兴奋能增加心肌耗氧量和降低心室颤动阈，加大了心脏的负荷。

◆ 许多疾病和损伤都可引起心脏自主神经功能的变化。

（2）缺氧

◆ 缺氧可引起迷走神经兴奋。

◆ 促进儿茶酚胺的释放而降低心室颤动阈。

◆ 心肌代谢障碍，产能不足、三磷酸腺苷（ATP）、磷酸肌酸含量减少或消失，抑制心传导系统。

（3）酸中毒和二氧化碳蓄积

◆ 酸中毒及二氧化碳蓄积可使心肌细胞内钾离子增多，影响钙运转，改变膜电位。

◆ 抑制线粒体酶活性，导致氧化障碍和产能减少。

（4）电解质紊乱 电解质紊乱所引起的心跳停止不仅取决于各电解质绝对浓度的改变程度和速度，还决定于各电解质之间的比例关系以及心肌细胞内外电解质的浓度差。

◆ 血钾升高可致心肌兴奋性和传导性升高。

- 高血钙可致室性心动过速或心室颤动。
- 血镁高可出现心动过缓、传导阻滞。

（5）麻醉过度　麻醉引起心跳停止的因素有：

- 抑制呼吸、导致呼吸性酸中毒和缺氧。
- 深度麻醉促进酸中毒的发生。
- 直接抑制心脏活动。

（6）心脏本身严重损伤或病变　心肌梗死多有心力衰竭和/或心源性休克，因此发生心跳停止的形式分心跳骤停和心室颤动。

【症状】临床上表现为：

- 颈动脉、股动脉搏动消失。
- 心音消失。
- 很快呼吸停止。
- 瞳孔散大，对光反射减弱以至消失。

【临床急救】宠物出现心跳停止时应当恢复有效血液循环，进行防治护理。

- 输氧，维持有效血液循环，静脉滴注增加心排出量的药物，如肾上腺素等。
- 维持心律常选用利多卡因等。
- 防治脑缺氧及脑水肿，用甘露醇、速尿、地塞米松等。
- 应用镇静剂。
- 使用促进脑细胞代谢药物，如 ATP、辅酶 A、细胞色素 C 等。
- 应用抗生素防止继发感染。

第二节　休　　克

【定义】休克是由多种因素作用于机体，致使机体有效循环血量锐减，进而使组织微循环障碍、组织缺氧，使体内各器官功能遭受严重损害的一种全身性病理反应。

【症状】

- 血液循环不良。
- 体温降低。
- 血压下降。
- 尿量减少。
- 心跳和呼吸次数增加。
- 精神沉郁、反应迟钝。

【分类】临床上通常将休克按其发病原因的不同分为：

◆ 心源性休克。

◆ 感染中毒性休克。

◆ 过敏性休克。

◆ 失血性休克。

◆ 损伤性休克。

（一）心源性休克

心源性休克是由于原发性心肌功能衰竭，不能向外周提供一定量的血液，导致各器官组织供血不足，缺血缺氧，出现一系列的临床症状。

【病因】由于心肌收缩力减弱，使心脏排血量明显减少，静脉回流受阻，动脉系统供血不足，而出现休克的系列症状。严重的心律失调：如室性心动过速、频发极速的房性心律紊乱而导致的心脏排血量降低。

【症状】心源性休克就是急性心脏低排出量与高循环阻力状态。

◆ 血压下降，脉搏微细，微循环灌注不良。

◆ 可视黏膜苍白、四肢厥冷。

◆ 患病宠物烦躁不安，嗜睡，甚至昏迷。

◆ 患病宠物心音低钝或有心包磨擦音，心律失常严重，支气管痉挛，呼吸急促，黏膜发绀，肾脏损害，肾小球血流量减少，尿量明显减少，表现为无尿。

【临床急救】

◆ 控制感染，止痛可用盐酸吗啡，按每千克体重 0.1～2 毫克皮下注射。

◆ 呕吐者，硫酸阿托品，按每千克体重 0.02 毫克皮下注射或肌内注射。

◆ 纠正酸碱平衡失调。补液，可选用等渗糖盐水、10％低分子右旋醣酐静脉滴注。

（二）感染中毒性休克

感染中毒性休克是严重感染引起微循环障碍为特征的急性循环功能不全，表现为组织灌注不良所引起的组织缺氧和体内主要器官损害的临床综合征。

【病因】

◆ 细菌性感染　包括革兰氏阴性杆菌、球菌，革兰氏阴性双球菌，梭状芽孢杆菌。

◆ 病毒感染　如犬瘟热病毒，犬细小病毒，犬冠状病毒，犬腺病毒感染。

◆ 原虫性寄生虫感染　如犬锥虫、犬弓形虫、犬利什曼原虫等感染。

【症状】

◆ 患犬表现寒战，发热，体温可达 41℃ 以上。多数患犬白细胞升高，革兰氏阴性细菌感染者的细胞可降低或正常。

◆ 病毒性感染多表现为白细胞下降。血压下降，四肢及皮肤厥冷，黏膜苍白发绀，心率增加，表情淡漠，尿量减少或无尿。

【临床急救】

◆ 清除原发感染病灶及杀灭致病菌　应用抗生素时，一般 2 种或 2 种以上联用。

◆ 补充有效循环血容量　及时选用生理盐水、林格氏液予以补充。

◆ 防止微循环瘀滞　应用低分子右旋醣酐。

◆ 纠正酸中毒　可选用 5% 碳酸氢钠。

◆ 增强心肌收缩力，增加心输出量　可选用西地兰，毒毛旋花子苷 K。

（三）过敏性休克

过敏性休克是致敏原（抗原）与机体内相应的抗体相互作用引起全身性急性受损为特征的综合征。

【病因】

◆ 过敏体质　某些品种犬的个体，对某些致敏原具有特异性过敏体质，当某些致敏物质初次进入机体后，体内产生大量的免疫球蛋白 IgE 型抗体，使机体处于致敏状态，当已被致敏的犬体再次接触相同致敏原时，致敏原即与体内 IgE 结合，引起过敏反应。

◆ 引起过敏性休克的致敏物质很多。

☆ 蛋白性致敏物质　如异种血清、激素、某些昆虫毒液等。

☆ 某些抗生素　如青霉素等。

☆ 化学性药物　如普鲁卡因、利多卡因、细胞色素 C、氨茶碱等。

【症状】

◆ 喉头或气管水肿与痉挛引起的呼吸道症状，黏膜苍白发绀，心律失调、脉细而弱，血压下降，黏膜苍白，四肢厥冷。

◆ 出现抽搐，大小便失禁，昏迷。

【临床急救】

◆ 停止使用或清除引起过敏性反应物质。立即静脉注射盐酸肾上腺素 0.5～1.0 毫升。

◆ 吸氧，静脉注射激素类药物，可用氢化可的松，每千克体重按 1～2 毫升，肌内注射或静脉注射。

◆ 应用抗过敏药：盐酸苯海拉明，可按每千克体重 1～2 毫克静脉注射。

◆ 补充血容量：可选用 5％葡萄糖生理盐水、低分子右旋醣酐。

(四) 失血性休克

失血性休克是由于各种原因造成出血，特别是较大动脉出血，使犬失血过多而引起的休克。

【病因】各种原因引起的创伤、内脏血管破裂以及外科手术时失血过多。

【症状】病犬表现：

◆ 精神委顿。

◆ 可视黏膜苍白。

◆ 心搏动加快。

◆ 呼吸急促。

◆ 外伤出血可看到大量血液流出。

◆ 血压迅速下降。

【临床急救】失血性休克救治的根本措施是尽快止血和补充血容量。

◆ 止血

　☆ 体表损伤性出血的止血用加压包扎止血和填塞止血。

　☆ 体表或内出血，均可应用止血药，如安络血、6 - 氨基己酸、对羧基苄胺、三七、云南白药等。

◆ 补充血容量　静脉滴注右旋醣酐，根据犬体大小一次用 300～1 000 毫升，或复方氯化钠，或 5％葡萄糖氯化钠溶液 300～1 000 毫升，输液的速度与失血程度呈正比。

◆ 输血　对于严重失血者，应以输血为主，补充其他液体为辅，输血量和速度应根据临床表现的变化调节。

(五) 创伤性休克

创伤性休克是因各种创伤，如骨折、烧伤及大手术时，因剧烈疼痛，血浆或全血的丧失或渗出，组织破坏分解产物的吸收，刺激机体产生全身性广泛损伤为特征的综合征。

【病因】各种创伤，如骨折、烧伤及大手术时，因剧烈疼痛引起。

【症状】

◆ 可视黏膜苍白，四肢末端和耳尖发凉，心跳加快。

◆ 精神沉郁，反应迟钝，血压下降，呼吸急促，最后病犬昏迷。

【临床急救】

◆ 及时处理创伤，止血：参照失血性休克处理措施。

◆ 防止和纠正酸中毒：5％碳酸氢钠30～100毫升，静脉注射。

◆ 补液：可选用右旋醣酐，参照失血性休克急救措施进行输液处理。

◆ 输血。参照失血性休克的输血措施进行处理。

◆ 早期给予大量抗生素。可选用先锋霉素、氨苄青霉素等稀释后静脉滴注。

◆ 严重创伤性休克，静脉大剂量注入氢化可的松或地塞米松。

第三节　急性大出血

急性大出血是由动脉破裂或内脏损伤等引起的大量出血的现象。临床上包括外伤大出血和内脏大出血。

【病因】引起犬大出血的原因很多，如：

◆ 外伤（打斗、撕咬、车祸等）。

◆ 疾病（消化道疾病、急性传染病寄生虫病、血液病、维生素缺乏症等）。

◆ 手术（如剖宫产）等。

【症状】

（1）全身症状，如出冷汗、四肢发冷、脉搏快弱、昏迷、呕吐。

（2）消化道出血的临床表现取决于出血病变的性质、部位、失血量与速度，与患犬的年龄、心肾功能等全身情况也有关系。一般症状为柏油样便与呕血，当失血超过全部血量的40％时，可出现明显休克现象，出冷汗、脉搏细快，呼吸浅促、血压下降。

（3）分娩过程中产道撕裂，也可发生产后大出血，常见于胎儿过大、急产或手术产时，均可使产道发生不同程度的撕裂，裂伤重时可发生大出血，犬表现出冷汗、四肢发冷、脉搏快弱。

【临床急救】不同类型的外出血，止血方法有直接压迫法，加压包扎止血法，填塞止血法，止血带止血法（见第三章）。

（1）消化道大出血治疗方法

◆ 补充血容量，输血、输液。

◆ 口服止血剂，采用血管收缩剂，如去甲肾上腺素加盐水口服，可使出血的小动脉强烈收缩而止血。

◆ 抑制胃酸分泌用，促进止血。

（2）下消化道大量出血的处理　基本措施是输血，输液，纠正血容量不足引起的休克。

（3）产后大出血　止血的关键是找准出血部位。

◆ 由于产道损伤，找准出血点难度较大。用止血敏（加肾上腺素）静脉注射。

◆ 若损伤部位在阴门和阴道前庭，可采取止血钳或缝合方法止血。

◆ 要采取局部清创和全身治疗相结合的综合治疗措施，防止感染。

第四节　过　敏

犬过敏反应是机体再次接触抗原引起的以炎症为特点的反应。能引起过敏反应的抗原称为过敏原。过敏反应时机体产生、释放某些化学物质，引起某些器官组织损伤和生理功能紊乱，继而产生各种临床症状。

过敏原：能引起过敏反应的物质广泛地存在于空气、食品、药物及环境中。

【病因】临床常见的过敏可分为两类：

（1）因大量过敏原进入体内而引起的急性全身性反应，最常见的是药物过敏反应。如：

◆ 注射生物制品的血清（破伤风血清、犬用多联血清等）、疫苗（犬五联苗、犬六联苗）。

◆ 某些抗生素：如青霉素、庆大霉素、先锋霉素等。

◆ 化学药品：如水杨酸钠、磺胺、呋喃类等。

◆ 中药制剂：如强力解毒敏、鱼腥草等。

◆ 激素类：胰岛素、促肾上腺素等。

（2）局部的过敏反应，主要有：

◆ 失误引起的消化道和皮肤症状。

◆ 由霉菌和花粉引起的呼吸系统和皮肤症状。

◆ 由药物、疫苗和蠕虫感染引起的反应。

【症状】

（1）共同症状

◆ 皮肤过敏型　皮肤发生红斑，嘴唇、下腹皮下水肿、眼结膜、口腔黏膜潮红发炎。

◆ 血清反应型　荨麻疹淋巴结水肿，犬伸头张嘴喘。

（2）呼吸系统型　喉头、运气管黏膜水肿痉挛咳嗽，呼吸困难，可视黏膜发绀窒息死亡。

（3）循环系统型　心跳亢进，眼结膜苍白。

（4）神经系统型　昏迷晕倒、大小便失禁。

（5）消化系统型　上吐、下泻，腹痛，里急后重。

【临床急救】

（1）应尽快注射脱敏的药物

◆ 肾上腺素 0.3 毫升一次皮下注射。

◆ 地塞米松 5 毫克、氢化可的松 10 毫克、5％葡萄糖 250 毫升一次静脉注射。

（2）用输液排毒防止酸中毒

◆ 硫代硫酸钠 20 毫克/千克、生理盐水 250 毫升一次静脉注射。

◆ 生理盐水 250 毫升、碳酸氢钠 20 毫升一次静脉注射。

（3）防止渗出止痒与痉挛抢救　10％葡萄糖酸钙 2 克、5％葡萄糖 250 毫升、维生素 C 0.5 克一次静脉注射。

（4）控制抽搐肢软瘫抢救　10％氯化钾 5 毫升、5％葡萄糖 250 毫升、维生素 C 0.5 克一次静脉注射。

第五节　呼吸困难

呼吸困难是一种以呼吸用力和窘迫为基本特征的临床症候群，由许多原因引起或许多疾病伴随的一种临床常见多发的综合征。

呼吸困难是一种复杂的病理性呼吸障碍。表现为呼吸频率的变化，呼吸深度的加强，辅助呼吸机参与活动以及呼吸类型和呼吸节律的改变。

【病因】

（1）上呼吸道疾病引起呼吸道闭塞或受压迫，主要有：

◆ 鼻孔狭窄、软腭水肿。

◆ 咽水肿、麻痹。

◆ 气管或支气管的管腔内有异物或肿瘤。

◆ 主支气管弛缓、肺门淋巴结肿大及肿瘤。

（2）下呼吸道及肺疾病，主要有：

◆ 支气管炎（感染、异物刺激）、过敏反应（喘）。

◆ 肺水肿、肺炎、肺肿瘤、肺血栓（血丝虫病）、肺出血、吸入性肺炎、肺纤维症、支气管哮喘、肺气肿。

◆ 胸膜及胸膜腔疾病包括气胸（呼吸道破裂、肺破裂、胸壁外伤）、胸水

（心力衰竭、肿瘤、淋巴瘤）、血胸（外伤、凝血异常）及胸壁肿瘤、胸壁及胸椎外伤。

（3）血红蛋白减少、贫血、高铁血红蛋白血症、发绀。

（4）其他头部外伤引起的，如：

◆ 中枢神经障碍。

◆ 神经肌肉传导障碍。

◆ 腹腔内肿瘤。

◆ 疼痛。

◆ 发热。

◆ 休克。

◆ 酸中毒（代谢性、糖尿病、尿毒症）。

◆ 精神恐惧。

◆ 热射病。

◆ 腹水。

◆ 肝肿大。

【症状】呼吸困难症状分为三大类，即：

　　☆ 吸气性呼吸困难。

　　☆ 呼气性呼吸困难。

　　☆ 混合性呼吸困难。

（1）吸气困难的症状及相关疾病　吸气延长而用力，并伴有狭窄音，表现吸气性呼吸困难的疾病较多。

◆ 鼻旁窦，喉、气管、支气管等上呼吸道疾病。有各种鼻炎、额窦炎、喉囊炎、副鼻窦炎、鼻腔肿瘤、异物、喉炎、喉水肿等。

◆ 气管水肿以及甲状腺肿、食管憩室、淋巴肉瘤、脓肿及压迫造成的气管腔狭窄或主支气管腔狭窄。

（2）呼气困难的症状及相关疾病　呼气延长而用力，伴随胸、腹两段呼气在肋弓部出现"喘残"，表现为呼气性呼吸困难。

◆ 下呼吸道狭窄（彩图 19-1）即细支气管的通气障碍和肺泡组织的弹性减退。

◆ 弥漫性支气管炎和毛细支气管炎。

（3）混合性呼吸困难的症状及相关疾病　吸气呼气均用力，吸气呼气均缩短或延长，绝大多数呼吸浅表而疾速，极其个别呼吸深长而缓慢，表现混合性呼吸困难的疾病很多，包括：

◆ 所有肺和胸膜的疾病（肺原性和胸原性呼吸困难）：腹膜炎、胃肠膨胀、遗传性膈肌病（膈肥大）、膈疝等阻碍膈运动的疾病（腹原性呼吸困难）。

◆ 心力衰竭以及贫血、血红蛋白异常等阻碍血气中间运载的疾病（心原性和血原性呼吸困难）。

◆ 氰氢酸中毒等阻碍组织呼吸的疾病（细胞性呼吸困难）。

◆ 各种脑病、高热、酸中毒、尿毒症等阻碍呼吸调控的疾病（中枢性呼吸困难）。

【临床急救】治疗原则是治疗原发病、止咳、平喘、祛痰、消炎。

（1）治疗原发病

◆ 心源性呼吸困难，用强心剂和营养心肌的药物，如洋地黄制剂、葡萄糖、肌苷、维生素 C 等。

◆ 肺源性呼吸困难，用抗菌消炎的药物，如青霉素、阿米卡星、林可霉素等。

◆ 血源性呼吸困难，如贫血，应给以补血剂，如硫酸亚铁等。

◆ 传染病和寄生虫引起的呼吸困难，按传染病和寄生虫病的要求治疗。

（2）止咳平喘

◆ 常用的止咳药物有咳必清、复方甘草合剂、科福乐等。

◆ 平喘药有氨茶碱注射液，肌内注射或静脉注射。

（3）祛痰消炎　适宜于痰液黏稠不易咳出时，常用药有氯化铵，消炎的药物很多，最好是用鼻液、痰液作药敏试验，根据结果选用抗生素，联合用药（如青霉素和链霉素合用）效果最好。

第六节　呕　　吐

呕吐是指反射性的和痉挛性的将胃内容物通过口腔排出的状态。犬为易呕吐动物。犬呕吐时略显不安，然后伸颈将头接近地面，腹肌收缩，并张口即可发生呕吐。呕吐可将胃内的有害物质吐出，是机体的一种防御反射，频繁而剧烈地呕吐可引起脱水、电解质紊乱等并发症。

【病因】

（1）反射性呕吐　由于呕吐中枢受到刺激，反射地引起呕吐中枢兴奋。见于

◆ 咽和食道异常（咽痉挛、食道扩张、食道异物阻塞等）。

◆ 胃异常（幽门痉挛、溃疡、炎症）。

◆ 肠异常（肠内异物、扭转、套叠、粘连、疝、炎症、肿瘤）。

◆ 其他脏器疾病（胰炎、肝炎、子宫蓄脓症、腹膜炎）等。

（2）中枢性呕吐　由于延脑中的呕吐中枢直接受到刺激引起。见于：

◆ 神经系统疾病（脑肿瘤、脑内出血、脑震荡、日射病）。

◆ 毒物或毒素刺激。

◆ 过敏反应等。

【症状】犬的呕吐使机体迅速脱水、丢失电解质、导致心力衰竭等。

（1）犬呕吐时，最初略显不安，呈坐姿，然后伸颈将头接近地面，腹肌强烈收缩，并张口作呕吐状，如此数次即吐出食物或带泡沫的黏液。

（2）呕吐后，犬精神沉郁，前肢伏地，或处于暗环境，不愿活动。食欲下降或废绝，有的呕吐后饮欲增加。

【临床急救】

（1）治疗原则。

◆ 除去病因

◆ 控制呕吐

◆ 纠正体液

◆ 防止电解质和酸碱失衡

（2）胃肠道疾患发生的呕吐可皮下注射胃复安或爱茂尔 1 毫克/次、维生素 B_1、维生素 B_6。

（3）抗菌消炎，控制继发感染，肌内注射庆大霉素或氨苄青霉素每千克体重 1 万单位、地塞米松 2～5 毫克/次，每天 2 次，连用 2～3 天。

（4）调节电解质和酸碱平衡，犬剧烈呕吐时，随胃液丢失的不仅有水分、而且还有大量氯离子、钾离子、碳酸氢根离子和少量钠离子，应及时静脉补液。

◆ 方法如下：复方生理盐水每千克体重 30 毫升，50% 葡萄糖 20 毫升，维生素 C 0.5 克，ATP 20 毫克，CoA 50 国际单位，654－2 注射剂 2 毫克，5% 碳酸氢钠每千克体重 5 毫升，缓慢静脉滴注，每天 1～2 次。

（5）对症治疗。

◆ 发热采用安痛定肌内注射。

◆ 吐血时肌内注射止血敏 2～4 毫升/次、维生素 K_3 2 毫升、维生素 B_6 2 毫升和维生素 B_{12} 2 毫升。

（6）消食健胃，可服用多酶片、乳酶生、食母生等。

第七节　腹　　痛

腹痛是指各种因素引起胸腹部及骨盆部内部器官机能障碍或体表发生疼痛的现象。腹痛是一个体征，病情复杂，正确的诊断和科学的急救措施对治疗腹痛急症非常重要。

【病因】

◆ 腹腔脏器发生急性功能失常或各种器质性病变均可发生腹痛，如：

☆ 肠管梗阻

☆ 尿道结石

☆ 急性胰腺炎

☆ 急性胃肠炎

☆ 急性腹膜炎等

◆ 消化系统疾病，如：

☆ 胃扩张

☆ 肠道阻塞

☆ 胃肠炎

☆ 胃肠变位

☆ 肠套叠

☆ 内脏伤或破裂

☆ 便秘

◆ 泌尿系统疾病，如：

☆ 肾炎

☆ 膀胱炎

☆ 肾结石

☆ 膀胱结石

☆ 尿结石等

◆ 腹腔外其他脏器的疾病，以及全身感染、内分泌与代谢紊乱、过敏、血液病等也常引起不同程度的腹痛。

◆ 各种传染病（如犬沙门氏菌病）、寄生虫病（如蛔虫病）、中毒病（如有机磷中毒，变质食物中毒）等也常引起不同程度的腹痛。

【症状】犬发病后主要表现为：

◆ 拱腰。

◆ 回头顾腹。

◆ 呻吟。

◆ 呕吐。

◆ 腹泻等。

【临床急救】首先应辨明腹痛的原因，然后对因用药。

（1）传染性疾病

◆ 病毒性疾病要用血清和干扰素或聚肌胞协同治疗，同时需用广谱抗生素再给予大量的维生素 C 和地塞米松以期达到解毒、抗感染的效果。

◆ 患犬肌内注射胃复安或爱茂尔，便血时肌内注射止血敏，止泻用654 -2。

（2）中毒性疾病

◆ 首先要排出毒物，毒物吸收不多时可用催吐和洗胃的方法。

◆ 食入食物超过 2 小时，可用洗胃、导泻、灌肠、吸附毒物的方法。

（3）消化系统性疾病　消化系统性疾病引起的呕吐要控制犬的饮食，补充水分、电解质和防止酸中毒，最好补充口服补液盐。

◆ 选用有效的抗菌药，如：庆大霉素，阿莫西林，磺胺类药等。

◆ 对症治疗

☆ 腹泻伴有呕吐时应给予止吐药，如氯丙嗪、胃复安等。

☆ 心脏衰弱时应用强心药。久泻不止时可用收敛剂。

（4）预防　要注意食物多样化，适当补充矿物质和微量元素，加强运动和改善饮食习惯，多吃素菜水果，少食肉类食品，可以有效减少消化系统和泌尿系统疾病的发生。

第八节　腹　　泻

腹泻是犬猫肠蠕动亢进，肠内吸收不全或吸收困难，致使肠内容物与多量水分被排出体外的一种疾病。其临床特征是拉稀便、软便或水样便，呕吐，脱水，体重减轻和酸中毒。就是一般所谓的下痢，软便－泥状便－黏液便－水便－血便。

【病因】

（1）生理性腹泻　主要见于幼犬和老年性犬。

◆ 幼犬消化器官机能不完善，胃酸不足，犬断奶后营养供应改变，所需的胃蛋白酶、胰淀粉酶等不足，影响消化吸收，从而引起腹泻。

◆ 老年犬由于身体抵抗能力降低、胃肠蠕动能力退化、消化液分泌不足等原因，也会有水样粪便。

（2）管理不当导致腹泻

◆ 饲料中某些营养物质过高。

◆ 犬暴饮暴食，导致胃肠蠕动功能紊乱，食物大量停滞于消化道内，产生大量酸性物质，很容易发生胃肠鼓气引起腹泻，并且伴发酸中毒。

◆ 长途运输、母子分离、圈舍变换、温度低等应激均可造不同程度的腹泻。

（3）病原微生物性腹泻

◆ 细菌性腹泻。

☆ 主要由大肠杆菌、沙门氏菌、弯曲菌等感染引起。

☆ 细菌产生的内毒素和外毒素作用于消化系统的内皮细胞，使细胞形态发生改变，从而分泌一些因子，促进血液内的水分进入肠道内，大肠吸收液体的能力饱和后，出现腹泻。

☆ 多发生在夏季。

◆ 寄生虫性腹泻。

☆ 主要由球虫、蛔虫、毛滴虫、弓形虫、旋毛虫、绦虫、类圆线虫等寄生虫感染引起腹泻。

☆ 这些寄生虫寄生在肠道内，释放一些毒素影响犬消化道的蠕动功能，造成消化紊乱，从而发生寄生虫性腹泻。

☆ 主要症状为便中带血、有的粪便颜色为深绿色、粪便稀软、有的带有泡沫等。

◆ 病毒性腹泻。

☆ 主要由传染性胃肠炎病毒、轮状病毒感染。

☆ 病毒侵袭细胞、使受感染的细胞死亡，随着肠绒毛细胞损害程度增加、腹泻严重性增加，发生破损后，小肠的吸收能力大幅度下降、液体排出量增加，肠内大量未被吸收的固体物质吸收水分以保持肠内渗透压的平衡，从而进一步加重腹泻的危害。

◆ 密螺旋体性腹泻　密螺旋体主要侵害大肠，使大肠黏膜发生出血性症状。

（4）中毒性腹泻　由于饲料中某些元素超标或霉菌及农药中毒等也可造成腹泻。如：

◆ 磷中毒。

◆ 砷中毒等。

（5）其他因素　如：

◆ 食物过敏。

◆ 肿瘤。

◆ 淋巴管扩张。

◆ 吸收不良。

◆ 胰腺外分泌不足。

◆ 肝胆疾病。

◆ 慢性肾衰等。

【症状】犬猫腹泻的类型不同，其临床症状也不同。

（1）犬细小病毒性肠炎

◆ 特点。

　　☆ 突然发病，病犬表现呕吐，排出血便或暗红色带腥臭味黏液便。

　　☆ 体温升高，精神沉郁，迅速消瘦，眼球凹陷，若不及时治疗，常因脱
　　　 水、中毒而死亡。

（2）急性胃肠炎

◆ 表现呕吐，腹泻，体温正常或稍高。

◆ 粪便中带有白色脱落黏膜，努责，里急后重，肠蠕动音亢进。

◆ 眼球凹陷，病犬电解质酸碱平衡失调，胃肠黏膜水肿，吸收能力下降，
最后因脱水及酸中毒而死亡。

◆ 幼犬死亡率常达 60%。

（3）慢性胃肠炎

◆ 病犬排便次数增多，粪便具有酸臭味，粪内混有泡沫和未消化的食物
残渣。

◆ 体温正常，肠音不整，肛门周围常粘有稀粪，病犬日渐消瘦，精神沉
郁，食欲废绝，最终衰竭死亡。

【临床急救】犬的腹泻应尽早发现，尽早治疗。

（1）管理不当性腹泻

◆ 首先停饲 1 天，然后喂给易消化的流质性食物，使用健胃助消化药物治
疗，如乳酸菌素等。

◆ 若排稀便且混有黏液、血液者，服庆大霉素、黄连素。

◆ 脱水严重的可输入糖盐水，复方氯化钠等。

（2）病原微生物性腹泻

◆ 细菌性腹泻常用抗生素有青霉素，庆大霉素等，口服环丙沙星粉。

◆ 寄生虫性泻选用敌菌净或磺胺二甲氧嘧啶等效果较好。

◆ 密螺体性腹泻，选用痢菌净。

◆ 口服补液疗法（ORS）是一种主要含有钠离子、钾离子、氯离子、碳酸氢根离子、葡萄糖的溶液，可用于各种不同病因的感染性腹泻所致的脱水，用于菌痢、沙门氏菌肠炎、病毒性肠炎治疗。

没有 ORS 液时可用糖盐水代替：白开水 500 毫升、白糖 20 克、细盐 2 克，或米汤盐代替：米汤 500 毫升、细盐 2 克，口服，犬能喝多少就喝多少。

【预防措施】

（1）疫苗接种　可用单苗或联苗预防犬猫疾病，如狂犬病、犬瘟热、犬细小病毒性肠炎、犬传染性肝炎、犬副流感和犬冠状病毒性肠炎等。

（2）饲喂幼仔犬时应做到：

☆ 定时

☆ 定量

☆ 定温

☆ 定地点

☆ 定次数

犬舍舒适，卫生、干燥、定期消毒。犬要经常运动，避免由于肥胖而引起腹泻。

（3）禁止饲喂腐败的饲料，以免犬感染菌痢或中毒性肠炎，散养犬应禁止其乱捡食物吃。

第九节　便　　血

血便（彩图 19 - 2）泛指排粪时粪中带血，或便前、便后下血，是兽医临床上比较常见的一类症状。犬便血往往不会单独出现，而是伴随着很多其他的症状，从而构成动物临床上一种十分常见的综合征。

【病因】

（1）血便　胃肠炎、胃肠溃疡及胃肠黏膜上皮损伤而造成的消化道内出血。常见于各种侵害肠道的疾病，如：

☆ 传染病

☆ 寄生虫病

☆ 胃肠炎

☆ 肠套叠

☆ 肠梗阻

☆ 胰腺炎等

（2）黏液便　其黏液是肠黏膜分泌的，正常的粪便表面有微薄的黏液层。黏液量增多，表示肠管有炎症或排粪迟滞，见于：

☆ 肠炎

☆ 肠梗阻

（3）脂肪便　是由于胆汁分泌不全、胰腺疾病以及其他能影响脂肪消化和吸收的疾病时，造成脂肪不能正常消化所致。

【症状】临床上引起犬猫血便的有多种疾病，其症状也不相同。

（1）传染病

◆ 犬肠炎型细小病毒

☆ 多见于3～4月龄幼犬。

☆ 主要表现为出血性腹泻、呕吐、脱水、白细胞明显减少。剧烈腹泻呈喷射状，病初呈黄色或灰黄色，混有大量黏液和黏膜，随后粪便呈番茄酱样，有特殊的腥臭味。

☆ 可通过免疫胶体金试剂条检测病毒抗原来诊断。

◆ 弯曲菌病

☆ 多见于4月龄以下的幼犬。

☆ 患犬腹泻轻重不等，有的仅为软便，有的则为血样腹泻，但一般病情较轻，对抗生素反应敏感。

☆ 临床上可以直接采样镜检或革兰氏染色检查。

◆ 钩端螺旋体病

☆ 主要表现食欲减退、精神沉郁、口腔溃疡、舌炎、口臭、黄疸、发热、血便。常呈坐势而不愿动，尿呈豆油色。

☆ 临床血液检查以核左移的白细胞总数增加、红细胞减少为特征。

◆ 沙门氏菌病

☆ 临床上见于幼犬，黏液血便、腹泻、发热、脱水、呕吐、腹痛。妊娠母犬感染后流产或死胎。

☆ 病原菌分离培养和鉴定是最可靠的诊断方法。

◆ 犬冠状病毒感染

☆ 主要表现为呕吐、精神沉郁、食欲废绝、血便、突然死亡、群发、不发热、脱水。

（2）寄生虫病

◆ 钩虫病

　☆ 焦油状黏液性血便、低色素性小细胞性贫血、消瘦、步态强拘、虚脱、消化功能紊乱、营养不良、嗜酸性细胞增加。

　☆ 临床上可用饱和盐水浮集法检查患病犬粪便中的虫卵，根据虫卵的特点即可确诊。

◆ 球虫病

　☆ 主要侵害幼犬。

　☆ 临床主要表现为黏液血便、脱水、贫血、发热、食欲废绝。

　☆ 用饱和盐水浮集法检查粪便中有无虫卵。

◆ 毛滴虫性肠炎

　☆ 见于 5～8 周龄幼犬。

　☆ 顽固性的慢性腹泻，黏液血便、腹泻、食欲减退、消瘦、贫血、嗜睡。

　☆ 临床可以直接采取新鲜腹泻便，用生理盐水稀释后直接镜检，可见虫体与白细胞大小相同，靠鞭毛做圆周或突进运动。

◆ 小袋虫性结肠炎血便、结肠炎

　☆ 临床可以直接采取新鲜腹泻便，用生理盐水稀释后直接镜检，可查到滋养体和包囊。

（3）胃肠功能障碍

◆ 胃肠炎

　☆ 呕吐、腹泻、腹部有压痛、脱水、发热、血便、食欲废绝。

　☆ 临床上确定病因，需根据病史进一步做实验室检查。

◆ 肠套叠

　☆ 食欲不振、饮欲亢进、黏液血便、顽固性呕吐、里急后重、腹腔内有香肠样硬物、腹痛、脱水。

　☆ 幼犬发病率高，多见于小肠下部套入结肠。

　☆ 可通过 X 线检查，可见 2 倍肠管粗细的圆筒状软组织阴影。

◆ 急性结肠炎

　☆ 病犬排便量多，呈喷射状，粪便稀薄如水，有难闻的气味。结肠黏膜损伤严重时，腹泻便带血，里急后重，体温升高。持续出血或腹泻的犬可导致贫血和脱水。

　☆ 根据病史和结肠镜检查可以确诊。钡剂灌肠可帮助了解病变的范围和有无并发症。

◆ 肠梗阻

☆ 呕吐、腹围增大、黏液性血便、腹泻、腹痛、多饮、脱水。

☆ 临床上可进行 X 线检查及肠造影，血清淀粉酶、脂肪酶升高。

◆ 急性胰腺炎

☆ 呕吐、出血性腹泻、腹痛、休克、食欲废绝、突然死亡。

☆ 典型的胰腺炎可根据 X 线检查发现右上腹部密度增加、临床病理变化、炎症波及附近器官引起体液渗出来确诊。腹水中含有淀粉酶则更具有诊断意义。

◆ 胃出血

☆ 血便、吐血、贫血、消瘦。

☆ 红细胞、血红蛋白及红细胞压积均减少。根据贫血的程度，可见大小不同的红细胞和幼稚红细胞。

◆ 胃肠溃疡

☆ 呕吐、吐血、血便、胃部及腹部有压痛、消瘦、食欲减退。

☆ 确诊需要 X 线和胃窥镜检查或病理活检。

◆ 胃肿瘤病

☆ 病初无明显症状，多以体重减轻、食欲不振、带血的慢性呕吐为特征。呕吐与采食无关，排黑色焦油样血便。触诊胃部有压痛。贫血、消瘦，逐渐陷于恶病质。

☆ 确诊需要 X 线和胃窥镜检查或病理活检。

【临床急救】

（1）传染病引起的便血　针对不同的病原体进行特异性治疗，同时采取对症治疗，止血、补液、强心，调整体内体液电解质平衡，控制继发感染。

（2）寄生虫引起的便血　根据寄生虫不同的种类，采取相应敏感的驱虫药进行驱虫，对症治疗止血，同时加强饲养管理，做好环境卫生，可以进行预防性定期驱虫。

（3）胃肠功能障碍性便血　根据不同的病因，采取相应的治疗措施，同时对症治疗做好止血、补液、灌肠，及时调整体内体液电解质的平衡对疾病的康复非常重要。

（4）异物损伤性便血

◆ 去除异物，修复损伤，防止继发感染。

临床上引起犬便血的疾病很多，难以通过肉眼来区分。对于便血的犬，在诊断过程中,对粪便的化验非常重要。不能忽视混合感染及继发感染其他疾病的诊断。

临床上便血严重的犬,可以用云南白药深部灌肠;轻微的可以用 0.1%高锰酸钾溶液灌肠。

治疗便血的过程中,在对症治疗和对因治疗的同时必须考虑病犬的全身状况,对于混合感染及继发感染的疾病也要同时治疗。加强饲养管理,做好环境及粪便的消毒工作对于此类疾病的治疗有很大作用。

第十节 发 热

发热是由于化学的及物理的原因,引起体温调节中枢的机能障碍而呈现的高体温现象,它是小动物门诊中最常见的症状。一般而言,幼犬的直肠内温度超过 39.5℃、成年犬超过 39.0℃,一昼夜体温波动在 1℃以上,称为发热。

【病因】发热的原因主要有以下因素。

（1）能作为外源性致热源的物质 由内、外源性发热物质刺激体温调节中枢而产生。

☆ 病毒

☆ 细菌及其产物

☆ 毒物

☆ 异种蛋白

☆ 可溶性抗原抗体复合物

☆ 某些药物

☆ 组织炎性产物及坏死等

◆ 内源性物质 主要为多形核白细胞（中性粒细胞、单核细胞、嗜酸性细胞、枯丕氏细胞、巨噬细胞等）破坏所释放的发热物质。

（2）体温调节中枢机能障碍,如:

☆ 外界的高气温及高湿度。

☆ 体温调节中枢组织周围发生病理变化

（3）病理性产热过多。如:

☆ 癫痫

☆ 低钙性痉挛

☆ 代谢亢进性疾病

☆ 剧烈运动等

【症状】导致犬发热的疾病和表现的症状。

（1）犬瘟热

◆ 高热，呈双向热型。

◆ 食欲不振或废绝。

◆ 眼、鼻有黏液性或脓性分泌物，呕吐、咳嗽、腹泻。

◆ 有时有惊厥、震颤、麻痹等神经症状。

◆ 有的病犬有硬足垫、硬鼻症状；多数病犬伴有胃肠道和肺部炎症等。

（2）犬传染性肝炎

◆ 体温升高至 39.4～41.1℃，精神沉郁，食欲减退。

◆ 眼、鼻有分泌物，咳嗽、呕吐、腹泻，肝区疼痛、小便色深呈深黄色甚至红茶色。

◆ 黏膜有时有黄疸。

（3）肺炎　体温升高、咳嗽、鼻有分泌物、精神沉郁、食欲不振、肺部听诊有啰音。

（4）胃肠炎　体温升高、呕吐、腹泻、食欲减退或消失、消瘦。

（5）生殖道感染　因病而异，如链球菌感染，有交配或产仔后传播的病史，发情异常，屡配不孕，阴道有分泌物，体温升高。

（6）金属中毒　眼、鼻有分泌物，瘫痪，震颤，不断吠叫，口部流涎，惊厥，腹痛，呕吐，腹泻，有时突然死亡。

【临床急救】

（1）退热　针对病因，选用退热剂、抗菌消炎剂。柴胡注射液、安乃近、畜毒清、热感康、清开灵等都是退热效果较好的药物。

（2）高热对症治疗的具体措施

◆ 物理降温　首先把发热的病犬放在阴凉、通风良好的地方，可采用冷毛巾湿敷额部，或将冰袋置于额、颈部、腋下和腹股沟处降温。上述物理降温尤适用于幼犬和体质较差或老年病犬。

◆ 药物降温

☆ 根据发热程度可采用口服或肌内注射解热镇痛药，常用的有乙酰水杨酸、安痛定。

☆ 惊厥可应用冬眠疗法，按病情可采用冬眠 1 号（氯丙嗪 50 毫克、异丙嗪 50 毫克、度冷丁 100 毫克，5％葡萄糖液 250 毫升）静脉滴注。

☆ 若因高热引起脑水肿，在积极治疗原发病的同时，可用 20％甘露醇

200 毫升加地塞米松 5～10 毫克快速静滴，有利于降低体温和减轻脑水肿。

（3）对症治疗

◆ 使病犬充分休息，补充水分、补充营养。

◆ 对于病情较重或有脱水者应适当补液。

◆ 对于过高热者通过输注冰化葡萄糖生理盐水不仅可补充水分和热量，且能迅速降温。

◆ 此外，高热惊厥者也可酌情应用镇静剂，如安定、苯巴比妥口服或注射。

第十一节　咳　　嗽

咳嗽是多种疾病的一种症状，是一种保护性反射动作，能将呼吸道异物或分泌物排出体外。病理性咳嗽影响宠物采食、休息，并继发肺气肿等多种疾病。

【病因】

◆ 呼吸器官炎症，见于：

☆ 咽炎

☆ 扁桃体炎

☆ 气管支气管炎

☆ 支气管扩张

☆ 肺炎

☆ 肉芽肿

☆ 脓肿等

◆ 心血管疾病，见于：

☆ 心力衰竭

☆ 肺血栓

☆ 血管疾病引起的肺水肿

◆ 过敏反应，见于：

☆ 支气管哮喘。

☆ 外伤及异物、刺激性气体、外伤、气管麻痹所至。

◆ 寄生虫病，一般由血丝虫病、肺吸虫、肺虫所致。

【症状】引起咳嗽的疾病很多，不同疾病导致的症状可能不同。主要症状有：

◆ 流鼻汁。

◆ 发热。

◆ 肺部啰音。

◆ 呼吸困难。

◆ 易疲劳。

◆ 消瘦。

◆ 发绀。

◆ 张口呼吸。

◆ 粉红色泡沫性咳痰。

【临床急救】尽可能查出病因，炎症性的咳嗽可应用抗生素、止咳药治疗。

◆ 病毒性咳嗽应用高免血清、抗病毒制剂、补液；寄生虫性咳嗽应尽快驱虫，并对症治疗。

◆ 犬瘟热引起的咳嗽可使用犬高免血清或免疫球蛋白、氨苄青霉素钠、双黄连。

◆ 犬传染性支气管炎使用氨苄青霉素或卡那霉素滴鼻进行消炎镇咳。

◆ 犬副流感可使用高免血清、卡那霉素肌内注射，静脉滴注双黄连、氨苄青霉素。

◆ 犬疱疹病毒病可使用康复母犬血清和犬丁球蛋白制剂皮下注射。

◆ 大叶性肺炎、支气管肺炎、气管炎、支气管炎等可采取静脉滴注双黄连、氨苄青霉素、氧氟沙星等，口服氨茶碱、地塞米松、复方甘草合剂等药物的混合物具有良效。

◆ 喉炎可使用普鲁卡因青霉素采用喉头封闭注射，同时可静脉滴注氨苄、双黄连。

◆ 感冒可使用柴胡加氨苄青霉素肌内注射，严重者可静脉滴注氨苄青霉素加双黄连，也可口服一般的抗感冒药。

第十二节　便　　秘

便秘是由于某种因素使肠蠕动机能出现障碍，肠内容物后送困难滞留在肠腔内，其水分被吸收，内容物变干形成肠便秘。

【病因】

◆ 不良的饮食和排便习惯。

☆ 进食过于精细，没有足够的食物纤维。

☆ 饮水不足及蠕动过缓，导致从粪便中持续再吸收水分和电解质。

☆ 犬不散放或缺乏运动，使肠蠕动不够。

◆ 内分泌紊乱。

☆ 甲状腺功能低下或者亢进

☆ 低钙血症

☆ 高钙血症

☆ 糖尿病

☆ 催乳素升高

☆ 雌激素降低

☆ 铅中毒等

◆ 盆腔手术，直肠、子宫、肛管手术。

◆ 中枢神经病变，各种脑部病变、脊髓损伤、肿瘤压迫等。

◆ 结肠直肠机械性梗阻，良性或恶性肿瘤、扭转、炎症、肛管狭窄等。

◆ 处于妊娠期。

☆ 由于黄体分泌、孕激素分泌增多，从孕期开始，子宫逐渐增大，压迫
肠管，使肠管蠕动减弱。

☆ 子宫增大，盆腔血管受压，静脉瘀血，导致肠蠕动功能减弱，引起
便秘。

【症状】引起便秘的疾病不同，可有不同的临床症状。

◆ 排便次数减少。

◆ 粪便干结。

◆ 排出的粪便有时呈羊粪状。

◆ 排出困难，或排便不畅。

◆ 便秘同时可以引起全身和局部的病症，还会出现腹痛，特别是下腹部胀
痛、反胃、恶心、食欲不振等症状。

◆ 有时伴随腹泻，有时便秘和腹泻交替出现。

◆ 便秘还经常伴随消瘦、贫血、血便的症状。

【临床急救】便秘病症出现后，会引起宠物食欲不振，消化障碍，导致其
他继发症的发生。因此对犬的便秘应及时采取有效的处理方法。

◆ 饮食疗法

☆ 饮食疗法是治疗和预防各种便秘的基础方法，包括多喝水，改善犬的
日粮配方，增加纤维素含量。

☆ 多给予蔬菜，用玉米、高粱、白薯做的饭菜，可以防治便秘。

　　☆ 提高犬的食欲，逐渐增加营养，改善全身营养状况，使腹肌、肠壁肌
　　　　肉力量增强，才有力量排出粪便。

　　◆ 养成定时排便的习惯　不定时排便会使排便反射敏感度降低。如果能养
成良好的排便习惯，这种便秘是能够解除的。因为进食能促进胃肠反射，所以
排便时间最好安排在餐后，带犬散步，逐渐形成排便条件反射。

　　◆ 及时治疗结肠肛门疾病　如果患肛周脓肿、肛门炎症，犬就会惧怕排
便，推迟排便时间，所以应该及时治疗原发病。

　　◆ 药物治疗　对于便秘比较严重的患犬，可酌情使用泻剂，慢性便秘以膨
胀性泻剂为宜，仅在必要时选择刺激性泻剂，绝不可长期使用。

　　☆ 急性便秘可选择盐类泻剂、刺激性泻剂及润滑性泻剂，但时间不要超
　　　　过1周。
　　☆ 长期慢性便秘，特别是引起粪便嵌塞者，可使用灌肠的方法，灌肠液
　　　　分盐水和肥皂水两种，而盐水的刺激性较肥皂水小。

　　◆ 手术治疗　犬便秘引发肠梗阻时，可施行腹腔切开术，将结粪取出。

第十三节　发　　绀

　　发绀是指黏膜呈蓝色或紫色，反映外周血管瘀滞和血氧饱和度下降。全身
性发绀见于呼吸与心脏功能障碍，局部发绀见于静脉栓塞时。

　　【病因】
　　◆ 中枢或外周缺乏氧合血红蛋白。
　　◆ 心血管和呼吸系统疾病以及血红蛋白分子异常有关。常见于以下情况
　　☆ 犬机体循环障碍，如急性肺水肿、肺炎、血丝虫病等。
　　☆ 血液疾病，如高铁血红蛋白血症、硫血红蛋白血症、碳氧血红蛋
　　　　白等。

　　【症状】
　　◆ 心脏或肺部疾病引起的发绀伴有咳嗽、无力、昏厥、呼吸困难，当抽出
患病犬血液样品时，血液变为淡红色或红色。

　　◆ 患高铁血红蛋白症犬的血液呈酱油色，外周性发绀出现脉搏微弱，末端
发凉，肌肉疼痛。最常见的是犬心肌病、细菌性心内膜炎可发生血栓和血管
瘀滞。

　　【临床急救】对于外周性发绀虽然病况严重，但一般不威胁生命，可针对
潜在原发疾病进行治疗，常可缓解发绀现象。

◆ 中枢性发绀应先急救，再确定病因。

◆ 应实施输氧。

第十四节　心力衰竭

心力衰竭又称心功能不全，是由心肌收缩功能减弱，导致心输出血量减少，组织灌注不足，静脉回流受阻，动物出现水肿、呼吸困难、发绀，乃至心搏骤停的一种综合征。按病程可分为急性和慢性两种。

【病因】

◆ 长期休闲的犬，突然剧烈运动。

◆ 治疗疾病时，输液（如钙制剂）速度过快或量过多。

◆ 某些疾病，如：

　　☆ 犬细小病毒病

　　☆ 心肌炎

　　☆ 各种中毒性疾病

　　☆ 慢性心内膜炎

　　☆ 慢性肾炎等

◆ 心内膜疾病（细菌性心内膜炎、犬慢性心脏瓣膜病），心肌疾病（犬肥大型心肌病、感染性心肌炎），心包疾病（心包炎、心包肿瘤），先天性心脏缺损，感染（细小病毒感染、锥虫病、传染性腹膜炎），休克，毒血症等。

【症状】

◆ 急性心力衰竭。

　　☆ 病犬高度呼吸困难，张口呼吸，眼球突出，步态不稳，阵发性抽搐。

　　☆ 病程较长者，精神沉郁，食欲减退或废绝，结膜发绀，呼吸迫促，全身出汗，浅表静脉怒张，末梢部厥冷。

　　☆ 心率增数，第一心音高朗，第二心音微弱，心律失常，脉搏细弱。

◆ 充血性心力衰竭。

　　☆ 呈慢性经过。

　　☆ 患病犬轻微运动甚至兴奋即疲劳，精神沉郁，体重减轻，结膜苍白或发绀。

◆ 伴发肺充血或肺水肿时出现咳嗽和呼吸困难。有的有腹水和皮下水肿。心音混浊，第一心音增强而第二心音微弱，常有心杂音，心律失常，脉搏细弱无力。

【防治措施】

（1）加强护理

◆ 对急性心力衰竭病犬，应立即让其安静、休息，给予易消化吸收的食物。

◆ 对呼吸困难的犬，应立即进行吸氧补氧。

（2）增强心肌收缩力

◆ 对急性心力衰竭病犬，为了急救，应选用速效、高效的强心剂。常用的有：

　　☆ 洋地黄毒苷注射液（地吉妥辛），毒毛旋花子苷 K 用葡萄糖溶液或生理盐水稀释 10～20 倍后，缓慢静脉注射。

　　☆ 福寿草总苷（心福苷），犬 0.25～0.5 毫克，用葡萄糖注射液稀释 10～20 倍后，缓慢静脉注射。

（3）减轻心脏负荷

◆ 对出现心性浮肿，水、钠潴留的病犬，要适当限制其饮水和给盐量，选用适当的利尿剂，如双氢克尿塞、速尿等都有较好的疗效。

第十五节　抽　　搐

犬抽搐是指盲目和不随意运动的表现，是神经—肌肉疾病的病理现象，表现为横纹肌的不随意收缩。临床上表现为惊厥，痉挛，震颤，肌束颤动，抽搐。常见于脑系疾病、传染病、中毒、头颅内伤、破伤风、狂犬病等病。

【病因】犬抽搐病因较多，主要有以下几方面：

（1）发热　冬季犬因天冷感冒，发生呼吸道感染、肺炎，引起发热，在高烧的刺激下，中枢神经兴奋导致惊厥。

（2）低钙抽搐

◆ 犬产后抽搐是因产后低血钙所引起的，常发生在产后 1～4 周，低血钙会导致犬骨骼肌强直性及阵挛性收缩，有时会致命，钙有抑制神经系统过度兴奋的作用，所以怀孕的犬和哺乳犬一旦缺钙就会发生抽搐。

◆ 犬营养不良，缺乏维生素 B_1 时，会出现食欲不振、呕吐、脱水、体重减轻、心脏机能障碍，也可能引起全身抽搐。

（3）中毒　如一氧化碳、二氧化碳和砷中毒等，症状为间歇性抽搐，伴有呕吐症状。

（4）代谢异常

☆ 肝性脑病

☆ 尿毒症

☆ 低血糖钙血症

☆ 甲状腺功能亢进

☆ 缺乏维生素 B_1

☆ 热射病

☆ 电解质异常

（5）犬血丝虫病　咳嗽、疲劳、贫血、腹水、浮肿、黄疸、皮炎、呼吸困难、胸部震颤。

（6）脑损害

☆ 脑炎

☆ 脑积水

☆ 脑肿瘤

☆ 髓膜炎

☆ 颅骨损伤

☆ 脑血管障碍

☆ 低氧血症（心源性、肺源性、血管性）

【症状】

◆ 发热，便秘，步态僵硬、运动失调。

◆ 腹胀，肢冷、牙关紧闭，角弓反张，全身痉挛，肌肉震颤、抽搐。

◆ 呼吸无规律、焦躁不安、意识丧失、尿失禁。

◆ 通常会伴随着体温上升，低血糖及瞳孔放大，有可能产生致命的肌肉僵直、倒地的症状。

【临床急救】

（1）首先用 25％～50％葡萄糖 20～30 毫升静脉注射（因低血糖多见）。

10％葡萄糖酸钙加 10％葡萄糖缓慢静脉注射（因易发生低钙血症），如仍无效，可静脉注射维生素 B_6 和维生素 B_1。

（2）静脉注射安定，或肌内注射苯巴比妥钠，或以 10％水合氯醛加生理盐水灌肠。

（3）对因治疗，感染性惊厥应给抗生素治疗，伴有高热者应配合降温处理。

（4）母犬在怀孕期间避免过量补充钙质。幼犬可以给予额外喂食，以减轻母犬泌乳的负担。母犬在泌乳阶段，要补充足够的钙质。

第十六节　红　　尿

犬泌尿系统发生结构或机能紊乱而使尿液颜色变为红色称为红尿。尿中含有血液称血尿，血尿分为泌尿路性血尿和非泌尿路性血尿两种。

【原因】

（1）非泌尿路性血尿是由全身疾病所引起的，主要是由于凝血机制障碍，或毛细血管内皮细胞损伤，而致红细胞渗漏至尿液中。常见于：

☆ 血小板减少性紫癜

☆ 血友病

☆ 白血病

☆ 再生障碍性贫血等全身疾病

（2）泌尿路性血尿的出血部位通常在肾脏、膀胱和尿道。尿液检查见血液和尿液均匀地混合，一次排出的尿液自始至终都呈深浅一致的红色，尿沉渣中有大量红细胞，肾上皮细胞管形的见于肾脏出血。常见于：

☆ 急性肾炎

☆ 肾盂肾炎

☆ 肾结石等

【症状】

（1）常见引起血尿的疾病有各种肾炎、泌尿系统感染、出血性膀胱炎、泌尿系结石、肾结核、肾肿瘤、肾及尿道损伤等。血尿是以上这些疾病的主要症状。

（2）临床出现犬排尿时转圈、排尿带痛症状，尿液检查见血液和尿液呈均匀的混合，排出的尿液呈红色。

（3）尿沉渣检查见有多量扁平上皮细胞及尾状上皮细胞是尿道出血。常见于尿道炎、尿道结石、前列腺炎等。

【临床急救】

（1）尽量减少犬的剧烈活动。必要时可服用苯巴比妥、安定等镇静安眠药。

（2）让其自由饮水，减少尿中盐类结晶，加快药物和结石排泄。肾炎已发生浮肿者应少饮水。

（3）应用止血药物，如安络血、止血敏、维生素K，还可合用维生素C。

（4）血尿是由泌尿系统感染引起的，可口服和注射抗生素、尿路清洁剂，如氟哌酸、呋喃嘧啶、氨苄青霉素、青霉素等。

（5）血尿病因复杂，有的病情很严重，应尽早检查确诊，进行彻底治疗。

第十七节　尿　闭

由于原发和继发性原因导致膀胱括约肌痉挛，使尿液不能排出体外。病犬不断做排尿姿势，但无尿液排出，表现痛苦，到处走动。

【病因】

◆ 尿石症（包括膀胱结石、尿道结石），因结石堵塞尿路排不出尿。

◆ 尿道损伤、炎症、出血、肿瘤等，因炎性肿胀、炎性渗出物、血块、脓块等堵塞尿道。

◆ 前列腺炎症、肥大、囊肿、肿瘤等，可压迫尿道、膀胱颈造成尿闭。

◆ 膀胱破裂，尿液漏入腹腔而无尿排出。

◆ 肾功能衰竭，多致无尿。

◆ 硬膜骨化症，支配膀胱的神经麻痹不排尿，脊髓疾病所致的膀胱麻痹。

◆ 嵌顿包茎，阴茎充血肿胀不能回缩，堵塞尿路排不出尿。

【症状】病犬坐卧不宁，频频回望腹部，不断做排尿姿势，但无尿液排出，表现痛苦，到处走动。

【临床急救】

◆ 首先进行导尿。

☆ 对于母犬可直接将导尿管插入尿道并伸至膀胱。

☆ 对于公犬用导尿管经尿道插入膀胱可能不太容易，可采取膀胱穿刺放尿。

◆ 导尿或放尿后对症治疗。如是尿结石则以手术去除为主，同时给予防止尿石继续形成的处方食品。

◆ 若为尿路的炎性疾病，则应在抗菌消炎的基础上采取以下措施。

☆ 清理尿路的炎性产物，必要时进行膀胱插管，待炎症消退尿路通畅后再拔管。

☆ 要解除和防止尿中毒。

☆ 因脊神经的问题造成膀胱麻痹，应以恢复和兴奋脊神经及膀胱功能为主。

☆ 辅助用适量葡萄糖生理盐水和几种维生素输液排毒、增强犬的体质，另加适量抗菌消炎药，肌内注射 3～5 天。

（何高明　张红超）

第二十章
宠物消化系统疾病急救

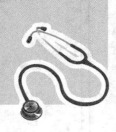

第一节　食道阻塞

食道阻塞（obstruction esophagi）是由于异物或者食团阻塞食道形成的以突发性吞咽障碍为特征的一种疾病，易发生在胸部食道入口处、心基底部和膈的食道裂孔处。

【病因】

◆ 宠物进食过程中采食过急、吞入大块硬质饲料或异物（彩图 20-1 至彩图 20-6），或突然受惊扰而仰头吞咽等是本病发生的主要原因。

◆ 继发性食管阻塞常继发于食管痉挛、食管狭窄、食管麻痹等疾病。

【症状】异物阻塞可分为完全阻塞和不完全阻塞。

◆ 不完全阻塞时，宠物主要表现为：

☆ 不明显的骚动不安。

☆ 有呕吐和吞咽动作，摄食缓慢，吞咽小心，仅液体通过食管入胃，固体食物则往往滞留在阻塞部位或被呕吐出来。

☆ 有疼痛表现。

◆ 完全阻塞时，宠物主要表现为：

☆ 患病宠物完全拒食，高度不安，头颈伸直，大量流涎，频频出现吞咽和呕吐动作，吐出带泡沫的黏液或血浆，常用后肢搔抓颈部，偶见头部水肿。

☆ 若呕吐物吸入气管则出现咳嗽。

☆ 若为锐利异物则可造成食管壁裂伤。

☆ 若阻塞时间较长则导致食管壁受压发生坏死或穿孔，患病宠物体温升高，呈急性症状，多伴发胸膜炎等症，预后不良。

【诊断】根据宠物在采食过程中突发下咽障碍的现象易进行诊断，但应与以下疾病进行鉴别。

◆ 食管炎。

◆ 食管痉挛。

◆ 食管狭窄。

◆ 食管麻痹。

【临床急救】

◆ 应以快速除去异物、消炎、补液、加强营养和护理为原则。

◆ 选用阿扑吗啡进行催吐。用量为每千克体重 0.04 克静脉滴注，或每千克体重 0.08 毫克肌内注射或皮下注射。

◆ 亦可用胃导管将异物推入胃中。

◆ 严重者可进行全身麻醉，手术取出异物。

【预防】

◆ 定时定量饲喂，防止宠物采食过急。

◆ 合理调制饲料，软硬大小适中。

第二节　胃肠疾病

一、胃扩张

胃扩张（gastric dilatation）是指胃或胃内容物后排障碍，胃内分泌物、气体聚积而导致胃体积扩大、胃壁过度扩张的一种腹痛性疾病，通常继发于胃扭转。

【病因】

◆ 本病主要是因采食过量易发酵、易膨胀、干燥、难消化的食物，大量饮水时食物聚积在胃内。

◆ 过劳，饱食后剧烈运动造成胃扭转引起机体内的一些变化，也有可能引起胃扩张。

◆ 幽门痉挛、小肠阻塞、胃扭转、胰腺炎、寄生虫病等也可引起该病发生。

【症状】常在进食后不久出现一系列症状。

◆ 饮食欲废绝，精神沉郁，腹痛而嗥叫不安，流涎（彩图 20 - 7）。

◆ 病初多呈轻微间隙性腹痛，很快发展成剧烈而持续的腹痛，卧地翻滚。

◆ 触诊腹前部增大变硬，有时可见弓腰呕吐。

◆ 眼结膜潮红或发绀，呼吸浅而快，心跳增速。

◆ 听诊有金属音，叩诊呈鼓音，胃管检查可排除大量气体。

【诊断】根据病史和临床症状不难诊断，胃管诊断可以确诊。

◆ 若为单纯性胃扩张，则胃管易插到胃内，插入后腹部胀满可以减轻。

◆ 胃扭转时胃管插不到胃内，因而无法缓解胃扩张的状态。

◆ 发生肠或脾扭转时胃管易插到胃内，但却不能减轻腹部的胀满，即使胃内气体消失，患犬仍然逐渐衰弱。

【临床急救】以减压、制酵、镇静解痉为治疗原则。

◆ 确诊该病后应立即输液，以保证血压、防止休克。

　☆ 穿刺放气以减轻腹压。

　☆ 轻度麻醉情况下试插胃导管，或进行 X 线透视，必要时可进行手术。术后应加强护理，1 周内应喂给少量易消化的流质食物，1 周之后逐渐过渡到正常食物，少食多餐。

【预防】尽量减少应激，不喂食过稀的食物，避免喂食过饱，喂食后不得马上运动，每天分 2～3 次喂食等。

二、胃扭转

胃扭转（gastric volvulus）是指胃受到极大的外力冲击而造成胃的部分或全部大小弯位置发生变换，即大弯在上面（头侧），小弯在下面（足侧）的一种疾病。胃扭转后由于血液无法通过，会导致其余内脏器官一并缺血受创、坏死（彩图 20 - 8），最终导致休克死亡。

【病因】

◆ 一旦胃内有大量内容物，例如，吃饱后大量喝水后急速喘气，造成胃内有相当多的空气等状况，又有极大的外力使胃摇晃就可能导致其翻转形成胃扭转。

◆ 过大的心理压力，如比赛，交配，产仔，寄宿等也会造成胃扭转。

【症状】通常胃扭转刚发生时，犬并不会立即有明显症状，发生以下状况时，通常已经有一段时间了。

◆ 烦躁不安。

◆ 干呕。

◆ 牙龈变白。

◆ 腹部肿胀疼痛。

◆ 拱背。

◆ 呼吸急促或困难甚至休克。

【诊断】

◆ 根据临床症状可初步诊断。

◆ 腹部 X 线平片常可见扩大的胃阴影（彩图 20-9），内充满气体和液体。由于钡剂不能服下，胃肠 X 线检查在急性期一般帮助不大，急性胃扭转常在手术探查时才能明确诊断。

【临床急救】

◆ 慢性胃扭转。若症状不明显或只偶然发作，不一定需手术治疗。

◆ 急性胃扭转。

　　☆ 必须施行手术治疗，否则胃壁血液循环可受到阻碍而发生坏死。

　　☆ 如能成功地插入胃管，吸出胃内气体和液体，待急性症状缓解和进一步检查后再考虑手术治疗。

◆ 部分胃扭转伴有溃疡或葫芦形胃等病变者，可行胃部分切除术。

　　☆ 术前要注意水、电解质失衡的纠正。

　　☆ 术后应持续进行胃肠减压数天。

【预防】同胃扩张的预防，如避免饱食后马上剧烈运动等。

三、胃出血

胃出血（gastric hemorrhage）是指有多种原因引起的宠物胃黏膜出血，以呕血、便血和贫血为主要特征的一种疾病。

【病因】本病可由各种原因引起。

◆ 主要是由于胃、十二指肠溃疡导致，如胃溃疡部位附近受到粗暴打击或冲撞。

◆ 剧烈运动或奔波劳顿，在溃疡的患部亦引起血管出血而呕血等。

【症状】

◆ 以呕血和黑便为主要症状。

◆ 吐出的血液呈暗红色，且酸臭。

◆ 粪便通常呈煤焦油状，色暗黑，有恶臭味。

◆ 呼吸加剧，可视黏膜苍白，眼结膜和口腔黏膜尤为明显。

◆ 患病宠物倦怠喜卧，步态不稳。

◆ 病程较长时出现贫血、食欲不振、消瘦、皮下浮肿等症状。

【诊断】根据患病宠物的病史及临床症状可做初步诊断。

【临床急救】以止血、消炎、补液、补充营养及加强护理为治疗原则。

◆ 静脉滴注补充维生素 K，0.5～2 毫克/千克，以尽快止血。

◆ 静脉滴注/肌内注射头孢噻肟钠 20～40 毫克/千克，每天 3～4 次，抗菌消炎。

◆ 内服硫糖铝，每 25 千克体重 0.5～1 毫克，每天 2～3 次以保护胃黏膜。

◆ 同时还应注意抗贫血，静脉滴注全血或血浆 2 毫升/千克，以扩充血容量。

◆ 治疗过程中应饲喂易消化的食物，少食多餐，可适量添加促消化药物辅助治疗。

四、胃溃疡

胃溃疡（gastrohelcosis）是指由于胃酸和胃蛋白酶对自身黏膜的消化而形成的胃和十二指肠等处发生的慢性溃疡，故又称消化性溃疡或胃十二指肠溃疡。

【病因】

◆ 饲料品质不良、缺乏维生素 E、维生素 B_1 等营养，环境应激管理不善等因素可诱发本病。

◆ 蛔虫、霉菌等感染也可引发本病。

◆ 体质衰弱、胃酸过多也易发病。

【症状】

◆ 食欲不振、呕吐，呕吐常发生于采食后，呕吐物常带有血液，严重者吐血。

◆ 渴欲增强，腹部有压痛感，排黑色粪便，大便潜血试验阳性。

◆ 病程较长者可见消瘦、体重减轻。

◆ 溃疡可造成胃肠穿孔，导致急性腹膜炎而死亡。

【诊断】

◆ 根据临床症状可进行初步诊断。

◆ X 线钡餐检查可见龛影及黏膜皱襞集中等直接征象。

◆ 胃镜检查，可于胃部见圆或椭圆、底部平整、边缘整齐的溃疡。

【临床急救】应以消除发病因素、中和胃酸、保护胃肠黏膜、消炎、增加营养和加强护理为主要治疗原则。

◆ 中和胃酸，防止胃黏膜受侵害，可用氢氧化铝、硅酸镁或氧化镁等抗酸剂，使胃内容物的酸度下降。

◆ 保护溃疡面，防止出血，促进愈合，可用卡巴克络（安络血）1～2毫克/次，肌内注射，每天2次；或2.5～5毫克/次，内服，每天2次。

◆ 应结合阿莫西林等抗菌消炎药进行治疗。对于药物治疗无效的宠物，应手术切除溃疡病灶。

◆ 治疗过程中应注意合理饮食、给予软且易消化的食物、少食多餐，加强护理。

五、肠梗阻

肠梗阻（intestinal obstruction）是指患病宠物肠腔发生机械性阻塞或肠道正常生理位置发生不可逆的变化，致使肠内容物停滞不能顺利下行，并伴随阻塞部位局部血液循环严重障碍的一种急腹症。本病发病急剧，发展迅速。

【病因】

◆ 外在因素，如：

☆ 饲料品质不良

☆ 饮水不足

☆ 摄盐不足

☆ 突换饲料

☆ 天气骤变等

◆ 以下情况可导致肠管血液循环障碍，引起肠壁肌肉麻痹，肠内容物滞留等引发肠梗阻：

☆ 肠道寄生虫

☆ 肠蠕动功能减弱或消失

☆ 肠系膜血栓等

【症状】

◆ 临床上以剧烈腹痛、神经性呕吐和明显的全身症状为特征，呕吐时间与阻塞部位及程度有关。按肠腔阻塞程度可分为完全梗阻和不完全梗阻。

◆ 不完全梗阻仅在宠物采食固体食物时发生，患病宠物饮欲亢进，腹围膨胀、脱水，肠蠕动音先亢进后减弱，腹泻，粪便呈煤焦油状。

◆ 出现肠管的阻塞或狭窄部位充血、瘀血、坏死或穿孔时，动物表现为剧烈腹痛。

【诊断】

◆ 根据病史、临床症状可初步诊断。

◆ 腹部触诊、X 线检查、肠道造影和生化检查可确诊本病。

【临床急救】应以快速除去异物（彩图 20-10 至彩图 20-15）、抗菌消炎、补液、加强营养和护理为原则。

◆ 手术治疗　严重者可进行手术治疗，去除阻塞物，切除坏死部分肠段，做断端吻合术。

◆ 抗菌消炎　静脉滴注/皮下注射/肌内注射氨苄西林 10～20 毫克/千克或阿莫西林 5～10 毫克/千克，每天 2～3 次，连用 5 天。

◆ 补充体液　静脉滴注/肌内注射/内服维生素 C，100～500 毫克/次。48～72 小时后可适量饲喂易消化的流质食物。

【预防】加强饲养管理和免疫驱虫。

六、肠套叠

肠套叠（intestinal invagination）是指肠管异常蠕动致使一段肠管及其附着的肠系膜套入到其邻近肠管内，引起胃内容物不能后送的一种急性腹痛性疾病，是肠变位的一种类型。

【病因】

◆ 突然受冷、饲料品质不良等外界因素引起肠管的异常刺激以及个别肠段的痉挛性收缩。

◆ 断奶过程中肠道运动失调。

◆ 肠道炎症、蛔虫等的刺激。

◆ 去势引起的某段肠管与腹膜粘连等原因均可引起肠套叠。

【症状】

◆ 临床以顽固性呕吐、腹痛和排血样便为主要特征。

◆ 分型。

　☆ 可分为原发性和继发性肠套叠。继发性肠套叠是由肠壁或肠腔器质病变所诱发，成年犬多见。

　☆ 根据套叠部位，又分为回结型、小肠型和结肠型。

◆ 临床表现。

　☆ 患病宠物高度不安，剧烈腹痛，食欲不振，饮欲增强，顽固性呕吐，里急后重、黏液性血便、腹痛、脱水等症状。

☆ 若继发肠炎、肠坏死或腹膜炎，则患病宠物体温升高，腹围增大，触诊背部、腹部有明显疼痛反应。

【诊断】

◆ 根据临床症状一般可做出初步诊断，触诊腹部紧张，可触到坚实且有弹性的套叠肠段，粗细约为正常肠段的两倍。

◆ 确诊需要进行剖腹探查。

◆ X线检查见肠胀气和气液面。回结型、结肠型套叠钡剂灌肠多可见典型的杯状阴影或钳形充盈缺损。

【临床急救】以手术整复、补充体液、加强护理为原则。

◆ 初期可通过腹壁触诊整复。若无效或病情严重者则应尽快剖腹进行手术整复。

◆ 若套叠时间过长导致肠壁粘连或坏死，则应切除病变肠段。

◆ 静脉滴注氢化可的松 6～10 毫克/千克以充分补充体液，改善微循环，抗休克。

◆ 静脉滴注/皮下注射/肌内注射氨苄西林 10～20 毫克/千克或阿莫西林 5～10 毫克/千克，每天 2～3 次，连用 5 天以抗菌消炎。

七、直肠脱

直肠脱（proctoptosis）是指动物直肠后段的黏膜层全部翻转脱出肛门的一种疾病（彩图 20 - 16），各品种及年龄的犬均可发病，但以年轻犬为主。

【病因】

◆ 慢性便秘，肠疾病及精神原因，长期用力，腹内压力过度升高致直肠尾骨和肛提肌韧带萎缩松弛、肛提肌裂孔扩大，盆内脏器经裂孔脱出造成脱垂。

◆ 重者因肛提肌机能不良，而致括约肌变性，直肠容积减少可造成患病宠物肛门失禁。

【症状】

◆ 后段直肠脱出肛门，呈长圆柱状，黏膜红肿发亮。

◆ 若长时间脱出则黏膜暗红甚至发黑，严重时可继发溃疡或坏死。

◆ 患病宠物反复努责却仅能排除少量水样便。

【诊断】根据临床症状易进行诊断。

【临床急救】

◆ 以直肠整复手术为主，辅以消炎、补液，并加强护理。

◆ 对脱出的肠段进行整复手术，若脱出时间过长、黏膜出现水肿甚至坏死者可进行直肠切除术。

第三节　急性胰腺炎

急性胰腺炎（acute pancreatitis）是指由于胰腺酶消化胰腺自身及其周围组织所引起的一种炎症性疾病。临床上主要表现是突发性剧烈腹痛、腹膜炎和休克等症状。

【病因】

◆ 胆道蛔虫、胆结石、肿瘤压迫、局部水肿、局部纤维化、黏液瘀塞等引起的胆总管 Vater 氏管壶腹部梗塞。由于胆总管与胰腺管共同开口于 Vater 氏管壶腹部，当壶腹部梗塞时，胆汁就会流入胰腺管并激活胰蛋白酶原为胰蛋白酶，后者进入胰腺及其周围组织，引起自身消化。

◆ 传染性疾病如：猫弓形虫病和猫传染性腹膜炎，犬传染性肝炎、钩端螺旋体病等，可损害肝脏引发胰腺炎。

◆ 胰管分泌机能亢进，饲喂高脂肪食物，可产生食饵性脂血症，改变胰腺细胞内酶的含量，诱发急性胰腺炎。

◆ 药物因素，噻嗪类利尿药、硫唑嘌呤、门冬氨酸和四环素等。胆碱酯酶抑制剂和胆碱能颉颃药，也可诱发胰腺炎。

◆ 外伤导致的胰腺创伤，也可诱发胰腺炎。

【症状】

◆ 水肿型胰腺炎患病宠物主要表现为食欲不振、呕吐、腹泻、进食后腹痛。

◆ 出血、坏死性胰腺炎患病宠物主要表现为呕吐、昏睡，粪中带血，腹壁紧张腹部压痛，进食饮水后立即出现呕吐症状。

◆ 严重者会出现休克，死亡率极高。

【诊断】

◆ 通过临床症状，实验室检查可作出初步判断。

◆ X 线检查显示右上腹密度增加，有时可见胆结石和胰腺部分的钙化点。

◆ 血清淀粉酶（多数病例发病后 8～12 小时开始升高，24～48 小时达到高峰，可维持 3～4 天）和脂肪酶比正常值高两倍，尿淀粉酶量增高，腹水中含有淀粉酶则更具有诊断意义。

◆ B 型超声波检查可见胰腺肿大、增厚，或假性囊肿。

◆ 血尿素氮增多，血糖升高，血钙降低，白细胞剧烈增高，中性粒细胞占多数，淋巴细胞减少。

【临床急救】

◆ 在出现症状 2～4 天应禁食，以避免食物刺激胰腺分泌，同时静脉注射葡萄糖、复合氨基酸，维生素 C、维生素 B_1，以维持营养、调节酸碱平衡等，抑制腺体分泌。

◆ 控制感染。可选用青霉素、卡那霉素、氨苄青霉素及头孢菌素类药物。

◆ 呕吐严重者。肌内注射维生素 B_1 50～100 毫克，每天 2 次。

◆ 腹痛明显者。皮下注射盐酸吗啡 0.1～0.5 毫克或者度冷丁 5～10 毫克。

◆ 防止脱水。可静脉注射 5％葡萄糖或者林格氏液 250～500 毫升，每天 2 次。

◆ 发生休克。可用类皮质激素，如静脉注射地塞米松 0.1～1 毫克，每天 1 次。

◆ 防止血栓。可肌内注射肝素，5 000 单位/次。此外，可以手术切除胰腺坏死部分。

第四节　腹　膜　炎

腹膜炎（peritonitis）是腹膜局限性的或者弥漫性的炎症。临床上可分为急性、慢性炎症。

【病因】

◆ 胃、肠、膀胱、子宫等腹腔器官穿孔，腹膜受病菌感染及胃肠内容物等的刺激。

◆ 腹腔穿刺、腹部手术、去势。

◆ 腹腔、盆腔器官炎症蔓延或腹膜结核。

◆ 肝、脾、肠淋巴结脓肿的破溃。

◆ 肠变位后期及各种病菌引起的败血症。

【症状】腹膜炎的临床症状根据犬猫的抵抗力、炎症的扩散程度以及疾病急慢性而不同。

◆ 急性腹膜炎者主要表现为：

　☆ 体温升高，精神沉郁，食欲减退甚至废绝，有时伴有呕吐症状。低头拱背，不愿走动，胸式呼吸，心跳加快。

　☆ 触诊腹部敏感，躲避或者抵抗，腹壁紧张，压痛明显。

☆ 腹腔积液时，下部向两侧对称性膨大，后期腹围增大，轻轻冲击触诊，有波动感，有时可听到拍水音，腹腔穿刺液多浑浊、黏稠，有时带有血液和脓汁（彩图 20-17）。

☆ 病程一般为 2 周，少数在数小时到 1 天内死亡。

◆ 慢性病例多为急性病例的转归，一般无明显腹痛，多为慢性肠功能紊乱，如消化不良、腹泻等，少数也有可能发生腹腔脏器粘连和腹水。

【诊断】

◆ 根据病史和临床诊断初诊，腹腔穿刺有渗出液可确诊，但应注意与肠变位、肠扭转、子宫蓄脓相区别。

◆ X 线检查腹部呈毛玻璃样、腹腔内阴影消失。

◆ 腹水中可见中性粒细胞和巨噬细胞。

【临床急救】加强护理，消除病因，杀菌消炎，对症治疗：

◆ 消炎，青霉素 2 万国际单位，肌内注射，每天 2 次，连用 3～5 天。

◆ 镇痛，皮下注射吗啡或度冷丁。

◆ 脱水，可静脉注射 5％葡萄糖溶液或林格氏液 250～500 毫升，每天 1 次。

◆ 腹腔积液严重的可做外科引流处理。

（禚雯超　杨忠宝）

第二十一章
宠物呼吸系统疾病急救

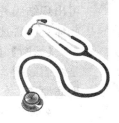

第一节 鼻出血

鼻出血又称鼻衄，是指鼻腔或鼻旁窦血管破裂引起的出血现象，是临床常见症状之一，多因鼻腔病变引起，也可由全身疾病引起，偶有因鼻腔邻近病变出血经鼻腔流出者。

【病因】

（1）原发性鼻出血　主要是由机械性损伤鼻黏膜引起出血，如：

　　☆ 鼻部遭受打击

　　☆ 昆虫的刺蜇

　　☆ 鼻蝇幼虫寄生等

（2）继发性鼻出血

◆ 鼻腔或鼻旁窦黏膜的炎症、坏死、溃疡、肿瘤等。

◆ 大循环动脉压异常升高，如心脏衰弱时的体循环瘀血。

◆ 高热、日射病和热射病时的血压升高，可引起鼻黏膜毛细血管过度充血、扩张，从而易破裂引起出血。

◆ 具有出血性素质的疾病也能引起鼻出血，如：

　　☆ 维生素 C 或维生素 K 缺乏。

　　☆ 血友病以及误食敌鼠钠等香豆素类灭鼠剂中毒的病例。

（3）胃、食管、喉、气管和肺的出血　血液也可从鼻孔流出。

【症状】

◆ 原发性鼻出血多为单侧性，血色鲜红，不含气泡或只含几个大气泡，呈滴状或线状流出。

◆ 如为较大的静脉血管或小的动脉血管破裂，则血液呈细流从鼻孔涌出。

◆ 动脉性出血，流出的血液为鲜红色；静脉性出血，则为暗红色。

◆ 炎性出血，则血中常混有黏液或脓汁。

◆ 短时间的少量出血，患病宠物全身症状不明显；但长时间的大量出血，可出现结膜苍白，呼吸困难，脉搏快而弱，肌肉震颤，皮温下降，严重者可引起休克、昏迷，甚至死亡。

【诊断】鼻孔流血无气泡，如流出鼻血的血红蛋白减少，呈棕色，则可能是肿瘤破裂，用鼻液涂片，可见肿瘤细胞。如继发于其他疾病后，涂片中可发现病原体。

◆ 原发性鼻出血

　☆ 通常为单侧性的。

　☆ 若为双侧性出血，则应考虑肺出血或胃出血。

◆ 肺出血　血液颜色鲜红，从两侧鼻孔流出，呈泡沫样，并伴有呼吸困难和咳嗽，肺部听诊有湿性啰音。

◆ 胃出血　血液呈污褐色，可随呕吐由双侧鼻孔流出，血中混有食物碎粒，有酸臭味。

【临床急救】

◆ 加强护理，避免损伤鼻部黏膜以及昆虫的叮咬。

◆ 除去病因，保持患病宠物安静，并使其头部稍抬高，用浸冷水的毛巾或冰袋冷敷鼻梁部。轻度出血者，经数分钟至半小时即可止血。

◆ 如果出血不止：

　☆ 可用2％明矾溶液、1％～2％鞣酸溶液或0.1％肾上腺素注射液灌注鼻腔。

　☆ 也可用0.1％肾上腺素注射液浸泡的纱布或脱脂棉堵住患病宠物鼻腔。

◆ 重症病例，可配合使用全身性止血剂，用0.4％亚硫酸氢钠甲萘醌（维生素 K_3）10～30 毫克，肌内注射，每天 2～3 次；也可用 0.5％安络血 1～2 毫升，肌内注射，每天 2～3 次。

◆ 大量出血后引起的严重贫血，可适当输血。一般是现采现输，输血之前先检测供血犬与受血犬的血是否相合（见第八章输血技术）。

【预防】平时注意给宠物补给铁制剂（如硫酸亚铁、葡萄糖酸铁等）、维生素 C 和维生素 B_{12} 等，以促进机体造血。

第二节　鼻　阻　塞

鼻阻塞是鼻子通气不畅或完全不通气。许多鼻腔疾病可出现此症状，不同疾病引起的鼻阻塞有其不同的特点及伴随症状。

【病因】

◆ 异物占据鼻内空间并刺激分泌造成。

◆ 由于先天性、后天性原因造成鼻孔鼻腔狭小、闭锁，鼻与鼻咽部分完全闭锁。

【症状】口唇紫绀，鼻涕多，张口呼吸，呼吸费力、单侧或双侧鼻孔气流减少，呼吸加快、吸气延长伴有血压和心率增加等，常伴有打喷嚏，出现头痛症状。

【诊断】根据临床症状作出诊断。

【临床急救】

◆ 在检查并清除鼻道内异物或分泌物后，用1％～1.5％盐酸麻黄碱和0.1％氟美松复合液滴鼻治疗。

◆ 每侧0.3～0.5毫升/次，在1～2分钟均可改善，并每隔25～30分钟预防性滴鼻，缺氧者应同时使用面罩吸氧。

第三节　气管异物

气管异物有内源性及外源性两类。前者为呼吸道内的伪膜、血凝块、干酪样物等异物阻塞；后者为外界物体误入气管所致。常见的气管异物属外源性异物。

【病因】

◆ 宠物咀嚼食物不完全。

◆ 喉的保护性反射功能不健全。

◆ 宠物进食时受到惊吓或抢食易将食物吸入气道。

【症状】

◆ 宠物在进食过程中突然发生呛咳或剧烈阵咳、梗气、气喘、声嘶、呼吸困难，严重者甚至窒息死亡。

◆ 宠物发生阵发性呛咳、喉喘鸣，异物随气流向上冲击声门下区，偶可听到拍击音。

◆ 感染时高热，还会出现气管、支气管炎及肺炎症状。

【诊断】异物吸入史是诊断的重要依据，因此应详细询问病史，结合典型症状，再进行X线检查诊断进一步确诊。

【临床急救】

◆ 患病宠物身体状况较好时。

☆ 可在直达喉镜或支气管镜下，将异物取出。

☆ 为防止术后喉水肿，可给予抗生素或青霉素 80 万单位，每天 2 次，肌内注射。地塞米松 5～10 毫克/天，肌内注射。

◆ 若患病宠物无明显呼吸困难，但因支气管或肺炎等严重并发病会出现高热和一般衰弱或严重脱水等现象。

☆ 应先进行消炎和补液治疗。

☆ 密切观察有无突发呼吸困难，待体温下降至正常再进行异物取出术。

【预防】为预防气管异物的发生，要避免宠物吃东西时受到惊吓和抢食现象的发生，更不要给宠物吃不易咀嚼的食物，还要避免强行灌药。

第四节　肺实质性疾病

一、肺水肿

肺水肿是肺毛细血管内血液量异常增加，血液的液体成分渗漏到肺泡、支气管及肺间质内所引起的一种非炎性疾病，是肺部循环疾病之一。临床上以极度呼吸困难、流泡沫样鼻液为特征，可伴发于心肌炎型犬细小病毒感染，或药物过敏，输液过快、过多，中毒等，若抢救不及时，会造成宠物死亡。

【病因】

（1）心源性肺水肿　主要是由心脏性疾患所引起，多见于：

◆ 充血性心衰竭。

◆ 过量的静脉输液。

◆ 肺毛细血管压增高。

（2）非心源性肺水肿　主要是因肺脏感染、气体中毒、过敏、药物使用过量以及剧烈运动等引起。多见于

◆ 低蛋白血症，如患肝病时蛋白合成能力下降、肾小球肾炎的蛋白丢失、消化不良综合征等。

◆ 肺泡毛细血管渗透性增加，如出血性休克、氧中毒、癫痫发作、内毒素血症、微血栓、烟气吸入、败血症等。

（3）高原性肺水肿　如从海拔较低的地方迅速转到海拔较高、空气稀薄的地方。

【症状】

◆ 突然发病，高度混合性呼吸困难，湿咳、咳声微弱，头颈伸展，鼻翼扇动，甚至张口呼吸。

◆ 呼吸数明显增多，烦躁不安。

◆ 眼球突出，静脉怒张，结膜发绀，体温升高。

◆ 两侧鼻孔流出大量白色或粉红色泡沫状鼻液，口腔内咳出白色或粉红色的泡沫痰。

【诊断】

◆ 根据病史，突然发生高度混合性呼吸困难，流泡沫样鼻液等症状可以初步确定。胸部叩诊呈浊音，听诊可听到广泛的水泡音。

◆ 确诊应依据 X 线检查。胸部 X 线检查，肺视野的阴影呈散在性增强，呼吸道轮廓清晰，支气管周围增厚（彩图 21－1）。

　　☆ 如为补液量过大所致，肺泡阴影则呈弥漫性增加。大部分血管几乎难
　　　　以发现。

　　☆ 如为左心机能不全者并发的肺水肿，肺门呈放射状。

◆ B超及心电图描记也有助于该病的诊断。

【临床急救】除去病因，使患病宠物保持安静，减轻心脏负担，缓解肺循环障碍和呼吸困难，制止渗出。

◆ 对于因肺毛细血管压增高、充血性左心衰竭者，首先应使其安静，但禁用兴奋剂。应适当使用镇静剂，可肌内注射苯巴比妥每千克体重 5～15 毫克。

◆ 为减少肺毛细血管压可用利尿剂，如速尿灵每千克体重 1～2 毫克，每天 4（6）次；速尿每千克体重 2～4 毫克，口服，每天 3（4）次。

◆ 为制止渗出，可用 10％葡萄糖酸钙注射液 5～10 毫升，缓慢静脉注射。为了改善气体交换，还可输氧。

◆ 扩张支气管，氨茶碱每千克体重 6～8 毫克。

◆ 为了缓解循环血量，也可按每千克体重 6～10 毫升的量放血。

◆ 对心律不齐者，可给予心得安。

◆ 渗出性肺水肿可用皮质类固醇，如地塞米松、强的松龙等。

◆ 中药治疗：取葶苈子、牵牛子各 5 克，麻黄、杏仁、桔梗、陈皮、黄柏各 3 克，水煎取汁，灌服。

◆ 针灸疗法：血针静脉、耳尖、尾尖穴。

【预防】平时应注意环境卫生，及时治疗可能引起肺水肿病的各种疾病。避免刺激性气体和其他不良因素的影响。

二、肺气肿

肺气肿是由于肺泡过度扩张，导致肺泡壁弹性降低，肺泡内蓄积大量气体，甚至引起肺泡破裂，气体穿入叶间组织，导致间质充气，统称为肺气肿。气体只充满肺泡所引起的肺气肿，称为肺泡气肿；肺泡破裂，气体窜入叶间组织而引起的肺气肿称为间质性肺气肿。临床上以胸廓扩大，肺部叩诊呈鼓音、肺叩诊界后移和呼吸困难为主要特征。

【病因】此病的发生主要分为两类：

（1）原发性肺气肿

◆ 在剧烈的运动、高速奔跑、挣扎过程中，由于呼吸紧张，用力呼吸使肺泡过分充满空气、肺泡过度扩张所引起。

◆ 尤其是老龄宠物，因肺泡壁弹性降低，更易发生肺气肿。

（2）继发性肺气肿

◆ 慢性支气管炎和上呼吸道慢性炎症时的持续咳嗽引起。

◆ 支气管狭窄和阻塞时，由于支气管气体通过障碍而发生。

【症状】

◆ 多表现为呼吸困难、气喘、胸外静脉怒张。

◆ 在呼气时，腹肌强烈收缩，沿肋弓出现明显凹陷。呼气困难严重者，呼气时，肋间隙增宽。

◆ 结膜发绀，脉搏增快，体温一般正常。

◆ 肺区叩诊出现过清音或鼓音，肺叩诊界后移，心浊音区缩小。

◆ 胸部听诊，肺泡呼吸音初期增强，后减弱，同时在肺组织被压缩的部位可听到支气管呼吸音。若呼吸道有感染，会因分泌物增多而出现湿啰音。

◆ X线检查，整个肺区异常透明，支气管影像模糊及膈肌后移。

【诊断】根据病史，高度呼气性呼吸困难，胸廓呈圆桶状，肺叩诊界后移，叩诊呈过清音或鼓音，听诊肺泡呼吸音减弱和X线检查结果可做出诊断。但必须与以下疾病区分开：

◆ 肺水肿　患病宠物多流白色或粉红色泡沫样鼻液，肺部叩诊为半浊音，不出现鼓音和叩诊界后移。

◆ 气胸　突然发病，严重呼吸困难，叩诊胸廓出现单侧鼓音，病情迅速恶化，甚至窒息死亡。

【临床急救】避免过于剧烈运动，减少吸入刺激性气体，消除变态反应原作用的因素，积极治疗原发病，改善通气和换气功能，控制心力衰竭。

◆ 除去病因并使患病宠物充分休息。注意环境通风，保证空气新鲜，及早治疗。

◆ 缓解气喘。

☆ 可皮下注射 0.1％硫酸阿托品 0.3～1 毫克/次。

☆ 也可用盐酸麻黄碱 5～10 毫克/次，皮下注射或肌内注射。

☆ 缓解呼吸困难，有条件者可用氧气吸入疗法。

◆ 痛咳严重。

☆ 可内服磷酸可待因片 15～60 毫克/次。

☆ 也可内服复方甘草合剂 5～10 毫升/次。

☆ 还可皮下注射吗啡和阿托品。

◆ 减轻过敏反应。

☆ 可用 2.5％盐酸异丙嗪注射液 25～50 毫克/次，肌内注射。

☆ 也可按 50～100 毫克/次的计剂量内服，每天 2 次，连用 3～4 天；同时，肌内注射氨茶碱溶液 0.5～2 克/次。

◆ 消炎。

☆ 可肌内注射氨苄青霉素每千克体重 2～7 毫克，每天 2 次。

◆ 控制心衰。出现水肿时，可用利尿剂。

☆ 如双氢克尿噻，口服，每天 2 次，

☆ 速尿，每天 2 次。

☆ 同时补钾 0.1～1 克，口服，每天 4 次。

◆ 针灸疗法。白针，肺俞、百会穴。

三、肺出血

肺出血是肺动脉壁损伤、变性并伴有肺动脉压增高等因素所引起的疾病。临床上以咳血为主要特征。

【病因】

☆ 外伤

☆ 肺部炎症

☆ 瘀血

☆ 心丝虫病

☆ 突发性咳嗽

　　☆ 肿瘤

　　☆ 结核

　　☆ 肋骨骨折

　　☆ 肺动脉压升高等

【症状】

　　◆ 突发性从鼻和口腔流出鲜红色血液，并混有大量气泡，血液不凝固。

　　◆ 出血量的多少因出血部位而异，重症者精神沉郁，可视黏膜发绀，脉搏加快，呼吸促迫，咳嗽。

　　◆ 如持续出血，则可视黏膜苍白，皮肤变凉，心跳加快，血压下降。

　　◆ 听诊肺、气管处有湿啰音。

【诊断】根据临床症状不难做出诊断，但要注意与上呼吸道出血和胃出血鉴别。

　　◆ 上呼吸道、口腔和咽部出血　在咳嗽时排出不含泡沫的血液，胸腔器官无变化。

　　◆ 胃出血　宠物有呕吐动作，血液呈暗红色、凝固并含有食物成分，胸腔器官无变化。

【临床急救】首先，应使宠物安静。由外伤引起者，要尽早处理原发病。

　　◆ 为增强血液凝固性，可用 1‰～2‰氯化钙 3～5 毫升，静脉注射。

　　◆ 咳痰性出血，可给予维生素 C 500～1 000 毫克，肌内注射，每天 1 次。

　　◆ 消炎镇咳，可用盐酸麻黄碱 5～10 毫克，口服；或氨茶碱每千克体重 10 毫克，口服；强的松龙每千克体重 0.5～1.0 毫克，口服，每天 1 次。

　　◆ 对继发感染者，可根据药敏试验结果来选择抗生素类药物。

四、肺脓肿

　　肺脓肿是肺组织因化脓性细菌感染而引起的局限性化脓性炎症。临床上以高热、咳嗽和逐渐消瘦为特征。

【病因】葡萄球菌、链球菌、肺炎球菌、厌氧菌、梭状杆菌、钩端螺旋体、犬心丝状虫等感染。本病多为混合感染，感染途径有吸入性、血源性、直接蔓延和肺炎并发等。

　　（1）吸入性　各种异物经支气管进入肺内，造成细支气管阻塞，远端的肺组织萎缩，随着栓子带进的细菌繁殖而引起化脓性炎症。

（2）血源性　见于心内膜炎、化脓性子宫炎、褥疮、血栓性静脉炎和脓毒败血症等，其化脓性感染栓子随血液循环转移至肺，并嵌留在肺的毛细血管内而引起肺脓肿。

（3）上呼吸道脓性分泌物的直接蔓延或大叶性肺炎　可引发肺脓肿。

【症状】

◆ 宠物出现长期虚弱、贫血，伴有不同程度的呼吸困难，呈现支气管肺炎的症状，突然高热，频发咳嗽。

◆ 肺部叩诊，出现局限性浊音区。

◆ 听诊，在病变区肺泡音消失，其周围可听到湿啰音或捻发音。

【诊断】此病取慢性经过时，症状有时不明显，须通过临床症状和实验室检查结果做出诊断。

◆ 实验室检查　白细胞增多，核左移。

◆ X线检查　肺部出现局限性阴影（彩图21-2）。

【临床急救】

（1）抗菌消炎　根据鼻液培养及药敏实验结果选用抗生素。

◆ 局部用药可用鼻导管经鼻腔插入气管内，先滴入3%普鲁卡因溶液2～3毫升，以麻醉气管黏膜。

◆ 然后用青霉素40万单位、链霉素0.5克、0.1%肾上腺素3滴、糜蛋白酶5毫克、生理盐水10毫升，混合后滴入，每天或隔天1次。

◆ 滴药后采取适当的体位，静卧1小时，以便药液进入脓腔。

（2）脓腔穿刺法　如脓腔较大且靠近边缘部，脏层和壁层已发生粘连，可在X线定位下，通过胸壁直接穿刺脓腔，抽出脓汁，再注入青霉素40万～80万单位和链霉素0.5～1克。

◆ 若脓肿位于深部，则忌用此法，否则有引起脓气胸的危险。

（3）手术切除　肺脓肿经药物治疗2～3个月，脓腔仍未愈合，且病变范围较局限者，可施肺脓肿切除术。如剥离脓肿有困难，则需作部分肺叶切除。

◆ 方法：采用胸侧壁开胸术，将病区靠近肺叶的顶端范围用一副"压碎钳"钳夹，距钳压2毫米处作一道水平褥状缝合，在"压碎钳"与缝合之间切除病叶，并连续缝合创缘。

五、异物性肺炎

异物性肺炎是指由于空气以外的其他气体、液体、固体等异物被吸入肺内，而引起的支气管和肺的炎症。如果由于腐败性细菌感染导致肺组织坏死和分解，则称为肺坏疽。临床上以呼吸极度困难，两鼻孔流出脓性或腐败性鼻液为特征。

【病因】

◆ 主要由于误咽或吸入引起，见于咽炎、咽麻痹、破伤风、食道阻塞和伴有意识障碍的脑病等。

◆ 给宠物灌药时，因呛咳使药物进入气管，也是本病的常见原因。

◆ 肺部创伤和肋骨骨折时引起创伤性肺坏疽。

◆ 由大叶性肺炎转变而来。

【症状】

◆ 病初呈现支气管肺炎的症状，呼吸急速而困难，腹式呼吸，并出现湿性咳嗽。

◆ 宠物体温升高，脉搏快而弱，有时战栗。

◆ 病后期呼出气有腐败性恶臭味，两鼻孔流出有奇臭味的污秽鼻液。

◆ 听诊宠物肺部有明显啰音。

◆ 叩诊宠物肺部敏感，初期呈浊音，后期由于出现肺空洞，叩诊呈灶性鼓音。

☆ 若空洞周围被致密组织所包围，其中充满空气，则叩诊呈金属音。

☆ 若空洞与支气管相通，则叩诊呈破壶音。

【诊断】根据宠物病史和临床特征，可以做出诊断。必要时，配合实验室诊断和X线检查。

（1）实验室诊断

◆ 将鼻液收集在玻璃杯内，可分为3层，上层为黏性有泡沫样物，中层为浆液性并含有絮状物，下层是脓液且混有很多肺组织块。

◆ 显微镜检查时，可看到肺组织碎片、脂肪滴、脂肪晶体、棕色至黑色的色素颗粒、红白细胞及大量微生物。

◆ 如将鼻液在10%氢氧化钾溶液中煮沸，离心获得的沉淀物在显微镜下检查，可见到肺弹力纤维。

（2）X线检查　肺部可见到透明的肺空洞及坏死灶阴影。

【临床急救】迅速排出异物，制止肺组织的腐败分解，缓解宠物呼吸困难，对症治疗。

（1）排出异物

◆ 首先，让宠物横卧，将其后腿抬高，便于异物咳出。

◆ 同时，皮下注射 2% 盐酸毛果芸香碱 0.2～1 毫升，使宠物的气管分泌物增加，可促使异物迅速排出。

（2）缓解呼吸困难　当宠物呼吸高度困难时，应给宠物吸氧气。

（3）抗菌治疗

◆ 每千克体重用丁胺卡那霉素 10 毫克，肌内注射。

◆ 或每千克体重用氨苄青霉素 0.1 克，肌内注射。

◆ 或口服磺胺甲基异噁唑（SMZ）、磺胺二甲基嘧啶（SM2）或复方新诺明片等。

（4）对症治疗

◆ 止咳平喘，用复方甘草合剂或复方鲜竹沥液，每次 2～5 毫升，口服，每天 3 次；咳必清 25 毫克，每天 2 次，连用 2～4 天。

◆ 如宠物咳嗽严重，可每千克体重用氨茶碱 10 毫克，肌内注射；或用葡萄糖酸钙混入生理盐水内缓慢滴入，每天 1 次。

（5）中药治疗　用百合、白及各 30 克，研为极细末，加蜂蜜和水各 50 毫升，调匀，一次灌服，每天 1 剂，连用 3 天。

（6）针灸治疗　用氨苄青霉素 0.2～0.4 克，注射用水 1 毫升稀释后，进行身柱、肺俞和喉俞穴注射。

第五节　胸膜疾病

一、胸腔积液

胸腔积液是指胸腔内有大量漏出液蓄积的疾病。临床上以呼吸困难、胸腔听诊出现拍水音、叩诊出现水平浊音区为特征。

【病因】

◆ 一侧性胸水多因局部血液、淋巴液循环紊乱引起，如腔静脉或胸导管受压迫。

◆ 两侧性胸水多发于全身性瘀血，见于：
☆ 充血性心力衰竭
☆ 心包炎
☆ 心内膜炎等

◆ 低蛋白血症也可引起全身性水肿，进而导致胸水，见于：
☆ 严重营养不良

☆ 慢性肝病

☆ 肾病

☆ 寄生虫病

☆ 恶性肿瘤等消耗性疾病

【症状】

◆ 早期多表现为原发病的一些症状，后期才逐渐出现胸腔积液。

◆ 胸水较少时，无明显症状；积液较多时，则因肺受压迫而出现呼吸困难。

◆ 体温一般正常，胸壁触诊不敏感。

◆ 叩诊肺区出现可随体位改变的水平浊音区。

◆ 听诊浊音区，呼吸音减弱甚至消失；健区听诊可见呼吸音显著增强，可听到明显的支气管呼吸音。胸腔积液严重时，可引起宠物气喘甚至窒息。

◆ 胸腔穿刺液清澈透明、稀薄，且长时间不易凝固。

【诊断】依据宠物临床有呼吸困难、胸腔出现水平浊音区、穿刺液为漏出液即可确诊。但要与胸膜炎进行区别，胸膜炎除有水平浊音外，还有胸壁敏感、穿刺液较混浊、黏稠、易凝固等特点。

【临床急救】首先，要限制宠物饮水，并积极治疗原发病。

◆ 制止渗出。

　　☆ 可静脉注射 5％氯化钙溶液 2～10 毫升/次。或 10％葡萄糖酸钙溶液 5～20 毫升/次。

　　☆ 促进积液排出，可内服利尿剂，如双氢氯噻嗪 25～100 毫克/次。

◆ 促进积液的吸收。

　　☆ 可适当运用强心剂，如心得安，每千克体重 5～40 毫克，每天 2 次。

◆ 中药治疗。用"参苓白术散"加减。取党参、白术、茯苓、炙甘草、山药各 4.5 克，扁豆、桑白皮、生姜皮、大腹皮各 6 克，莲子肉、桔梗、薏苡仁、砂仁各 3 克，水煎取汁，候温灌服。

◆ 呼吸困难严重者，可适当作胸腔穿刺放出部分液体　该法不宜多次运用。如果宠物同时发生腹水、全身性水肿，多预后不良，建议淘汰。

二、脓胸

脓胸是由于化脓菌或真菌感染而引起的胸腔内脓液潴留，亦称化脓性胸膜炎。

【病因】

◆ 宠物肺部感染或胸壁、气管等穿透性病变时，化脓菌或真菌进入胸腔而引起。

◆ 继发于诺卡氏菌病的过程中。

【症状】

◆ 脓胸多为继发感染，表现呼吸困难，呼吸异常增快、浅表、肘外展。

◆ 高热，咳嗽，胸区疼痛。胸部听诊，可听到胸膜摩擦音。

◆ 血液学检查：白细胞明显增多。

◆ 胸部 X 线检查：可发现典型的胸膜渗出的特征，肺门淋巴结肿大。

【诊断】根据临床症状、血清学检查和 X 线检查，容易确诊。

【临床急救】除去病因，排出胸腔渗出物，控制炎症发展。

◆ 抗菌治疗。

　☆ 首先，每千克体重用青霉素钠盐 40 000 单位，庆大霉素 2.2 毫克，静脉注射，每 6～8 小时 1 次。

　☆ 此后，根据抽取液细菌培养结果选择适宜的抗生素。如为诺卡氏菌引起者，可选用磺胺类药物。

◆ 胸穿排脓。

　☆ 胸腔内脓液潴留较多时，可进行胸穿排脓。

　☆ 然后，用生理盐水或林格氏液冲洗，每天 2 次，并加入全身抗生素一半用药量于胸腔内。

　☆ 当脓液黏稠不易抽出时，可用生理盐水冲洗脓腔。还可注入链激酶 5 万～10 万国际单位、胰蛋白酶 100～500 毫克或链球菌脱氧核糖核酸酶 2 万国际单位，用生理盐水 20～30 毫升稀释后缓慢注入，有利于腐肉的剥离。

◆ 对慢性脓胸，在彻底清除脓腔后，可将增厚的胸膜一并剥除。

三、横膈膜疝

横膈膜疝是一种内疝，是指肝、胃肠等腹腔脏器通过横膈膜裂隙进入胸腔的疾病。

【病因】

（1）先天性病因　由于在胚胎期腔静脉裂孔、主动脉裂孔及食管裂孔不能形成皱襞，愈合不良，残留先天性横膈膜裂孔而使腹腔脏器反套入此部，形成横膈膜疝。

（2）后天性病因　多由于从高处坠落等剧烈的腹压压向胸腔或贯通性损伤等，造成横膈膜破裂而致病。

【症状】

（1）先天性病例　多见于仔犬。

◆ 表现为呼吸困难，尤其是在采食固体料时更为剧烈，病犬严重呕吐，腹痛，弓背收腹，精神沉郁，生长发育缓慢。

◆ 如果小肠进入胸腔内，胸部听诊可听到肠蠕动音。

◆ 肝脏嵌入较窄的横膈膜裂孔时，由于肝脏的损害，肝功能异常。血清转氨酶和碱性磷酸酶等升高，血清尿素氮升高。

（2）后天性的急性病例　多为外伤所致。

◆ 根据腹腔脏器进入胸腔的多少，患病宠物常出现不同程度的呼吸困难，腹式呼吸明显。患病宠物取坐位或站立位，腹围缩小，黏膜苍白。

◆ 如有血管损伤，往往可有内出血，甚至出现休克症状，心跳加快，脉搏细数，体温轻度升高。

◆ 后天性慢性患病宠物运动后咳嗽、疲劳，出现类似慢性呼吸系统疾病的症状。

（3）X线摄影　可看到横膈膜阴影部分或全部缺损。硫酸钡造影可确认消化管位置移动或胸腔内是否有消化管像等。

【诊断】根据病史、临床症状和X线检查确诊。

【临床急救】

◆ 急性患病宠物，首先要使其保持安静，呼吸平稳，输氧、输液。

◆ 必要时给予输血，防止窒息，控制休克后必须马上手术，还纳套入胸腔内的脏器，闭锁破裂部。

◆ 左侧膈疝时，胃易进入胸腔而扩张，引起患病宠物严重呼吸困难，应紧急穿刺胸腔排除胃内气体，然后进行手术。

◆ 应注意不能用胃导管排除胃内气体。因为，此时食道常扭转，导管通过时易刺激宠物使其不安甚至死亡。

◆ 术后加强护理，胸部装置排脓管。

四、气胸

气胸是指由于外界气体进入胸膜腔而导致的以胸内负压过大、限制肺扩张、呼吸困难为主要症状的疾病。

【病因】

◆ 多为外伤所致，如枪弹或尖锐物所致的贯穿伤，肋骨骨折刺破肺部，导致外界气体或肺内气体窜入胸膜腔，引起气胸。

◆ 肺泡破裂、肺气肿、肺结核、肺脓肿等均可引起本病。

【症状】依据伤口闭合情况分为闭合性气胸和开放性气胸两种。

◆ 闭合性气胸，症状多不明显。

◆ 开放性气胸，胸壁可见穿透创。多有严重呼吸困难，呈明显腹式呼吸，可视黏膜发绀，多取坐立姿势或侧卧，严重者可引起窒息或继发脓毒血症而死亡。

◆ X 线检查，可见气胸部分有囊状气团区，肺纹理消失，肺向肺门收缩，肺与胸骨之间的间距扩大，心脏、气管移向健侧。

【诊断】依据临床症状，结合 X 线检查可确诊。

【临床急救】

◆ 使宠物保持安静，轻症者 1～2 天可自行愈合。

◆ 重症开放性气胸，要立即缝合伤口，先清理并严密缝合伤口后，再用 18 号针头穿刺胸腔抽出气体，以缓解呼吸困难。

◆ 严重呼吸困难者，可给予吸氧，自发性气胸要用加压输氧。可全身运用抗生素，以防继发感染。

◆ 要根据情况采取相应的对症治疗措施。

（周　栋　刘明超）

第二十二章
心血管系统疾病急救

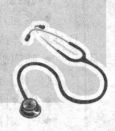

第一节 心 肌 病

心肌病指以心脏病变为特征，心输出血量减少和静脉回流障碍的一类疾病。按其病理形态学改变、血液动力学紊乱和临床特点，可分为扩张型、肥大型和限制型 3 种类型，犬主要发生前两种心肌病。

一、犬扩张性心肌病

犬扩张性心肌病是以心室扩张为特征，并伴有心室收缩功能减退、充血性心力衰竭和心律失常的一种原发性心肌病。本病主要发生于大型和巨型品种的中年（3～7 岁）犬，随年龄的增加而增多，并且雄犬发病率几乎是雌犬的 2 倍。较常发的品种有大丹犬、圣伯纳德犬和牛头大猛犬等。临床上多数病犬表现为食欲减退、体重减轻，心动过速，常有奔马律及心缩期杂音，呼吸困难，并伴有咳嗽、腹水和腹泻，甚至晕厥，也有病犬突然发病。

【病因】

◆ 本病的确切病因尚不明确。

◆ 有人提出该病是病毒性感染、微血管反应性增加、免疫介导、心肌毒素和遗传缺陷或几种疾病共同作用而导致的。

◆ 从发病的品种看，病的发生具有家族性，可能与遗传因素相关性更大。

◆ 营养缺乏、甲状腺机能减退，及细菌、病毒毒素的损伤等都可以诱发本病的发生。

【症状】

◆ 初期病犬常表现为虚弱、易疲劳、嗜睡、食欲减退、逐渐消瘦、呼吸迫促。

◆ 重者呈坐立姿势、张口呼吸、呼吸浅表、有时伴有咳嗽。

◆ 后期可见腹围增大、四肢末梢部位水肿、浅表静脉怒张。

◆ 听诊心区，可见心率增加、心律不齐、心音与股动脉脉搏不一致（脉搏数比心率少约 70%）。严重者可突然昏迷，甚至死亡。

◆ 拳师犬和多伯曼犬常发生左心衰竭或晕厥。工作犬因活动有耐受性，出现临床症状需几个月以上，而闲散犬仅需几天或几周即可表现临床症状。

◆ 病犬常表现不同程度的左心或左、右心力衰竭的体征。

☆ 心区触诊可感心动过速（180～250 次/分）及节律失常，常有奔马律及心缩期杂音，舒张初期（S3）和收缩前期（S4）奔马调是在窦性节律中最易发现的重要临床症状。

☆ 左或右房室瓣区听诊有柔和和强度改变的回流性缩期杂音。听诊伴有左心衰竭和肺水肿的犬可听到呷音、捻发音和肺泡音增强，多数伴有右心衰竭犬可见颈静脉扩张、搏动，肝肿大和腹水。

☆ 左右心衰时，由于胸腔积液掩盖了心音和肺音，动脉脉搏减弱而不规则，体重减轻、肌肉萎缩，但外周水肿并不常见。

◆ 心电图检查：心电图特征为窦律过速，P 波增宽（＞0.05 秒）增高（＞0.04 毫伏），呈二尖瓣 P 波，心房纤颤，QRS 复波增宽（＞0.06 秒）而模糊，常带有切迹，室性早搏或阵发性心动过速。窦性节律的犬表现为 P 波增宽，形态改变；心房纤维性颤动的犬表现为 P 波消失，R 波波幅间有变动。左心室肥厚和心脏扩张者表现为 S-T 波形异常。

◆ 透视检查：4 个心腔都有不同程度的增大，心脏长度、宽度增大。心尖、心缘因扩张而圆度增大。如肺实质密度增加，则发生肺间质水肿。如心脏轮廓不清，见于胸腔积液。

◆ 生化检查：碱性磷酸酶、谷-丙转氨酶、谷-草转氨酶中等程度升高，血清白蛋白降低（＜20 克/升）。

【诊断】根据食欲减退、体重下降、咳嗽、呼吸困难、晕厥、烦渴、腹水、心动过速，并伴有奔马律及心缩期杂音等临床症状及实验室检查可做出诊断。

【临床急救】

（1）治疗原则：减轻心脏负荷，矫正心律失常，增强心脏功能，增加血流灌注，解除充血性心力衰竭。

（2）根据心力衰竭的情况选择疗法，限制病犬进行剧烈的训练，在心力衰竭稳定以前，强制其休息。饲喂低钠食物，补充维生素和矿物质。

◆ 治疗充血性心力衰竭、室上心律过速的病犬，每千克体重用地高辛

0.005～0.01 毫克，内服，每天 2 次。

◆ 治疗心功能不全但肾脏损伤的犬，每千克体重可用洋地黄毒苷 0.006～0.012 毫克，全效量，静脉滴注，维持量为全效量的 1/10，每天 1 次；或者每千克体重 0.11 毫克，内服，每天 2 次。

◆ 治疗肥厚性心肌病，可用心得安，每千克体重 0.2～1.0 毫克，内服，每天 3～4 次；也可按每千克体重 0.02～0.06 毫克，静脉注射。

◆ 治疗明显窦性节律的犬，用多巴酚丁胺每千克体重每分钟 2.5～20 微克，静脉注射，但不能用于心房纤颤的宠物。

◆ 扩张血管，可内服甲巯丙脯酸，每千克体重 0.5～2 毫克，口服，每天 2～3 次，或肼苯哒嗪每千克体重 0.5～2 毫克，口服，每天 2～3 次。

◆ 消除水肿，可用利尿药进行治疗，如双氢克尿噻利尿，每千克体重 2～4 毫克，内服，每天 1～2 次；速尿，每千克体重 2～4 毫克，静脉滴注，肌内注射/内服，每 4～12 小时 1 次。

二、犬肥厚性心肌病

犬肥厚性心肌病是一种以左心室中隔与左心室游离壁不相称肥大为特征的综合征，以左心室舒张障碍、充盈不足或血液流出通道受阻为病理生理学基础的一种慢性心肌病。德国牧羊犬最常见，病程长短不一，短的 1 周，长的 1 年以上，常突然发生虚脱、晕厥而死亡。

【病因】本病的病因尚不明确。其可能的原因有

◆ 左心室的病理性肥大降低了心室的顺应性。

◆ 左心房压增高到足以将血液挤入有阻力的左心室，能导致心房增大和肥大。

◆ 左心房和肺静脉血压过高导致肺瘀血和水肿。

◆ 心脏传导异常及心律失常，可能是突然死亡百分率高的原因。

【症状】

◆ 犬的肥厚性心肌病临床症状变化较大，有些犬无症状表现。

◆ 临床表现主要包括精神委顿、食欲废绝、胸壁触诊有强盛的心搏动，心区听诊有心内杂音、奔马调和心律失常。

◆ 急性发作时呼吸困难，肺部听诊有广泛分布的捻发音或大小水泡音，叩诊呈浊鼓音，表明有肺瘀血和肺水肿。

◆ 有些显示过度疲劳、呼吸急促、咳嗽、晕厥或突然死亡。

◆ 病理学检查。左心室不对称，向心性肥大。二尖瓣和主动脉瓣增厚，心内膜纤维化。心肌纤维肥大，但没有像在人中见到的纤维结构破坏。

◆ X线检查。胸部影像显示，心脏肥大尤其左心房扩张增大，肺水肿和胸腔积液。心血管造影显示左心室壁肥厚，充盈不足，而左心房极度充盈、瘀滞、扩张、变长、变宽（彩图22-1）。

◆ 血液动力学（心导管插入）。

☆ 对物理和药物激发试验的反应，显示不同的主动脉下梯度。

☆ 注入硝普钠（每千克体重每分钟15微克，恒定的注入速度）和异丙肾上腺素（1微克），可使通过阻塞区域（左心室到主动脉）的梯度升高。

☆ 甲氧胺（剂量1～2毫克），通过提高主动脉血压，能降低这种梯度。

◆ 心电图检查。在标准导联的心电图上，P波和QRS波群增大增宽，显示左心房、左心室扩张，室性早搏，房室阻滞，束支阻滞的特征。

◆ 超声波检查。超声心动图表明左心室肥大，中隔与左心室厚度之比＞1.3～1.0中隔与左心室游离壁的厚度，以体重计，大于正常。E点到中隔的距离减小。左心房与主动脉大小之比＞1.5～1.0。二尖瓣收缩期前运动，主动脉瓣收缩中期闭合，左心室收缩过度。

【诊断】根据临床症状，结合心电图和X线摄片进行诊断。在做鉴别诊断时应注意：

（1）二尖瓣回流，出现的杂音相似，但药物激发试验可以与主动脉下阻塞分开。硝普钠可使主动脉下阻塞的杂音幅度增高，使二尖瓣回流的幅度下降。血管造影，肥大病时，左心房和左心室增大，左心室壁增厚，左心室腔小。超声心动图检查，可见左心房和左心室扩张，二尖瓣前小叶运动增强，正点到中隔的距离增大。

（2）主动脉瓣下纤维性狭窄（先天性），杂音为主动脉瓣渐强—渐弱的缩期杂音。胸部X线摄片，可见升主动脉扩张。血管造影，可见升主动脉扩张，主动脉瓣直前主动脉排出管狭窄，可能波及瓣膜尖。超声心动图检查，可见主动脉排出管在瓣膜下狭窄。

【临床急救】本病尚无根治方法，且预后不良，但β-肾上腺素能阻断剂已成功地用于患肥大病的犬和猫。非选择性（心得安）和心脏选择性β-阻断剂在犬的建议剂量如下：

◆ 心得安　5～40毫克，口服，每天3次。

◆ 美多心安　5～50毫克，口服，每天3次。

◆ 氨酰心安   20～100 毫克，口服，每天 3 次。

通过以上治疗以达到改善舒张期充盈，减轻充血症状，减少或消除阻塞成分，控制心律失常和防止突然死亡的目的。

三、猫肥大性心肌病

猫肥大性心肌病是以左心室壁、乳头肌和中隔不对称或不对称肥大为特征的疾病。发病的猫多数为原发性或继发性的甲状腺机能亢进、系统性高血压、肢端肥大病、先天性大动脉狭窄。原发性猫肥大性心肌病通常会影响青年到中年的猫，尤其是公猫，波斯猫和家养的短毛猫更易感。

【病因】

（1）原因现在尚不明确，一般认为与遗传、病毒的感染、自身的免疫以及中毒因素有关。在相关的缅甸猫上，一种存在常染色体显性和 100％外显异常型已被认定，一种遗传型的常染色体显性型已经在波斯猫和家养的短毛猫确定。

（2）原肌球蛋白基因突变、心肌钙运输改变、儿茶酚胺敏感性增加，使儿茶酚胺增多，增强心肌对其他不同营养因子的敏感性。

（3）在伴有左心室流出通道阻塞的猫，尚未确定心肌肥大是否由动力学阻塞引起。左房室瓣膜和室中隔的轻度变形可诱发心肌肥大。

【症状】

◆ 许多患病猫一直无明显症状，直到病情严重。

◆ 有的猫因肺水肿，出现严重呼吸困难、端坐呼吸、心肥大。但此前 1～2 天有厌食和呕吐症状。

◆ 急性轻瘫为常见继发性临床症状，多与动脉栓塞有关。

◆ 一些病例常因应激、急速活动、人工导尿或排粪发生猝死。

◆ 病猫一般体温降低，常低于 38℃。可视黏膜苍白，严重者可见口黏膜发绀。

◆ 精神沉郁，运动能力下降，张口呼吸，呼吸数超过 40 次/分钟，呈坐立姿势。重症者或后期，多数病猫表现为脉搏无力，四肢厥冷，呈发生血栓的症状。

◆ 心脏基底部听诊：心音低沉，肺部有奔马音或轻微的收缩期心杂音。有 2/3 的猫可听到缩期杂音，在主动脉或左房室瓣区可听到柔和的心杂音，其强度、持续时间和位置变化较大。40％可见奔马调，约 25％可见心律失常。

◆ X 线检查：背部侧观，可见左心房增大，左心室正常或呈向心方向增大，左侧心衰的猫常见肺充血和组织间隙性肺水肿，呈斑驳状图像。

◆ 心电图检查：心电图检查可见 P 波持续时间、R 波幅度、QRS 波宽度增加，在前平面平均 QRS 左轴偏高。窦性心律过速。连续心电图检测普遍发现室性心动过速和其他严重的心律失常，而心房提前搏动。

◆ 超声波心动描记术：有时存在高回声的大乳突状肌肉和左心房膨大，左心室收缩和舒张的尺度通常降低。如果动态的左心室外流障碍，多普勒研究可显示房室瓣心脏口回流和大动脉速率增加。

【诊断】根据临床症状、听诊、X 线、心电图和超声波检查综合分析，可以确诊。

【临床急救】原则是减轻心脏负担，改善血液循环并补充氧气，增强心肌收缩力，消除水肿。

（1）无症状的猫应该给予钙离子通道阻断剂，如：

◆ 普萘洛尔（心得安）或阿替洛尔，心得安 2.5～5.0 毫克，内服，每天 3 次。

◆ 也可选用美多心安或氨酰心安。

（2）患充血性心衰的猫应给予利尿药控制水肿，如：

◆ 双氢氯噻嗪 25～100 毫克，内服，每天 1～2 次。

◆ 也可用速尿，每千克体重 1～2 毫克，肌内注射，每天 2 次。

（3）特发性左心肥大而无明显症状、缺乏明显左心房扩张、左心室血流通道阻塞和严重心律失常的病猫无需治疗。相反，如伴有急性肺水肿，需进行静脉注射呋塞米每千克体重 2.2 毫克和输氧疗法。

（4）严重肺水肿者，可用硝酸甘油，连续应用 6.25～12.5 毫克，并给予低钠食物。

四、猫限制性心肌病

猫限制性心肌病是以抑制正常心脏收缩和舒张为基础，以心内膜弹力纤维弥漫性增生、变厚为主要病变特征的一种特发性心肌病。动物常在成年时出现临床症状，发病年龄平均为 6～8 岁。

【病因】其致病原因尚未确定，多数学者认为猫患本病具有家族遗传性倾向。另外，病毒感染、自身免疫和生化紊乱等因素也可能有助于该病的发生。其发病机理有：

◆ 心内膜心肌病造成左心室僵硬度增高，妨碍左心室的充盈。

◆ 心内膜可能被破坏，使胶原组织和血液接触。血小板可能黏附到暴露的胶原上，导致血栓形成。

【症状】

◆ 猫限制性心肌病主要表现为因肺水肿或胸腔积液，呼吸费力。

◆ 因心输出量减少而嗜睡、虚弱、精神沉郁。

◆ 主动脉栓塞血流中断后，继发后肢疼痛和（或）麻痹。

◆ 因肠和肝灌注减少及充血，食欲不佳。

◆ 心区听诊：心内杂音、奔马调、节律失常等。

◆ 心电图检查：期前收缩、房颤、心动迟缓、传导阻滞等。

◆ 胸部 X 线和心血管造影：胸腔积液、肺水肿、左心房扩张增大、左心室腔窄小且充盈不足等。

【诊断】该病可根据患病宠物的病史及临床症状结合实验室检验结果做出诊断。该病要与猫的肥大性、扩张性心肌病相区别：

（1）通常充血型和限制型心肌病叩诊为心室奔马音；而心房奔马音，听起来像第一心音分裂，通常与肥大型心肌病有关。

（2）该病有时与心肌病相混，所以要与以下疾病区别。

◆ 先天性心脏病，如：

 ☆ AV 瓣膜畸形

 ☆ 心室中隔缺损

 ☆ 开放性动脉导管主动脉狭窄

◆ 膈疝。

◆ 气胸。

◆ 胸膜疾病。

◆ 胸腔新生物，如：

 ☆ 淋巴肉瘤

◆ 肺实质疾病，如：

 ☆ 肺炎

 ☆ 支气管炎

 ☆ 肺嗜酸性粒细胞浸润

◆ 肌肉骨骼和神经疾病，如：

 ☆ 主动脉血栓栓塞

【临床急救】本病目前尚无根治方法。

（1）心力衰竭时，可用洋地黄、速尿等强心和利尿药实施对症急救，在改善血氧合时前 18～24 小时，用 40%～60%氧水平的氧罩治疗，改善心肌氧合。

（2）同时要降低心脏的工作负荷，避免应激，强制病猫在笼内休息，增强其心肌的机能和心室的性能，及时控制充血和水肿。

第二节　先天性心血管疾病

一、动脉导管未闭

动脉导管未闭又称动脉导管开放，是动脉导管于出生后仍继续保留的病理状态，是一种先天性心血管畸形，是犬猫常见的一种先天性心血管畸形。

【病因】尚不十分明确。

（1）Patterson 等用长毛狮子犬做交配试验时证实，本病与多基因遗传有关。易患本病的犬种有长毛狮子犬、德国牧羊犬、边境柯利犬、爱尔兰赛特犬、骑士查理王猎犬、喜乐蒂牧羊犬、博美犬、波美拉尼亚犬和雪特兰牧羊犬，而其他纯种犬和杂种犬也可患此病。

（2）有人认为，动脉导管的闭锁机制受前列腺素合成酶抑制剂、血流动力学、血液中氧分压及神经内分泌因子的调节，故上述因素的变化也可促进本病的发生。

【症状】

◆ 主要取决于动脉管的短路量和肺动脉压的高低。

◆ 患病犬猫一般无明显症状，有些表现为左心功能不全和右心功能不全，生长缓慢，在同窝犬猫中异常瘦小。

◆ 出生后的仔犬当肺动脉压低于主动脉和短路血量多时，血液可由主动脉流入肺动脉，一般不表现临床症状，仅表现为仔犬哺乳能力差，发育迟缓，出现腹水和四肢浮肿。

◆ 随着年龄增加，逐渐出现左心功能不全。

◆ 活动后出现呼吸困难，且呼吸道极易感染。

◆ 病程晚期黏膜发绀。

◆ 脉搏频数，由于频率过快，强度减弱而呈典型的痉脉。

◆ 心脏听诊，在动脉瓣口有持续性杂音，心尖搏动明显，心区大部舒缩期均可听到粗厉的连续性杂音，左侧心基区更明显。由于杂音呈持续性渐强渐弱，所以被称为"机械性杂音"。这种杂音偶尔在胸腔入口处最响。

◆ 当肺动脉压高时，血液由肺动脉流向主动脉时，后躯及黏膜发绀。

◆ 听诊无持续性杂音，但投予升压剂后，杂音变得明显，股动脉触诊呈跳跃脉。

◆ 由于血液分流导致左心室负荷过重，收缩期延长，使得原应略迟于主动脉瓣关闭的肺动脉瓣先于主动脉瓣关闭，常使第二心音亢进及分裂。偶闻喷射性杂音，但大多被连续性杂音掩盖。

◆ 成年犬当短路血量少时，无明显的征候，可听到心杂音。短路量多时，则表现为不同程度的呼吸困难。如安静时呼吸困难、夜间发作性呼吸困难，甚至并发呼吸器官反复感染。

◆ X线检查：呈左心房和左心室扩张，肺血流增多，肺门血管影搏动增强像，肺动脉段凸起，主动脉影不缩小或增大。

◆ 心电图检查：

☆ Q波的波幅在Ⅱ、Ⅲ、αVF导联上加深。

☆ R波的波幅在Ⅱ、Ⅲ、αVF导联上升高，在Ⅱ导联上R波的波幅大于3.0毫伏。

☆ QRS综合波的时间间距增加。

☆ 平均心电轴通常为+90°。

☆ 由于肺动脉压升高时，呈两心室肥大波形。即S波的波幅在Ⅱ、Ⅲ、αVF导联上异常加深。

☆ 在心脏衰竭时，还可出现心房颤动和心律不齐。不伴有肺动脉高压时，呈左心室肥大波形。

◆ 超声波心动描记术，动脉导管未闭较难成像，但在肺主动脉与下行的大动脉之间观察可见：

☆ 肺主动脉肥大。

☆ 左心房、左心室内径增大，过度充盈。

☆ 主动脉降部与肺总动脉或左肺动脉间有沟通。

【诊断】

(1) 根据临床症状，结合心电图等检查结果即可做出初步诊断。但确诊需经心脏插管，亦可进行血管造影综合诊断。

(2) 应注意与主动脉口狭窄及主动脉与肺动脉间的纵隔缺损进行鉴别诊断。

【临床急救】

（1）动脉导管未闭的犬猫经治疗后可望长期存活。

（2）在肺动脉高压出现前，施行外科结扎手术，动脉导管口径细的做单纯结扎即可，管径粗的需要分离后缝合闭锁。

（3）合并左心室衰竭的犬猫，可使用利尿剂和血管紧缩素转换酶（ACE）抑制剂，减小心脏壁压力，如出现动脉纤维化和继发心衰，则选用洋地黄等药物先行支持疗法，使犬猫心功能有所恢复后再行手术，术后要保护迷走神经与喉返神经。

（4）对于合并充血性心力衰竭的犬猫可先行支持疗法，使心功能有所恢复后再行手术。当肺动脉压高于主动脉压，出现逆向血流时，则预后不良。

（5）有报道，试用一种凝胶剂充入未闭的动脉导管使之封闭，使本病有可能不经外科手术而治愈，但其临床应用尚需进一步试验。

二、肺动脉狭窄

肺动脉狭窄可以阻滞血液从右心室流入肺主动脉。根据狭窄部位可分为瓣上狭窄、瓣型狭窄和瓣下狭窄。瓣型狭窄是犬发病的最常见形式。犬的该病发病率占先天性心脏病的 11%～20%。由右心室肥大引起的漏斗形狭窄可发展为继发性的瓣型狭窄。

肺动脉狭窄在英国斗牛犬、狐狸犬、比格犬、小型雪纳瑞犬、吉娃娃犬、萨摩耶犬、小型史劳策犬及西摩族犬发病率较高，另一些纯种犬也有发病报道。

【病因】

◆ 用比格犬做试验性交配试验证明，本病是多基因有关的遗传性疾病。

◆ 在小猎犬中，报道有常染色体的显性遗传模式。

【症状】

◆ 有无临床症状决定于狭窄程度和心肌的代偿能力。

◆ 轻度到中度的病例一般不表现临床症状。中度患犬运动时呈呼吸困难，但平时与正常犬一样。重度患犬在出生后发育正常，但很快会出现右心衰竭，昏厥等症状，多在断乳前死亡。

◆ 成活的犬以后表现为运动时呼吸困难、肝脏肿大、腹水及四肢浮肿等右心功能不全的征候。中度和重度患犬，因心房短路和末梢循环不全而表现发绀。在左心基底部可以听到刺耳的心脏收缩音。高度的心杂音可以横向传导，并可见心前区发抖，第二心音加快。股动脉正常，但表现出颈静脉膨胀和有节奏的跳动。

◆ 胸部触诊：在肺动脉口区域（左侧第3肋间与肋软骨接合处）可感知收缩期震颤，但有的重度和初生患犬触诊不到。

◆ 听诊：在肺动脉口处有最强点的驱出性杂音。心杂音向颈部和背侧扩散。重度患犬在胸骨右缘可听到第4心音。有右心功能不全时，心杂音减弱，于三尖瓣口处可听到全收缩杂音。

◆ X线检查：无症状犬呈正常像。肺动脉瓣高度狭窄时，呈心扩张像。肺动脉血管缩小，肺血流减少，肺部图像清晰。

◆ 心电图检查：常为窦性节律。心功能不全和右心房负荷增加时，P波增大，以后转为心房纤颤。QRS波群呈右心室肥大的波形（在导联Ⅰ、Ⅱ、Ⅲ、αVF可见深度的S波），右轴偏差（犬的＞＋100°，猫的＞＋160°）。有些病例可见到心室心律不齐。

◆ 超声波心动描记术检查：可见肺动脉瓣异常增厚和凸起，肺动脉可能有或无狭窄。具有典型的右心室肥大，由于右心室压强过高，心室间的隔膜作扁平的或反常的运动。

【诊断】依据临床症状并配合胸部触诊，听诊，X线、心电图及超声波检查，一般不难确诊。

【临床急救】

（1）无症状的肺动脉瓣狭窄预后良好。

（2）中度和重度患犬，在心功能不全出现前应尽早做手术修复，可采用环状瓣膜成形术或扩张右心室流出通道的方法。

（3）修补移植术适用于前者手术宣告失败或有严重漏斗形肥大的病例。

三、主动脉狭窄

主动脉狭窄根据狭窄部位分为瓣上型、瓣下型和瓣型3种。犬多为瓣下形成纤维环型。由于心肌冠状循环障碍，导致心肌坏死和纤维化。犬发病率较高，占先天性心脏病的6％～12％，纽芬兰犬和金毛猎犬较为常见，但德国牧羊犬、罗威纳犬及其他纯种的犬也有发病报道。

【病因】尚不明确。

◆ Patterson通过试验性交配结果证实，纽芬兰犬的瓣下狭窄多与基因有关，遗传性的显性模式的常染色体有患本病的趋势。

◆ 本病多见于牧羊犬和拳狮犬。

【症状】

◆ 轻度狭窄的患犬经常没有显著的临床症状，且拥有正常的生命期望值，但可听到驱出性杂音。

◆ 中度和较为重度患犬表现为不耐运动，运动时呼吸困难和昏迷。

◆ 冠状循环发生障碍时，心肌发生缺血性变性，导致心功能不全或突然死亡。

◆ 在左心基底部可听到刺耳的心脏收缩杂音，可横向传播到胸腔右侧，向上传播到颈动脉。杂音的发生程度与狭窄的程度有关。

◆ 高度的杂音常伴有心前区发抖，大动脉充盈不足而偶尔出现心脏舒张，股动脉血容量可见显著的减弱。

◆ 胸部触诊：于胸骨左缘第 3～4 肋间和颈动脉入胸部可触知收缩期震颤。重度患犬股动脉压降低。

◆ 听诊：在主动脉区域和胸骨左缘或右缘第 4 肋间附近能听到驱出性杂音。心杂音向颈部和背侧扩散。

◆ 胸部 X 线检查：无心功能不全时，左心室扩张不明显，侧面和背腹像可见主动脉起始部扩张和凸出。心功能不全时，左心房和右心室明显扩张。

◆ 心电图检查：呈正常和窦性节律。但心功能不全时，有心房纤颤和心室性心率加快。QRS 波群呈典型的左心室肥大波形。因心肌缺血而 ST 波下降。

◆ 超声波心动描记术：轻度病例，二维和 M-型检查未见异常。严重病例在左心室外流管道可见回波的纤维环，以及同中心的左心室肥大和上行动脉狭窄后的扩张。

【诊断】依据临床症状并配合胸部触诊、听诊，X 线、心电图及超声波检查，一般不难确诊。

【临床急救】

◆ 目前尚无根治方法。

◆ 并发感染细菌性心内膜炎的犬，可长期投予大剂量抗生素。

◆ 对轻症和中度患犬要限制其运动，注意防止发生感染性疾病，一般可存活数年。

◆ 对于严重的病例，为了减小心肌氧的消耗并防护心肌缺血性萎缩，推荐使用药物治疗，可用 β-肾上腺素阻断药物或钙通道阻滞剂。

◆ 心室节律不齐应该用抗心律不齐的药物加以控制。出现心功能不全的犬则预后不良。

四、室间隔缺损

室间隔缺损是由于室间隔未能将心室间隔孔完全关闭所致的一种先天性心脏病。它既可单独存在，又可与其他类型畸形并存。胚胎时大约在第一房间间隔出现时，心室也开始分隔为左右两部分。心室间隔的原发肌沿心室的前和后向心内膜垫的方向延伸，并逐渐与后心内膜垫相融合而完全闭锁。若融合封闭不全，则发生心室间隔缺损。根据发生的部位可分为窦部间隔缺损，膜样部缺损和圆椎间隔缺损 3 种。犬的心室间隔缺损发病率为先天性心脏疾病的 6%～15%。

【病因】

（1）本病有明显的遗传性素质，有常染色体显性遗传和隐性遗传，也有染色体异常并伴有 Klinefeter 综合征的病例。

（2）英国斗牛犬等品种易发生本病；荷兰卷毛犬，经测交试验已确定为多基因遗传。

（3）有人试验性对妊娠 20～24 天的雌犬每千克体重投予醋酸氢化可的松 10～25 毫克，生出的仔犬可发生本病。

【症状】

（1）在一定的动物品系内呈家族性发生，通常在初生期或幼年期发病，病程数周、数月或数年不等。

（2）轻症病犬常能存活至成年或老年而不显心衰体征，也有少数缺损逐渐闭合而自行康复。

（3）缺损孔的大小和肺动脉压高低的不同患病宠物表现出的临床症状也不同。

◆ 缺损孔小时　通常生长发育和一般运动无异常，仅在剧烈运动时，耐力较差。

☆ 听诊在胸骨左缘第 4～5 肋间可听到有最强点的全缩期粗大杂音。

☆ 胸部 X 线摄影，心脏阴影有轻度扩张，肺血管阴影稍增强。

◆ 缺损孔大且伴有肺动脉压高时　表现为左心功能不全。多数犬在断乳前不出现临床症状。

☆ 少数重症犬由于气喘而不能正常哺乳，断乳前发育迟缓，断乳后采食困难。

☆ 尽管骨骼发育正常，但增重受到影响。

☆ 幼龄犬反复出现呼吸道感染。

☆ 运动时气喘和呼吸困难等左心功能不全，可见于所有患犬。

☆ 因肺动脉压高于体循环的血压，出现由右至左的分流而发绀。

☆ 听诊在胸骨右缘第 3～6 肋间有最强点的全缩期杂音和第二心音高亢。

（4）X 线检查。可见左心肥大。

（5）心电图特征。电轴左偏，伴有不完全性右束支传导阻滞。PR 间期延长，P 波变宽，有时呈完全性房室传导阻滞。

【诊断】缺损程度的大小对临床症状的表现和疾病的诊断有一定影响。缺损较大时可依据呼吸困难，运动后尤甚的特点做出诊断。同时，可结合 X 线和心电图等实验室检查做出诊断。

【临床急救】

◆ 缺损孔小的可自然闭合，预后良好。

◆ 缺损孔大时，在幼龄期就应对左心功能不全进行治疗。

　　☆ 每千克体重用洋地黄 0.01 毫克，连日投予。

　　☆ 每千克体重用速尿 0.6 毫克或每千克体重用氨苯喋啶 2.5 毫升，连日投予。

◆ 引起呼吸系统感染时：

　　☆ 投予氨苄青霉素每天每千克体重 30～80 毫克，分 2～3 次口服；

　　☆ 或先锋霉素每天每千克体重 30～60 毫克，分 2～3 次口服。

五、房间隔缺损

心房间隔缺损是指心房间隔有缺损孔的先天性心脏畸形，根据缺损孔的部位可分为瓣膜不全型、卵圆窝型、前腔静脉型、后腔静脉型、冠状静脉窝型、Septum intermedium 型和全缺损型 7 种。犬卵圆窝型多见，乃胚胎期右心房向左心房的直接血液通道在出生后未能完全闭锁所致；偶有发生 Septum intermedium 型的。其发病率为先天性心脏病的 3%～5%。

【病因】

◆ 本病确切病因不明，但一般认为与西摩族犬和近亲繁殖的遗传因素有关，在某些宠物品种内呈家族性发生。

◆ 拳师品种犬的先天性心房间隔缺损已确定为遗传性疾病，但遗传类型待定。

【症状】

◆ 无合并症的房间隔缺损不表现临床症状，常在健康检查时，被偶然发现。

◆ 某些品种犬单独发生或同其他类型的先天性心脏缺损合并发生。

◆ 单独的卵圆孔未闭,一般不表现临床症状。多数在剖检时发现,病犬可在发育的过程中逐渐闭合而自行康复。

◆ 部分重症病犬,通常在幼年期出现症状,听诊在肺动脉瓣口处有最强点的驱出性杂音。其他表现为虚弱,不耐运动和呼吸急促,可视黏膜紫绀,呼吸困难以至体表静脉扩张、皮肤浮肿、肝脏肿大和腹腔积水等右心衰竭的体征。

◆ 尚可听到第二心音的分裂音。但肺高压时,肺血流减少而无分裂音。

◆ 当并发动脉导管未闭或心室间隔缺损等时,可出现早期心功能不全。并发主动脉狭窄和二尖瓣闭锁不全时,症状则加重。

◆ 心电图检查:为正常窦性心律。但 QRS 平均电轴右偏,呈右心室肥大波形。

◆ X 线胸片:无合并症时,由于肺血流增加,肺血管阴影明显增强,主肺动脉节段突出,右心室肥大扩张。

◆ 心血管造影:造影剂经缺损的房间隔分流。

【诊断】根据发病史和临床症状,结合特殊检查,一般可以做出准确的诊断。

【临床急救】

◆ 表现心功能不全的患犬,用洋地黄口服,每天每千克体重用 0.01~0.03 毫克。

◆ 重症病犬,并发动脉导管未闭的可导致早期心功能不全,确诊后应尽早实施房间隔修补术。

第三节 后天性心血管疾病

一、二尖瓣闭锁不全

二尖瓣闭锁不全是瓣膜增厚、腱索伸长等瓣膜发生改变,在心室收缩时关闭不完全,导致心缩期的左心室血流逆流入左心房的一种心血管疾病,主要表现为左心功能不全的变化。二尖瓣闭锁不全与二尖瓣发育异常有关,常伴有严重的左心房肥大。二尖瓣闭锁不全是猫最常见的先天性心脏病。据报道,该病在杂种犬中也时有发生,在德国牧羊犬、大丹犬及其他的纯种犬比较多见,而且雄犬易发。

【病因】

◆ 原发性病因目前多数人认为主要与遗传有关。

◆ 本病有病毒感染、细菌性心内膜炎继发。

本病多见于长毛狮子犬、史劳策犬、西班牙长耳犬、吉娃娃犬、杜伯曼犬、狐狸及波士顿等犬种。

◆ 雄犬比雌犬易患本病。

【症状】

◆ 主要是由右心功能不全所表现出来的一系列症状，包括全身动脉血液供应不足。

◆ 初期表现为体质虚弱，运动时气喘，随着时间的推移，症状逐渐加重，发展为安静时呼吸困难以及夜间发作性呼吸困难，主要发生于深夜11点到凌晨2点左右，早晨和傍晚发作的较少。以此可以与慢性支气管炎的咳嗽和阵发性喘息相区别。

◆ 病情严重的则出现重度气喘，可视黏膜发绀，甚至突然昏迷死亡。

◆ 心区听诊：可听到全缩期杂音，心杂音的最亮点位于胸骨左缘第4～6肋间的心尖部或稍微靠背侧（肋软骨接合部），并向腋窝、背侧或尾部扩散，胸部触诊有震颤。

◆ X线检查：可见右心房肥大，伴有不同程度的左心室肥大，左心扩张。左心衰竭时肺静脉增粗、瘀血，肺部水肿。

◆ 心电图检查：为正常的窦性节律，可存在心室节律不齐。但心功能不全的犬可出现室上性心动过速或心房纤颤。左心房肥大（P波幅增宽），呈双峰性。左心室肥大（QRS波群中的R波增高）。ST波随病情发展而下降。

◆ 超声波心动描记术可见严重的左心房扩张和各种程度的左心室扩张表明血量过多，左心室常常运动过速。多普勒超声波心动描记术可见二尖瓣回流和狭窄的异常流动及紊乱。

本病根据病变程度和心脏的代偿能力可分为4期，各期的症状和治疗方法如下表所示。

项目 病期	临床症状	听诊（全收缩期杂音）	胸部X线摄影	心电图	治疗
Ⅰ	无	1/6～3/6 和咔嗒音	正常	正常	限制运动，可用洋地黄治疗
Ⅱ	运动时气喘，活动能力差	2/6～4/6	气管偏移、左心房扩大（扩大）	左心室肥大、（疑似）正常窦性节律	选用洋地黄

（续）

项目 病期	临床症状	听诊（全收 缩期杂音）	胸部X线摄影	心电图	治疗
Ⅲ		3/6～5/6	气管偏移显著、左心房扩大、肺静脉瘀血	左心室肥大波形、ST稍降低	选用洋地黄、速尿
Ⅳ		3/6～6/6	气管偏移、左心房重影、左心室扩大、肺水肿	左心室肥大波形、ST稍降低、心律不齐	选用洋地黄、速尿、潘生丁

【诊断】依据临床症状和胸部的X线、心电图和超声检查可确诊本病。

【临床急救】急救原则为加强心肌收缩力，使心搏出量增加，消除水肿，减轻心脏前负荷。扩张血管，减轻心脏后负荷。

（1）增强心肌营养。可用25％的葡萄糖溶液100～250毫升，维生素C 0.1～0.5克，一次性静脉注射。

（2）兴奋心肌收缩力。

◆ 可肌内注射20％安钠咖1～2毫升/次。

◆ 或内服洋地黄，每千克体重0.03～0.1毫克。

◆ 或选用地高辛，每千克体重0.08～0.25毫克，内服。

（3）消除水肿。

◆ 可用双氢氯噻嗪25～100毫克，内服，每天1～2次。

◆ 也可用速尿，犬每千克体重2～4毫克，猫每千克体重2～3毫克，静脉注射，每天2～3次。

（4）注意血管舒张药不适合患有二尖瓣狭窄的患病宠物使用。

【预防】避免剧烈运动，加强饲养管理，提高机体抵抗力，积极预防原发性病因的出现。

二、三尖瓣闭锁不全

三尖瓣闭锁不全是指各种原因引起三尖瓣膜结构发生改变，在心室收缩时关闭不完全，导致血液从右心室逆流入左心房的一种心血管疾病。临床上以全缩期右心杂音、颈静脉阳性搏动为特征。三尖瓣闭锁不全多与三尖瓣发育不全有关，少数与三尖瓣狭窄有关。

艾布斯坦异常（Ebstein's anomaly）为三尖瓣发育异常的一种形式，房室环在腹侧被取代而形成右心室，以至于心室壁成为左前房壁的一部分，常见的疾病引起肺动脉狭窄。三尖瓣发育不全是幼龄犬猫常见病之一，也是猫第二大最常见的先天性心脏缺陷。

【病因】

◆ 原发性病因可能主要与遗传因素有关。

◆ 由病毒、细菌引起的心内膜炎，导致房室瓣膜肿胀、增生、变性、坏死和缺损等病变，都可引起三尖瓣关闭不全。

【症状】

◆ 心杂音可能是唯一的临床体征。

◆ 三尖瓣发育不全时，由于前后腔静脉回流不畅，导致全身静脉瘀血，肺脏瘀血致使右心房及右心室发生瘀血，继之右心室肥大。

◆ 心脏检查，可见颈静脉阳性搏动，短毛品种犬尤明显。

◆ 若肺部充血、水肿，则呼吸加快且呼吸道易感染。

◆ 若心脏丧失代偿机能，可见黏膜发绀，呼吸困难，颈静脉怒张及水肿等症状。

◆ 轻度到中度的无并发症的三尖瓣发育异常，可耐受几年。严重的和伴发肺动脉狭窄的病例，病情危重。

◆ 在宠物年轻时可出现右心衰竭的症状，多数表现运动后气喘、呼吸困难，虚弱，昏厥，腹水。

◆ X线检查：可见严重的右前房肥大，伴有各种程度的右心室肥大。

◆ 心电图检查：可见右前房肥大（P波增高），右心室肥大（在导联Ⅰ、Ⅱ、Ⅲ、αVF时S波加宽），右轴偏差（犬的＞＋100°，猫的＞＋160°）。有些病例可见到心室的心律不齐。

◆ 超声波心动扫描术：严重的右前房扩张和各种程度的右心室扩张。心室间的隔膜运动为变得扁平或异常。

【诊断】三尖瓣闭锁不全主要依据临床症状阳性颈静脉搏动进行诊断，要确诊需配合听诊心杂音、X线、心电图、超声检查。

【临床急救】

◆ 如无明显临床症状，则不作特殊治疗，或据临床症状对症治疗。

◆ 节律不齐和先天性心衰用药物治疗。

◆ 如果不能通过饮食和药物控制心衰，则可进行周期性的胸腔穿刺，要根治则需进行瓣膜修补术。

三、心肌炎

心肌炎是以心肌兴奋性增强和心肌收缩功能减弱为特征的心肌炎症。多为其他疾病继发或并发，单独发生较少。猫常见肥大性心肌炎的扩张性心肌炎。按炎症的性质，可分为化脓性和非化脓性心肌炎；按其侵害的组织部位，可分为实质性和间质性心肌炎；按其炎症的病程可分为急性和慢性心肌炎。临床上以急性非化脓性心肌炎较为常见，是犬猫的常见心脏病。

【病因】心肌炎主要并发于某些其他疾病，单独发生较少。常见病因分为以下几种：

（1）生物性因素。

◆ 病毒（如流感病毒、犬瘟热病毒、犬细小病毒、犬传染性肝炎病毒）。

◆ 细菌（如链球菌、沙门氏菌、结核分支杆菌、钩端螺旋体、痢疾杆菌）。

◆ 寄生虫（如犬恶心丝虫、犬梨形虫、弓形虫）。

◆ 真菌等。

（2）中毒性因素。

◆ 一氧化碳及铊等重金属中毒可并发心肌炎及变性型损伤。

◆ 砷化物、锑化物、荆芥油、麝香草酚、α-萘酚、氯仿、氯喹和磷制剂等中毒则可直接损害心肌，导致心肌炎或心肌变性。

◆ 另外，宠物严重贫血、脓毒败血症、邻近组织器官的炎症蔓延、风湿病、感冒等也可诱发心肌缺血，从而发生心肌炎。

（3）其他因素。

◆ 血钾异常。

◆ 某些血清制剂、疫苗、猫缺乏牛磺酸、抗生素（如青霉素）或磺胺类药引起的变态反应等。

（4）猫的肥大性心肌炎和扩张性心肌炎病因不明，雄性猫比雌性猫发生多。

【症状】

◆ 心肌炎无特异性的临床症状或体征。

◆ 急性心肌炎以心肌异常兴奋的症状开始，表现为脉搏快速而充实，心搏动亢进，心音高朗。稍微运动后心搏明显加快，心率次数和力量维持一个时期而后降低。

◆ 运动后停止一段时间仍不能恢复运动前的心率。

◆ 心区听诊。

☆ 可见第一心音浑浊或分裂或重复，第二心音减弱，心律不齐。

☆ 当心肌迟缓时，出现相对的房室瓣闭锁不全性杂音。

☆ 冠状循环障碍和心肌变性时，脉搏增强，第二心音减弱，伴发收缩期杂音，常出现期前收缩和心律不齐。

◆ 重症心肌炎到后期可见精神沉郁，食欲废绝，虚弱无力，全身衰竭、震颤、昏迷，下腹和四肢下端水肿，突然死亡。

◆ 慢性心肌炎呈周期性心脏衰竭，体表浮肿，病犬猫剧烈运动后，出现呼吸困难，黏膜发绀，脉搏加快，节律不齐。

◆ 化脓性心肌炎在剖检时可见到心脏上有粟粒大小的散在的化脓灶。

◆ 急性非化脓性心肌炎则表现为心肌纤维浑浊肿胀，心肌灰白色、淡红色、灰红色，失去自然光泽。有些为灰黄色斑且质脆。

◆ 慢性心肌炎主要表现为结缔组织增生形成的白色蜡样斑点。

◆ 血清学检验：血清中谷草转氨酶（AST）、肌酸磷酸激酶（CK）、乳酸脱氢酶（LDH）活性升高。

◆ 心电图检查：急性心肌炎初期，R 波增大，T 波增高，P－Q 和 S－T 间期缩短。有时为房室及束支传导阻滞。急性心肌炎严重期，R 波降低、变钝、T 波增高，P－Q 和 S－T 间期延长。急性心肌炎濒死期，R 波、S 波更小，T 波更高。

◆ X 线摄片检查：偶尔可见心脏阴影扩大。

【诊断】

（1）根据心动过速、心律不齐，心音分裂、相对的房室瓣锁不全性杂音，及心浊音区扩大，循环障碍等症状配合实验室检验结果，即可做出诊断。

（2）临床上通过检查心肌兴奋性增高，可作为诊断急性心肌炎的一个指标。

方法是先测定犬猫在安静状态下的脉搏次数，然后令犬猫运动 5 分钟，停止运动 2～3 分钟后，再测定脉搏数。健康犬猫的脉搏数可恢复如初，而患心肌炎的犬猫由于心肌的兴奋性异常增高，脉搏数在很长时间内仍维持在较高水平。

（3）心肌炎的诊断还要注意与心内膜炎、心包炎、心肌营养不良等病区别。

◆ 心内膜炎多出现各种心内性杂音，而心肌炎的杂音较少。

◆ 心包炎则可出现心包摩擦音和拍水音、心区叩诊疼痛等症状。

◆ 与急性心肌营养不良的区别较困难，临床上主要依据心功能试验。

☆ 急性心肌营养不良者，运动停止后心率立即下降，经1～2分钟就可恢复运动前状态。

☆ 而心肌炎引起的心肌纤维变性即心肌硬化，患病犬猫运动后心跳和呼吸复原与健康犬猫所需时间相同。

【临床急救】本病以去除病因，减少心脏负担，改善心肌营养，抗感染和对症治疗为原则。

（1）对因治疗　对于因犬瘟热病毒、犬细小病毒、犬流感病毒、传染性肝炎病毒等引起的心肌炎，首先要进行抗病毒治疗。

◆ 肌内注射犬五联血清，每次5～10毫升，每天1或2次，3天为一疗程。

◆ 肌内注射或静脉注射犬五联病毒免疫球蛋白注射液，每次2～4毫升，根据需要重复使用。

◆ 由革兰氏阳性菌引起的心肌炎，可肌内注射青霉素，每次80万单位，每天2次；或头孢拉啶等头孢类的抗生素，每次肌内注射0.5克，每天2次。

◆ 真菌感染引起的心肌炎，静脉滴注两性霉素B（先用注射用水溶解其粉剂，再加入5％葡萄糖注射液中，忌用生理盐水稀释），每次每千克体重0.125～0.5毫克，隔天1次或1周2次。

◆ 寄生虫感染引起的心肌炎应给予驱虫药；对于由中毒引起的心肌炎应及时断绝毒物来源，并给予特异性解毒药。

（2）对症疗法

◆ 促进心肌代谢。

☆ 静脉滴注ATP 15～20毫克、辅酶A 35～50国际单位、细胞色素C 15～30毫克。

☆ 大剂量投予维生素C每千克体重50毫克、维生素B每千克体重130毫克，口服，每天2次，有助于损伤心肌的修复和改善心肌营养。

◆ 抗心衰。

☆ 可皮下注射适量的20％樟脑油注射液或20％苯甲酸钠咖啡因液，每天4次，可以改善血液循环。

☆ 应用0.1％肾上腺皮质激素0.3～0.5毫升，1次皮下注射，对慢性病例有效。

◆ 抗心律失常。

☆ 急性心肌炎发病初期，当有心力衰竭时，皮下注射或肌内注射安钠咖

　　每千克体重 100～300 毫克，重症者可隔 4～6 小时给药 1 次。

　　☆ 心搏过速的心律失调，可口服硫酸奎尼丁，第 1 天每千克体重 6～20 毫克，第 2、3 天改为每千克体重 6～10 毫克，每 6～8 小时 1 次。

　　☆ 如发生心动过缓，可皮下注射阿托品，每次 0.25～0.5 毫克，每天 2～3 次。

　◆ 利尿消肿。

　　☆ 对水肿明显且尿量较少的患病犬猫，可内服利尿素 0.1～0.2 毫克或按每千克体重 0.25 毫克肌内注射 10% 汞撒利溶液。

　　☆ 也可内服速尿，剂量为每千克体重 1～3 毫克，或按每千克体重 0.5～1.0 毫克肌内注射，每天 1 次，必要时 6 小时 1 次。

　　（3）注意患心肌炎时，对猫可用洋地黄，以改善心肌的功能。对犬应禁止使用洋地黄制剂，因洋地黄可延缓传导性并增强心肌兴奋性，使心脏舒张期延长，导致过早心力衰竭而死亡，可行心区冷敷。

　　【预防】

　　（1）使患病犬猫保持安静，避免过度运动，多次少量的饲喂易于消化而富含营养和维生素的食物。

　　（2）当犬猫或视黏膜发绀或高度呼吸困难时，应给予氧气治疗，其方法是将人用氧气瓶吸氧管插入病犬鼻孔，调整氧气流量和氧浓度，一般以 30%～60% 为宜。

　　（3）针对原发病和防止继发感染，可投给广谱抗生素进行预防，同时饲喂高营养易消化吸收和低钠性食物。

四、心包炎

　　心包炎是由多种致病因素引起的心脏包膜脏层和壁层的炎症，既可单独发生，也可能是全身性疾病的一个症状，或是附近组织病变，如心肌炎、心内膜炎等蔓延所致。临床上以心区疼痛、心包摩擦音、心浊音区扩大为主要特征。按病因可分为创伤性和非创伤性心包炎；按病程可分为急性和慢性心包炎；按炎性渗出物特征又可分为浆液性、纤维蛋白性、浆液—纤维蛋白性、出血性、化脓性、化脓—腐败性等多种类型。临床上以急性纤维蛋白性心包炎常见，犬和猫的心包炎发生较少。

　　【病因】

　　（1）创伤性因素　多见因被铁丝、铁钉、竹签等尖锐的刺激物刺破胸壁，继而穿透膈、心包而导致心包炎。

（2）非创伤性因素

◆ 病毒（猫传染性腹膜炎病毒、传染性单核细胞增多症病毒、流感病毒）。

◆ 细菌（犬猫结核杆菌、放线菌、脑膜炎双球菌）。

◆ 某些真菌感染。

（3）其他因素　如：

◆ 系统性红斑狼疮。

◆ 肿瘤（心脏肿瘤、间皮瘤、血管肉瘤）。

◆ 肋骨骨折。

◆ 心内膜炎、心肌炎等非感染性疾病过程中容易发生。

【症状】

◆ 心区敏感是常见症状，病犬猫躲避心区检查，强行检查则出现呻吟或狂叫、呼吸急促等疼痛反应。

◆ 病初呈原发症状，心搏亢进，随着炎症发展，渗出增多而变得微弱，最典型的变化是心脏收缩和舒张期均可听到极浅表、历时很短的心包摩擦音。

◆ 心区触诊可感觉到震颤。

◆ 病后期病犬猫体质虚弱，精神沉郁、食欲不振或废绝，嗜睡，不愿运动，易疲劳，眼睑半闭，眼结膜潮红或发绀，静脉怒张，下颌、颈部、胸腹下部出现明显的水肿；脉搏数增高达 200 次/分钟，多数病例体温升高达 40～41℃。

◆ 呼吸浅表，疾速，呈明显的腹式呼吸，稍作运动就表现明显的气喘。

◆ 听诊心音，初期快而强，心音高朗，后期可闻心包摩擦音及拍水音，末期心音逐渐减弱。

◆ 犬的心包炎时常伴有大量血性渗出，表现为呼吸困难、易形成腹水。

◆ 血液学检验：病初白细胞总数增多，中性粒细胞增多，并伴有核左移现象。

◆ X 线检查：可揭示心包积液的存在。

◆ 心电图检查：S－T 段抬高，弓背向下，一至数天后 S－T 段回到基线，出现 T 波平坦或倒置。心包渗液时，可有 QRS 波群低电压。

◆ 心包穿刺：穿刺液黏稠、浑浊、易凝固，有时可带有血和脓汁，对穿刺液进行细菌培养，寻找肿瘤细胞等。

【诊断】根据心区压痛、心音遥远、颈部静脉怒张、血液学及心包穿刺检查结果，即可建立诊断。但应注意与胸膜炎、心内膜炎、心包积水的区别诊断。

◆ 胸膜炎　胸壁触痛，叩诊成水平浊音，摩擦音比心包炎广泛，并与呼吸运动一致，如强行暂停犬猫呼吸，摩擦音与心搏一致，不受呼吸影响，并仅限于心区。

◆ 心内膜炎　以心内器质性杂音为特征，心包炎无此特征。

◆ 心包积水　无心区疼痛，无摩擦音，心包穿刺液透明，不易凝固。

【临床急救】

（1）心包腔穿刺，排出心包腔中的积液后。

◆ 向心包腔内注入青霉素5万～10万单位、生理盐水5毫升配成的溶液。

◆ 也可用皮质醇类固醇治疗，强的松每千克体重1～2毫克，内服，每天1次，剂量逐渐减小，连用1～2周。

（2）如上法无效，可试用外科手术切除心包。

◆ 如为肿瘤引起，可采取重复穿刺疗法。

◆ 如疑有化脓，可行心包穿刺引流、冲洗，并注入抗生素以控制感染。

◆ 如其他疾病继发的应积极治疗原发病，但治疗效果多不佳，建议淘汰。

【预防】

◆ 患病犬猫要减少活动，放在安静的环境中，避免其兴奋和运动。

◆ 防止细菌性感染，应通过细菌培养和药敏试验给予敏感性药物进行预防。

◆ 对创伤性心包炎主要是平时饲养管理过程中注意检查饲料、垫草或宠物圈舍中是否含有尖锐的容易刺伤胸壁的铁丝或铁钉。

五、心内膜炎

心内膜炎是指心内膜和房室瓣膜发生的炎症，犬、猫的房室瓣膜和心内膜慢性纤维变性是心脏病的常见原因，根据病因可分为感染性和非感染性两类。

【病因】

◆ 严重的全身性细菌感染、病毒感染、心丝虫和原虫等感染均可引发心内膜炎。

◆ 严重的自体中毒也可损伤心内膜而发生本病，如：

　　☆ 胃肠炎

　　☆ 尿毒症

　　☆ 脓毒血症

☆ 乳房炎

☆ 子宫内膜炎等

☆ 犬的尿毒症常见心房壁层心内膜炎

◆ 瓣膜性心内膜炎常见于：

☆ 细菌持续感染

☆ 慢性脓血症

☆ 乳房炎

☆ 子宫炎

☆ 前列腺炎等

◆ 雄性猫肥大性心肌病也常继发严重的心内膜炎。

【症状】

◆ 患病犬猫精神沉郁，食欲不振，倦怠，不愿运动，极易疲劳，稍微运动就会引起剧烈的气喘或咳嗽。而且夜间咳嗽剧烈，间歇时间短。

◆ 有时猫会突然发生后肢运动困难，并伴有左心室肥大、左心室扩张及心房肥大，主动脉和心房形成栓塞。听诊可见全缩期杂音及奔马律心杂音。如不及时治疗，可在运动时突然昏迷或死亡。

◆ 血液学检查：急性病可见白细胞显著增多。

◆ 心电图检查：可见左心明显的扩大波形。

◆ X线透视检查：可见肺部充血、水肿及胸腔积液。

◆ 超声波心动描记检查：在老龄动物的心内膜炎中，可确诊增厚的房室瓣小叶以及进一步发展的左心室和左心房扩大。严重的可能会有房室瓣叶垂脱到左心房。多普勒超声心动描记术可确诊心缩时心脏口回流反射进入左心房。

【诊断】依据临床症状结合实验室血液学、心电图、X线透视及超声波心动描记检查，一般不难作出确诊。

【临床急救】急救原则是严格限制患病犬猫运动，以减轻症状。消除炎症、减轻心内压和消除水肿，并结合对症治疗。

（1）抗菌消炎

◆ 对细菌感染所致心内膜炎，应结合细菌分离培养结果进行药敏试验，以便选择有效的抗生素治疗。

◆ 对寄生虫感染所致的心内膜炎，可试用硫乙砷胺钠，每千克体重0.22毫升，静脉注射，每天2次，间隔6～8小时，连续用药2天，驱虫或通过手术除虫体。

（2）利尿和降低心肌收缩力，消除水肿，对本症有缓解作用。

◆ 速尿 每千克体重1～2毫克，肌内注射，每天2次。

◆ 安体舒通 每千克体重2毫克。

◆ 乙酰水杨酸 每千克体重1毫克，口服。

◆ 奎尼丁 每千克体重2.5毫克，口服，每天1次。

◆ 双氢氯噻嗪 每千克体重0.025～0.1克，内服，每天1～2次。

【预防】运用补液疗法补充营养，以增强机体的抵抗力。

第四节 心力衰竭

心力衰竭不是一种独立的疾病，是心肌收缩力减弱，使心脏排血量减少、静脉回流受阻，动脉系统供血不足而呈现的全身血液循环障碍的一系列症状和体征的综合征。心力衰竭可分为左心衰竭和右心衰竭，但任何一侧心力衰竭都可影响对侧。临床上分为急性和慢性心力衰竭两种。其中，慢性心力衰竭常有静脉瘀血、发绀等现象。轻者可代偿，如失去代偿就会引起心力衰竭。

【病因】

（1）心肌功能障碍。扩张性心肌病，猫的牛磺酸缺乏和心肌炎。

（2）心脏负荷加重。

◆ 负荷（收缩期负荷）加重的原因为主动脉瓣、肺动脉瓣狭窄，或体循环、肺循环动脉高压。

◆ 缩期负荷加重，见于主、肺动脉瓣狭窄，或体、肺循环动脉高压。

◆ 前负荷（舒张期负荷）加重常见于心脏瓣膜闭锁不全及先天性动脉导管未闭等。

（3）心肌发生病变。

◆ 常见于由各种病毒（犬瘟热病毒、犬细小病毒）、寄生虫（犬恶心丝虫、弓形虫）、细菌等引起的心肌炎；由硒、铜等微量元素缺乏引起的心肌变性。

◆ 由有毒物质（如铅等）中毒引起的心肌病。

◆ 由冠状动脉血栓引起的心肌梗死等。另外，心肌突然遭受剧烈刺激（如触电，快速或过量静脉注射钙剂等）或心肌收缩受抑制（如麻醉引起的反射性心跳骤停或心动徐缓）及严重贫血、甲状腺功能亢进及维生素 B_1 缺乏等。

（4）心包疾病。如心包积液或积血，使心脏受压，心腔充盈不全，引起冠状循环供血不足，而导致心力衰竭。

（5）在治疗疾病过程中过快或过量的输液，以及不常剧烈运动的犬猫运动量突然过大（如长途奔跑）等引起。

【症状】

（1）急性病例　犬猫表现出高度呼吸困难，精神极度沉郁，易疲劳，脉搏细数而微弱，可视黏膜发绀，浅表静脉怒张，心脏收缩音增强，心律不齐。神志不清，突然倒地痉挛，体温降低，四肢末端厥冷。并发肺水肿，两侧鼻孔流出带有细小泡沫的鼻液。胸部听诊可见广泛性湿性啰音。重者突然倒地昏迷死亡。

（2）慢性病例　其病程发展缓慢，精神沉郁，食欲不振，不愿活动，易疲劳，呼吸困难，黏膜发绀。可见颈部、胸腹下、四肢末端发生水肿，运动后水肿会减轻或消失。听诊心音减弱。出现机械性杂音和心律不齐。心脏叩诊浊音区扩大，X线检查，可见心影扩大（彩图22-2）。

（3）左心衰竭时

◆ 主要呈现肺循环瘀血，由于肺脏毛细血管内压升高，可迅速发生肺间质或肺泡水肿和心搏出血量减少。

◆ 患病犬猫表现为呼吸加快和呼吸困难，听诊肺部有各种性质的啰音，并发咳嗽等。

（4）右心衰竭时

◆ 主要呈现体循环障碍（全身静脉瘀血）和心脏性水肿（全身性水肿）。

◆ 早期可见肝、脾肿大，后期由于肾脏血液量不足，肾小球的滤过降低，使尿的生成减少。同时，由于有效循环血液量不足，引起钠和水在组织内潴留，进一步加重了心脏性水肿，引起脑、胃肠、肝、肾等实质脏器的瘀血，并表现出实质脏器功能障碍的一系列症状。

◆ 充血性心力衰竭通常是由左心或右心衰竭发展而来。其特征性症状是肺充血、水肿或腹水。临床表现为呼吸困难、咳嗽、轻微运动或兴奋即疲劳、腹围增大、精神沉郁、食欲废绝、体重减轻、黏膜瘀血或苍白、毛细血管充盈缓慢及偶尔黏膜发绀等。

【诊断】根据病史和临床症状即可做出诊断。

【临床急救】急性心力衰竭的治疗，应采取胸部按压心脏、输氧、心脏内注射肾上腺素或10％氯化钙或葡萄糖酸钙，把舌拉出口腔外以利于病犬猫呼吸，必要时进行气管插管。

慢性心力衰竭的治疗原则是去除病因，加强饲养管理，提高机体抵抗力，减轻心脏负荷，提高心肌收缩力，使用强心剂、利尿剂（减轻前负荷）和血管扩张剂（减轻后负荷），改善缺氧的状况，辅之以对症治疗，限制钠的摄入等。

（1）增加心肌营养　用25％葡萄糖溶液100～250毫升，维生素C 0.1～

0.5 克，一次静脉注射。

（2）兴奋心肌收缩力，改善心脏功能

◆ 用毛花强心丙注射液 0.3～0.6 毫克，加入 10～20 倍 5％葡萄糖溶液中，缓慢静脉注射，必要时 4～6 小时后再用 1 次。

◆ 也可用 20％安钠咖 1～2 毫升/次，或用地高辛每千克体重 0.08～0.25 毫克，或内服洋地黄毒苷每千克体重 0.033～0.11 毫克，每天 2 次。

◆ 或以每千克体重 0.006～0.012 毫克（全效量）静脉注射，然后以全效量的 1/10 维持。

◆ 应用洋地黄类药物必须注意，感染、发热引起的心动过速而无心力衰竭的病犬猫不宜使用，可采用抗生素控制感染，部分或全部房室传导阻滞则为禁忌证。

◆ 急性严重病例，可心内注射肾上腺素 0.1～0.2 毫克/次，并辅以胸部按压和适当输氧。

（3）减轻心脏负荷　使犬保持安静，避免过量运动。

◆ 必要时可使用镇静剂，如肌内注射安定注射液，1～2 毫升/次，适当限制食盐的摄入量。

◆ 肌内注射或静脉注射速尿，每千克体重 0.6～0.8 毫克，每天 1 次；或双氢氯噻嗪 25～100 毫克内服，每天 1～2 次，以促进水肿消退。

（4）中药治疗　用"参附汤"加减，人参 10 克、附子 3 克，煎药灌服。或用黄芪 30 克、党参 15 克、丹参 15 克、五味子 15 克、红花 10 克、当归 15 克、熟地 30 克、甘草 10 克，水煎灌服，每天 1 剂，连用 3～5 天。

【预防】加强饲养管理，按时接种疫苗和驱虫，严防发生对犬猫危害较大的传染病、寄生虫病等。

（王金明　郝俊虎）

第二十三章
宠物泌尿系统疾病急救

泌尿系统在水盐代谢、调节酸碱平衡和维持内环境的相对恒定方面具有重要的作用。各种原因都可引发泌尿系统疾病，如微生物感染、中毒、变态反应、机械性刺激、营养代谢紊乱等。但整体而言，泌尿系统疾病可分为两大类，即肾脏疾病和尿路疾病。然而，泌尿系统与机体存在着密切的联系，因此在诊断和治疗泌尿系统疾病时，要充分考虑到这些因素。

第一节　犬尿石症

犬尿石症（canine urolithiasis）又称为尿路结石，是肾结石、输尿管结石、膀胱结石、尿道结石的统称，是指尿路中的无机盐类或有机盐类结晶的凝结物刺激尿路黏膜而引起出血、炎症和阻塞的一种泌尿器官疾病。本病多见于老龄犬和小型犬，且有明显的家族倾向，巴哥犬、拉萨犬、贵宾犬、北京犬、约克夏、比格犬、腊肠犬、小型施劳策犬、达尔马提亚犬等易患此病。按尿结石的成分，可将结石分为磷酸盐结石、草酸盐尿结石、尿酸盐尿结石、胱氨酸盐尿结石、硅酸盐结石、碳酸盐结石等。膀胱结石和尿道结石最常见，肾结石只占2%～8%，输尿管结石少见。

【病因】尿石症的形成与以下因素有关。

◆ 尿路遭受葡萄球菌、变形杆菌、沙门氏菌等细菌的感染，引起尿路上皮细胞脱落和炎性渗出，促进了结石核心的形成。此外，这些细菌还可将尿素分解成氨，使尿液呈碱性，磷酸铵镁沉淀形成结石。

◆ 当胶体和晶体渗透压失衡时，尿中的盐类易发生沉淀。

◆ 维生素A缺乏和雌激素过剩，促使上皮细胞脱落形成结石的核心。

◆ 尿路阻塞时，肾盂积尿增多，矿物质盐类易形成沉淀，形成结石。

◆ 犬长期饮水不足时，尿液浓缩，过高盐类浓度促进了结石的形成。

◆ 尿液中尿素酶的活性升高或柠檬酸浓度降低时，可促进结石的形成。

◆ 饲喂高蛋白、高镁离子的日粮时，可促进尿结石的形成。

◆ 代谢性疾病可损伤近端肾小管，影响其重吸收，促进了草酸钙尿结石的形成，如：

　　☆ 慢性原发性高钙血症

　　☆ 甲状旁腺机能亢进

　　☆ 食入过多维生素 D

　　☆ 高降钙素等

◆ 某些代谢性遗传病，如英国斗牛犬、约克夏因遗传性尿酸代谢缺陷而易形成尿酸铵结石。

【症状】结石发生的部位和严重程度不同时，表现的临床症状也不一样。病犬可表现为尿频、尿淋漓和血尿，有氨味。

尿路阻塞时，出现无尿，膀胱高度充盈，重者破裂，出现尿毒症。此时，病犬精神沉郁、厌食和脱水，有时出现呕吐和腹泻，在 72 小时内昏迷、死亡。

（1）膀胱结石　最常见，膀胱内结石很小时，一般无明显的症状（彩图 23-1 至彩图 23-4）。

◆ 结石大时，病犬表现为排尿困难、频频排尿、努责，每次排尿量少，尿中带血，特别是排尿末期尿的含血量较多，甚至最后几滴为鲜血。

◆ 结石位于膀胱颈部时，病犬表现为排尿困难、疼痛、膀胱充盈、敏感度增高、抗拒检查。膀胱不太充盈时，可摸到膀胱内的结石。

（2）尿道结石　常是膀胱炎或膀胱结石的并发症，公犬常见，且多见于坐骨弓 S 状弯曲处（彩图 23-5、彩图 23-6）。

◆ 症状表现与尿道阻塞的严重程度有关。尿道不完全阻塞时，病犬表现为排尿痛苦，尿液呈滴状，或细小、断续流出，仅排出少量尿，有时尿中带血，排尿初期的含血量多。

◆ 尿道完全阻塞时，则发生完全尿闭，膀胱极度充盈，病犬频频努责，却不见尿液排出，触诊膀胱，有剧烈疼痛感。当膀胱破裂后，病犬变得安静，常因腹膜炎或尿毒症死亡。

（3）肾结石　多发生于肾盂，结石形成初期病犬常无明显症状，此后病犬表现为肾盂肾炎的症状（彩图 23-7）。

◆ 精神沉郁、食欲减退或废绝、行走缓慢、步态强拘、肾区有压痛。

◆ 常作排尿姿势、频频排尿，但每次排尿量少，尿中带血。

◆ 继发细菌感染时，病犬体温升高，出现血尿、细菌尿和脓尿。

（4）输尿管结石　不多见，常由肾结石下移继发（彩图23-8）。

◆ 病犬表现为腹痛，不愿走动，行走弓背，有痛苦表情。

◆ 输尿管单侧或不全阻塞时，可见血尿、脓尿和蛋白尿。

◆ 输尿管双侧同时完全阻塞时，无尿进入膀胱，表现为无尿或尿闭，常导致肾盂肾炎和肾盂积水。

【诊断】根据临床症状（如尿频、排尿困难、排尿量少、血尿、尿闭等）可做出初步诊断，确诊需要特殊检查。

（1）尿道探查　对于尿道结石和膀胱颈部结石，可采用导尿管来探查，这时导尿管阻力增大，不易插入。对于雌犬，可用金属探针来探查，探查时可听到"咯咯"的声音。

（2）X线检查　让犬侧卧，向后拉其两后腿，选择合适的底片，进行骨盆和尿道摄影。膀胱充盈，肾盂、膀胱或尿道内有密度较大的异物时，则可以确诊。对于细沙样的小结石，要仔细观察才能确定。然而有些可透性结石，如胱氨酸盐结石和炎症渗出物不能在X光片上看出，则可通过B超检查确定。

（3）尿液检查　尿沉渣、尿路上皮和潜血的检查。

（4）超声检查　有回声极强的团块，且团块回声可随动物体位的改变而出现重力运动。

（5）治疗性诊断　普鲁卡因青霉素每千克体重2万单位，连用3天，或磺胺甲噁二唑每千克体重50毫克，分2次口服，连用3天。对结石引起的血尿无效，膀胱炎血尿可消退，一般可改善状况。

【临床急救】应根据诊断结果，采取相应的治疗措施。治疗原则一般为排出结石，对症治疗。结石小，光滑圆形，尿路无阻塞或感染，肾功能良好者可采用保守疗法。对于严重者，可采用手术疗法。

（1）手术疗法

◆ 膀胱切开术　见第六章第四节。

◆ 公犬尿道切开术

☆ 主要适应于尿道结石。

☆ 将犬全身麻醉，仰卧保定。

☆ 使用新洁尔灭液清洗手术部位，并剃毛消毒，盖创巾。

☆ 阴囊前方切开阴茎皮肤。牵引退缩肌，切开尿道海绵体和尿道。

☆ 取出结石后，插入导尿管，用灭菌生理盐水冲洗，洗净尿道结石，并依次缝合尿道和皮肤，术后为防止污染创口，应留置导尿管数天。

◆ 肾脏切开术

☆ 适应于肾结石，但两侧肾均患病，或对侧无肾，或肾功能严重损伤时，不易进行肾手术。

☆ 如上做术前准备，自胸骨后缘向后沿腹中线作切口，暴露肾脏。

☆ 沿肾大弯切开被膜，稍做分离，而后切开肾皮质和髓质至肾盂，用镊子取出结石，如结石较小则可用灭菌棉球粘出，最后用常温的灭菌生理盐水冲洗肾盂及输尿管。

☆ 用可吸收线贯穿皮质做结节缝合，最后常规缝合腹腔。

☆ 除此之外，目前还可采用激光碎石技术将结石击碎，而后让其随尿液排出。

◆ 术后护理

☆ 术后静脉注射抗生素和营养物质，使用强心、利尿等药物。

☆ 此外，还可口服消炎药。每天对伤口进行消毒清理以防止伤口感染，使用伊丽莎白圈防止犬舔咬伤口。

☆ 一般 4～5 天可撤去导尿管，7～10 天可拆线。

◆ 水压冲击术　结石比较小，未完全阻塞尿道时，可插入导尿管，用力注入生理盐水，将结石冲回膀胱。

（2）药物治疗

◆ 利尿　可用氨茶碱、醋酸钾等药物治疗。

◆ 控制细菌继发感染

☆ 呋喃妥因每千克体重 6～7.5 毫克，口服，每天 2 次。

☆ 氨苄西林每千克体重 20～30 毫克，皮下或静脉注射，每天 2 次。

◆ 止血　可肌内注射安络血。

◆ 尿道消毒　可用乌洛托品等药物。

◆ 中药治疗　金钱草 300 克，水煎成 300 毫升，每天口服 10 毫升，连续口服 10 天，间隔数天再服 2～3 个疗程；或排石冲剂，每天 2 次，连服 10 天，间隔数天，再服 2～3 个疗程。

（3）一般疗法　在夏季和夜间，为避免尿液过分浓缩，须保证病犬充分饮水，使每天尿量维持在 2～3 升。此外，还应根据结石种类和尿液酸碱度调节饮食成分，可应用处方食品防治。

【预防】

◆ 尿石症的复发率为 10%～30%，因而需要预防。

◆ 增加病犬饮水，食物中添加食盐或适量利尿剂（如醋酸钾、汞撒利和氨茶碱等）。

◆ 防止尿路感染，可用氨苄青霉素、复方磺胺甲噁唑或呋喃坦啶等。
◆ 改变日粮成分，降低结石形成的机会。
　　☆ 对磷酸铵镁结石，可饲喂米饭和动物性蛋白为主的酸性食物。
　　☆ 胱氨酸结石和尿酸铵结石，饲喂添加碳酸氢钠的低蛋白食物。
　　☆ 草酸盐结石，给予低钙食物。
　　☆ 胱氨酸结石，可口服 D-青霉胺每千克体重 25 毫克。
　　☆ 尿酸盐结石，可用别嘌呤醇每千克体重 4 毫克，口服，每天 1 次。
　　☆ 对硅酸盐结石，应改变病犬饲料配方，使之营养均衡。

第二节　猫泌尿系统综合征

　　猫泌尿系统综合征（feline urologic syndrome）又称猫尿路栓塞、猫下泌尿道疾病、无菌性膀胱炎、间质性膀胱炎等，不是一种单独的疾病，而是由多种原因引起的猫后部泌尿道疾病的症候群。临床上以排尿困难、努责、频尿、疼痛性尿淋漓、血尿、部分或全部尿道阻塞等为特征。本病多发于 1～10 岁的猫，尤以 2～6 岁猫多见。公、母猫均可发病，而长毛猫的发病率最高。尿道阻塞以公猫为主。可用抗生素和止血药等来治疗改善该病，处理不当时，会反复出现慢性膀胱炎，并发尿道狭窄或闭塞等，导致肾机能降低，重则可因肾衰竭而死亡。

　　【病因】导致该病发生的原因较多，但具体病因仍不明确。主要因素如下：
　　（1）生物性因素感染猫的后段泌尿道。
◆ 病毒　如：
　　☆ 细小病毒
　　☆ 疱疹病毒
　　☆ 杯状病毒
　　☆ 多瘤病毒
　　☆ 腺病毒等
◆ 细菌　如：
　　☆ 金黄色葡萄球菌
　　☆ 棒状杆菌
　　☆ 大肠埃希菌等
◆ 支原体
◆ 真菌　如：
　　☆ 念珠菌

☆ 烟曲霉等

◆ 寄生虫　如毛细线虫等。

（2）高镁或高灰质饮食，或含碱过量，使尿液呈碱性，易于结石形成。

（3）饮水少或饲喂干燥食物时，使尿液浓稠，易形成结晶或结石。

（4）结石、炎性产物、脱落的泌尿道上皮、血凝块等阻塞尿道，使尿道受到损伤。

（5）泌尿道肿瘤引发，如：

☆ 纤维瘤

☆ 平滑肌瘤

☆ 鳞状上皮细胞瘤

☆ 血管肉瘤

☆ 腺癌等

（6）尿道解剖结构异常引发，如：

☆ 尿道狭窄

☆ 膀胱息肉

☆ 包茎等

（7）医源性因素引发，如：

☆ 导尿管探诊

☆ 阉割

☆ 尿道造口等

（8）尿道损伤、公猫交配等也会引起该病。

（9）神经性因素引起，如：

☆ 尿道痉挛

☆ 膀胱麻痹等

（10）某些免疫介导性或自发性泌尿道疾病引发。

（11）肥胖和焦虑引发泌尿系统的感染和结石形成。

（12）活动少、卵巢摘除、气候寒冷等也可能会诱发本病。

【症状】

◆ 临床表现多样，具体症状因发病部位而异。

◆ 发生膀胱炎和尿道炎时，表现为尿频、排尿困难、尿淋漓、血尿和排尿痛苦。

◆ 尿道阻塞时，表现为无尿、膀胱极度充盈、舔外生殖器官、鸣叫、腹部疼痛甚至膀胱破裂。

◆ 继发尿毒症时，病猫表现为精神沉郁、食欲废绝、脱水、昏睡、偶发呕吐或腹泻，常在 72 小时内死亡。

◆ 尿路感染时，尿液呈白浊状（脓尿）。发生急性尿闭时，会导致急性肾衰竭或尿毒症，猫口腔中有很浓的尿素味。

◆ 伴有尿石症时请参考"犬尿石症"一节。

【诊断】根据病史调查、排尿及尿液变化等临床症状可做出初步诊断，通过导尿管探诊、X 线检查、超声检查和剖腹探查等可确诊。

◆ X 线检查：可见膀胱积尿膨大，膀胱或尿道内有结石阴影。

◆ 血液生化检查：可见尿素氮和肌酐升高、碳酸氢盐减少。

◆ 尿常规检查：可见尿 pH 呈碱性，尿中含有蛋白和潜血，尿沉渣有磷酸铵镁结晶。

【临床急救】

◆ 应根据诊断结果采取相应的治疗措施。

◆ 一般采取缓解症状、控制感染、利尿等措施。

◆ 如果是非阻塞性的，应根据相应的情况做处理，进行对症治疗和消炎。

◆ 结石阻塞时，可参考"犬尿石症"一节。

◆ 药物治疗，可用呋喃妥因、氨苄西林等药物。

【预防】

◆ 限制猫食物中镁的摄入量。

◆ 增加食物中蛋氨酸的含量，降低尿液 pH。

◆ 增加病猫的饮水量，增加排尿频率可预防尿结石形成。

◆ 加强饲养管理，保持猫窝清洁和卫生。

◆ 合理安排猫的日粮配方，给猫饲喂预防尿结石的处方食品。

第三节　肾脏疾病

肾脏是机体中排出毒素的最主要的器官之一，也是常患病的器官。临床上常表现为腹痛、血尿、蛋白尿、高血压、肾功能降低和水肿等症状。肾脏疾病的发病原因较多，其中慢性肾功能衰竭是犬猫最常见的肾脏疾病，是犬的第三大致死因素，猫的第二大致病因素。

一、肾小球肾病

肾小球肾病（glomerulonephropathy）是免疫复合物在肾小球毛细血管壁

沉积，引起炎性变化为特征的一种免疫介导性疾病。临床上以血尿、蛋白尿、高血压、肾功能降低和水肿等为特征，犬比猫多发，一般无年龄、性别和品种差别。

【病因】

（1）本病由免疫复合物引起。

（2）生物性因素感染引起。

◆ 病毒　如：

☆ 犬瘟热病毒

☆ 犬传染性肝炎病毒

☆ 猫传染性腹膜炎病毒

☆ 猫白血病病毒等

◆ 细菌　如：

☆ 肺炎双球菌

☆ 葡萄球菌

☆ β-溶血链球菌

☆ 埃希氏大肠杆菌

☆ 钩端螺旋体等

◆ 寄生虫　如：

☆ 犬恶心丝虫

☆ 弓形虫等

◆ 支原体等

（3）子宫蓄脓、肿瘤、全身性红斑狼疮等疾病可诱发该病。

（4）外源性毒素和内源性毒素可诱发该病。

◆ 外源性毒素

☆ 青霉胺

☆ 砷

☆ 铅

☆ 霉变食物

☆ 有毒植物等

◆ 内源性毒素

☆ 腹膜炎

☆ 重症胃肠炎

☆ 肝炎

☆ 大面积烧伤时产生

（5）机械性肾损伤、过劳、营养不良也可诱发该病。

【症状】

（1）病初犬猫表现为精神沉郁、食欲减退、体温升高、体重减轻、可视黏膜苍白、排尿困难、尿量减少，有时出现呕吐和腹泻。

（2）触诊肾区，疼痛反应明显。随病情发展，患病犬猫多数发展成肾病综合征，其特点为大量尿蛋白丢失、血蛋白减少、高胆固醇血症和水肿，导致腹水和呼吸困难。

（3）重症出现肾衰竭和氮血症，血清尿素氮和肌酐浓度升高。

【诊断】根据临床症状、病史等可做出初步诊断，实验室检查有助于该病的诊断。

该病多发于某些传染病或中毒病之后，临床上表现为少尿、血尿、肾区敏感和水肿等。尿液检查时，可见蛋白尿、血尿、尿沉渣中有多量肾上皮细胞和各种管型。

【临床急救】该病的治疗原则是去除病因，抑制免疫反应，控制炎症，降低肾小球通透性和对症治疗。

（1）细菌感染

◆ 青霉素 G 钾，40 万～80 万单位/次，肌内注射，每天 2 次。

◆ 或氨苄青霉素每千克体重 20 毫克，普鲁卡因青霉素每千克体重 2 万～3 万单位，肌内注射。

（2）抑制免疫反应

◆ 犬可肌内注射醋酸可的松每千克体重 0.5 毫克，每天 1 次。

◆ 猫可口服去炎松每千克体重 0.05 毫克，每天 1 次。

（3）腹水和水肿

◆ 可使用速尿每千克体重 2.2 毫克，每天 3～4 次，口服或者肌内注射。

◆ 对于顽固性水肿和腹水的犬猫，可考虑静脉输入血浆治疗。

（4）蛋白丢失

◆ 可用苯丙酸诺龙，犬 20～50 毫克/只，猫 10～20 毫克/只，肌内注射，每 10～14 天用药 1 次；

◆ 或丙酸睾酮 20～50 毫克/只，肌内注射，每 2～3 天用药 1 次。

【预防】

◆ 加强饲养管理，饲喂低钠性高质量蛋白质食物。

◆ 保持窝的清洁和卫生。

二、肾小管病

肾小管病（disorders of renal tubules）是一种并发物质代谢紊乱及肾小管上皮细胞变性的非炎性疾病，临床上表现为大量蛋白尿、明显水肿及低蛋白血症，但无血尿及血压升高，最后导致尿毒症。肾小管上皮细胞浑浊、肿胀、变性（淀粉样和脂肪变性）和坏死，缺乏炎性变化，肾小球的损伤轻微或正常。分为急性和慢性肾小管病。本病犬较为常见。

【病因】

（1）发生于犬瘟热、流行性感冒、钩端螺旋体病的经过中，由于病原体的强烈刺激或毒害作用，引起肾小管上皮细胞变性，严重时还可以发生坏死。

（2）有毒物质的侵害，如：

◆ 汞、磷、砷、氯仿、石炭酸等中毒。

◆ 真菌毒素，如采食发霉的食物引起的中毒。

◆ 内源性毒素，如发生消化道疾病、肝脏疾病、蠕虫病和化脓性炎症等疾病时，产生的内源性毒素。

（3）肾脏局部缺血时，如休克、脱水、急性出血性贫血及急性心力衰竭所引起的严重循环衰竭，常导致肾小管变性。

【症状】

（1）急性肾小管病时，临床可见尿量减少、比重增加、尿液浓缩颜色变黄如豆油状，严重时无尿，排尿困难。

（2）慢性肾小管病时，临床上以多尿为特征。同时，尿比重降低，出现广泛的水肿，尤其是眼睑、胸下、四肢和阴囊等部位更明显。

【诊断】

（1）根据尿液分析、尿液检查、血检、临床症状等进行综合判断。但必须与肾小球病相区别，后者多由细菌感染引起，炎症主要侵害肾小球，并伴有渗出、增生等病理变化。

（2）患病宠物肾区敏感、疼痛，尿量减少，出现血尿，在尿沉渣中有大量红细胞、红细胞管型及肾上皮细胞，水肿比较轻微。

【临床急救】

（1）为防治水肿，应适当限制喂盐和饮水。尚未出现尿毒症时，可给予富含蛋白质的饲料，以补充机体丧失的蛋白质。

（2）由感染引起的，可根据药敏试验选择适合的抗生素药物治疗。由中毒引起的，可采用相应的治疗措施。

（3）为消除水肿，应在限制食盐的前提下，促进水钠排泄，可选用利尿剂。可口服：

◆ 利尿素　犬 0.1～0.2 克，每天 1～2 次，连用 3～4 天。

◆ 双氢克尿噻　犬每千克体重 2～4 毫克，每天 1～2 次，连用 3～4 天。

（4）激素治疗常有良好的疗效，一般在早期肌内注射。

◆ 醋酸泼尼松　每千克体重 0.5～2 毫克，每天 1 次，皮下注射。

◆ 或地塞米松　每千克体重 0.25～1.0 毫克，每天 1 次，皮下注射。

【预防】

◆ 加强饲养管理，限制喂盐和饮水，饲喂低钠性高质量蛋白质食物。

◆ 保持窝的清洁和卫生。

三、肾功能衰竭

肾功能衰竭（renal failure）是指肾组织发生的急性肾功能不全或肾衰竭或肾单位绝对数减少所致的临床综合征，可分为急性肾功能衰竭和慢性肾功能衰竭。

(一) 急性肾功能衰竭

急性肾功能衰竭又称急性肾功能不全，是指由多种原因造成的急性肾实质性损害而导致的肾功能抑制。临床上以发病急骤，少尿或无尿，伴有严重的水、电解质和体内代谢紊乱及尿毒症。

【病因】急性肾功能衰竭的原因较多，但可概括为肾中毒和肾缺血两大类。

（1）肾中毒

◆ 某些化学药物　如：

☆ 磺胺

☆ 庆大霉素

☆ 卡那霉素

☆ 汞制剂等

◆ 生物毒素　在一定条件下，可引起肾实质的损伤。如：

☆ 蛇毒

☆ 蜂毒

☆ 生鱼胆等

（2）肾缺血　体内丢失大量水分，使肾脏严重缺血。

☆ 大面积创伤

☆ 手术大出血

☆ 产后大出血

☆ 急性左心衰竭

☆ 严重呕吐

☆ 腹泻

☆ 烧伤等

（3）肾损伤、结石等　引发尿路阻塞时，可引起肾小球滤过受阻，导致肾功能衰竭。

【症状】急性肾功能衰竭的临床表现可分为少（无）尿期、多尿期和恢复期 3 期。

（1）少（无）尿期

◆ 该期历时不定，短者约 1 周，长者 2～3 周。

◆ 除原发病症状（出血、烧伤、溶血反应、休克等）外，患病犬猫还表现为排尿明显减少或无尿。

◆ 由于水、盐及氮质代谢产物排泄障碍，而出现水肿、心力衰竭、高钾血症、低钠血症、代谢性酸中毒、氮血症和尿毒症等症状，且易发生感染等。

◆ 如果长期无尿，应考虑有无肾皮质坏死的可能性。

（2）多尿期

◆ 此期持续时间为 1～2 周。

◆ 患病犬猫经过少尿期后尿量增多而进入多尿期，尿量开始增加。

◆ 此时水肿开始消退，血压逐渐下降，但水及氮质代谢产物潴留依然显著，由于钾排出过快而发生低钾血症，有些犬猫表现为四肢无力、瘫痪、心律紊乱或休克等症状。

◆ 患病犬猫多死于该期，亦称危险期。耐过者，水肿开始消退，症状逐渐好转，进入恢复期。

（3）恢复期

◆ 经过多尿期后，尿量逐渐恢复正常。

◆ 但由于患病犬猫体力消耗严重，表现肌肉无力、萎缩等。

◆ 恢复期的长短取决于肾实质病变的程度。

◆ 重症者，肾小球滤过功能长期不能恢复，可转变为慢性肾功能衰竭。

【诊断】根据临床症状和实验室检查的特征变化进行诊断。

（1）尿液检查

◆ 少尿期的尿量少，而比重低。

☆ 在某些诱发病史的基础上（如严重外伤、烧伤、失水、中毒、感染等），特别是有休克时，每天尿量突然减少至每千克体重 20 毫升以下（少尿）甚至每千克体重 1.5～5 毫升以下（正常指标为每天尿量每千克体重 20～167 毫升）。

☆ 尿正常比重为 1.015～1.009，若比重固定在 1.010 以下为可疑，1.007～1.009 即可确诊。

◆ 同时，尿钠浓度偏高，尿中可见红细胞、白细胞和各种管型及蛋白。

◆ 此外，在多尿期的尿比重仍偏低，尿中可见白细胞。

（2）血液学检查

◆ 白细胞总数增加和中心白细胞比例增高。

◆ 血中肌酐、尿素氮、磷酸盐、钾含量升高。

◆ 血清钠、氯、CO_2 结合力降低。

（3）补液试验　给少尿期的病犬猫补液 500 毫升后，静脉注射利尿素或速尿 10 毫克，若仍无尿或少尿，尿比重低者，可认为急性肾功能衰竭。

（4）肾造影检查　急性肾衰竭时，造影剂排泄缓慢，根据肾显影情况可判断肾衰竭程度。

◆ 如肾显影慢和逐渐加深，则表明肾小球滤过率低。

◆ 显影块而不易消退，则表明造影剂在间质和肾小管内积聚。

◆ 肾显影极淡，则表明肾小球滤过功能几乎停止。

（5）超声波检查　可确定肾后性梗阻。

【临床急救】以治疗原发病，防止脱水和休克，纠正高血钾和酸中毒，缓解氮血症为治疗原则。

（1）原发病治疗

◆ 创伤、烧伤和感染时，投以抗生素，防止败血症和内毒素休克，可静脉注射氨苄青霉素每千克体重 5 000～10 000 单位，对肾脏毒性小，且较为安全。

◆ 脱水和出血性休克时，可静脉注射生理盐水每千克体重 10～20 毫升（大出血时要输血）、地塞米松每千克体重 0.3～0.6 毫克或肌内注射氢化可的松每千克体重 2～3 毫克。

◆ 中毒病应中断毒源，及早使用解毒药，缓解机体中毒反应，适度补液，如重金属中毒时可肌内注射二巯基丙醇每千克体重 4.4～6.6 毫克，间隔 4～6 小时 1 次。

◆ 尿路阻塞症状时，应尽快排尿，可考虑采用外科手术方法去除阻塞原因，排出滞留的尿后适当补充液体。

（2）少（无）尿期的治疗

◆ 无尿是濒死的预兆，必须尽快利尿，可口服呋喃苯胺酸每千克体重4～6毫克，每8～12小时1次。或丁尿胺每千克体重0.02～0.03毫克。

◆ 血浆CO_2结合力在12～15毫摩尔/升以下时，按酸中毒治疗，可静脉注射5％碳酸氢钠每千克体重20～40毫升，但高血压及心力衰竭时禁用。

◆ 高钾血症时，可静脉注射生理盐水或乳酸林格氏液每千克体重10～20毫升。出现高氮血症时，可在脱水纠正后静脉注射20％甘露醇每千克体重0.5～2.0克，4～6小时1次，或静脉注射25％～50％葡萄糖溶液每千克体重1～3毫升，并限制蛋白质的摄入和补充高能量、维生素的食物。

（3）多尿期的治疗

◆ 在此期的初期仍可按上述方法进行治疗。以后随排尿量的增加，电解质大量流失时，应注意电解质的补充，尤其是钾的补充，以避免低钾血症的出现。

◆ 血中尿素氮为每100毫升20毫克（犬）或每100毫升30毫克（猫）时，可作为恢复期开始的指标。若低于上述指标，则应逐步增加蛋白质的摄入，以利于康复。

（4）恢复期的治疗　补充营养，给予高蛋白质、高碳水化合物和维生素丰富的食物。

【预防】

（1）积极抢救原发病危的病犬猫，防止或减少发生休克或血容量不足，避免使用对肾脏血管有强烈收缩的药物，设法解除肾血管痉挛等是预防或减少本病发生、降低死亡率的有效措施。

（2）20％甘露、25％山梨醇或低分子右旋醣酐静脉注射，可在产生利尿的同时，改善肾脏血液循环。

◆ 有急性溶血或肌红蛋白尿时，可用低分子右旋醣酐以改善微血管循环或减少红细胞的破坏，同时使用碳酸氢钠使尿液成碱性，减少血红蛋白或肌红蛋白的沉积。

◆ 中毒者及早使用解毒药等。

（二）慢性肾功能衰竭

慢性肾功能衰竭是指由多种原因引发的慢性肾病造成的功能性肾单位长期或严重毁损，使残存的肾单位负荷过度，不能充分排出代谢产物和维持内环境的恒定，从而引起代谢产物及有毒物质在体内逐渐潴留，水、电解质和酸碱平衡紊乱。

【病因】多种疾病可引发慢性肾功能衰竭，但常由急性肾功能衰竭转化而来，以肾脏本身疾病以及尿路疾病（炎症和结石）引起的最为常见。

【症状】根据本病的发展过程和临床表现程度，可将慢性肾衰竭分为 4 个时期。

◆ 肾功能代偿丧失阶段，出现少尿、贫血、血中尿素氮升高。

◆ 肾衰竭终末期，可见无尿，出现全身性尿毒症症状。

具体见表 23-1。

表 23-1　慢性肾衰竭分期及相关症状

病　期		Ⅰ期 储备能减少期	Ⅱ期 代偿期	Ⅲ期 氮质血症期	Ⅳ期 尿毒症期
肾小球滤过率		＞50%	50%～30%	30%～5%	＜5%
尿量		正常	多尿	少尿	无尿
电解质	Na^+	正常	有时降低	多降低	降低
	K^+	正常	正常	有时降低	升高
	Ca^{2+}	正常	正常	降低	降低
	PO_4^{3-}	正常	正常	升高	升高
酸碱平衡		正常	正常	酸中毒	酸中毒
其他		血中肌酐及尿素氮轻度升高	轻度脱水、贫血、心力衰竭等	中至重度贫血、血中尿素氮可高达每分升 130 毫克以上	出现尿毒症症状。以神经症状和尿素氮可高达每分升 200～250 毫克

【诊断】根据病史和典型症状诊断不难做出诊断，但应注意与同等程度急性肾衰竭进行区别。每天监测排尿量、尿液、饮水量、血尿素氮和肌酸，注意肾功能变化。

【临床急救】慢性肾功能衰竭的肾脏损伤具有不可逆性，所以只能控制病情发展，恢复肾脏的代偿功能，延长生命。饲养方面要给予高能量、低蛋白食物，使用雌性激素来促进机体蛋白质合成，抑制蛋白质分解和缓解高氮血症。

（1）加强护理

◆ 减少日粮中的蛋白质，给予高生物价蛋白质（如鸡蛋、瘦肉等），每天每千克体重喂 0.5～1.5 克，为促进消化和采食，还可加调味品。

◆ 限制日粮磷和钠的含量。

◆ 补充 $\omega-3$ 多聚不饱和脂肪酸。

◆ 治疗心力衰竭和高血压。

☆ 犬口服依那普利每千克体重 0.5 毫克，每天 1～2 次。

☆ 猫口服阿姆罗每千克体重 0.5～1 毫克，每天 1 次。

☆ 使用氨酰心安每千克体重 2 毫克，每天 1～2 次。

（2）纠正水与电解质平衡紊乱

◆ 按脱水程度予以补液，多给饮水，失钠多者可静脉滴注 3％高渗盐水。

◆ 出现水肿及高血压时，限制饮水和摄盐量。

◆ 尿少时，限制钾的摄入，而尿多时应适当补钾。

◆ 出现慢性尿毒症伴发缺钙和肾性骨病时，给予维生素 D_3 和大剂量钙，如碳酸钙，每天每千克体重 100 毫克，分 2 或 3 次口服。

（3）纠正酸中毒

◆ 可用乳酸林格氏液，每天每千克体重 40～50 毫升静脉注射。

（4）对症治疗

◆ 感染时应用抗生素。

◆ 出现抽搐、昏迷等神经症状时，可直接向腹腔内注射苯巴比妥溶液（常规量减半）。

◆ 为促进患病犬猫恢复代偿，可作血液透析或腹腔透析，或做肾移植以维持生命。

【预防】

◆ 本病是渐转性不可逆转性疾病。

◆ 治疗主要是为了减缓病程和缓解临床症状。

◆ 需要在家中进行皮下输液治疗，以维持宠物所需的水分。

◆ 可以通过将食物加热和添加可口佐料，改善肾病日粮的口味。

◆ 应限制给患病宠物饲喂含盐太多的日粮。

◆ 该病多预后不良，应早作思想准备。

四、尿毒症

尿毒症（uremia）是由于肾功能衰竭，致使代谢产物和其他有毒物质在体内蓄积而引起的一种自身中毒综合征，是肾功能衰竭的最严重表现。

【病因】尿毒症常由严重的肾功能衰竭引起。

【症状】尿毒症可引起机体多种组织器官发生机能障碍。因此，临床症状也复杂多样。

◆ 神经系统：主要表现为精神极度沉郁，意识紊乱、昏迷和抽搐等症状。

◆ 循环系统：常出现高血压、左心室肥大和心力衰竭，晚期引起心包炎，心包有摩擦音。

◆ 消化系统：主要表现为消化不良和肠炎症状。

◆ 呼吸系统：呼吸加快、加深，周期性呼吸困难；出现尿毒症性支气管炎、肺炎和胸膜炎的症状。

◆ 血液系统：不同程度贫血，晚期可见鼻、齿龈和消化道出血，皮下有瘀血斑等。

◆ 电解质平衡失调，可伴发高钾低钠血症、高磷低钙血症和高镁低氯血症。

◆ 皮肤干皱，弹性减退，有脱屑、瘙痒症状，皮下往往发生水肿。

【诊断】

◆ 根据病史和典型症状可做出诊断。

◆ 通过血液检查、尿液检查、肾功能检查等实验室检查结果可确诊。

【临床急救】消除病因，调节体液平衡及对症治疗为治疗原则。

◆ 积极治疗引起尿毒症的原发病，纠正水、电解质和酸碱平衡紊乱，输以生理盐水或葡萄糖溶液，但严重水肿和无尿者，应停止输给。

◆ 酸中毒时，可静脉注射 5%碳酸氢钠溶液或乳酸钠溶液 10～40 毫升。呕吐时，可肌内注射或口服胃复安或维生素 B_6，每天 2 次。

◆ 贫血或出血时，可用止血药，以及输注新鲜全血，抽搐时可静脉注射或肌内注射地西津、苯妥因钠。

【预防】

◆ 给予患病宠物优质蛋白质、能量和富含维生素的食物。

◆ 给予患病宠物充足饮水。

◆ 若无水肿时可适当补给食盐。

◆ 若不能进食者可由静脉供给营养。

第四节　膀胱疾病

一、膀胱痉挛

膀胱痉挛是指膀胱括约肌痉挛性收缩，而无炎症病变。临床上以排尿几乎完全停止和尿性腹痛为特征。

【病因】

◆ 常见于中枢神经系统疾病或疝痛性疾病，可反射性地引起膀胱括约肌痉挛。

◆ 也可见于尿液长时间的滞留、尿中异物（如结石、肿瘤、毒物等）直接刺激膀胱，引起膀胱痉挛。

【症状】患病宠物呈现腹痛，常做排尿姿势，但无尿液排出，触诊膀胱充满，按压亦不见排尿，而不安状态更加严重，导尿管探诊时插入困难。

【诊断】

◆ 根据病史和症状可做出初步诊断。

◆ 常做排尿姿势，但无尿液排出，按压不见排尿，导尿管探诊时插入困难。

【临床急救】以消除病因，解除痉挛为治疗原则。

◆ 用温水或水合氯醛溶液灌肠。

◆ 进行膀胱按摩或插入导尿管排出尿液，同时注入 2％～4％利多卡因溶液 5～10 毫升。

◆ 亦可注射抗痉挛药物。

◆ 发现异物，应及时手术治疗。

【预防】给予优质蛋白质、能量和富含维生素的食物。

二、膀胱麻痹

膀胱麻痹是指膀胱肌暂时性或持久性的张力降低或收缩力丧失，从而导致膀胱尿液滞留，临床表现无痛苦性的不随意排尿，触诊膀胱扩大和充盈。

【病因】

（1）中枢性脑脊髓的损伤、炎症、出血、肿瘤等疾病可引起膀胱肌肉收缩能力的降低。

（2）严重深层的膀胱炎症和邻近器官炎症，可使膀胱收缩能力降低，致使膀胱麻痹。

【症状】膀胱容积极度扩大是本病的主要特征，但由于病因、病理不同，其症状表现稍有差异。

（1）脑病引起的膀胱麻痹，由于中枢神经系统已失去调节排尿的作用，尿液只能随着积蓄的程度而排出，或滴状或呈线状排出。用手指伸入直肠，并用力压迫膀胱或引入导尿管，如括约肌紧张力尚未丧失时，导管虽有阻力，但因膀胱内压增高，排出尿液时呈喷射状，并维持较长时间。若由于脊髓病变引起膀胱括约肌麻痹，则常见到排尿失禁。在排粪和膀胱按摩时，尿液被动地流出。

（2）当肌原性和膀胱周围损伤时，可见到由于膀胱过分充满，患病宠物表现不安，从而引起疼痛，宠物常作排尿姿势，但排出的尿量不多，直肠检查压迫膀胱时，尿液被动地压出。插入导尿管时，比较顺利、无任何阻力，因其膀胱内压不高，所以尿液排出量并不多而且是被动的。

【诊断】根据病史和症状，可获初步诊断，X线摄影可确定膀胱麻痹损伤性的病因；同时还需注意由于阉割术引起的暂时性的尿闭。

【临床急救】以消除发病原因，及时治疗原发病，对症治疗为原则。

（1）促进尿液排出。

◆ 每天定时按摩膀胱，每天 2～4 次，每次 5～10 分钟。

◆ 在不得已的情况下，方可用导尿管或穿刺针导尿，操作必须温和谨慎，切勿损伤尿道或膀胱，还应严格消毒，谨防感染。

（2）提高神经系统的兴奋性和加强肌肉壁的收缩能力。

◆ 可皮下注射硝酸士的宁每次 0.3～0.5 毫克，隔天 1 次。

◆ 或皮下注射甲基硫酸新斯的明每次 0.2～1.0 毫克，每天 2 次。

◆ 也可口服乌拉胆碱（氨甲酰甲胆碱）每次 2.5～20 毫克，每天 2～3 次，连用 10 天。

（3）防止尿路感染 可使用抗生素、呋喃妥因等抗微生物药物。

（4）中西医结合治疗，抗生素可注入三焦和肾俞。电针或穴位注射（乌拉胆碱或维生素 B_1）下列穴位：天门、风池、悬枢、百会、膀胱等穴。

【预防】给予优质蛋白质、能量和富含维生素的食物。

三、膀胱破裂

膀胱破裂是指膀胱壁发生裂伤，尿液和血液流入腹腔所引起的以排尿障碍、腹膜炎、尿毒症和休克为特征的一种膀胱疾患。

【病因】

（1）腹部受到剧烈冲撞、打击、按压、摔跤以及坠落等，尤其当膀胱尿液充满时，使膀胱内压急剧升高、膀胱壁张力过度增大而破裂。

（2）骨盆骨折的断端、子弹、刀片或其他尖锐物的刺入，可引起膀胱壁贯通性损伤。

（3）使用质地较硬的导尿管导尿时，插入过深或操作过于粗暴，以及膀胱内留置插管过长等，都会引起膀胱壁的穿孔性损伤。

（4）膀胱结合、溃疡和肿瘤等病变状态也易发生本病。

【症状】

◆ 患病宠物表现腹痛和不安，无尿或排出少量血尿。

◆ 触诊腹壁紧张，且有压痛。

◆ 随着病程的进展，患病宠物可出现呕吐、腹痛、体温升高、脉搏和呼吸加快、精神沉郁、血压降低、昏睡等尿毒症症状。

【诊断】根据病史和症状可初步诊断，导尿、膀胱穿刺和 X 线膀胱造影检查或 B 超检查有助于确诊。

【临床急救】清除腹腔内积液，修补膀胱破裂口，控制腹膜炎，防止尿毒症的发生，治疗原发病为本病的治疗原则。

（1）修补膀胱破裂口。

◆ 自耻骨前缘，沿腹中线向脐部切开腹壁，腹腔打开后先缓缓排放腹腔内积液，检查膀胱破口，消除膀胱内血凝块，处理受损脏器或插管冲洗尿路结合或切除肿瘤，再用温的灭菌生理盐水冲洗，然后修复缝合膀胱壁破口。

◆ 为避免膀胱与输尿管接合处阻塞，可用细号肠线，进行两道浆膜肌层缝合。

◆ 缝合腹壁之前再用温灭菌生理盐水或林格氏液充分冲洗腹腔和脏器，吸净腹腔内的冲洗液，然后撒入氨苄青霉素。

◆ 最后分层缝合腹壁切口。

（2）术后加强护理，每天腹腔内注射抗生素，连续 1 周，以控制感染。输液以促进患病宠物肾功能恢复和纠正尿毒症。此外，还应根据病情采取相应的对症疗法。

（3）中西医结合治疗，术后可用双黄连注射液静脉注射以协助抗菌消炎。口服五味消毒饮和生脉饮调养之。

【预防】给予优质蛋白质、能量和富含维生素的食物。

（吴培福　江希玲）

第二十四章
宠物生殖系统疾病急救

第一节 难 产

在分娩过程中，胎儿不能顺利产出，称为难产。难产的发生，直接危及母仔的生命。

【病因】发生难产的原因有母体和胎儿两方面的因素。

◆ 母体方面 配种过早，过于肥胖或过于瘦弱使其产道狭窄，分娩无力。

◆ 胎儿方面 胎儿过多、过大，胎位不正以及死胎等。

【症状】分娩发动后，阴户已流出分泌物，4～6小时后仍不能将胎儿产出，母犬频频举尾努责排尿。怀孕期已超过70天，胎儿仍不能正常产出者，从阴道中流出绿色分泌物，并有恶臭，而未见胎儿排出均可能是难产。

【诊断】

◆ 通过临床症状诊断。

◆ X线检验。主要针对腹腔及骨盆腔。X光检验也是最重要的，可以快速了解有无胎位不正、骨盆腔构造是否出现异常、胎儿大小及数量是否异常等。

◆ 超声波检验。主要是用于了解胎儿的状况，再决定助产的方式。当胎儿心跳少于每分钟200次时，就要注意处理的速度要快，否则胎儿容易死亡。

【临床急救】

◆ 人工助产

☆ 小心仔细的使用手指进行阴道内检查，了解有无胎儿卡塞在产道内。

☆ 也可以借此方法了解产道与骨盆腔的结构有无异常，也可以感觉腹压的状况。

☆ 可以借由母犬站立，医生使用手指、器械助产，如果如此助产超过25～30分钟后还是无法生产，就建议进行剖宫产。

◆ 药物治疗 当母犬腹压很强劲的时候，使用催产素的效果并不佳，催产素最佳的使用时机是产道正常开启但是子宫无力时，所以应先确定产道的开启状况。

◆ 外科治疗　主要使用时机：

　　☆ 子宫对催产素已经没有反应。

　　☆ 或是骨盆狭窄或是阴道狭窄、严重的胎位不正、巨胎、胎儿出现心跳过慢或是胎儿已经死亡的时候。

　　☆ 如果难产的概率很高或是母体曾有过难产的可用剖宫产。

◆ 支持疗法　给予输液，协助母体顺利调节流失的水分。

【预防】

◆ 加强饲养管理，营养全面，特别应注意维生素、常量元素、微量元素的补充，适当运动，正确选配。

◆ 适时而正确的临产检查，适时接产。

◆ 对于胎位正常、子宫颈已开放、产道正常的难产初期，宜矫正胎位后促进子宫收缩，再配合人工助产，必要时进行剖宫产。

第二节　子宫蓄脓

子宫蓄脓是子宫内潴留大量脓汁并伴有子宫内膜囊泡性增生，且继发病原微生物感染，使子宫内膜发炎的一种疾病。

【病因】

（1）继发于化脓性子宫内膜炎及急、慢性子宫内膜炎，化脓性乳房炎及其他部位化脓性转移。

（2）黄体激素长期持续作用于子宫内膜而引起子宫内膜囊泡状增生，使子宫对感染的抵抗力降低，大肠杆菌及其他细菌大量繁殖，发生子宫蓄脓。

（3）胎儿死在子宫内发生腐败分解。

（4）由于子宫壁及子宫颈增生肥厚，致使子宫颈狭窄或阻塞，使子宫内的渗出物不能排出，而蓄积于子宫内，也会引起子宫蓄脓。

（5）慢性化脓性子宫内膜炎的发生与卵巢机能障碍和孕酮分泌增加有关，从而引起子宫蓄脓。

【症状】

◆ 精神沉郁、厌食，多数患犬多饮多尿，有的犬呕吐。

◆ 一般体温正常，发生脓毒血症时，体温升高，高达41℃。

◆ 阴门排出分泌物增多，带有臭味。

◆ 阴门周围、尾和后肢附关节附近的被毛被阴道分泌物污染，有的犬频频舔阴门。

◆ 子宫颈关闭的病例，其腹部膨大，触诊敏感，可以摸到扩张的子宫角。

◆ 子宫显著肥大的病例，可见其腹壁静脉怒张。

【类型】

（1）开放型 临床上多见患犬有脓性或血性阴道分泌物，该类一般不严重。

◆ 只在外生殖器官上发现黄色脓样的分泌物，对生理功能影响比较小，子宫体也比较小，不容易出现子宫破裂造成腹膜炎的现象及严重的细菌内毒素导致器官衰竭死亡。

◆ 患犬子宫颈未完全关闭，从阴门不定时流出少量脓性分泌物，呈乳酪色、灰色或红褐色，气味难闻，常污染外阴、尾根及飞节。

◆ 患犬阴门红肿，阴道黏膜潮红，腹围略增大。

（2）封闭型 临床上少见，患犬子宫颈口闭锁或子宫颈过细不能排出脓汁时，导致子宫内蓄积大量脓液，严重的细菌症感染，细菌内毒素会影响到心脏机能，肾脏的血液灌流量下降，导致尿毒症现象，严重的状况下会造成多重器官衰竭而死亡，比较严重。

◆ 此病容易误诊，外观上不会发现分泌物，比较常见的为腹部膨大，对生理功能影响大，子宫体膨大，容易出现子宫破裂造成腹膜炎的现象。

◆ 临床可见患犬子宫颈完全闭合不通，阴门无脓性分泌物排出，腹围较大，患犬呼吸、心跳加快，严重时呼吸困难，腹部皮肤紧张，腹部皮下静脉怒张，喜卧。

（3）共同性 发情后 2～3 个月多发，起初发热，精神沉郁，食欲下降，活动减少，嗜睡，有时有呕吐，随着病程发展，食欲逐渐废绝，饮欲逐渐增强，患犬消瘦，腹围增大，身体衰竭。

【诊断】根据病史（多在动物发情后 2～8 周出现病变），触诊有膨大的子宫角，X 线检查以及 B 超检查可以确诊。

（1）直肠检查 排尽粪尿后抬高患犬后躯，手指尽量向其直肠深部插入，即可触到骨盆前方扩张的子宫。

（2）血液检查 患犬的白细胞总数可达 40×10^9/升左右，高的可达 50×10^9/升以上，杆状中性粒细胞可达 30％左右。

（3）X 线检查 从腹中部到脐下部有旋转的香肠样均质象，有时出现妊娠中期的子宫角念珠状膨大象（彩图 24-1）。

（4）B超检查　子宫蓄脓症的扩大子宫腔呈散射回波，子宫内蓄积有多量内容物时，呈水平上升的回波。

【临床急救】

（1）药物治疗　卵巢子宫切除术是首选的治疗方法，如果要保留犬的生育力，对子宫开放型病犬可考虑进行药物治疗。

◆ 用温生理盐水冲洗子宫，待脓汁大部分排出后，再用 0.1% 雷佛奴耳溶液或 0.1% 高锰酸钾溶液反复冲洗，彻底排出子宫渗出物，后灌入青霉素、链霉素，隔天 1 次。

◆ 静脉补液和给予广谱抗生素，待主要症状消除后，改用广谱抗生素、甲硝唑，配合中药金鸡冲剂，直到病愈为止。

（2）肌内注射　为排出子宫内积脓，可肌内注射己烯雌酚 0.2～0.5 毫克，3～4 天后注射垂体后叶素，同时应用抗生素，根据病情适当补液。

（3）卵巢子宫全摘手术　对患犬最好尽早实施卵巢子宫全摘手术，这是最好的治疗方法。术中应注意子宫和卵巢动静脉血管的止血，子宫颈端要在与阴道连接处切除。

◆ 操作

☆ 手术前患犬要禁食 12 小时，全身麻醉：846 麻醉合剂每千克体重 0.1 毫克，肌内注射。

☆ 将患犬仰卧保定在手术台上，腹部剃毛，碘酒消炎，酒精脱碘（彩图 24 - 2）。

☆ 在脐孔下做 3～5 厘米的切口（彩图 24 - 3、彩图 24 - 4），打开腹腔，可以看到脓肿肥大的子宫，先把一侧子宫角引出创口外，沿子宫角向前导出卵巢，向后导出子宫体（彩图 24 - 5），同样也可以把另一侧的导出，结扎子宫角，双重结扎两侧子宫阔韧带上的子宫中动脉，集束结扎子宫阔韧带，结扎卵巢悬韧带后，切断子宫动脉，再切断集束结扎的子宫阔韧带及卵巢悬韧带，最后贯穿结扎子宫体，同样切除另一侧。大网膜上的血管也要结扎并切断，以防流血，常规缝合腹腔和皮肤（彩图 24 - 6）。术后要限制患犬剧烈运动，并给予抗感染药物。

◆ 术后处理

☆ 静脉滴注氨苄青霉素 2～3 克，替硝唑 0.4 克，3～4 天后，改为肌内注射 2～3 天，效果极好。

☆ 必要时加地塞米松、维生素 C，调节体液酸碱平衡药、营养药进行治疗。

　☆ 术后 10 天拆线，伤口一般愈合。

【预防】预防子宫蓄脓的方法为施行绝育手术。

（1）因为绝育手术后，宠物就没有卵巢，也就不会发情。没有子宫，所以也就没有子宫蓄脓的可能性。

（2）如果绝育手术时没有将子宫完全摘除，残留的子宫还可能出现子宫蓄脓的现象。所以完整的摘除子宫是避免子宫蓄脓发生的最好的方法。

第三节　流　　产

【病因】

◆ 各种机械性损伤。如腹部受到碰撞、冲击、创伤及腹部手术等极易造成流产。

◆ 多种传染病，如：

　☆ 患布鲁氏菌病的母犬往往在外表上看不出异常，但在妊娠的 45～55 天即发生流产。

　☆ 犬瘟热、结核病、传染性肝炎等也使流产的发生率增高。

◆ 寄生虫病。母犬患有弓形虫病时，常可引起流产。

◆ 生殖器官疾病，如：

　☆ 慢性子宫内膜炎

　☆ 精子和卵子异常

　☆ 胎盘、胎膜异常等

◆ 母体内分泌失调，如：

　☆ 甲状腺机能减退

　☆ 孕酮分泌量不足等

◆ 各种全身性疾病和饲喂不当、营养缺乏等均可能引起流产。

【症状】由于流产时期、病因及宠物的抵抗力有所不同，所以其临床症状也不完全一致。

◆ 有时发生隐性流产，即妊娠前期胚胎自体溶解，而被母体吸收，妊娠中断而无明显临床症状，或由阴门流出多量的分泌物。

◆ 有些母犬的流产为部分性流产，胚胎部分死亡，而其余正常发育（不全隐性流产），怀孕仍能继续维持下去。

◆ 有些母犬所有胚胎全部死亡（全隐性流产）。

◆ 有些母犬排出不足月的胎儿（又称早产），其症状与正常分娩相似，仔犬存活。

◆ 最常见的流产是排出死胎，胎儿形态未发生变化。若胎儿腐败，则可能会引起母犬的子宫内膜炎。

◆ 也有胎儿死后，未能及时排出，可形成胎儿干尸化，在母犬分娩时，在正常胎儿之间夹有个别干尸化胎儿。发生胎儿浸润时，母犬体温升高、心跳、呼吸加快，阴门中流出棕黄色黏稠液体。

◆ 若产期临近，部分胎儿浸润，也可见有活胎。胎儿腐败气肿时，母犬可继发腹膜炎、败血症等。

【诊断】临床诊断一般比较容易，如发现妊娠母犬不足月即发生腹部努责，排出活的或死的胎儿即可确诊。

【注意】

◆ 大部分病例并不一定能看到流产的过程及排出的胎儿，而只是看到阴道流出分泌物。妊娠早期发生的隐性流产，由于胚胎已被子宫吸收，阴道也无异常改变，遇到这些情况就要进行以下几项检查。

☆ 对母犬做全面的检查。

☆ 营养状况如何。

☆ 有无其他疾病。

☆ 仔细地触诊腹壁，以确定子宫内是否还存有胎儿。

◆ 有时母犬所怀胎儿只有 1 个或几个流产，剩余胎儿仍可能继续生长到怀孕足月时娩出，称之为部分流产。

【临床急救】

◆ 母犬出现流产征兆时，要及时采取保胎措施，可给病犬肌内注射黄体酮，其剂量为 2～5 毫克/次，连用 3～5 天。并对症治疗。

◆ 如母犬体质虚弱，则要及时输液、补糖。

◆ 体温升高，血象呈炎症变化时，要注射抗生素。

◆ 对胎儿排出困难、胎衣不下或子宫出血等症状，应注射催产素等催产药物（用量为 2～10 国际单位/次）。

◆ 对胎儿已腐败的母犬，除注射抗生素外，还应用 0.1% 高锰酸钾溶液冲洗生殖道。

【预防】

◆ 为防止流产，配种前应检查母犬有无布鲁氏菌病等传染性疾病。

◆ 妊娠期间应加强饲养管理。

◆ 对有流产病史的母犬，可在妊娠期间注射黄体酮，以预防其流产。

第四节　阴道脱出

阴道脱出是指阴道黏膜过度增生或阴道壁过于松弛，其一部分或全部外翻和脱出于阴门之外。

【病因】

◆ 妊娠后期骨盆腔和阴道、阴门及周围软组织松弛（遗传性阴道周壁组织无力，可能是一种致病因素），活动性增强，在此基础上，阴道受到妊娠后期胎儿增大的重力和异常增高的腹内压的推挤而从阴门脱出。

◆ 便秘、公母犬交配时公犬强行分离，母犬体内雌激素分泌过多（如动情期）及病理性雌激素过多（卵巢囊肿）。

【症状】

◆ 部分阴道脱出的患犬，病初卧地时往往可见粉红色阴道组织团块突出于阴门之外，站立时可复原。

☆ 若脱出时间过久，脱出部分增大，患犬站立后也不能还纳阴道。

☆ 若脱出部分接触异物而被擦伤，则可引起黏膜出血或糜烂。

◆ 阴道全部脱出的患犬，整个阴道翻出于阴门之外，呈红色球状物露出，站立时不能自行还纳。

☆ 如脱出时间较短，可见黏膜充血。

☆ 如脱出时间较长，则黏膜发紫、水肿、发热、表面干裂、裂口中有渗出液流出。

【诊断】

◆ 多发生于妊娠后期或分娩时，为阴道壁自身的脱出。

◆ 阴道部分脱出者，阴道周壁包括尿道乳头外翻，脱出于阴门，脱出物呈粉红色、湿润且表面光滑的球状，质地较柔软。

◆ 全阴道脱出者，子宫颈也外翻，呈"轮胎"形。外翻时间长时，阴道黏膜发绀、水肿、干燥、损伤。

【临床急救】原则是整复、固定。

◆ 轻度脱出者，如脱出的阴道黏膜仍保持湿润状态，未受损伤，亦未被粪尿、泥土沾污，局部涂抹抗生素－甾体激素软膏后，加以整复即可。

◆ 全部脱出的病例，可用2％明矾或1％硼酸液洗净脱出部分，将患犬后肢提起，在脱出部涂上润滑油，用手指轻轻将阴道送入阴门，投入一些抗生素软膏后，作阴门结节缝合即可防止阴道再次脱出。

◆ 若脱出的阴道黏膜已变干燥，发生坏死，有严重损伤，无法整复或组织已失去活性时，则必须采用手术疗法，将脱出部分切除。

◆ 怀孕期间发生阴道脱出时，大都采取保守疗法。保守疗法无效时，为了保存母犬生命，方施行剖宫产术。

【预防】加强对怀孕和分娩母犬的观察，及早发现，及时处理。

第五节　产后抽搐症

产后抽搐症是以低钙血症和运动神经异常兴奋而引起肌肉强直性收缩为特征的严重代谢疾病。在产前、分娩过程中或产后6周之内均可发生，但以产后2～4周发生最多。

【病因】

◆ 本病多见于产仔数多、泌乳量高的小型母犬（彩图24-7）。

◆ 产后血钙浓度急剧降低是此病发生的直接原因。

◆ 饲喂含钙量低、营养不平衡的食物是此病的诱因。

【症状】

◆ 常发生于产后21天内，但偶尔见于妊娠后期或分娩过程中。

◆ 初期患病宠物不安静、气喘、缓慢走动、发哀鸣声、流涎、肌肉震颤和强直。

◆ 进而出现阵挛性—强直性肌肉痉挛、发热、心动过速、瞳孔缩小、癫痫发作和死亡。

【诊断】一般是突然发病，没有先兆。

◆ 病初呈现精神兴奋症状，病犬表现不安，胆怯，偶尔发出哀叫声，步样笨拙，呼吸促迫。

◆ 不久出现抽搐症状，肌肉发生间歇性或强直性痉挛，四肢僵直，步态摇摆不定，甚至卧地不起。

◆ 体温升高（40℃以上），呼吸困难，脉搏加快，口吐白沫可视黏膜呈蓝紫色。从出现症状到发生痉挛，短的约15分钟，长的约12小时，经过较急，如不及时救治，多在1～2天后窒息死亡。

◆ 快速诊断十分重要，结合临床症状，检测血钙含量。如血钙低于0.67毫摩尔/升（每100毫升，6毫克）即可确诊。

【临床急救】

◆ 缓慢静脉注射 10％葡萄糖酸钙溶液，剂量为 2～20 毫升，具体用量取决于低血钙的程度和宠物的大小。

◆ 由于低血钙可继发低血糖，在补钙的同时应静脉注射 10％葡萄糖溶液或含糖生理盐水。

◆ 饮食中加入碳酸钙，每千克体重 10～100 毫克/天，同时应用维生素 D 制剂，0.2 万～0.5 万国际单位/次。

◆ 发病期间，母子分开饲养，幼仔喂人工乳或鲜奶 24 小时以上。如人工喂奶 4 周龄以上，可以给仔兽断奶。

【预防】

◆ 为预防产后抽搐，在宠物分娩前后，食物中应提供足量的钙、维生素 D 和无机盐等。

◆ 泌乳期间要注意日粮的平衡和调剂。

第六节　急性乳房炎

【病因】急性乳房炎由幼犬猫抓伤或咬伤后葡萄球菌、大肠杆菌及念珠菌等感染所致。

【症状】

◆ 出现发热、精神沉郁、食欲不振等全身症状。

◆ 发炎部位温热、疼痛、乳房硬肿，压迫时有少量血样或水样分泌物流出，乳汁呈絮状。

◆ 若为化脓菌感染，则可挤出脓液并混有血丝。

◆ 血液学检验，白细胞总数增多。

【诊断】根据病史、临床症状与乳汁检验，必要时进行病原培养和分离。

【临床急救】

（1）立即隔离仔犬　按时清洗母犬乳房并挤出乳汁，以减轻其乳房压力，缓解疼痛。

（2）解决方案

◆ 方案一　对发炎乳房采取以下措施。

☆ 热敷。

☆ 或外涂鱼石脂或樟脑醑制剂。

☆ 或用鲜蒲公英、金银花各适量捣烂外敷。

☆ 亦可用中成药如意金黄散以蜜调和外敷患处，具有祛瘀、消炎和止痛作用。

◆ 方案二　先挤净宿奶，用洁霉素（最好是根据药物敏感试验结果选用抗生素）2毫升，乳头注入后，用手捏住乳头轻轻按摩乳房数次，以促进药液扩散。每天注入1～2次。

◆ 方案三

☆ 用普鲁卡因青霉素或用鱼腥草和盐酸山莨菪碱（654-2）注射液在乳房周围做封闭注射，每天1～2次。

☆ 同时，全身治疗用庆大霉素4万～8万单位或氨苄青霉素0.5～1克、地塞米松1～2毫克、维生素C 0.1～0.5克，肌内注射。

（3）乳腺脓肿　应切开冲洗、引流，按开放性外伤治疗。

【预防】加强饲养管理，注意卫生，发现外伤及时处理，防止感染。

（罗　燕　刘建柱）

第二十五章
宠物中毒病急救

第一节　中毒病的一般治疗措施

　　无论何种毒物中毒，首先均应除去病因，因此在采取治疗措施的同时，应该改变饲料，更换环境，除去有毒物质等，以挽救患病宠物和预防继续发病。

　　中毒病的治疗一般可分为 3 个步骤。

　　（1）阻止毒物进一步被吸收　阻止毒物进一步被吸收，也称为对因治疗，是指迅速除去可疑含毒的饲料，以免宠物继续摄入，同时采取有效措施排除已摄入的毒物。如：

　　　　☆ 催吐

　　　　☆ 洗胃

　　　　☆ 下泻

　　　　☆ 利尿

　　　　☆ 放血

　　　　☆ 化学和物理的解毒方法等

　　（2）应用特效解毒剂　对于有特效解毒药的中毒病，尽快应用特效解毒药。

　　（3）进行对症和支持疗法

　　◆ 对症疗法是指按照各种不同的症状表现采取治疗措施，如：

　　　　☆ 麻痹时给以兴奋剂。

　　　　☆ 狂躁时给以镇静剂。

　　　　☆ 便秘时，给以导泻剂等。

　　◆ 支持疗法主要是着眼于改善宠物机体的全身状况，加强脏器的生理解毒机能，使患病宠物及早恢复健康。

一、阻止毒物的吸收

首先除去可疑含毒的饲料和饮水，以免宠物继续摄入，同时采取有效措施排出已摄入的毒物。

（一）除去毒源

◆ 立即严格控制可疑的毒源，不使宠物继续接触或摄入毒物。

◆ 可疑毒饵、呕吐物、垃圾或饲料应及时收集销毁，防止宠物再次接触或采食。

◆ 如果毒物难以确定，则应考虑更换场所、饮水、饲料和用具，直到确诊为止。

（二）排出毒物

1. 清除宠物体表毒物。应根据毒物的性质，选用以下溶液洗刷宠物体表，再用清水冲洗。如：

　　☆ 肥皂水

　　☆ 食醋水或 3.5％醋酸

　　☆ 石灰水上清液

2. 清除眼部酸性毒物应用 2％碳酸氢钠溶液冲洗，然后滴入 0.25％氯霉素眼药水，再涂 2.5％金霉素眼膏以防止感染。

3. 清除消化道和体内毒物通常采用以下方法。

（1）催吐　这是宠物中毒最初阶段最有效的治疗方法。在宠物清醒时应用药物促使宠物呕吐。常用的药物有

◆ 1％硫酸铜，犬 1～2 毫升/次，内服；猫 0.5～1 毫升/次，内服。

◆ 阿扑吗啡，犬每千克体重 0.04～0.1 毫克，静脉注射，或每千克体重 0.8 毫克，肌内注射或皮下注射。

◆ 吐根，每千克体重 1～2 毫升，内服。

◆ 如果没有催吐剂，也可用浓盐水，食盐 1～2 食勺，加适量温水内服。

（2）洗胃法　毒物进入宠物消化道后，洗胃是一种有效排出毒物的方法。

◆ 最常用的洗胃液体为普通清水，亦可根据毒物的种类和性质，选用不同的洗胃剂，通过吸附、沉淀、氧化、中和或化合等，使其失去毒性或阻止其被吸收，从而能够有效地排出毒物。

　　☆ 但腐蚀性毒物中毒时不可洗胃，否则容易导致宠物胃穿孔。

　　☆ 对于抽搐痉挛的宠物也不宜洗胃，或者待抽搐、痉挛停止后洗胃。

◆ 毒物进入宠物消化道 1～4 小时者，洗胃效果较好（过食豆谷中毒从发病开始计算）。

    ☆ 首先抽出胃内容物（取样品作毒物鉴定），继而反复冲洗，洗胃液的用量依宠物大小而定，最好能使宠物的胃被充满，没有胃皱襞，这样冲洗的更彻底。

    ☆ 最后用胃管灌入解毒剂、泻剂或保护剂。

常用的洗胃液用法及注意事项见表 25-1。

表 25-1　常用洗胃剂及注意事项

洗胃溶液	用　途	作用及注意事项
温开水	用于毒物不明的中毒，敌百虫中毒	避免溶液过热，防止毒物吸收
1%盐水	敌百虫中毒	禁忌碱性药物
生理盐水	用于硝酸银、砷化物、DDT、六六六中毒	禁用油性泻药，防止促进溶解和吸收
0.2%～0.5%活性炭混悬液	用于一切化学物质中毒	吸附作用。氰化物中毒禁用，洗胃后服蛋清水、牛奶、保护黏膜减轻疼痛
淀粉 75～80 克加入到 1 升水中	用于碘剂中毒	沉淀作用。持续洗胃至洗出液体不呈蓝色为止
0.01%～0.02%高锰酸钾	用于巴比妥类、阿片类、士的宁、砷化物、氰化物、磷中毒等	氧化作用。1059、1605、3911、乐果中毒时禁用，防止氧化成毒性更强的物质
3%过氧化氢（10 毫升加入到 1 升水中）	用于阿片、士的宁、氰化物、磷及高锰酸钾中毒	氧化作用。对黏膜有刺激性，易引起胃胀
1%～5%碳酸氢钠	用于有机磷中毒等，生物碱、汞、铁、拟除虫菊酯类农药、有机氮农药	沉淀生物碱，中和胃酸，结合某些重金属，分解大多数有机磷、有机氮和拟除虫菊酯农药。敌百虫中毒禁用，敌百虫遇碱性药物可分解成毒性更强的敌敌畏
乳酸钙 15～30 克溶于 1 升水中、氯化钙 5 克溶于 1 升水中	用于氟化物及草酸钙中毒	沉淀作用
氧化镁或氢氧化镁 25 克溶于 1 升水中	用于硫酸、阿司匹林、草酸中毒	中和作用。洗胃后服蛋清水、牛奶、豆浆、米汤等保护胃黏膜
3%～5%鞣酸	用于洋地黄、士的宁、铅及锌等金属中毒	沉淀作用。对肝有毒性，应慎用，不应存留于胃内

（续）

洗胃溶液	用　途	作用及注意事项
0.2%～0.5%硫酸铜	用于磷中毒	用1%硫酸铜洗胃后，10分钟服0.5%～1%硫酸铜10毫升，然后引吐。禁忌鸡蛋、牛奶及其他油类食物
1%碘溶液或碘酊水溶液（500毫升水中加入15滴碘酊）	用于生物碱中毒	沉淀作用。用碘剂洗胃后，再用清水洗胃，防止碘在胃内存留
5%硫代硫酸钠	碘、砷、汞、氰化物中毒	形成无毒的硫化物
植物油	用于酚类	彻底洗胃至无（酚）气味为止，留少量植物油在胃中，洗胃后多次口服牛奶或蛋清水
微温浓茶水	重金属、生物碱等中毒	沉淀作用

◆ 投服泻剂。

　☆ 一般中毒的中期，使已经进入肠道的毒物尽可能地被迅速排出，以避免或减少肠道的吸收，一般可选用盐类泻剂（硫酸钠）或油类泻剂（石蜡油）。

　☆ 油类泻剂多用于生物碱中毒，而不用于脂溶性毒物中毒。

　☆ 对于中毒而发生严重腹泻或脱水的，应慎用或不用泻剂。

（3）灌肠

　☆ 对于中毒已经相当长时间的宠物，采用灌肠的方式可清除已经到达后部肠管的毒物。

　☆ 灌肠液选用温清水，肥皂水或1%的食盐溶液，最好用相应的解毒药和吸附剂并用，可促进宿便和毒物的排泄。

（4）排出已吸收的毒物

　☆ 毒物进入血液后，应及时放血并输入等量生理盐水，有条件者可以换血。

　☆ 此外，大多数毒物由肾脏排出，有些毒物经汗腺排出。

　☆ 利尿剂和发汗剂也可加速毒物的排出。

　☆ 对肾机能衰竭而且昂贵的宠物，可进行腹膜透析，排出内源性毒物。

二、解毒

迅速准确地应用解毒剂是治疗宠物毒物中毒的理想方法。针对具体病例，应根据毒物的结构、理化特性、毒理机制和病理变化，尽早施用特效解毒剂，从根本上解除毒物的毒性作用。解毒剂可以同毒物络合使之变为无毒。然而，目前只有少数中毒病可用特殊解毒剂治疗，必要时可选用一般的解毒方法。

1. 一般解毒　常用的一般解毒方法有以下几种。

（1）吸附法　常用的吸附剂有：

☆ 药用炭

☆ 木炭末

☆ 通用解毒剂（活性炭 50％、氧化镁 25％、鞣酸 25％混合，犬猫每次 1～5 克）

（2）中和法　可用弱酸中和碱性毒物，用弱碱中和酸性毒物

◆ 常用的弱酸解毒剂有：

☆ 食醋

☆ 酸奶

☆ 稀盐酸

☆ 稀醋酸等

◆ 常用的弱碱解毒剂有：

☆ 氧化镁

☆ 石灰水的上清液

☆ 小苏打

☆ 肥皂水等

（3）氧化法

◆ 一般只能用于能被氧化的毒物，如：

☆ 生物碱

☆ 氰化物

☆ 一氧化碳

☆ 蛇毒等

◆ 有些有机磷，如 1695、1059、3911、乐果等决不能使用氧化解毒剂。

◆ 常用的氧化解毒剂有：

☆ 1∶5 000 的高锰酸钾溶液

　　☆ 1‰～3‰的过氧化氢

　　（4）沉淀　即使用沉淀剂使毒物沉淀，以减少其毒性和延缓吸收从而达到解毒的目的。常用的沉淀剂有：

　　　　☆ 浓茶

　　　　☆ 钙剂

　　　　☆ 蛋清

　　　　☆ 五倍子等

2. 特效解毒

◆ 解毒剂能加速毒物代谢作用或使之转变为无毒物质。如：

☆ 亚硝酸盐离子和硫代硫酸盐离子与氰化物结合依次形成氰化甲基血红蛋白和硫代氰酸盐，随尿排出。

◆ 解毒剂能加速毒物的排出。如：

☆ 硫酸盐离子可使动物体内过量的铜排出。

◆ 解毒剂能与毒物竞争同一受体。如：

☆ 维生素 K 与双香豆素竞争，使后者变为无毒。

◆ 解毒剂改变毒物的化学结构，使之变为无毒。如：

☆ 烯丙吗啡分子结构中的 N-甲基被丙烯基取代后，吗啡的毒性作用降低。

◆ 解毒剂能恢复某些酶的活性从而解除毒物的毒性。如：

☆ 有机磷酸酯类的毒性作用主要是与体内的胆碱酯酶结合，形成磷酰化胆碱酯酶。解磷啶、氯磷啶等能与磷酰化胆碱酯酶中的磷酰基结合，将其中的胆碱酯酶游离，恢复其水解乙酰胆碱的活性，从而解除有机磷酸酯类的毒性作用。

◆ 解毒剂可以阻滞感受器接受毒物的毒性作用。如：

☆ 阿托品能阻滞胆碱酯酶抑制剂中毒时的毒蕈碱样作用。

◆ 解毒剂可以发挥其还原作用以恢复正常机能。如：

☆ 由于亚硝酸盐的氧化作用所生成的高铁血红蛋白，可以用亚甲蓝还原为正常血红蛋白，使宠物恢复健康。

◆ 解毒剂能与有毒物质竞争某些酶，使其不产生毒性作用。如：

☆ 有机氟中毒时，使用乙酰胺（解氟灵），因其化学结构与氟乙酰胺相似，故能争夺某些酶，使氟乙酰胺不能脱氨产生氟乙酸，从而消除氟乙酰胺对机体三羧酸循环的毒性作用。

三、支持和对症治疗

1. 目的 在于维持机体生命活动和组织器官的机能，直到选用适当的解毒剂或机体发挥本身的解毒机能，同时针对治疗过程中出现的危症采取紧急措施。包括：
- 预防惊厥。
- 维持呼吸机能。
- 维持体温。
- 抗休克。
- 调整电解质和体液。
- 增强心脏机能。
- 减轻疼痛等。

2. 通过用极短作用的巴比妥酸盐，例如，硫喷妥钠的轻度麻醉作用，可以很快控制惊厥症状。也可用戊巴比妥每千克体重 10～30 毫克，静脉注射，继之以腹腔内注射，直至症状被控制为止。
- 静脉注射有困难时，应当尽早采取腹腔内注射。
- 应注意巴比妥酸盐能抑制呼吸，因而能加重由毒物产生的呼吸困难。
- 对制止惊厥，比较新的产品有吸入麻醉剂、骨骼肌弛缓剂等。
- 肌肉松弛剂和麻醉剂结合应用比单用巴比妥酸盐安全。

3. 中毒宠物体温可能过低或过高
- 大多数中毒的宠物体温都偏低，水合氯醛中毒会导致宠物的体温过低，需要羊毛毯子和热水袋保温，而体温过高则需要用冷水或冰降温。
- 降温往往影响毒物的敏感度，降低患病宠物的代谢和脱水的速率。亦可用药物降温，药物如氯丙嗪、非那根等加入 50％葡萄糖溶液或生理盐水中静脉注射。使用上述药物要注意观察宠物呼吸、脉搏、体温和血压下降等情况。

第二节　急性化学性毒物中毒

一、急性一氧化碳中毒

急性一氧化碳中毒（acute carbon monoxide poisoning）是犬猫吸入过量的一氧化碳引起的碳氧合血红蛋白症，以呼吸困难、黏膜桃红色、运动无力甚至昏迷为特征的组织中毒缺氧症。

【病因】在密闭或通风不良的室内环境中，天然气或煤气泄漏，或使用煤炭取暖时，或发生火灾时产生的大量一氧化碳等有害气体，宠物吸入后中毒。

【症状】根据吸入的一氧化碳的量，煤气中毒可分为3种程度。

（1）轻度　耳聋头低、四肢无力、恶心、呕吐、心悸、伴有虚脱，但无昏迷。尽快将中毒的犬猫转移到通风处，让其吸入新鲜空气，一般1～2天完全恢复。

（2）中度　除上述症状外，还有昏迷或休克，皮肤或可视黏膜呈樱桃红色，及时抢救很快苏醒。无明显并发症或严重后遗症。

（3）重度　除具有中度中毒的症状外，中毒宠物昏迷时间较长，虽经抢救，但意识不能很快恢复。

◆ 呼吸浅速，脉搏不易触知（示血压下降），常并发高热或惊厥，皮肤黏膜呈苍白或紫绀。

◆ 犬四肢及躯干皮肤可出现大小水泡或片状红肿，部分中毒犬可出现严重后遗症，如癫痫，肢体瘫痪、吞咽困难，震颤麻痹，智力减退等。

◆ 中毒严重的犬很快死亡。慢性中毒犬可有黏膜苍白、四肢无力、呕吐、消化不良、恶病质等类似神经衰弱的症状，应迅速改善通风环境以使中毒犬康复。

【诊断】根据发病史、临床症状等可以确诊，必要时应检查心脏机能，碳氧血红蛋白水平和血气分析。

【临床急救】以吸氧和对症支持疗法为原则，采用综合性治疗措施。

（1）有条件的首先应给予氧气吸入。这是一氧化碳中毒初期最有效的治疗方法，吸入100%的氧，可以迅速促进一氧化碳的代谢。当碳氧血红蛋白的浓度小于3%，可以停止吸氧。

（2）呼吸障碍时，可酌情应用呼吸兴奋剂，如尼可刹米：犬 0.125～0.5 克/次，猫每千克体重7～30毫克，静脉注射/皮下注射/肌内注射。

（3）高热伴有神经症状严重者可用降温镇静药如盐酸氯丙嗪，冬季注意保暖。禁止用吗啡或度冷丁，以免引起犬呼吸困难。

（4）及早使用抗生素以防止肺部感染。

（5）病情缓解后，仍坚持用药3～7天，以彻底清除体内的毒物。

【预防】加强预防一氧化碳中毒的宣传，冬季应经常检查和检修产房、宠物室内的取暖设备（如煤炉），防治漏烟、倒烟，设风斗和通风孔，保持室内通风良好。

二、急性氰化物中毒

急性氰化物（acute cyanide poisoning）中毒是指宠物误食了氰化物或含有氰苷的植物的果实等，在酸性条件下生成氢氰酸易被吸收而中毒，临床上以呼吸困难、震颤、惊厥为特征的组织中毒缺氧症。

【病因】

（1）氰化物常见的有氰化氢、氰化钠、氰化钾、氰化钙及溴化氰等无机类和乙腈、丙腈、丙烯腈、正丁腈等有机类。

（2）某些植物果实中，如苦杏仁、桃仁、李子仁、枇杷仁、樱桃仁及木薯等都含有氰糖苷，分解后可产生氢氰酸。

（3）宠物急性氰化物中毒多以食入或饮入无机类氰化物污染的废水，或误食氰化物农药如钙腈酰胺等引起的中毒为主。

（4）吃食含有氰糖苷的植物果实而引起。

（5）无机氰化物和氰糖苷在酸性环境下生成氢氰酸。氢氰酸是一种剧毒性物质，极少量的氰化物可使宠物在很短的时间内中毒死亡。

【症状】

（1）犬猫急性氰化物中毒发病迅速　最急性者没有前驱症状，一般在食入毒物后30分钟内死亡，呼吸困难及快速，呼出气体及呕吐物有苦杏仁味道。

（2）发病初期　由于体内氧充足，黏膜呈鲜红色；后期死亡之前，机体氧气严重不足，黏膜发绀。最后呼吸严重困难，呼吸、心跳停止，昏迷死亡。

（3）病理变化　血液凝固不良，呈鲜红色。胃内充满带苦杏仁味的气体，胃肠黏膜、浆膜充血、出血。肺充血、水肿。尸体不易腐败。

【诊断】根据是否有采食无机氰化物和含氰糖苷植物籽实的病史，结合临床症状和病理变化可初步诊断，确诊尚需进行氰化物检验。

【临床急救】一旦发病，应立即脱离毒源，采取急救措施。

（1）特效解毒剂有亚硝酸钠、硫代硫酸钠和美蓝。其中，以亚硝酸钠的解毒效果最好，与硫代硫酸钠配合应用疗效更好。

◆ 20%亚硒酸钠注射液，每千克体重16毫克，缓慢静脉注射。

◆ 20%亚硫酸钠，每千克体重1.65毫升，静脉注射。

◆ 单独使用亚硝酸钠，亚硝酸钠1克，硫代硫酸钠10克，蒸馏水100毫升，混合，灭菌，每千克体重1毫升，静脉注射。

（2）必要时应用强心剂、维生素C、维生素B_{12}和葡萄糖等对症和支持治疗。

【预防】

◆ 加强无机氰化物的管理，严防宠物误食。

◆ 同时防止犬猫采食含有氰糖苷的苦杏仁、桃仁、李子仁、枇杷仁、樱桃仁及木薯等。

第三节　药物与药用植物急性中毒

一、急性氯丙嗪类中毒

氯丙嗪中毒是犬猫等动物应用氯丙嗪的量过大而引起的以震颤、运动失调、血压下降、体温降低、反射消失及昏睡或昏迷为特征的中毒性疾病。

氯丙嗪又名氯普马嗪或冬眠灵（wintermin），为酚噻嗪类的衍生物。兽医临床上常用于动物镇静、镇吐、解痉及加强麻醉，此外还具有抗应激和抗休克的作用。犬猫肌内注射剂量每千克体重 1～3 毫克。

【病因】犬猫氯丙嗪中毒常见的原因。

◆ 药量计算错误造成的应用过量。

◆ 用药间隔时间过短。

◆ 药物浓度过高。

◆ 静脉注射速度过快。

◆ 也见于因药物管理不善导致宠物大量摄入而引起中毒。

【症状】

◆ 轻度中毒。

☆ 患病宠物骚动不安，频繁起卧。

☆ 后肌肉松弛、倦怠无力、嗜睡、瞳孔缩小、体温下降、尿量增多。

☆ 偶见便秘，尿潴留或尿失禁，蛋白尿。

◆ 重度中毒。

☆ 精神高度沉郁、食欲废绝、全身无力。

☆ 共济失调、四肢和头部震颤，甚至四肢和躯干强直僵硬。

☆ 末梢冰凉、瞳孔缩小、反射消失、体温明显降低、呼吸浅表、心动过速、血压下降，严重时，昏迷沉睡。

☆ 病程较长的病例可见肝脏肿大、黄疸、皮疹、皮炎等。有的发生再生障碍性贫血。

【诊断】

（1）根据应用氯丙嗪的情况，结合震颤、运动失调、血压下降、体温降低和全身无力等临床症状，可初步诊断。

（2）必要时进行尿液氯丙嗪检查。

◆ 方法。

☆ 取尿1毫升，加10％硫酸液1毫升摇匀，再加5％三氯化铁液1毫升摇匀，观察5分钟，呈紫色。

☆ 取尿1毫升，加4毫升浓磷酸，轻轻摇匀，呈现紫色者为阳性。注意：操作中应避免阳光直射，防油或脂肪的污染。

【临床急救】中毒后立即停止用药，轻者可自行恢复，严重者可采取促进毒物排出和对症治疗等措施。

（1）口服中毒未超过6小时者，用1∶5 000高锰酸钾溶液或温开水洗胃，硫酸镁导泻。

（2）血压下降的用去甲肾上腺素静脉滴注，忌用 β-受体激动作用的药物如肾上腺素，多巴胺、异丙肾上腺素和盐酸肾上腺素等升高血压的药物。

◆ 犬去甲肾上腺素（2毫克/毫升）0.15毫升，猫0.10毫升，用5％葡萄糖注射液50～100毫升稀释，缓慢静脉滴注，保证每分钟输入去甲肾上腺素量不超过0.025毫克。

◆ 因该病有反弹性，所以用药3～5天为一个疗程。

（3）宠物出现昏睡、呼吸浅表、反射消失时，可用：

◆ 尼可刹米，犬0.125～0.5克，猫0.05～0.1克肌内注射或静脉注射。

◆ 或用安钠咖犬0.1～0.3克，猫0.01～0.05克，肌内注射或静脉注射。

（4）出现痉挛或惊厥，可用戊巴比妥，每千克体重25～30毫克，肌内注射或静脉注射。

（5）促进毒物的排出可静脉注射：

☆ 高渗葡萄糖

☆ 右旋糖酐

☆ 维生素C等

【预防】

◆ 严格按照规定剂量使用，对患有尿毒症、肝脏功能严重障碍、心力衰竭的宠物慎用。

◆ 氯丙嗪和其他麻醉药共同用做混合或配合麻醉时，作用增强，因此应减量。

◆ 氯丙嗪不能与胰岛素合用，否则宠物会发生惊厥。

◆ 大剂量肌内注射或静脉注射时要注意宠物体温、脉搏和呼吸的变化，一旦有异常情况，应立即停药进行处理。

二、洋地黄类药物中毒

犬猫洋地黄类中毒是指宠物医师在对犬猫使用地高辛、洋地黄毒苷、西地兰、毒毛旋花子苷、甲基地高辛等洋地黄类药物时，由于使用不当而引起药物在宠物体内蓄积从而导致中毒的一种疾病。临床以各种心律失常、胃肠道异常及意识模糊等症状为主。

【病因】

◆ 洋地黄类药物是治疗充血性心力衰竭的主要药物，目前常用的洋地黄类药物有：

　　☆ 地高辛（digoxin）

　　☆ 洋地黄毒苷（digitoxin）

　　☆ 西地兰（cedilanid）

　　☆ 毒毛旋花子苷 K（strophanthin K）

　　☆ 甲基地高辛（metildigxin）等

◆ 易中毒原因：

　　☆ 此类药物的有效量与中毒量之间范围小。

　　☆ 个体耐受性不同。

　　☆ 许多因素可影响宠物对洋地黄的耐受量。

　　☆ 有些因素还可改变洋地黄在体内的吸收、代谢和排泄过程进而引起蓄积中毒。

　　☆ 药物的药理作用与毒性类似，治疗量均与中毒量十分相近。

【症状】常见洋地黄中毒的临床表现有胃肠道反应和各种心律失常，以及神经系统表现和视力改变。根据摄入药物量的多少可分为急性和慢性中毒。

◆ 急性中毒　摄入的洋地黄类药物量大。

　　☆ 出现恶心、呕吐。

　　☆ 对周围的反应能力下降，昏迷。

　　☆ 伴有房室传导阻滞的室上性快速性心律不齐，心动过缓。

　　☆ 高血钾症。

◆ 慢性中毒　长期摄入治疗量的洋地黄类药物，症状一般较轻。

☆ 常见口腔干燥，食欲减退或废绝，恶心、呕吐、腹痛、腹泻等胃肠道症状。

☆ 精神沉郁，反应性下降，疲劳无力，运动障碍，无方向性，甚至不能站立，轻瘫或麻痹，昏睡甚至昏迷等神经症状。

☆ 出现各种类型的心律不齐，以室性心律失常发生率最高。

☆ 血液检查，低血钾或正常，低血镁。

☆ 可出现一过性弱视、畏光等。

【诊断】

◆ 必须认真仔细地询问病史，详细地进行体格检查，并对临床症状、心电图和实验室检查等综合分析后，方可做出洋地黄中毒的诊断。

◆ 检测血浆中地高辛和洋地黄的浓度可为本病的诊断提供依据。

◆ 与钾紊乱症相区别，血钾高于或低于正常值均能引起心率失常。

【临床急救】 洋地黄中毒后，应用特异性抗洋地黄毒物抗体—地高辛特异性抗体 Fab 片段，有很好的治疗效果。此外，可根据疾病的轻重进行如下救治。

（1）轻度中毒者

◆ 立即停药，即可恢复。

◆ 对快速心律失常者，可使用钾盐静脉滴注，细胞外钾可阻止洋地黄类与膜 Na^+-K^+ ATP 酶的结合，从而阻止毒性发展。

（2）严重中毒者 催吐、洗胃，服用活性炭、硫酸钠导泻阻止毒物进一步吸收。用心电图检测。

◆ 地高辛中毒洗胃应注意：

☆ 洗胃过程中宠物会出现心脏停搏，可能为刺激迷走神经所致，因此，最好在洗胃之前静脉注射治疗量阿托品。

☆ 洗胃后可由胃管注入适量硫酸镁，以加速胃肠道毒物排泄。

☆ 洋地黄在心脏组织中的浓度约为血液中浓度的 30 倍，故加强利尿、血液透析和血液灌流对加速洋地黄排泄疗效不佳。

◆ 应用人工起搏可治疗心动过缓。

☆ 苯妥英钠（1 毫克/千克）和利多卡因（15 毫克/千克）的缓慢（25 毫克/分钟）静脉滴注可抑制室性自主心律，提高心室纤维颤动的阈值。

☆ 因苯妥英钠能够加快房室结的传导，用于治疗洋地黄中毒引起的室性心律失常。

☆ 洋地黄中毒引起的心室兴奋性增加，静脉使用硫酸镁可以对抗。

☆ 洋地黄引起危及生命的高血钾时，应避免使用加重心脏毒性的氯化钙治疗，可静脉给予葡萄糖、胰岛素、碳酸氢钠等进行治疗。

【预防】准确掌握洋地黄类药物药性及在宠物治疗方面的使用剂量，严格控制使用剂量，以避免宠物发生洋地黄类药物中毒。

三、有机磷中毒

有机磷中毒（organophosphate poisoning）是由于有机磷化合物进入宠物体内，抑制胆碱酯酶活性，引起乙酰胆碱积聚，临床以流涎、腹泻和肌肉痉挛等为特征的中毒性疾病。犬猫均可发生。

【病因】常见中毒的原因有：

◆ 误食含有有机磷杀虫剂的毒饵、有机磷毒死的鼠和鸟的尸体。

◆ 误饮含有有机磷农药的饮水。

◆ 舔舐沾有药物的用具和被毛。

◆ 误用配药用具做犬猫食盆或饮水盆。

◆ 滥用或将有机磷误用于杀灭犬猫体内外寄生虫。

◆ 将犬猫留放在喷有药液的房间等。

【症状】有机磷农药的安全范围很窄，急性中毒发生于口服或吸入农药10分钟至2小时内，病情发展迅速。经体表吸收者，潜伏期较长，病情较轻且缓慢。中毒症状因有机磷制剂的种类、毒性、摄入量及宠物品种、年龄等不同而有一定差异。临床根据病情程度分为以下3种。

（1）轻度中毒　精神沉郁或不安，食欲减退或废绝，恶心呕吐、流涎、微出汗、瞳孔微缩小、肠音亢进、粪便稀软。

（2）中度中毒　除上述症状外，还有骨骼肌纤维颤动，瞳孔明显缩小，轻度呼吸困难，流涎，腹痛，腹泻，步态蹒跚，意识清楚。

（3）重度中毒　除上述症状外，出现体温升高，全身震颤、抽搐，大小便失禁，继而倒地、四肢做游泳状划动，随后瞳孔缩小，心动过速，很快死亡。

【诊断】由于各种有机磷农药的毒性、摄入量、中毒途径及宠物机体的健康状态不同，中毒的临床表现和发展经过也多种多样。但大多数呈急性经过，病犬于吸入、食入或皮肤沾染后数小时内突然发病。

（1）病初兴奋不安，肌肉痉挛，一般从眼睑、颜面部肌肉开始，很快扩延到颈部、躯干部乃至全身肌肉，轻则震颤，重则抽搐，四肢肌肉阵挛时，病犬频频踏步，横卧时则做游泳样动作。

（2）瞳孔缩小，严重时病犬呈线状流涎，食欲大减或废绝，腹痛，肠音高朗，连绵不断，不断排稀水样粪便，甚至排便失禁。重症后期，肠音减弱乃至消失。

（3）全身汗液淋漓，体温升高，呼吸明显困难。心跳急速，脉搏细弱，结膜发绀，最后由于窒息而死。

根据以上症状可初步诊断。胃内容物、可疑食物或饮水做有机磷化合物的定性和定量分析，可为诊断提供依据。此外，通过阿托品和解磷定进行的治疗试验，可验证诊断。

【临床急救】急性有机磷农药中毒发病急、进展快，必须迅速及时进行救治。治疗原则主要是清除毒物、使用特效解毒剂及综合对症治疗，对中间综合征和症状反跳等也应予以相应治疗。

（1）清除毒物　口服中毒，要先催吐后洗胃。

1）催吐

◆ 轻度中毒的犬猫可用催吐法使其呕吐。

◆ 中度中毒的犬猫（症状较明显，特别是肌颤、肌无力较重）和重度中毒已昏迷的犬猫，均不能催吐，以免呕吐物反流误吸入气管。

　◆ 催吐法有：

　　☆ 机械催吐

　　☆ 温盐水催吐

　　☆ 硫酸铜催吐

　　☆ 吐根糖浆催吐

　　☆ 注射阿扑吗啡催吐等

2）洗胃

◆ 常用洗胃液有：

　　☆ 清水

　　☆ 碳酸氢钠溶液

　　☆ 高锰酸钾溶液

◆ 清水只起机械性清除作用，后两者除机械性清除外还可水解和氧化毒物而起解毒作用，以 1/10 000～1/5 000 的高锰酸钾的浓度最佳（浓度过高时对胃黏膜有刺激作用），洗胃时溶液由淡棕色（二氧化锰）变为紫红色（高锰酸钾）时为止。

◆ 但对硫磷和马拉硫磷中毒，禁用高锰酸钾水溶液洗胃，因高锰酸钾能将其氧化为毒性更大的对氧磷和马拉氧磷。

◆ 敌百虫中毒禁用碱性溶液（如碳酸氢钠溶液）洗胃，因敌百虫在弱碱性溶液中就可以变成毒性比它大 10 倍的敌敌畏。

◆ 洗胃时每次灌入洗胃液的量因个体而异，大型犬为 200～500 毫升，小型犬为 20～100 毫升，一般应灌入胃最大容量的液体量，可使胃壁膨胀撑起，显露胃皱襞，达到彻底清洗的目的。

☆ 洗胃液过少则降低洗胃效果，并需延长洗胃时间。

☆ 过多则易造成胃扩张、幽门开放，促使毒物进入肠道。

☆ 一般口服毒物中毒的洗胃液总量应以达到彻底洗胃的目的为准，即洗胃液清亮，无毒物气味或高锰酸钾溶液不变色。

☆ 另一方面，要注意洗胃液过多易造成钠和氯离子丢失，而产生代谢性酸中毒。

☆ 彻底洗胃的指征是用清水洗胃时，洗出液清澈，无农药气味；用高锰酸钾溶液洗胃时，洗出液除清澈、无味，其颜色与进胃时的颜色一致（即紫红色）。

（2）应用硫酸阿托品静脉注射

◆ 用量可按每千克体重 0.5～1 毫克，可将 1/3 混于 5％葡萄糖生理盐水缓慢静脉注射，另 2/3 做皮下注射或肌内注射，经 1～2 小时后症状未见减轻时，可重复用药。

◆ 当犬出现口腔干燥、瞳孔散大、呼吸平稳、心跳加快，即所谓"阿托品化"时，可每隔 3～4 小时皮下注射或肌内注射一般剂量阿托品以巩固疗效，直至痊愈。

（3）胆碱酯酶复活剂

◆ 由于阿托品不能使已与有机磷结合的胆碱酯酶复活，故严重病例最好配合使用碘解磷定（派姆）、氯解磷定（氯磷定）。

◆ 但碘解磷定、氯解磷定对敌敌畏、乐果、敌百虫、马拉硫磷等中毒的疗效较差，必须与阿托品同时使用。

◆ 使用以下药物。

☆ 碘解磷定的用量为每千克体重 20 毫克，供静脉注射用。

☆ 氯解磷定的用量为每千克体重 20 毫克。

☆ 双复磷对胆碱酯酶活性的复能效果较碘解磷定好，且能通过血脑屏障，有阿托品样作用，其用量为每千克体重 15～30 毫克。用生理盐水配成 2.5％～5％溶液，每隔 2～3 小时 1 次。

（4）对病危犬，应对症采取辅助疗法，如使用消除肺水肿、兴奋呼吸中枢、输入高渗葡萄糖等药物，有助于提高疗效。

【预防】为防止宠物有机磷农药中毒，应采取以下措施。

（1）认真执行《剧毒农药安全使用规程》，妥善保管和使用有机磷农药。

（2）喷洒过有机磷农药的田地，7天内不让宠物进入。

（3）严格按《中华人民共和国兽药典》规定应用有机磷杀虫剂治疗有关疾病，不得滥用或过量使用。犬猫等宠物经口服用有机磷杀虫剂之前，要先供给充足的清洁饮水。

（4）加强农药厂废水的处理和综合利用，定期对环境进行检测，以便有效地控制有机磷化合物对环境的污染。

四、灭鼠药中毒

灭鼠药一般对人、畜都有较大的毒性。灭鼠药中毒主要是因灭鼠时，宠物误食灭鼠毒饵或被毒鼠药污染的饲料和饮水，以及因吞食被灭鼠药毒死的老鼠或家禽尸体而发生的中毒性疾病。

当今国内外已有10多种灭鼠药。目前，灭鼠药广泛用于农村和城市。因此，群体和散发灭鼠药中毒事件屡有发生。按灭鼠起效的急缓和灭鼠药毒理作用分类，对有效抢救灭鼠药中毒具有重要参考价值。

（1）按灭鼠起效急缓可分为急性灭鼠药和慢性灭鼠药。

◆ 鼠食后24小时内致死为急性灭鼠药，包括毒鼠强（tetramine，化学名四亚甲基二砜四胺）和含氟杀鼠药如氟乙酰胺（fluoroacetamide）、氟乙酸、氟乙酸钠、甘氟等。

◆ 鼠食后数天内致死的为慢性灭鼠药，包括抗凝血类鼠药敌鼠钠盐（diphacinone‐Na）和灭鼠灵等。

（2）按灭鼠药的毒理作用可分为抗凝血类灭鼠药、兴奋中枢神经系统类灭鼠药和其他类灭鼠药等。

◆ 第一代抗凝血杀鼠剂有杀鼠灵（华法令，warfarin）、杀鼠迷（力克命，comnatetraly）、敌鼠（野鼠净，diphacinone）与敌鼠钠、克灭鼠（杀鼠灵，coumafuryl）、氯敌鼠（氯鼠酮，chlorophacinone）。

◆ 第二代抗凝血杀鼠剂有溴鼠隆（大隆，brodifacoum，dalon）、溴敌隆（乐万通，bromadiolone）、杀它仕（flocoumafen，storn）。

◆ 兴奋中枢神经系统类灭鼠药有毒鼠强、有机氟类。

◆ 其他类灭鼠药有：

☆ 增加毛细血管通透性药物安妥（ANTU）。

☆ 抑制烟酰胺代谢药杀鼠优（pyrinuron）。

☆ OPI，如毒鼠磷（phosazetin）。

☆ 维生素 B_6 的颉颃剂鼠立死（crimidine）。

（一）毒鼠强中毒

毒鼠强的化学名称为四亚甲基二砜四胺，俗称"四二四""三步倒""闻到死""一扫光""没鼠命""王中王"等。毒鼠强中毒（tetramine poisoning）是因宠物食入含毒鼠强饲料、毒饵或动物组织引起的以癫痫样惊厥等神经兴奋症状为主要特征的中毒性疾病。

【病因】毒鼠强对所有温血动物都有剧毒，其毒性相当于氰化钾的 100 倍，砒霜的 300 倍，5 毫克即可致人死亡，而且化学性质稳定，在动物体内中毒作用可长期残留，对生态环境造成长期污染，被动物摄取后可以原毒物形式滞留在体内或排泄，从而导致二次中毒现象。

【症状】

◆ 主要有精神沉郁、乏力、恶心、呕吐、视力减弱、肌束震颤等。

◆ 随病情发展，出现不同程度的意识障碍及全身性阵发性抽搐，可反复发作，部分毒鼠强中毒病犬会突发癫痫病。

◆ 毒鼠强还可引起明显的精神症状，可造成心肌损害、心律紊乱、心力衰竭等。

◆ 食入毒鼠强后，一般在 10～30 分钟发病，少数发病可有一定延迟。潜伏期的长短与摄入量有关。

【诊断】

◆ 有毒鼠强接触史，以癫痫样发作等中枢神经系统兴奋为主的临床表现。

◆ 血、尿和呕吐物等生物样品中检出毒鼠强。

◆ 用气相色谱法检测生物样品中的毒鼠强，可以定性、定量检测，检出量低。

◆ 本病应与有机氟中毒相区分。

【临床急救】毒鼠强中毒目前无特效解毒药，主要采取促进毒物排出和对症治疗等措施。对不能排出有机氟类杀鼠剂中毒者，在明确诊断前可使用乙酰胺。

◆ 清除毒物。

☆ 通过消化道中毒的，可用大量温淡盐水洗胃，一般在发病后 24 小时内均应洗胃。

☆ 无洗胃条件时要争取尽早催吐。

☆ 洗胃后可给予氢氧化铝凝胶或生鸡蛋清保护消化道黏膜。

☆ 洗胃后导泻。

◆ 应用活性炭。

☆ 初次洗胃后经胃管灌入 1～3 克活性炭，留置胃管，2 小时后抽出。

☆ 24 小时后再灌入活性炭 1～3 克。

☆ 留置适当时间后再拔出胃管。

◆ 药物疗法有效控制抽搐。

☆ 可用安定缓慢静脉注射，也可用苯巴比妥钠。

☆ 癫痫发作时用地西泮。

☆ 缺氧发绀时，可及早进行气管切开术。

☆ 应用甘露醇和速尿，促进毒物的排出。

☆ 保护肝肾功能，维持水、电解质及酸碱平衡。

【预防】

◆ 管理好毒鼠强药液或毒饵。

◆ 不要给宠物吃毒死的动物尸体，以防二次中毒。

◆ 不要与宠物饲料混放等。

（二）有机氟中毒

有机氟中毒（organic fluoride poisoning）是犬猫等误食了含有机氟化物饲料或动物尸体而引起的以神经兴奋为主的中毒性疾病。有机氟化合物有农药氟乙酰胺（敌蚜安）、杀鼠剂氟乙酸钠、甲基氟乙酸和甘氟等，对犬猫等动物及人有剧毒。据报道，口服氟乙酸化合物的致死量为 0.06～0.20 毫克/千克。

【病因】

◆ 犬猫等动物喝了被有机氟化合物污染的水和饲料。

◆ 吃了有机氟类鼠药的毒饵。

◆ 吃了被有机氟类鼠药毒死的动物尸体。

【症状】主要表现为中枢神经兴奋症状。

◆ 一般在吃后 2～3 天病犬躁动不安、呕吐、呼吸困难、心率失常。

◆ 腹痛，排尿和排便次数增加。

◆ 疯狂地直线奔跑，不躲避障碍，吠叫，肌肉呈阵发性和强直性痉挛，口吐泡沫，最后表现昏迷与喘息，在抽搐中因呼吸抑制和心力衰竭持续约 1 分钟，之后死亡。

◆ 从出现神经症状到死亡 2～12 小时，死后迅速出现尸僵，剖检可见黏膜发绀、血色瘀黑、器官充血。

【诊断】根据有机氟毒物接触史，病犬躁动不安、呼吸困难、肌肉呈阵发性和强直性痉挛，最后表现昏迷与喘息等临床症状可做出初步诊断。检测血氟、尿氟和胃肠内容物中氟含量可确诊本病。

【临床急救】

◆ 有机氟中毒的特效解毒药是乙酰胺。乙酰胺（解氟灵）可延长中毒潜伏期、减轻发病症状。用量每次每千克体重0.1毫克。首次用量为全天量的一半，剩下的一半分成4份，每2小时注射1次。一定要及早用药，剂量一定要足够。

◆ 经口中毒者，用淡盐水催吐，用高锰酸钾溶液洗胃，用硫酸镁导泻，给病犬吃生鸡蛋清和氢氧化铝片可保护消化道黏膜。静脉注射葡萄糖酸钙5～10毫升也有益处。

◆ 若与氯丙嗪、巴比妥类镇静药配合使用，可降低中枢神经的兴奋性。

【预防】

◆ 管理好有机氟药液或毒饵。

◆ 不要给宠物吃被毒死的动物的尸体，以防二次中毒。

◆ 不要与动物饲料混放等。

（三）抗凝血类杀鼠药中毒

抗凝血类杀鼠药中毒（anticoagulant rodenticide poisoning）是由于犬猫等动物食入了含抗凝血类杀鼠剂的饲料和毒饵等引起的以血液凝固不良，全身广泛性的出血为特征的中毒性疾病。

抗凝血类杀鼠药是国家批准的慢性杀鼠剂，为合法鼠药。根据其化学成分，可分为丙酮苄羟香豆素类（华法令、大隆、杀鼠灵、杀鼠迷、溴敌隆等）和茚满二酮类（敌鼠钠盐、氯鼠酮）两种。

【病因】犬猫误食杀鼠剂毒饵或鼠药而发生中毒。

【症状】

◆ 精神极度沉郁，体温升高，食欲减退。

◆ 黏膜苍白、吐血、便血、鼻出血、广泛的皮下血肿、肌间出血。

◆ 关节肿胀、步态蹒跚、共济失调、虚弱、心律失常、呼吸困难、昏迷而急性死亡。

◆ 剖检可见全身各部位大量出血。常见出血部位为胸腔，关节和血管周围组织皮下组织，脑膜下和脊髓管，胃肠及腹腔等，心肌松软，心内、外膜下出血。肝小叶中心坏死，病程长的病例，组织黄染。

◆ 误食药量过多时，尚未表现出典型的出血征候即可死亡。

【诊断】

◆ 根据药物接触史，出血征候等可初步诊断。

◆ 凝血酶原和凝血酶活性检测和呕吐物、洗胃液中检出毒物可确诊。

【临床急救】及时应用特效解毒药维生素 K₃ 治疗，进行解毒处理和对症治疗。

◆ 口服中毒者。

☆ 应及早催吐、洗胃、导泻、禁用碱性溶液洗胃。

☆ 维生素 K₃ 溶于 5％葡萄糖溶液内静脉注射，每千克体重 0.2 毫克，每天 2 次，连用 3～4 天。也可肌内注射维生素 K₃，每天 3 次，连用 6～7 天。

◆ 重症病犬。

☆ 输新鲜全血，每千克体重 10～20 毫升。

☆ 为防止贫血引起的毛细血管脆性降低或血压下降，安络血 5～10 毫克/次，2～3 次/天，肌内注射。

☆ 林格氏液与 5％葡萄糖溶液等量混合液每千克体重 20～40 毫升，静脉滴注或皮下注射，同时要强心、保肝。

◆ 为防止病犬活动时出血，应使其保持安静，并注意保温。治疗 36～48 小时后，病情不见好转或疑似有并发症或脏器损害时，要进一步检查，发现异常时及时采取相应的治疗措施，切不可延误时机。

【预防】做好毒药、毒饵的保管和处理工作，以免犬猫误食。

(四) 安妥中毒

安妥中毒（antu poisoning）是由于动物食入了含有安妥的毒饵、动物组织等引起以呕吐、呼吸困难、口吐白沫、可视黏膜发绀、鼻孔流出泡沫血色黏液为特征的中毒性疾病。

【病因】误食毒饵或吞食毒死鼠类而中毒。

【症状】安妥主要引起肺部毛细胞管的通透性加大、血浆大量进入肺组织，迅速导致肺水肿。其主要症状如下。

◆ 呕吐、呼吸困难、口吐白沫、咳嗽、精神沉郁、虚弱，可视黏膜发绀、鼻孔流出泡沫血色黏液。

◆ 有的腹泻、运动失调。

◆ 病程后期，患病宠物张口呼吸，骚动不安，常发生强直性痉挛，最后窒息死亡。

◆ 剖检可见：

　　☆ 肺水肿，呈暗红色，极度肿大，有许多出血斑，切开后流出大量暗红色带泡沫的液体。

　　☆ 气管和支气管内充满泡沫样液体，胸腔内充满无色或浅红色的液体。

　　☆ 心包积水，肝肿大，呈暗红色，脾肾呈暗红色，有出血斑。

　　☆ 胃肠道和膀胱有卡他性炎。

【诊断】

◆ 根据病史、症状和剖检可见胃肠道、呼吸道充血，呼吸道内充满带血性泡沫，肺水肿和胸腔积液等变化，可做出初步诊断。

◆ 血液生化检查可见转氨酶升高，胆红素升高，血糖升高，电解质紊乱。

◆ 尿液常规检查，可见血尿、蛋白尿。

◆ 胃内容物和残剩饲料中检出安妥，即可确诊。

【临床急救】本病尚无特效解毒药物，主要采取促进毒物排出和对症治疗等措施。

◆ 经口中毒者给予催吐剂，如硫酸铜，然后给予 1：5 000 的高锰酸钾溶液洗胃，禁用碱性溶液洗胃。

◆ 用硫酸钠导泻，禁用油类泻剂。

◆ 皮肤污染的用大量清水冲洗。

◆ 给予镇静剂（如巴比妥）以减少患病宠物对氧的需要，有条件的可以输氧。

◆ 投予阿托品、地塞米松、维生素 C 等药，以减少支气管分泌物，增强抗休克作用。

◆ 给予渗透性利尿剂（如 50％葡萄糖溶液和甘露醇溶液）以解除肺水肿和胸膜渗出，也可静脉注射 10％硫代硫酸钠溶液。

◆ 亦可采用强心、保肝等措施。

◆ 半胱氨酸肌内注射可降低其毒性。

【预防】做好毒药、毒饵的保管和处理工作，以免造成宠物误食。

（五）磷化锌中毒

磷化锌中毒是由于犬猫食入含有磷化锌的毒饵或动物组织而引起的以呕吐、腹痛、腹泻和全身广泛性出血，组织缺氧为特征的中毒性疾病。磷化锌是一种强力、价廉的灭鼠药。犬猫中毒致死量为每千克体重 20～40 毫克。

【病因】犬猫常由于误食毒饵或毒死的老鼠等引起中毒。

【症状】磷化锌是一种胃毒剂，在胃中与胃酸反应，生成极毒的磷化氢直接刺激胃肠黏膜；被吸收进入血液后，分布于全身各组织，即可直接损害血管黏膜和红细胞，发生血栓和溶血，又能导致所在组织细胞变性、坏死，最终由于全身广泛性出血，组织缺氧以致昏迷而死。

◆ 中毒后出现：

☆ 食欲减退，继而呕吐不止，呕吐物（在暗处可发出磷光）或呼出气体有蒜味或乙炔气味，腹痛不安。

☆ 呼吸加快加深，发生肺水肿，初期过度兴奋甚至惊厥，后期昏迷嗜睡。

☆ 此外，还伴有腹泻，粪便中混有血液等症状。

【诊断】

（1）根据病史，临床症状（流涎、呕吐、腹痛和腹泻症状，呕吐物带大蒜臭，在暗处呈现磷光等），剖检变化（肺充血、水肿以及胸膜渗出）和胃肠内容物的蒜臭味可做出初步诊断。

（2）呕吐物、胃内容物中检出磷化锌，可以确诊。

【临床急救】本病尚无特效解毒药物，主要采取促进毒物排出和对症治疗等措施。

◆ 病初可用 5‰碳酸氢钠溶液洗胃，以延缓磷化锌分解为磷化氢。

◆ 亦可灌服 0.2‰～0.5‰硫酸铜溶液，与磷化锌形成不溶性的磷化铜，阻滞磷化锌吸收从而降低毒性，促使患病宠物呕吐，排出部分毒物。

◆ 也可用 0.1‰高锰酸钾溶液洗胃，使磷化锌变为毒性较低的磷酸盐。

◆ 洗胃后可用硫酸钠导泻（忌用硫酸镁），亦不宜用牛奶、蛋清、动植物油类，以免促进磷的吸收。

◆ 为防止酸中毒，可静脉注射葡萄糖酸钙溶液或乳酸钠溶液。

◆ 发生痉挛（腹痛）时给予镇静和解痉药对症治疗。

◆ 呼吸困难可给予吸氧、氨茶碱等。

【预防】做好毒药、毒饵的保管和处理工作，以免造成误食。

五、阿维菌素类药中毒

阿维菌素类药物中毒是该类药物使用剂量过大或间隔时间过短所引起的以神经机能紊乱（呼吸抑制及中枢神经抑制症状）为特征的中毒性疾病。犬猫均可中毒。

【病因】

◆ 阿维菌素类药物是一种高效、低毒、安全、广谱的新型驱虫药，对动物体内线虫及疥螨、蜱、血虱等几乎所有体外寄生虫都有很强的驱杀效果。临床用药剂量范围小，每千克体重 0.2～0.3 毫克，超过推荐剂量的 3～4 倍即可引起中毒。

◆ 有些犬种对阿维菌素类药物非常敏感，即使推荐剂量范围也可出现中毒，如：

☆ 北京犬

☆ 吉娃娃

☆ 小鹿犬等小体型品种犬

☆ 长毛大牧羊犬等

◆ 阿维菌素类药物易于透过幼年宠物血脑屏障，故幼犬和猫对阿维菌素类比较敏感。

◆ 阿维菌素比伊维菌素的毒性高。

【症状】

◆ 发病较急，往往注射或口服 12～24 小时后发病，如不及时救治，死亡率达 100％。

◆ 小型犬表现为全身瘫痪无力、双眼睁大、眼珠呈蓝色湿润、张口、舌外垂、口色鲜红。

◆ 牧羊犬病初流涎、呕吐，步态蹒跚，四肢瘫痪，心率、呼吸加快，后期痉挛，抽搐。

【诊断】

◆ 根据使用阿维菌素类药物的病史，结合肌肉无力、共济失调、呼吸急促等临床症状，可初步诊断。

◆ 必要时检测胃内容物和相关组织阿维菌素类药物的含量。

【临床急救】本病尚无特效解毒药物，主要采取促进毒物排出和对症治疗等措施。

◆ 如果口服用药不久则可以用硫酸铜催吐，硫酸钠泻下，用活性炭吸附和利尿，以减少药物的吸收和加速药物的排泄。

◆ 心动徐缓可用阿托品，昏迷的可用毒扁豆碱，急性过敏的可用肾上腺素，同时强心、补液、补充能量。

◆ 对中毒较深的宠物可静脉滴注葡萄糖、维生素 C、维生素 B_1、ATP 及多种电解质等，以增加营养和防止脱水。

◆ 为防止继发感染，可适当配合使用一些抗生素及多种电解质等，以增加宠物营养和防止脱水。

【预防】

◆ 严格控制用药剂量，并采用正确的给药途径（内服或皮下注射）给药。

◆ 混饲给药时要混匀。

◆ 阿维菌素较伊维菌素毒性高，小型犬和牧羊犬较为敏感，使用时应注意。

◆ 严禁内服剂用于犬。

◆ 用伊维菌素治疗犬恶丝虫病时，应使用其专用片剂，使用剂量每千克体重不超过 6 微克，每个月 1 次。

第四节　急性植物类毒物中毒

植物类毒物是指含有某些天然化学成分，进入体内被机体吸收后危害动物健康的所有植物。这些能致人和动物发病的天然化学成分称为植物毒素。动物接触并采食大量的有毒植物，所含的植物毒素被机体吸收后，直接或通过生物转化损伤组织器官的机能和结构，进而影响动物的生长发育和生产性能，出现一系列的临床症状，有的甚至威胁动物的生命，将这类疾病称为有毒植物中毒性疾病。

一、马铃薯幼芽中毒

马铃薯又名土豆、地蛋、山药蛋等。它不发芽时内含一种毒素名为龙葵素不到 0.1%，不能使人和动物中毒。发芽的马铃薯特别是芽周发青紫绿的马铃薯龙葵素含量可达 0.5%，大量食用可引起中毒。犬猫大量采食发芽的马铃薯而引起的中毒称为马铃薯中毒，临床症状以眩晕、胃肠炎症状、意识障碍、呼吸困难及心脏衰竭为主。

【病因】

◆ 发芽马铃薯中龙葵碱是其毒性成分。马铃薯正常情况下含龙葵碱较少，在贮藏过程中逐渐增加，但马铃薯发芽后，其幼芽和芽眼部分的龙葵碱含量激增，宠物等大量采食后可引起中毒。

◆ 尤其是春末夏初季节多发。

◆ 龙葵碱对胃肠道黏膜有较强的刺激作用，对呼吸中枢有麻痹作用，并能引起脑水肿、充血。此外，对红细胞还有溶血作用。

【症状】

◆ 一般在采食后 10 分钟至数小时出现症状。

◆ 先有咽喉抓痒感及灼烧感，腹部灼烧感或疼痛，其后出现胃肠炎症状，剧烈呕吐、腹泻，可导致脱水、电解质紊乱和血压下降。

◆ 此外，宠物还可出现眩晕、轻度意识障碍、呼吸困难症状。

◆ 重者可因心脏衰竭、呼吸中枢麻痹死亡。

【诊断】

◆ 有喂食发芽马铃薯的病史及临床症状可初步诊断。

◆ 如要确诊则需做马铃薯龙葵素含量的测定。

【临床急救】目前无特效解毒药，对中毒犬猫应立即停喂马铃薯饲料，并尽快采取一般排毒措施和对症治疗。

（1）排出胃肠内容物

◆ 中毒后立即用 1% 硫酸铜溶液 0.5～2 毫升灌服，用浓茶或 1：5 000 高锰酸钾溶液或 0.5% 鞣酸溶液洗胃。

◆ 也可用盐类或油类泻剂，促进胃肠道有毒物的排出。

（2）对症治疗

◆ 对于狂暴不安的宠物应用镇静剂。常用的有：

　☆ 地西泮，犬每千克体重 0.2～0.6 毫克，猫每千克体重 0.1～0.2 毫克，静脉注射。

　☆ 盐酸氯丙嗪每千克体重 2～6 毫克，静脉注射或肌内注射。

◆ 剧烈呕吐、腹痛者，可给予阿托品 0.3～0.5 毫克，肌内注射。

◆ 保护胃肠黏膜内服黏浆剂、吸附剂或收敛剂，必要时可应用抗菌药物防止继发感染。

◆ 对病情严重的采取补液强心等措施改善机体状况。

【预防】

◆ 马铃薯应低温贮藏，避免阳光照射，防止生芽。

◆ 不吃生芽过多、黑绿色皮的马铃薯。生芽较少的马铃薯应彻底挖去芽的芽眼，并将芽眼周围的皮削掉一部分。这种马铃薯不易炒吃，应煮、炖、红烧吃。

◆ 烹调时加醋，可加速破坏龙葵碱。

◆ 马铃薯应存放于干燥阴凉处或经辐照处理，以防止其发芽。

二、洋葱中毒

洋葱中毒是犬采食洋葱后引起的以血红蛋白尿症为特征的中毒性疾病。犬发病较多，猫少见。犬洋葱中毒世界各地均有报道，我国 1998 年首次报道了犬洋葱中毒。

【病因】

◆ 犬洋葱中毒多为犬采食含有洋葱或大葱的食物后，如包子、饺子、铁板牛肉、大葱泡羊肉等，便可引起中毒。

◆ 实验性投喂一个中等大小的熟洋葱（中毒剂量为每千克体重 15～20 克）或捣碎投以葱汁，细胞内即可出现海恩茨氏小体，于第 7～10 天引起严重的贫血。

【症状】

◆ 犬采食洋葱或大葱中毒 1～2 天后，可见红色尿，颜色深浅不一，严重者呈酱油色。

◆ 病情较轻者，症状不明显，仅尿液呈淡红色。

◆ 严重中毒犬出现食欲下降或废绝，精神沉郁，虚弱无力，走路蹒跚，不愿活动，喜欢卧地，眼结膜或口腔黏膜发黄，心搏动增快，喘气，呼出的气体、尿液、粪便中有特征性的洋葱味。

◆ 严重贫血的犬如救治不及时，可导致死亡。

◆ 血液检验。

☆ 随中毒程度加重血液逐渐变得稀薄。

☆ 红细胞数、血细胞比容和血红蛋白减少。

☆ 白细胞数增多。

☆ 红细胞内或边缘上有海因茨氏小体。

◆ 生化检验。血清总蛋白、总胆红素、直接及间接胆红素、尿素氮和天门冬氨酸氨基转移酶活性均呈不同程度增加。

◆ 尿液检验。

☆ 尿液颜色呈红色或红棕色。

☆ 比重增加。

☆ 尿潜血、蛋白和尿血红蛋白检验呈阳性。

☆ 尿沉渣中红细胞少见或没有。

【诊断】

◆ 有采食洋葱或大葱食物的病史。

◆ 结合实验室血常规、生化检验和尿常规确诊。

◆ 本病应与血尿及其他溶血性疾病进行区别。

【临床急救】本病无特效治疗药物。治疗原则是强心，补液，抗氧化，促进血液中的游离血红蛋白排出。

◆ 一旦发病应立即停止饲喂洋葱或大葱性食物，供给易消化、营养丰富的饲料。

◆ 病情较重者，采取以下措施。

☆ 强心、补液，静脉注射葡萄糖、ATP、辅酶 A、安钠咖等。

☆ 抗氧化用维生素 E、维生素 C、亚硒酸钠等。

☆ 给以速尿，每千克体重 1～2 毫克，每天 1 次，连用 2～3 天。

☆ 口服或肌内注射复合维生素 B 可提高疗效。

☆ 应用碳酸氢钠可减轻血红蛋白对肾脏的损伤。

◆ 严重贫血的犬，应输血治疗。

【预防】加强犬猫等宠物的管理，平常少饲喂或不饲喂洋葱或大葱性食物。

第五节　咬螫伤急救

咬螫伤是指体内带有毒汁或毒物的动物（如蛇类及昆虫类等）通过咬伤、刺螫等多种途径侵害宠物及其他动物而引起的疾病。

各种具有毒性的动物带毒构造（如毒腺、毒牙、毒刺）是动物在生存进化过程中发展而成的。其作用或为摄取食物和消化食物，或为防御武器。绝大多数动物毒素属有毒蛋白质，这些毒素能在叮咬或刺螫部位或在消化道内发挥其毒害作用，被动物吸收后很快引起患病动物血液损害（溶血、凝血）、肾脏损害（肾炎或肾病）、神经损害（变性或坏死），甚至发生休克而迅速死亡。

一、蛇咬伤

蛇咬伤指犬猫等被蛇牙咬入体内，特别是指被通过蛇牙或在蛇牙附近分泌毒液的蛇咬入后所造成的一个伤口。

◆ 被无毒的蛇咬了以后，治疗较简单。

◆ 被毒蛇咬伤则可能很严重，这要由以下因素决定。

☆ 患病动物体型的大小。

☆ 咬伤的部位。

☆ 蛇毒注入的量。

　　☆ 蛇毒被吸收到患病动物血液循环的速度。

　　☆ 被蛇咬后与应用特异的抗蛇毒血清间隔时间的长短。

　　【病因】犬猫为了配种、觅食、玩耍或活动，常到野外、草地、森林等处，被蛇咬伤后引起。

　　【症状】

　　（1）被无毒的蛇咬了以后，无症状或症状很轻微。

　　（2）被毒蛇咬伤的，伤口部位越接近中枢神经和血管丰富的部位，其发病越快，症状也越严重。咬伤部位常可查出两个特征性的毒牙咬伤孔。

　　◆ 被神经毒毒蛇（如金环蛇、银环蛇）咬伤后：

　　　☆ 咬伤局部一般无明显反应，只有眼镜蛇咬伤后，局部组织坏死、溃
　　　　烂，不易愈合。

　　　☆ 犬猫很快出现流涎或呕吐，声音嘶哑，牙关紧闭，吞咽困难，呼吸急
　　　　迫，四肢无力，共济失调，全身震颤或痉挛等症状。

　　　☆ 严重中毒者肢体瘫痪，惊厥后昏迷，心力衰竭，呼吸中枢麻痹而
　　　　死亡。

　　◆ 被血液毒毒蛇（如蝰蛇、蝮蛇、竹叶青）咬伤后：

　　　☆ 1～2 小时后，局部和皮下出血，肿胀，咬伤局部灼热、剧痛，发黑
　　　　发紫，组织溃烂坏死，并不断向心性扩延。

　　　☆ 全身状况迅速恶化，出现血尿、血红蛋白尿、少尿或尿闭。

　　　☆ 有溶血性黄疸和贫血，呼吸急迫，心率失常，有的犬猫休克，严重者
　　　　几小时内死亡。

　　◆ 被神经和血液混合毒毒蛇咬伤后，临床症状为两种蛇毒的综合症状，犬猫常死于呼吸肌麻痹的窒息，或心力衰竭性休克。

　　（3）实验室检验，血清肌酸激酶活性增加，中毒越严重，活性越大。

　　【诊断】

　　◆ 根据病史、咬伤局部、全身症状和肌酸激酶活性增加进行综合诊断。

　　◆ 必要时可用单价特异性抗蛇毒素检测，以确定何种蛇毒。

　　【临床急救】首先应防止蛇毒扩散，进而排毒和解毒，并配合对症治疗。

　　（1）防止蛇毒扩散　让被咬伤的犬猫保持安静，咬伤四肢时，应立即在伤口上 2～3 厘米处缠束一止血带，以防止带蛇毒的血液和淋巴回流，必要时20 分钟松带 1～2 分钟。

　　（2）冲洗伤口和扩创

　　◆ 可用以下溶液冲洗蛇毒和污物。

　　☆ 清水

　　☆ 肥皂水

　　☆ 过氧化氢液

　　☆ 0.1％高锰酸钾溶液

◆ 扩创。

　　☆ 冲洗伤口后，用小刀或三棱针挑破伤口或扩创，也可将伤口周围组织切除，然后挤压排毒，再用过氧化氢液或 0.1％高锰酸钾溶液冲洗伤口。

　　☆ 在扩创的同时，可用 0.5％普鲁卡因青霉素将伤口局部封闭，这对抑制蛇毒的扩散，减轻疼痛和预防感染均有较好的作用。

（3）特异解毒

◆ 早期可静脉注射多价抗蛇毒血清。

◆ 同时内服和外用南通蛇药片（季德生蛇药片），上海蛇药或群用蛇药片等。

（4）对症疗法

◆ 可应用大剂量糖皮质激素，以增强抗蛇毒和抗休克作用，如：

　　☆ 强的松

　　☆ 地塞米松等

◆ 同时要应用咖啡因或樟脑等强心药物。

◆ 必要时再通过静脉输注复方氯化钠、葡萄糖或葡萄糖酸钙等液体。

【预防】掌握毒蛇活动规律，不让犬猫等宠物进入有毒蛇活动的区域。

二、蜘蛛毒中毒

　　蜘蛛毒中毒是被蜘蛛蜇伤，毒液进入体内所引起的中毒性疾病，犬猫等各种宠物均可发病。

　　【病因】被有毒蜘蛛咬伤（如黑寡妇、致命红斑蛛）。

　　【症状】

◆ 被蜘蛛蜇伤的宠物主要表现局部症状，全身反应轻微。

◆ 伤口处可呈苍白色，周围以红晕渗血或出现荨麻疹，局部迅速肿胀、疼痛或剧痛，渐渐出现缺血性坏死。

◆ 全身症状为呼吸困难，脉搏减慢，心律不齐，烦躁不安，乱奔跑，有的呕吐，大汗淋漓，口渴喜饮。

【诊断】根据犬猫被蜘蛛蜇伤的病史、蜇伤局部及全身症状进行分析，即可诊断。

【临床急救】本病尚无特效解毒药，宠物一旦被毒蜘蛛蜇伤，应当及时排出毒素，以防止毒素被进一步吸收，并采取有效的对症治疗措施。

◆ 首先使宠物保持安静，以减少毒素吸收和扩散。

◆ 必要时将蜇伤部的近心端用止血带或代用品结扎，以阻断静脉和淋巴回流，止血带每15～20分钟放松约1分钟，结扎总时间不得超过2小时。

◆ 伤口处理。

☆ 用清水、冷水、冷盐水反复冲洗伤口。

☆ 局部用5％普鲁卡因作环形封闭。

☆ 再将创口切开，用针管或注射器（吸液器）将毒液及时吸出。

☆ 患处注射（或灌注）0.1％高锰酸钾溶液或3％过氧化氢溶液。

◆ 可用肾上腺皮质激素减轻全身和局部反应。严重者可服用蛇药。对症治疗包括强心、补液、抗休克、维持水和电解质平衡等。

【预防】蜘蛛是农林害虫的天敌，犬猫应避免在毒性较大的毒蜘蛛活动的地区狩猎、配种、觅食、玩耍或活动，尽量避开可疑有毒的蜘蛛。

第六节　黄曲霉毒素中毒

黄曲霉毒素中毒是因犬猫等宠物采食被黄曲霉或寄生曲霉污染并产生毒素的食物后引起的以全身出血、消化机能紊乱、腹水、神经症状等为特征的中毒性疾病。

【病因】

◆ 黄曲霉和寄生曲霉广泛存在于自然界，特别是在潮湿条件下，极易污染玉米、花生、大米等。

◆ 犬猫吃了被黄曲霉污染的食物，常可发生中毒。

◆ 一般说来，幼仔比成年犬猫易感，雄性比雌性易感。

【症状】

◆ 犬猫中毒多呈慢性经过，初期食欲减退、沉郁、不愿活动、体重减轻、消化障碍。

◆ 随着病情的发展，可见黄疸，有时可触及肿大的肝脏，腹水，逐渐消瘦。

◆ 中毒病程长者，可发生肝癌。

◆ 病死后剖检，可见胆管增生，胆汁色素在肝门区积累，中央静脉和门静脉周围出现多血管腔，肝硬化（彩图 25-1）。

◆ 检材经提取、浓缩、薄层分离后，在紫外线下有很强的荧光；黄曲霉素 B_1、B_2 呈紫色或蓝紫色荧光，G_1、G_2 呈黄绿色荧光。

【诊断】

◆ 如发现可疑病犬猫，则应根据病史症状和饲料、饮水等样品进行检查，可初步诊断。

◆ 确诊必须对可疑样品进行产毒霉菌的分离培养及含量测定。

【临床急救】本病尚无特效解毒药物，主要采取促进毒物排出和对症治疗等措施。

◆ 中毒时，应立即停喂霉变食物，投以缓泻剂，并采取解毒保肝措施和止血疗法。

◆ 可用 20%～50%葡萄糖溶液、维生素 C、葡萄糖酸钙或 10%氯化钙溶液。

◆ 心脏衰竭时，皮下注射或肌内注射强心剂。

◆ 对患病宠物也可用茵陈 20 克、栀子 3 克、大黄 3 克，水煎内服。

◆ 为了防止继发感染，可应用抗生素制剂，但严禁使用磺胺类药物。

【预防】

◆ 预防本病的关键是食物的防霉，避免使用发霉食物。

◆ 用作饲料的玉米、花生、小麦等如发现有黄曲霉时，应用水洗去霉，晒干后再利用。

◆ 对怀疑因黄曲霉毒素中毒而死亡的动物，不能将其肝脏、肉喂犬猫等。

◆ 不要再喂病犬原用的饲料。

第七节　变质食物中毒

变质食物中毒指犬猫等采食含有细菌及细菌毒素的变质食物后，引起的以呕吐、腹泻及其他中毒症状为主的中毒性疾病。

【病因】采食变质食物引起中毒。

【症状】

◆ 犬猫采食变质的食物后，一般 0.1～3 小时就会呕吐，采食量少的呕吐完变质食物后便康复。

◆ 严重中毒者会出现腹泻，便中带血，腹壁紧张，触压疼痛。

◆ 发病后 10～72 小时，宠物肠蠕动变弱，肠内充气，肚腹胀大，更有利于革兰氏阴性菌生长繁殖，释放内毒素，使病情进一步恶化，甚至发生内毒素性休克。

◆ 内毒素中毒的宠物，体温常在采食后 2～24 小时升高至 39℃以上，同时呕吐、腹泻，排水样便。

◆ 腹部胀大，腹壁紧张，触压疼痛。

◆ 毛细血管再充盈时间延长，心搏增快，脉搏变细弱，精神朦胧，最后休克。

◆ 实验室检验，白细胞和中性粒细胞减少，多形核细胞增多，血糖升高。

◆ 尸体剖解可见胃肠炎，肝脏、肾和心脏脓肿等。

【诊断】根据中毒病史和临床症状，可做初步诊断，确诊则需对食物进行实验室检验。

【临床急救】本病尚无特效解毒药物，主要采取促进毒物排出和对症治疗等措施。

◆ 发病初期，呕吐有利于排出食入的变质食物，等呕吐完后，才可应用止吐药物，如：

　☆ 胃复安每千克体重 0.2～0.5 毫克，每天 3～4 次，皮下注射。

　☆ 苯海拉明，犬 25～50 毫克，猫 12.5 毫克，内服，每天 1～3 次。

◆ 应用止吐药物的同时，还应使用吸附剂或洗胃，如药用炭 1～3 克/次，每天 3 次，洗胃或口服。

◆ 腹泻初期不要止泻，等肠内容物基本排完再用止泻药物。

◆ 呕吐和腹泻易引起脱水和酸碱平衡失调，需静脉补充水分和电解质，调节酸碱平衡。

◆ 为防止细菌感染可口服或全身应用抗生素。

◆ 为防止患病宠物休克，可应用皮质类固醇。

◆ 为防止内毒素引起的其他中毒，可应用强力解毒敏。

【预防】

◆ 夏天少储存肉鱼等食物，不用腐败变质的食物饲喂犬猫。

◆ 在节假日会餐时，不要让犬猫采食过量鱼肉食物。

第八节　巧克力中毒

巧克力中毒是指宠物由于长时间或过量摄入巧克力而引起的以呕吐、腹泻、频尿和神经兴奋为主的中毒性疾病。小型犬更易发生，各种犬对巧克力均敏感。

【病因】

◆ 犬猫巧克力中毒主要是饲养者经常给犬猫饲喂巧克力糖、冰淇淋、面包、饼干等引起。

◆ 过量使用含咖啡因、可可碱、茶碱的药物也可引起中毒。

【症状】

◆ 宠物一般在摄入巧克力后8～12小时出现中毒症状。

◆ 初期表现兴奋、神经过敏、口渴、呕吐。

◆ 随着疾病的发展，腹泻、多尿、心动过速、呼吸急促、黏膜发绀、血压升高。

◆ 严重者肌肉震颤、共济失调、惊厥、体温升高、脱水、虚弱、昏迷，最后因心律不齐和呼吸衰竭而死亡。

◆ 有的无明显症状而因严重的心律不齐突然死亡。

◆ 剖检主要的变化在消化道，胃和十二指肠黏膜充血，其他器官弥漫性瘀血，胸腺瘀血和出血。

【诊断】

◆ 根据饲喂巧克力的病史，结合呕吐、腹泻、多尿、神经兴奋等临床症状，可做出初步诊断。

◆ 必要时可测定血液、尿液、胃内容物中的可可碱含量。送检样品必须冰冻保存。

【临床急救】本病尚无特效解毒药物，应及时采取促进毒物排出及对症治疗措施。

◆ 因巧克力吸收缓慢，催吐和洗胃对摄入巧克力4～8小时的宠物效果显著，洗胃后口服活性炭可阻止消化道对可可碱的吸收。

◆ 口服盐类泻剂能促进可可碱排出消化道，宠物过度兴奋时可应用镇静药，严重中毒者应通过心电图监测心脏功能。

◆ 补充电解质平衡溶液可预防宠物脱水，并能促进毒物代谢和从肾脏的排出。

◆ 插入导尿管可减少可可碱在膀胱的重吸收，加速毒物的排出。

【预防】平时切忌将含有巧克力的食物饲喂犬猫，巧克力应妥善保存，以免随意放置导致犬猫采食后中毒。

第九节　蟾蜍毒中毒

蟾蜍毒中毒是犬猫等宠物摄入蟾蜍分泌的毒液而引起的以神经机能紊乱和心力衰竭为特征的中毒性疾病。各种动物均可发生，主要见于犬。

【病因】

◆ 犬猫等蟾蜍中毒主要是因为误食蟾蜍。

◆ 主人将蟾蜍煮熟饲喂犬猫等宠物以补充动物蛋白而导致中毒。

【症状】

◆ 一般在摄入蟾蜍15分钟后出现症状，初期表现为兴奋不安、头部震颤、共济失调、呼吸急促、黏膜发绀、呕吐、流涎、腹痛、肠蠕动音增强、腹泻。

◆ 瞳孔散大，瞳孔光反应迟钝。心搏动缓慢，进而出现阵发性心动过速，期外收缩，脉搏缓慢而无规律，抽搐，昏迷，终因心脏衰竭而死亡。

◆ 剖检可见：

☆ 胃肠黏膜充血、出血。

☆ 肝脏、肾脏肿大，变脆，胆囊扩张。

☆ 心外膜和心内膜有出血点，心肌柔软，心室扩张，心肌纤维松弛。

☆ 腹腔、胸腔及心包腔内有多量黄色积液。

☆ 肺充血、水肿。

【诊断】根据宠物接触蟾蜍的病史及临床症状，可初步诊断。必要时可进行呕吐或胃内容物蟾蜍毒检测。

【临床急救】本病尚无特效解毒药物，主要采取促进毒物排出和对症治疗等措施。

◆ 早期可立即洗胃、催吐、导泻，灌服活性炭和盐类泻剂，禁用油类泻剂。

◆ 经口咬蟾蜍而中毒者应立即用足量清水冲洗口腔，及时用0.1%高锰酸钾溶液洗胃或内服。

◆ 口服鸡蛋清、蜂蜜等保护宠物胃肠黏膜。

◆ 心律失常者可静脉注射心得安，剂量为每千克体重2毫克，可在短时间内使心率恢复正常，必要时20分钟可重复1次。

◆ 如果宠物有心脏病则应按每千克体重0.5毫克缓慢静脉注射。

◆ 心搏徐缓可应用阿托品。

◆ 惊厥可应用安定、巴比妥类等。

◆ 血钾过高时，应静脉注射葡萄糖、胰岛素和碳酸氢钠溶液，并通过心电图及时监测心脏活动。

【预防】

◆ 加强宠物管理，避免犬接触蟾蜍而误食。

◆ 严禁将蟾蜍煮熟作为动物蛋白饲喂宠物。

◆ 应用蟾蜍制剂，使用时应严格控制剂量。

（胡俊杰　才冬杰）

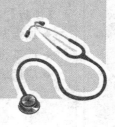

第二十六章
宠物神经系统疾病急救

第一节　脑　积　水

脑积水是指脑脊液循环障碍引起的颅内压增高和脑室扩大。

【病因】

◆ 可能是原发性的（先天性的），也可能为继发性的。

☆ 遗传性脑积水患犬一出生就会发病。

☆ 继发性脑积水则是由其他疾病引发脑脊液正常排泄阻滞。

◆ 遗传性脑积水则常见于短头犬和小型品种的犬。如：

☆ 凯恩狸

☆ 吉娃娃

☆ 马尔济斯犬

☆ 曼彻斯特狸

☆ 博美犬

☆ 玩具贵宾

☆ 约克夏狸

☆ 波士顿狸

☆ 英国斗牛犬

☆ 拉萨犬

☆ 北京犬

☆ 西施犬等

【症状】

◆ 严重脑积水幼犬由于脑内压升高会很快死亡。

◆ 病情较轻的幼犬出生后几个月内脑积水的症状会逐步明显。

◆ 有少数轻度病犬，只有在老年后才发病。

◆ 患犬比同窝仔犬小，生长缓慢，穹顶形头颅，并随时间发展越来越明显，行走姿势异常，走动无目的性，视力和捕捉能力下降，训练幼犬比较困难，很难学会新的东西。

◆ 一般来说脑积水症状会逐步恶化，但也有患犬 2 岁后会变的稳定，症状消失。

◆ 由于该病对大脑具有危害，所以必须马上判断出该病，并尽早采取适当治疗措施。但患犬学习新东西的能力还会受影响，变得很慢，很有限。

【诊断】

◆ 脑积水很难诊断。

◆ 通过全身检查、行为和神经异常作出初步诊断。

◆ 也可通过磁共振成像（MRI）或 CT 进行诊断，有时也可借助于超声波检查来进行诊断。

【临床急救】

◆ 皮质类固醇药物可治疗该病。

　☆ 开始时剂量高，然后逐渐减少药量。

　☆ 用药目的是减少脑脊液。

　☆ 也可在短期内使用一些利尿药。

◆ 虽然一些患犬到 2 岁时，病情稳定，但需要反复治疗。

◆ 患犬对其他药物敏感，并且对各种药物的耐受力低。

◆ 对突然发生惊厥的患犬可使用镇静安眠剂。

◆ 严重脑积水患犬则需外科手术排出过多的脑脊液。

◆ 如果无法治疗，则应考虑对患犬实施安乐死。

【预防】患犬不可用作种犬，即使对该病是否遗传知之甚少，但最好不要将患犬用作种犬。同时，对有家族性脑积水病的犬，虽然无临床症状，也最好不要用作种犬。

第二节　脑膜脑炎

脑膜脑炎是由于脑膜和脑实质同时受到危害或脑膜先受到危害再波及脑实质而发生脑症状和灶性症状。临床上以狂躁不安、站立时受外界强大声音刺激后会突然跌倒，以及后期处于昏睡或步态蹒跚、共济失调和神情恍惚等为特点。

【病因】

◆ 原发病例不多见，主要是从邻近的器官、组织的化脓性病变蔓延而来，如：

  ☆ 中耳和内耳化脓性炎

  ☆ 鼻炎

  ☆ 额窦炎

  ☆ 颅腔附近的蜂窝织炎

  ☆ 颅骨和椎骨的穿透性创伤等

  ☆ 多因葡萄球菌、链球菌、绿脓杆菌、李氏杆菌引起

◆ 接种狂犬病疫苗后的变态反应以及高温、闷热等也可引起。

【症状】根据炎症在脑部的部位不同，临床症状有所差异。

◆ 当脑底部脑膜发炎时，可能出现斜眼，两侧瞳孔不一样，视觉障碍，对光反应迟钝；或面部肌肉痉挛，舌、喉麻痹等。

◆ 大脑穹隆部脑膜炎时，表现神志不清、兴奋或痉挛。

◆ 脑室膜炎时引起颅内压升高，出现严重昏迷，体态反常；慢性病例因脑积水而呆傻。

◆ 弥漫性脑膜炎时，脑脊液增多，脑内压升高。

◆ 临床上表现为突然来回奔跑和乱撞乱跳，呼吸急促，外界强声音刺激时会突然跌倒，早期以各种各样的狂躁不安脑膜刺激症状为主；后期则以精神委顿、嗜睡、步态蹒跚以及共济失调等为主要症状，最后卧地不起而死亡。

◆ 食欲可能正常或减少到废绝。

◆ 体温变化较大，可能升高，也可能下降。

◆ 血液中性粒细胞增多，淋巴细胞减少。

◆ 脑脊髓浑浊，蛋白质和白细胞增多，甚至有微生物病原体。

【诊断】

◆ 传染性因素引起的脑膜脑炎，一方面，有原发性疾病症状（如结核病和巴氏杆菌病等）；另一方面，虽有中枢神经系统机能紊乱，但没有兴奋与麻痹交替出现的症状，在外界强声音刺激下也不会跌倒，可以加以区别。

◆ 中毒性疾病虽有中枢神经系统机能紊乱（如食盐中毒等），但有该中毒的临床特点（如胃肠道黏膜充血、出血和腹泻等症状），不难诊断。

【临床急救】急救原则为消除炎症、镇静、降低颅内压、防止脑水肿。

◆ 首先用磺胺类药（如磺胺甲噁唑，磺胺嘧啶等）加增效剂（三甲氧苄氨嘧啶），口服或肌内注射给药，抗生素如先锋霉素加丁胺卡那与激素合用（如地塞米松等）进行消炎。

◆ 有脑膜刺激症状如兴奋、狂暴等可用镇静药（水合氯醛灌肠、巴比妥钠注射）或氯丙嗪每千克体重1～2毫克，肌内注射或静脉注射，每天2次。

◆ 脑内压升高可用甘露醇注射液，每千克体重1～2克，25％葡萄糖注射液，每千克体重5毫升，混合静脉注射。

◆ 20％～40％的高渗葡萄糖溶液静脉注射，降低颅内压。

【预防】按时接种，计划免疫。

第三节　肝性脑病

肝性脑病是肝病引起的代谢异常而导致中枢神经障碍的病理状态，是急慢性肝衰竭的最主要的指标；是急慢性肝脏疾病或门脉一体循环分流所引起的以代谢紊乱为基础的中枢神经系统功能失调的综合病征。本病在临床上较常见。

【病因】

◆ 先天性的病因是在门静脉与腔静脉之间存在侧支循环，这样就使大量门静脉血中潜在的毒素不能被肝脏清除而进入体循环，最后使大脑中积聚大量的血氯、血氨等。

◆ 肠道内细菌常产生氨、巯基乙醇、短链脂肪酸、吲哚等多种有毒成分，正常的肝脏可将其分解并解毒。当各种原因引起肝功能障碍时，这些有毒成分直接作用于中枢神经。

◆ 本病的诱因为：

☆ 摄取大量蛋白质

☆ 手术

☆ 麻醉

☆ 胃肠道出血

☆ 低钾

☆ 碱中毒

☆ 尿毒症

☆ 脱水

☆ 镇静剂

☆ 口服铵盐、尿素

☆ 便秘等

【症状】因原有肝病的性质、肝细胞损害的程度以及诱因的不同，所以症状也有所不同。

◆ 总体而言，与同窝相比，患病的发育不良，食欲不振，腹围膨满，有腹水。

◆ 有的突然表现烦躁不安、倒地抽搐、口吐白沫、嚎叫、震颤、转圈、沿墙根走动。

◆ 兴奋过后则表现精神沉郁、运步缓慢、走路蹒跚、痴呆、昏睡。这样兴奋与沉郁交替发作，且兴奋期渐次延长，沉郁期渐次缩短，如此出现周期性神经症状。

◆ 有的有不同程度的前期表现，食欲不振、异嗜、烦渴、腹泻、呕吐，有泌尿系统结石的出现血尿、蛋白尿、肝脏肿大且色泽变黄，偶见灰白色坏死灶。

◆ 血液检查。

　☆ 红细胞增加

　☆ 血清总蛋白和血清尿素氮降低

　☆ 血清谷丙转氨酶和碱性磷酸酶升高

　☆ 血氨于食后明显升高

◆ 酚磺酞溴钠排泄试验，静脉注射酚磺酞溴钠，每千克体重 5 毫克，30 分钟后滞留超过 5%。

◆ 氨负荷试验，疑似本病的犬，氯化铵每千克体重 0.1 克，口服，30 分钟后血氨明显高于投予前，血氨于食后明显升高。

◆ 尿沉渣检查多见尿酸铵结晶。

◆ X 线检查可见肝萎缩或轮廓不清，有腹水、肾肿大或泌尿系统结石。

【诊断】根据以下的临床症状和临床病理检查可以做出诊断。

◆ 严重肝病或广泛的门静脉与腔静脉之间侧支循环。

◆ 精神紊乱、昏睡或昏迷。

◆ 肝性脑病的诱因。

【临床急救】以祛除诱因、维持机体内环境稳定、降低血氨、纠正氨基酸比例失调、对症治疗及防治并发症等综合措施为原则。

◆ 为了防止尿道内氨和氨化物的吸收，应给宠物饲喂低蛋白食物或禁食。

◆ 卡那霉素每千克体重 10 毫克，口服，每天 3 次。

◆ 乳果糖每千克体重 0.25～0.5 毫升，口服，每天 1～2 次（一种不能直接吸收的双糖，它被传递至结肠，在这里它被细菌发酵成为有机酸，这些有机酸的 pH 低于结肠内的 pH，促进 NH_3 转化成不能吸收的离子 NH_4^+，随粪便排出体外）。

◆ 硫酸镁或硫酸钠 5～25 克溶于一杯水中灌服，以清理胃肠，杀灭细菌。

◆ 重度昏睡的犬多为碱中毒，应静脉输入乳酸林格氏液。

【预防】除消除该病的诱发因素外，还应注意对原发的严重慢性肝病进行正确有效的治疗。如果发病较频繁，则应经常性服用乳果糖口服液，以减少体内氨的吸收或促进氨的分解。

第四节　中暑（热射病和日射病）

日射病与热射病又称中暑或中热。暑热天气，宠物受阳光直射，引起脑及脑膜充血和脑实质的急性病变，导致中枢机能严重障碍，呼吸系统机能紊乱。犬对热的耐受性较弱。

◆ 日射病是日光直接照射头部而引起脑及脑膜充血和脑实质的急性病变。

◆ 热射病尽管不受阳光照射，但体温过高，这是由于过热过劳及热量散失障碍所致的疾病。

◆ 日射病和热射病都能最终导致中枢神经系统机能严重障碍或紊乱，且两者的症状较难区别。

◆ 本病多见于短头品种犬。

【病因】

◆ 宠物被关在高温通风不良的场所或在酷暑时强行训练，环境温度高于体温，热量散发受到限制，从而不能维持机体正常代谢，以致体温升高。

◆ 麻醉中气管插管的长时间留置、心血管和泌尿生殖系统疾病以及过度肥胖的机体也可阻碍热的散发。

【症状】

◆ 体温急剧升高达 $41\sim42℃$，呼吸急促以至呼吸困难，心跳加快，末梢静脉怒张，恶心、呕吐。

◆ 黏膜初呈鲜红色，逐渐发绀，瞳孔散大，随病情改善而缩小。

◆ 肾功能衰竭时，则少尿或无尿。

◆ 如治疗不及时，则很快衰竭，表现痉挛、抽搐或昏睡。

◆ 剖检可见大脑皮层浮肿，神经细胞被破坏等。

【诊断】根据病史调查及临床症状即可确诊。

【临床急救】

◆ 用冷水浇头部或灌肠，将犬放置阴凉处保持安静。

◆ 对陷于休克的犬，静脉滴注加 5％碳酸氢钠的林格氏液。

◆ 输液中应注意监测，以防止肺水肿。

◆ 如排尿量多则可继续输液，必要时留置导尿管。

◆ 对短头品种有上呼吸道障碍、黏膜发绀的犬，行气管插管，充分输氧。

◆ 严重休克时

☆ 地塞米松每千克体重 1 毫克，静脉滴注。

☆ 氯丙嗪每千克体重 1～2 毫克，肌内注射。

【预防】在烈日或长途运输过程中，应注意通风及避免长时间的暴晒。

第五节　椎间盘突出

椎间盘突（脱）出，是指椎间盘变性、纤维环破裂、髓核向背侧突（脱）出压迫背侧脊髓而引起一系列症状。临床上以疼痛、共济失调、麻木、运动障碍或感觉运动的麻痹为特征。

◆ 多见于体型小、年龄大的软骨营养障碍类犬，非软骨营养障碍类犬也可发生。

◆ 本病发生部位主要是胸腰段脊髓，发病率占 85％；其次为颈椎，占 15％。

◆ 该病可分为两种类型：

☆ 一种是椎间盘的纤维环和背侧韧带向脊椎的背侧隆起，髓核物质断裂，一般称之为椎间盘突出。

☆ 另一种是纤维环破裂，变性的髓核脱落出，进入椎管，一般称之为椎间盘脱出。

【病因】一般认为椎间盘疾病是椎间盘退变所致，但其退变的因素不详，下列因素可能与本病有关。

◆ 品种与年龄。

☆ 已知有 84 种犬可发生椎间盘退变，其中小型品种犬如腊肠犬、比格犬及京巴犬等最常发生。

☆ 小型犬硬膜外腔较小，即使少量的髓核突出，也会严重的压迫脊髓。

☆ 而大型犬硬膜外腔较大，同样量的髓核突出就不会产生严重后果或只是轻微的压迫脊髓。

☆ 4～5 岁犬发病率最高，占 73％，7 岁以上占 21％。

◆ 遗传因素。

☆ 对软骨营养障碍类品种犬（如腊肠犬），遗传因素可以加速椎间盘的退变过程。有人做了 536 例腊肠犬椎间盘突出的系谱分析，发现该病的遗传模式一致，则表明腊肠犬对本病有较高的遗传性。

◆ 外伤因素。

☆ 尽管外伤诱发椎间盘退变并不是主要的，但当已发生椎间盘退变时，外伤可促使椎间盘损伤、髓核突出。

◆ 内分泌因素。

☆ 内分泌失调（如甲状腺素机能减退）在椎间盘退变过程中起重要作用。100 例患本病犬 T_3 和 T_4 的测定表明甲状腺机能减退的犬为 39%～59%，可疑犬为 10%～20%。

◆ 椎间盘因素。

☆ 可能受异常脊椎应激的影响，椎间盘营养、溶酶体酶活性异常引起的椎间盘基质变化。

【症状】

◆ Ⅰ型椎间盘疾病。

☆ 主要表现为疼痛、运动或感觉缺陷。

☆ 发病急，常在髓核突出几分钟或数小时内发生。

☆ 也有在数天内发病的，其症状或好或坏，可达数周或数月之久。

◆ 颈部椎间盘疾病。

☆ 主要表现敏感、疼痛。站立时颈部肌肉呈现疼痛性痉挛，鼻尖抵地，腰背弓起，运步小心，头颈僵直、耳竖起，触诊颈部肌肉极度紧张或痛叫，重者颈部、前肢麻木，共济失调或四肢瘫痪。

☆ 少数急性严重病例出现一侧霍尔氏综合征和高热症。第 3～4 椎间盘发病率最高（占 44%）。

◆ 胸腰部椎间盘突出。

☆ 病初宠物严重疼痛、呻吟、背部肌肉及腹壁紧张、不愿挪步或行动困难。

☆ 以后突然发生两后肢运动障碍（麻木或麻痹）和感觉消失，但两前肢往往正常。

☆ 病犬尿失禁，肛门反射迟钝。

☆ 上运动原病变时，膀胱充满，张力大，难挤压。

☆ 下运动原损伤时，膀胱松弛，容易挤压。

☆ 犬胸腰椎间盘突出常发部位为胸第 12～13 椎间盘（占 26.5%）或胸第 13 椎间盘至腰第 1 椎间盘（占 25.4%）。

◆ Ⅱ型椎间盘疾病。

☆ 主要表现四肢不对称性麻痹或瘫痪，发病缓慢，病程长，可持续数月。

☆ 不过某些犬也有几天的急性发作。

☆ Ⅱ型椎间盘疾病最常发生在颈后椎间盘。

◆ 另外，胸腰段椎间盘疾病在临床上根据病状的轻重分为Ⅰ、Ⅱ、Ⅲ、Ⅳ、Ⅴ期。Ⅰ期行走轻微不协调，Ⅱ期加重，Ⅲ期偏瘫且有痛觉，Ⅳ期麻痹、大小便失禁，Ⅴ期完全瘫痪、无深度痛觉。

【诊断】

(1) 根据品种、年龄、病史和临床症状可作出初步诊断。

(2) 经神经学检查和 X 线检查即可对本病作出较正确的诊断，又可对脊髓的损伤程度与预后作出判断。

◆ 神经学检查包括：

☆ 姿势反应（本体意识反应、单侧肢伫立、行走）

☆ 腱反射（股二头肌、股三头肌、胫骨前肌、腓肠肌及膑骨等）

☆ 膀胱功能试验

☆ 膜反射

☆ 疼痛敏感试验等

后两者有助于发现胸腰段脊髓病变程度。

◆ X 线检查一般要求宠物配合，必要时可以全身麻醉，侧卧与仰卧保定，最好同时胸腰段 X 线摄片。一般普通平片可以诊断出椎间盘突出（准确率51%～61%），必要时需施脊髓造影检查。

☆ 颈、胸腰段椎间盘突出 X 线摄像征象：椎间盘间隙狭窄，并有矿物质沉积团块，椎间孔狭小或灰暗，关节突异常间隙形成。

☆ 如做脊髓造影检查，则可见脊索明显变细（被突出物挤压），椎管内有大块矿物阴影。

☆ 有条件的可做 CT 或 MRI，有助于精确的发现椎间盘突出的位置，尤其是椎孔内髓核突出物。

【临床急救】根据椎间盘疾病的临床症状，选择适宜的保守疗法或手术治疗。

◆ 颈椎椎间盘疾病内科疗法。

☆ 皮质激素，如强的松龙 5 毫克/千克，肌内注射，1 天 1 次，连续3 天。

☆ 泼尼松 0.5～1.0 毫克/千克，口服，1 天 2 次或 1 天 1 次，连续 3～5 天，逐渐减量。

☆ 地塞米松 0.2～0.4 毫克/千克，每天 2 次，连用 2～3 天，但笔者发现效果并没有强的松龙明显，且有人认为无效。

☆ 非内固醇类皮质激素、非甾体类抗炎药等。

☆ 肌松药可用口服安定 1～2 毫克/千克。

☆ 抗氧化药，如维生素 E、硒、黄芪等，注射、口服均可。同时，笼内限养 2 周到 1 个月。外科疗法有 Ventralslot 和单侧椎弓切除术。但由于颈椎的结构原因，常常仅保守治疗，不容易治愈。

◆ 胸腰段椎间盘疾病常根据其分期加以治疗。

☆ Ⅰ、Ⅱ期经内科疗法、笼养，Ⅲ期经内科疗法、笼养、手术减压，均可 100%治愈。

☆ 反复发作或Ⅳ期内科疗法治愈率为 50%，可结合内科皮质激素和抗生素（氨苄青霉素）及骨肽注射、针刺疗法（针刺天门、悬枢、双侧雄夹脊穴、肾俞、膀胱俞、阳陵、后跟、尾尖、后六缝等穴位，留针 20～30 分钟，结合红外线和电刺效果更明显）治愈率更高；外科实施单侧椎弓切除或背侧椎弓切除术。

☆ Ⅴ期无深部痛觉若在 48 小时内，内科疗法治愈率 7%，可实施外科手术；若无深部痛觉超过 48 小时，则不适合手术，预后不良。

【预防】本病保守疗法不能根除病因，容易复发，且每次复发都较上次严重，需要犬主人精心照顾，密切配合。最好抱着犬上下楼梯，不要让病犬在沙发、床、椅等处跳上跳下。

（付志新　王　永）

第二十七章
宠物外科感染急救

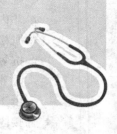

第一节　局部化脓性感染

一、脓肿

组织和器官被细菌感染后坏死分解，形成脓汁，在局部蓄积而形成的肿块称脓肿。犬猫多发生在头部、颈部、胸部和股部内侧的皮下组织。

【病因】

◆ 多因各种损伤，如：

☆ 咬伤、刺伤、抓伤等引起局部感染化脓。

☆ 或继发于邻近组织蜂窝织炎、脓毒败血症和淋巴结炎。

◆ 静脉注射某些刺激性药物，如氯化钙、硫喷妥钠等漏出血管外也会引起皮下脓肿。

【症状】根据脓肿发生的部位，可分浅在性脓肿和深在性脓肿。

◆ 浅在性脓肿

☆ 常发生于皮下结缔组织和筋膜下，幼犬常发生颌下脓肿。

☆ 初期局部肿胀，界限不明显，稍高于皮肤表面。触诊局部增温，坚实，明显疼痛。

☆ 以后肿胀局限化，界线清楚，液化成脓汁，中间有波动。因脓汁溶解脓肿膜和皮肤，皮肤变薄，脓肿自溃，排出脓汁。

◆ 深在性脓肿

☆ 发生于深层肌肉、肌间、骨膜下、腹膜下及内脏器官。

☆ 由于脓肿部位深在，增温及波动不明显。但脓肿表层组织常有水肿，有压痛。

　　☆ 脓肿常破溃，流入邻近组织，全身症状明显，也影响器官功能。

【诊断】

◆ 根据临床症状，浅在性脓肿易诊断。

◆ 对某些深在性脓肿诊断有困难时，可行穿刺诊断。

◆ 如有脓汁抽出就可确诊。

通过临床症状即可作出诊断。应与血肿、疝及肿瘤相区别。

【临床急救】

◆ 脓肿初期，以消炎、止痛及促进炎症消散为主。

◆ 全身用抗生素疗法。局部可用 0.5％普鲁卡因和青霉素 20 万～40 万单位作病灶周围封闭，外敷樟脑软膏或复方醋酸铅散。

◆ 炎症渗出停止后，可用温热疗法，局部涂擦强的刺激剂，如鱼石脂软膏或 5％碘酊，以促进脓肿形成。

◆ 如脓肿中间有波动，穿刺有脓液流出，则应尽快切开排脓，以防毒素吸收扩散。切开后，用 0.1％新洁尔灭或 3％双氧水冲净脓腔。然后安置纱布或胶皮管进行引流。

二、蜂窝织炎

　　疏松结缔组织内发生急性弥漫性化脓性炎症，称为蜂窝织炎。其特征为皮下、筋膜下和肌间疏松结缔组织内的脓肿性渗出物浸润，迅速扩散，与正常组织无明显界限，并伴有全身症状。犬猫常发生在臀部、大腿、腋部、胸部和尾部等。

【病因】邻近组织化脓性感染直接扩散或通过血源性引起蜂窝织炎。

【症状】本病呈急性炎症过程，局部和全身症状很明显。但因病变位置深浅、细菌毒力和致病菌种类不同，临床表现也有差异。

◆ 宠物均有体温升高、精神沉郁、食欲不振等全身症状。

◆ 皮下蜂窝织炎，局部弥漫性肿胀，与正常皮肤界限不清晰，肿胀呈水肿样，触诊硬实，局部温度增高，压痛明显。

◆ 病变中央因缺血发生坏死、破溃，流出腐败酸臭味的脓汁。小的脓肿最后被吸收。

◆ 深部蜂窝织炎，多发生于筋膜、肌间等处的结缔组织内，局部肿胀不明显，常见有局部水肿、增温和深部压痛，但全身症状更明显，不及时治疗易发生败血症。

【临床急救】

◆ 最初 24～48 小时，为减少炎性渗出，可用冷敷或用 0.5％盐酸普鲁卡因作病灶周围封闭。当炎性渗出物减少（病后 3～4 天），改为温敷。

　◆ 局部肿胀和全身症状明显时，为减轻组织内压，应立即多处切开引流。

　　☆ 切口应有足够的长度和深度。

　　☆ 切除坏死组织。

　　☆ 必要时开反对孔，有利于其渗出物的排出。

◆ 早期应用抗生素或磺胺类药物，以控制全身感染。还可注射肾上腺皮质类固醇或抗组胺类药物等综合治疗。

第二节　全身化脓性感染

全身化脓性感染是指局部感染病灶吸收致病菌及其生命活动产物和组织分解产物所引起的全身性病理过程。

【病因】

　◆ 常因严重损伤后或局部化脓性感染所致。多见于：

　　☆ 急性蜂窝织炎

　　☆ 脓肿

　　☆ 急性腹膜炎

　　☆ 大面积烧伤

　　☆ 开放性骨折感染

　　☆ 泌尿系统感染

　　☆ 手术感染等

　◆ 致病菌多为金黄色葡萄球菌、溶血性链球菌、大肠杆菌及化脓性棒状杆菌等。

【症状】全身化脓性感染，根据临床症状和某些病理解剖学的特点，可分为毒血症、败血症和脓血症 3 种类型。这三类在临床上往往同时并存或随病变的转化而先后出现。它们的临床症状有许多共同点。

　◆ 发病急，病情严重，发展迅速，体温升高，脉搏弱而快，精神沉郁，呼吸增快，可视黏膜潮红，食欲废绝，呕吐，腹泻等。宠物卧地不起，肌肉颤抖。

　◆ 白细胞总数和嗜中性多形核白细胞增多，核左移，尿中出现蛋白。

　◆ 局部创口或病灶呈浸润性肿胀。

◆ 局部增温，疼痛剧烈，感染创坏死组织增多，其脓汁稀薄，有恶臭味。

◆ 病情进一步恶化，可出现感染性休克而死亡。

【诊断】根据局部和全身症状即可作出诊断。但如何确定是哪一种类型的全身化脓性感染，应根据其各自的临床特征和细菌培养物进行诊断。

◆ 毒血症 高热前无寒战，血液细菌培养为阴性，如不及时治疗则转为败血症。

◆ 败血症

 ☆ 突然寒战后体温升高，呈稽留热。

 ☆ 皮肤、眼角膜及齿龈出现瘀血点。

 ☆ 肝、脾肿大，压痛，黄疸。

 ☆ 血液细菌培养为阳性，有时因应用大量抗生素，细菌培养为阴性。

◆ 脓血症

 ☆ 寒战及高热呈阵发性，呈弛张热，间歇期体温可接近正常，当细菌栓子进入血液循环，则出现寒战、高热。体温下降后出汗。

 ☆ 有时出现转移性脓肿。

 ☆ 当脓肿转移至内脏时，各器官则出现相应症状。

 ☆ 寒战、高热时血液细菌培养呈阳性。

【临床急救】

◆ 应尽早清除感染病灶。

◆ 脓肿需切开引流，清除创内坏死组织，以减少毒素吸收。

◆ 早期全身给大剂量抗生素，有条件时根据细菌培养和药敏试验选出抗生素。抗生素可联合使用，并以静脉给药为主。

◆ 重病者，结合使用肾上腺皮质激素，以减轻中毒症状。

◆ 对出现水、电解质及酸碱平衡失调的宠物，应及时纠正。

（刘永夏　张立梅）

第二十八章
宠物损伤急救

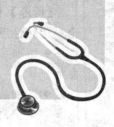

第一节 创 伤

　　创伤是临床上最常见的损伤，是指由锐性外力或强烈的钝性外力作用于机体组织或器官，使受伤部皮肤或黏膜出现伤口及深在组织与外界相通的机械性损伤。创伤一般是由创缘、创口、创壁、创底、创腔、创围等部分组成。犬猫均可发生。

【病因】

　　◆ 犬猫的创伤可能由以下因素引起，出现的部位各不相同，创口大小不一。

　　　　☆ 咬伤

　　　　☆ 车祸撞伤

　　　　☆ 气枪子弹击中

　　　　☆ 扎伤等

　　◆ 按致伤物体的形状和质地以及创伤的状态分为：

　　　　☆ 切创

　　　　☆ 刺创

　　　　☆ 砍创

　　　　☆ 挫创

　　　　☆ 撕裂创（彩图 28-1）

　　　　☆ 压创

　　　　☆ 咬创

　　　　☆ 毒创

　　　　☆ 褥疮

　　　　☆ 复合创等

犬猫最常见的是挫创和压创（车祸所致）以及咬伤（互相玩耍和撕咬引起）。

【症状】

◆ 局部症状

　　☆ 出血及组织液外流

　　☆ 组织断裂或缺损

　　☆ 创伤疼痛

　　☆ 机能障碍

◆ 全身症状　在重度创伤的经过中可出现急性贫血、休克，因重度感染而发生败血症。

◆ 危重体征

　　☆ 大出血

　　☆ 贫血

　　☆ 休克

　　☆ 败血症

【诊断】

（1）问诊

◆ 受伤的时间、部位。

◆ 宠物当时的表现。

◆ 是否治疗或者采取过什么措施。

（2）视诊　将受伤的犬猫适当地保定，检查创伤部位的大小与概况。

（3）触诊

◆ 用镊子等外科器械检查。

　　☆ 创口、创腔与创底的大小、方向。

　　☆ 组织的损伤程度。

　　☆ 异物与失去活力组织的多少。

　　☆ 局部出血的情况。

　　☆ 创伤部位分泌物的多少与性质等。

◆ 同时对以下指标进行检查，尤其要注意有无体内出血、休克等症状出现。

　　☆ 体温

　　☆ 呼吸

　　☆ 脉搏

☆ 可视黏膜颜色

☆ 眼反射

根据病史、病状即可诊断。血常规、尿常规、创伤脓汁涂片镜检等，有助于确诊。

【临床急救】

治疗原则包括：抗感染、抗休克、彻底处理创伤，以及确保机体机能状态的正常。

◆ 清洁创围

☆ 先用灭菌纱布覆盖创口，创围剪毛、剃毛、消毒（一般用70％的酒精脱脂、再用2％的碘酊消毒，最后再用70％的酒精脱碘，也可以使用0.1％新洁尔灭溶液或者洗必泰溶液）。

☆ 注意剃毛的面积应足够大，以备扩创之用，创缘的被毛一定要剃除。

◆ 整理创腔

☆ 清除坏死组织和血凝块，除去异物，彻底止血。

☆ 如果发生化脓，则应用2％～4％的双氧水溶液清洗，之后用生理盐水冲洗干净。

☆ 失去活力的组织一定要彻底清除，同时将创缘皮肤修整以备缝合时创缘的整齐对合。

◆ 创伤的用药

创部应用抗生素、防腐生肌药，创口缝合后可以涂擦2％的碘酊、冰片散等药物。

◆ 创口的处理

☆ 对于有感染的创伤可以在最低点留排出创液的孔，或者在最低点处的一针不缝合，以备排出创液之用，必要时做引流管。

☆ 皮肤结节缝合，创口张力大的可以加张力缝合。

☆ 创口不整齐、无法将创缘皮肤拉到一起缝合时，皮肤的缝合应该先分离皮下组织，再应用"成角缝合"的原则，将创缘的皮肤通过结节缝合整齐地对合在一起。

◆ 创伤的包扎

☆ 经过外科处理的新鲜创伤一般都要包扎，但是有大量脓汁或者存在厌氧菌、腐败菌感染的创伤，可以不包扎。

☆ 创伤包扎是为了保护创面，而利于创伤的愈合。

☆ 尾部或四肢下部的创伤均应该包扎。

☆ 包扎采用绷带，根据需要使用一般的纱布绷带、弹性绷带和弹性黏性
　绷带；换绷带的时间应根据创部渗出物的性质、多少而定。

◆ 全身治疗

☆ 抗菌、消炎、抗休克。

☆ 纠正酸中毒。

☆ 配合强心、静脉输液、解毒。

☆ 必要时可以输血。

第二节　物理性损伤

一、烧伤

烧伤是一切超生理耐受范围的高温固体、液体、气体及腐蚀性化学物质等
作用于动物体表组织所引起的损伤。犬猫的烧伤偶尔出现，病情轻重不一，部
位和程度各不相同，多与家庭中偶然的电线引燃或者煤气使用失当等因素有
关。犬猫的烧伤一般伴有呼吸系统的损害。

【病因】犬猫的烧伤主要是被开水浇到身上，或咬破电线而导致的。

◆ 犬猫跳跃时将热水容器碰倒，导致热水浇到身上和四肢下部，引起局部
皮肤被烫伤（彩图28-2）。

◆ 家养犬猫有时可能出于好奇啃咬电线，当交流电电线的绝缘层被咬破
时，会将犬猫的口部组织电击致伤，造成休克甚至死亡。

【症状】动物的烧伤与人类不尽相同。临床常分轻度、中度和重度烧伤
3种类型。

（1）轻度烧伤　常可出现皮肤红肿，但大小水疱的形成并不常见。

（2）中度烧伤　常见皮肤和皮下弥漫性水肿，有的形成小水疱并结痂，有
的不形成小水疱。

（3）重度烧伤　可造成组织和皮肤可能完全失去活力，损伤能波及深层组
织，皮肤脱落（彩图28-3），并可见大片皮肤脱落的部位不断有血清流出或
渗出（彩图28-4），导致大量蛋白质和体液丢失。

◆ 小面积烧伤只会引起宠物轻度不安，而更严重的烧伤则会导致宠物不愿
运动，嫌忌牵引。

◆ 大面积烧伤引起大量血浆丢失，可能导致宠物休克。烧伤后常见有感
染，心、肝和肺功能受到损伤。

◆ 较严重的烧伤。

　　☆ 常伴随疼痛性休克现象，呼吸弱而浅，末梢凉，1～2 天出现血液循环障碍而继发性休克。

　　☆ 此后，极易因坏死组织的分解产物及毒素的吸收而发生中毒性休克。

　　☆ 同时由于极易感染细菌，败血症的发生不可避免，应当尽早采取措施预防。

　　由于烟熏和有害气体对呼吸道的刺激，被烧伤的犬猫流涎、眼结膜充血并有浆液性或脓性分泌物出现；肺水肿、酸中毒、血红蛋白尿、胃肠机能紊乱、心力衰竭和贫血等现象是较严重烧伤后并发出现的症状。

　　【诊断】根据病史和临床特征即可诊断。

　　【临床急救】排除病因，清洁伤面，抗菌消炎，抗休克，促上皮生长为原则。

　　（1）首先要迅速将宠物移离烧伤现场，再以冰水冷敷创面，而后用温肥皂水冲洗烧伤创面。

◆ 及时止痛（常用吗啡、氯丙嗪、痛立定等）。

◆ 为防止宠物休克，可以输液强心，补给营养等。

◆ 可用头孢曲松钠等抗生素预防感染。

　　（2）然后再做局部清创。

◆ 轻度烧伤创面经清洗后，不必用药，保持干燥，即可自行痊愈。

◆ 中度烧伤创面可用：

　　☆ 5％～10％高锰酸钾溶液连涂 3～4 次，使创面结痂。

　　☆ 5％鞣酸或 3％龙胆紫等涂布，如无感染可持续使用直到痊愈。

　　（3）中西医结合治疗。

◆ 创伤处理可配合应用以下药物外涂。

　　☆ 紫草膏（紫草 60 克、金银花 60 克、当归 60 克、白芷 60 克、麻油 500 克、白蜡 25 克、冰片 6 克；将紫草、金银花、当归、白芷用麻油在文火上炸枯，去渣后加入白蜡，候温加入冰片搅匀，即得）

　　☆ 胎鼠浸油

　　☆ 石灰油乳剂

◆ 抗感染可用双黄连注射液，而抗生素可注射于大椎、身柱、百会等穴。

　　（4）刚发生烧伤时，切勿使宠物剧烈运动，以防止扩大创面，使病况恶化。

◆ 对于烧伤引起的休克、肾功能障碍、贫血及呼吸紊乱有必要进行治疗。

◆ 如果烧伤严重，烧伤面积超过全身的 50％，应考虑对宠物实施安乐死。

二、冻伤

机体长时间暴露在低温环境下所发生的组织损伤称为冻伤。

【病因】

◆ 犬猫长时间暴露于寒冷环境又无充分保暖措施，乃是冻伤的主要外因。

◆ 营养不良、心衰、血液障碍均是冻伤的内因。

◆ 由于寒冷刺激交感神经引起皮肤血管收缩，尤其是末梢血管收缩，从而减少皮肤血流量及其营养供给，遂成冻伤。

【症状】冻伤最常见于耳、尾、阴囊和四肢等部位，根据冻伤的程度可分三度。

（1）轻度冻伤　皮肤浅层冻伤，局部浮肿，呈紫蓝色，疼痛轻，几天后局部反应可消失，常不易被发现。

（2）中度冻伤　皮肤全层冻伤，呈弥漫性水肿，以后出现水疱，水疱自溃后，形成愈合迟缓的溃疡。

（3）重度冻伤　皮肤及皮下组织发生坏死，严重时可波及肌肉和骨骼，坏死组织愈合较迟缓，且易发生化脓性感染。

【诊断】根据病史和临床表现的状态，可以诊断。

【临床急救】重在消除寒冷的影响，促进冻伤处的血液和淋巴循环，使冻伤组织复温，并防止感染。

（1）使冻伤处快速复温

◆ 将冻伤处放入 20～40℃温水中浸泡或逐渐提高室内温度。

◆ 轻度冻伤可在患处涂抹碘甘油、樟脑油或采取按摩疗法。

◆ 中度冻伤局部可用 5％龙胆紫或 5％碘酒涂擦并包扎酒精绷带或行开放疗法，为防止感染，可用抗生素治疗。

◆ 重度冻伤应切除坏死组织，清洗创面，涂布促进肉芽组织生长和抗菌的药物，保护创面，以防再冻伤和感染。

（2）中西医结合治疗

◆ 轻度和中度未溃的冻伤处。

　　☆ 可配合应用艾叶、川椒、赤芍、生姜、桂枝等煎汤清洗患处。

　　☆ 破溃后可用蜂蜜与猪脂等量蒸熟后调匀外擦患处。

◆ 重度冻伤，切除坏死组织后，可涂康复新以促进肉芽生长，加速愈合。

第三节　损伤并发症——休克

一、休克概述

休克是由于不同原因造成机体有效循环血量锐减，使组织器官血流灌注不足而引起的代谢障碍、细胞受损和脏器功能障碍为特征的综合征。有效循环依赖充足的血容量、有效的心输出量和良好的周围血管张力，其中任何一个因素低下超出动物机体代偿限度时，即可引起休克。

休克的分类尚不统一，按病因一般可分为以下 5 类。

　　☆ 低血容量性休克
　　☆ 感染性休克
　　☆ 心源性休克
　　☆ 过敏性休克
　　☆ 神经源性休克

【症状】
◆ 宠物往往站立不稳，行走时步样跛跹，后躯摇晃。
◆ 精神高度抑郁或昏迷，瞳孔散大，反射迟钝，体温低下，躯体冰凉等。
◆ 出现组织灌流量减少的指征。
　　☆ 黏膜变紫、发绀。
　　☆ 齿龈黏膜毛细血管再充盈时间大于 4 秒。
　　☆ 尿量减少或无尿。

【诊断】
（1）休克的诊断一般不难，关键是早期及时发现。
（2）依据以下检查内容可进行诊断。
◆ 病史调查（凡遇严重创伤、大出血、重度感染以及过敏者或有心脏病史的宠物，应考虑并发休克的可能）。
◆ 临床症状。
◆ 实验室监测，包括：
　　☆ 血流动力学监测，包括中心静脉压等。
　　☆ 氧代谢监测，包括氧输送、氧耗量、混合静脉血氧分压等监测指标。
　　☆ 动脉血乳酸监测及动脉血气分析等。

【临床急救】尽早去除病因，尽快恢复有效循环血量，纠正微循环障碍、组织缺氧、控制炎症反应，防止发生多器官功能障碍综合征。

（1）病因治疗　积极消除休克病因和恢复有效循环血容量同样重要。

（2）支持治疗　为实现休克的充分复苏，不仅要纠正休克的血流动力学紊乱和氧代谢紊乱，还需要采取积极措施，防止多器官功能障碍综合征的发生。

二、低血容量性休克

低血容量性休克是多种原因引起血液或体液大量丢失而导致低血容量性休克。全身血容量急速减少15％～20％即可出现休克。

【病因】多因失血、失液、创伤、烧伤引起。

【诊断】有大量失血或大量水液丢失的病史，有休克的临床症状（包括中心静脉压的降低）。

【临床急救】积极处理原发病，快速补充血容量，控制出血和失液。

◆ 首先建立通畅快速的静脉通道，抽血查血型和配血，必要时作中心静脉压监测指导下的扩容治疗。

◆ 对于由创伤引起大出血或有手术适应证的内脏出血的宠物，应迅速输入平衡盐溶液及全血或血细胞。

◆ 对于难以控制的肝、脾、大动脉破裂或体腔大出血应紧急手术止血。

◆ 暂无紧急手术适应证的胃肠道出血。

　☆ 迅速输入平衡盐溶液或全血。

　☆ 同时，应用凝血、止血剂（如止血敏、氨甲苯酸、维生素 K_1 等）。

　☆ 此外，宠物最好暂时禁食。

◆ 以失水为主的休克，除病因治疗外，应迅速补液。

　☆ 对低渗性失水的宠物，补液中应给予适量3％或10％的氯化钠溶液。

　☆ 对高渗性失水的宠物，应补5％葡萄糖溶液，直至血容量和电解质恢复正常。

◆ 对丧失血浆为主的宠物（如大面积烧伤等）。除病因治疗及一般抗休克治疗外，应补充血浆及白蛋白。

◆ 预防和控制创口的感染。除常选用抗生素或磺胺类药物外，对外伤创口尚需清创。

◆ 休克时间较长有酸中毒征象的宠物应给予适量5％碳酸氢钠溶液，其他均对症处理，维护心脏、肝脏、肾脏等主要脏器的功能。

三、感染性休克

感染性休克是指由病原微生物引起的休克。细菌内毒素在发病机制上占主要地位，故又称内毒素性休克。感染性休克的血流动力学特点是体循环阻力下降，心排出量正常或增高，肺循环阻力增加。心排出量正常或升高与组织低灌注并存是感染性休克的特征。

【病因】

◆ 常见于：

☆ 肺部、肠道、腹膜、泌尿道的急性细菌感染

☆ 败血症

☆ 急性肠梗阻

☆ 胃肠穿孔

☆ 急性弥漫性腹膜炎

☆ 中毒性菌痢

☆ 大面积烧伤

☆ 多部位创伤感染等

◆ 另外，真菌、病毒、原虫等感染也可引起感染性休克。

【诊断】病史及体征检查往往能发现明确的感染灶所在部位，具有休克的典型临床表现。

实验室检查、血液学检查：

◆ 发现白细胞总数升高。

◆ 分类计数发现是以中性粒细胞升高为主，可出现：

☆ 核左移

☆ 毒性颗粒

☆ 毒性空泡

☆ 异形淋巴细胞

◆ 血培养和病灶处渗出液培养可分离到病原微生物。

◆ 病原的鉴定是确诊感染性休克病因的关键。

【临床急救】主要包括抗感染和支持疗法两个方面。

（1）控制感染

◆ 外科处理　有病灶、能手术清除的应紧急清除病灶，因为有效的外科清创引流是抗感染最关键的一步。

◆ 消灭致病菌

　　☆ 一经确诊为感染性休克，便应立即采样做病原的分离培养。

　　☆ 如为细菌感染则要同时做药敏试验，并立即选用敏感的窄谱抗微生物药治疗。

（2）早期复苏及呼吸循环支持

1）呼吸支持　保持呼吸道通畅，吸氧。如宠物存在气道不畅或通气功能障碍或呼吸急促时，吸氧不能纠正的低氧血症，应立即开放气道，辅助机械通气。

2）液体复苏　除非明确容量负荷过重，否则都应紧急快速补液。

◆ 一般先输入低分子右旋糖酐 250 毫升及平衡盐溶液 500 毫升，先快后慢注意血压是否回升，心率是否减慢等。

◆ 必要时输血浆或白蛋白。

◆ 输液总量视病情而定，最好用中心静脉压监测输液。

3）血管活性药物（在补充血容量基础上才显效）

◆ 合理使用血管活性药物十分重要，如果经过积极的输液后，血压仍不能稳定，休克仍不能纠正，则可使用血管活性药。

◆ 但是在血容量不足时，原则上不应应用血管活性药物。

◆ 血管活性药物可以暂时升高血压，但常常掩盖休克宠物的低血容量状态，不利于改善组织灌注不足，也不利于治疗。

4）缩血管药物选择　如去甲肾上腺素、间羟胺和甲氧明等。

◆ 对血压过低，扩容又不能迅速奏效，使用缩血管药物升压，以用来保证心、脑重要器官的灌流。

◆ 可用重酒石酸去甲肾上腺素 2～4 毫克，用糖盐水稀释，缓慢静脉注射。

5）扩血管药物选择　如阿托品、东莨菪碱等。

◆ 应用对象

　　☆ 应用缩血管药物后血管高度痉挛的宠物。

　　☆ 休克中晚期体内儿茶酚胺浓度过高的宠物。

◆ 注意　扩血管药物可以使血压出现一时性降低，因此必须在充分扩容的基础上使用。

◆ 药物使用

　　☆ 硫酸阿托品按每千克体重 0.02～0.05 毫克，一次肌内注射或静脉注射。

　　☆ 东莨菪碱，犬 0.1～0.3 毫克，一次皮下注射。

（3）其他支持治疗

◆ 控制体温。

◆ 纠正电解质和酸碱紊乱，纠正酸中毒使用 5％碳酸氢钠使血液 pH 接近正常。

◆ 纠正血红蛋白和血小板异常。

◆ 如有血管内凝血应使用抗凝药治疗。

四、心源性休克

心源性休克是心脏泵血功能衰竭或充盈障碍，致使心排出量过低，使各主要脏器和周围组织灌注不足而产生的一系列代谢和功能障碍的综合征。

【病因】

◆ 心肌收缩功能障碍是导致心源性休克最常见的原因，如：
　　☆ 急性心肌梗死
　　☆ 重症心肌炎等

◆ 心室舒张功能障碍，如：
　　☆ 心肌缺血
　　☆ 心脏手术后等

◆ 心排出量明显降低，如心律失常。

【诊断】

（1）具有心脏疾病的基础，或具有心脏功能损害的临床征象。

（2）具有休克的典型临床表现。

（3）实验室检查与特殊检查。

◆ 心电图检查会发现：
　　☆ 各种心律失常
　　☆ 心肌供血不足
　　☆ 心肌梗死等特征性变化。

◆ X 线胸片可了解两肺充血水肿情况，观察心脏大小和纵隔有无增宽等情况。

◆ B 超检查能观察心脏的收缩情况，且能评估心脏舒张功能。

【临床急救】在积极治疗原发病基础上进行抗休克治疗。

（1）内科支持疗法

◆ 气道畅通和氧疗，心源性休克宠物必须通畅气道，实施氧疗。

◆ 建立静脉通道（如安置静脉留置针），既能提供快速输液的静脉通道，又可获得可靠的血流动力学检测指标。

　　◆ 镇静和止痛，使宠物充分镇静（如地西泮），有利于休克的复苏治疗。

　　◆ 血管活性药物，常用的药物有：

　　　　☆ 多巴胺与多巴酚丁胺，可以增加心排出量，解除支气管平滑肌的痉挛。

　　　　☆ 硝普钠和硝酸甘油，可减轻心脏的前后负荷。

　　　　☆ 氨力农与米力农是非洋地黄、非儿茶酚胺类的强心药，并有扩张外周血管的作用，可减轻心脏的前后负荷。洋地黄类药物应用应慎重。

　　◆ 保护心肌药物，可选用能量合剂、辅酶 Q 和护心通（磷酸肌酸）等。

　　◆ 纠正电解质和酸碱紊乱。

（2）外科手术治疗　急性心脏损伤后心肌出血造成二尖瓣腱索断裂、心肌梗死后室间隔穿孔等原因引起的心源性休克进行内科治疗无效，应积极用外科手术予以治疗。

五、过敏性休克

过敏性休克是指过敏原对过敏体质的动物产生特异性的速发型全身性变态反应，全身细小血管扩张，通透性增加，血浆外渗使有效血容量不足所致。

【病因】

（1）药物　许多临床应用的药物均可引起过敏性休克，包括：

◆ 抗生素

　　☆ 青霉素

　　☆ 氨苄西林

　　☆ 链霉素

◆ 麻醉药　如普鲁卡因。

◆ 造影剂

◆ 解热药

◆ 其他　如细胞色素 C。

（2）血清制剂

　　☆ 破伤风抗毒素。

　　☆ 抗蛇毒血清等。

（3）动物毒液　蚊虫、蜜蜂、毒蛇咬伤等。

（4）植物　花粉过敏等。

（5）食物　常见的过敏性食物有如下几种，但较少引起过敏性休克。

☆ 牛肉

☆ 羊肉

☆ 蘑菇

☆ 鱼肉

☆ 虾肉等

（6）其他　如化学气体、油漆等也可引起过敏性休克。

【诊断】宠物具有过敏反应史或/和药物、毒液、花粉等过敏原的接触史。

◆ 出现以下症状：

☆ 即刻出现全身或局部荨麻疹或其他皮疹。

☆ 或伴喉头痉挛水肿时，出现吸气性呼吸困难。

☆ 烦躁不安，晕厥，昏迷，大小便失禁，甚至抽搐。

☆ 出现腹痛，恶心，呕吐或腹泻等休克期的临床表现。

◆ 进行可疑过敏原皮肤试验，明确过敏原。

【临床急救】立即停止使用或清除引起过敏反应的物质，使宠物离开致敏原环境，尽快建立并保持气道通畅。

◆ 一旦发生过敏性休克，应首选0.1％肾上腺素肌内注射或静脉注射。

☆ 成年宠物用量0.5～1毫克，幼龄宠物用量每千克体重0.02～0.025毫克。

☆ 必要时每20～30分钟重复1次，直到病情稳定。

◆ 尽早使用糖皮质激素，如：

☆ 用地塞米松2～5毫克，静脉注射。

☆ 氢化可的松20～50毫克加入10％葡萄糖盐水250毫升中静脉滴注。

◆ 其他抗过敏药，如氯苯那敏10毫克或异丙嗪25毫克肌内注射，抑制组胺的效应。

◆ 通畅气道和氧疗，实施氧疗，保证动脉氧合力。

☆ 必要时行气管插管并给予机械辅助通气治疗。

☆ 如有支气管痉挛症状，经以上处理亦未缓解的宠物应用氨茶碱。

◆ 建立静脉通道、积极补充血容量，放置静脉导管，提供快速输液的静脉通道，快速积极的补充血容量。可通过中心静脉压监测，调整补液量。

◆ 必要时使用血管活性药物。

◆ 发生呼吸心搏停止时，按心肺复苏抢救。

◆ 另外，钙离子具有增加血管张力、降低血管通透性和改善平滑肌痉挛的效应。常用 10％葡萄糖酸钙溶液 20 毫升或 5％氯化钙溶液 10 毫升缓慢静脉注射，对过敏性休克有一定的辅助治疗作用。

六、神经源性休克

神经源性休克是由于神经调节功能障碍使血管功能失调，血管张力下降，血管扩张，有效血容量相对不足而引起的休克。

【病因】

◆ 中枢神经疾病　如：

　☆ 颅内高压

　☆ 脑疝

　☆ 脑干受压

◆ 外周神经疾病　如：

　☆ 高位脊髓损伤

　☆ 脊髓神经炎

◆ 麻醉　如：

　☆ 脊髓麻醉

　☆ 硬膜外麻醉

◆ 应激性疾病　如：

　☆ 恐惧

　☆ 剧烈疼痛

【症状】

◆ 中枢神经疾病时，宠物颅内高压、脑疝导致的喷射性呕吐，瞳孔大小不等变化。

◆ 外周神经疾病病变时，脊髓以下肢体肌力下降，甚至瘫痪。

◆ 精神性疾病的高度紧张、恐惧，并表现出烦躁不安、意识丧失、昏迷，甚至抽搐、心悸、呼吸困难等非特异性表现。

【诊断】

◆ 有中枢神经或外周神经系统的疾病病史。

◆ 无其他休克的原因且出现休克的临床表现。

【临床急救】在积极治疗原发病基础上进行抗休克治疗。

◆ 积极治疗原发病。

◆ 通畅气道和氧疗。

◆ 调整血容量。

　　☆ 对于颅内高压、脑疝引起的神经源性休克应积极脱水降低颅内压，恢复血管运动中枢功能，而不是补充血容量。

　　☆ 对于外周神经性疾病引起的神经源性休克应快速补充血容量，监测中心静脉压，调整补液量。

◆ 用血管活性药物 0.1% 去甲肾上腺素 0.3～0.5 毫升皮下注射或肌内注射，必要时 5～10 分钟重复 1 次。

◆ 类固醇药物。

　　☆ 地塞米松 5～10 毫克静脉推注。

　　☆ 或氢化可的松 20～50 毫克静脉滴注。

（孙子龙　吴国清）

第二十九章
宠 物 眼 病 急 救

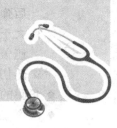

第一节　角膜外伤

角膜外伤常见角膜撕裂、角膜溃疡、角膜穿孔、各种热伤和化学伤。

【病因】

◆ 常见于各种外伤，伤害眼球所致（彩图 29-1）。

◆ 溃疡多由于致病菌感染和自身炎性反应导致。

◆ 热伤是不常见的，但可见于暴露在烟熏及高热的环境中，或被热水烫伤。

◆ 多种化学物质包括那些含有香波、气雾喷射剂以及家庭用的清清剂都能够引起角膜烧伤。

【症状】

◆ 共同症状为泪溢、眼睑痉挛、畏光、角膜水肿、视力减退、瞳孔缩小或无变化等。

◆ 角膜撕裂伤见于覆盖的清亮到灰色黏性眼分泌物，伤口大小、深浅不一，虹膜脱出时可见到角膜表面或在角膜缘上有一黑色块状物。

◆ 角膜溃疡时可见角膜表面有侵蚀表现，伴有结膜血管充血并有脓性分泌物。

◆ 角膜溃疡引起穿孔时可见后弹力膜脱出多伴有严重的眼睑痉挛，可见眼房液流出。

【临床急救】

◆ 较小的角膜撕裂伤可以自行封闭，通常不需要手术治疗。

◆ 较大的角膜全层撕裂伤，伤口的边缘应仔细对合，用 8/0～9/0 可吸收缝合线，采用简单的结节缝合，进针深度达角膜厚度的 2/3。

◆ 虹膜脱出时，需将其复位，如复位困难则可将其切除，但手术容易引起出血，术后全身抗生素治疗，局部使用阿托品及抗生素滴眼液。

◆ 对于角膜溃疡的病例，可局部应用抗生素，配合治疗色素层炎。

☆ 后弹力膜突出小于 1 毫米的可使用药物治疗。

☆ 大于 1 毫米的和深部基质溃疡必须进行手术治疗。手术可采用瞬膜瓣遮盖术和结膜瓣遮盖术。

☆ 热伤的处理，可使用大量的冷生理盐水冲洗，配合抗生素眼膏。

◆ 角膜的化学伤害应及时处理，不能拖延，应使用抗炎药和止疼药。

◆ 注意　所有的眼科处理（包括手术），处理（术）后要带伊丽莎白圈或打脚绷带以防宠物自残。

【预防】

◆ 注意宠物眼部卫生，定期洗眼。

◆ 给犬洗浴时应避免香波进入眼里。

◆ 防止犬之间斗殴，减少犬单独外出。

第二节　眼球内异物

眼球内异物（彩图 29 - 2、彩图 29 - 3）多由外伤所致。

【病因】

◆ 常见于尖锐的异物射入眼球，损伤角膜、眼前房、晶状体等。

☆ 玻璃碎片

☆ 木头碎片

☆ 玩具手枪的子弹

☆ 金属

◆ 也见于犬猫打斗所致。

【症状】

◆ 常见眼睛局部疼痛反应强烈，伴有明显的眼睑痉挛，病犬或猫因不适搔抓眼睑引起局部红肿、破溃。

◆ 患病宠物抗拒检查，尤其是检查患眼时反应更加强烈。

◆ 患眼差明、流泪，时间稍长可见眼睛的分泌物增多，结膜潮红。

◆ 若异物穿透整个角膜则常可致眼球变形。但有时炎症反应也很轻微。

【诊断】

◆ 根据临床症状可做出初步诊断。

◆ 确诊则需借助检眼镜或其他放大检查设备。

◆ X 线放射检查和超声影像检查都有助于确定异物所处位置。

【临床急救】

◆ 一般来说在下述情况下可手术取出异物，如：

☆ 异物位置不明确。

☆ 惰性金属等。

☆ 手术创伤较大或取出困难。

◆ 必须在宠物全身麻醉状态下取出眼内异物。

☆ 沿异物的刺入方向，用手术刀做纵向切口使其充分暴露以便取出。

☆ 小的创口可自行封闭，大的创口常需要实行结膜瓣遮盖术。

☆ 术后使用 1% 的阿托品滴眼预防继发性色素层炎。

☆ 全身使用抗生素治疗，配合抗生素眼药水滴眼。

◆ 对于刺入的异物无法取出，或铜、锌等活性金属异物常行眼球摘除术。

【预防】

◆ 避免犬猫之间的打斗，外出遛犬应使用拴犬绳。

◆ 减少犬单独行动的机会。

第三节　眼球脱出

眼球脱出是眼球急性向前脱位于骨性眼眶缘并导致眼睑挤压伤（彩图 29-4）。由于视神经受到牵拉，常并发色素层炎以及暴露角膜，所以对视力影响很大。眼球脱出属于手术的急症。犬猫均可发生，短头犬居多。

【病因】

◆ 该病常继发于交通事故的钝性外伤。

◆ 被踢打或与其他犬打斗所致。

◆ 球后疾病，甚至见于过度保定。

【症状】

◆ 常见眼球鼓于眼睑外不能自行缩回，严重的整个眼球脱出悬挂于睑外，结膜水肿，眼眶周围组织肿胀，眼球结膜充血或瘀血，常伴有结膜及角膜不同程度的损伤。

◆ 眼球脱出常引起一系列的严重病理变化。

☆ 因涡静脉和睫状静脉被眼睑闭塞，引起静脉瘀滞及充血性青光眼。

☆ 严重的角膜炎和角膜坏死。

☆ 引起虹膜炎、脉络膜视网膜炎、视网膜脱离、晶体移位及视神经损伤等。

【诊断】根据一般临床症状进行判定，但在最初依据临床症状诊断预后往往是不可靠的，约有 30％的患犬具有一定视力。可根据以下几条做出最初判定。

◆ 如果只剩下结膜还连接着，而且视神经损伤严重，可行眼球摘除术。

◆ 角膜或巩膜撕裂（通过眼球的膨胀及变形来判断），常常需行眼球摘除术。眼球后部撕裂用眼的超声检查可发现。

◆ 超过 2 条或 3 条眼外肌脱离（根据向前脱位及偏移的程度来判断），常常导致供应前段的血管和神经分布缺损，则预后不良。

◆ 受伤后 7～10 天，瞳孔对光反射（PLR）不确实，但用光直接照射对侧眼有反应或对侧眼呈同感性 PLR，这两者都是预后良好的指征。

◆ 前房积血是一种不良的症状，因为它常常表明出血是来自虹膜、睫状体或脉络膜，眼球痨也可导致前房积血。

◆ 长头品种犬眼球脱出一般预后不良。

【临床急救】

◆ 一般采用手术治疗　对于眼球轻度脱出的患犬，应在仔细检查后，尽快实行眼球复位术。

☆ 用冲洗液冲洗眼球表面，保持眼部湿润直到手术完成。冲洗液可使用人工泪液或抗生素眼膏。

☆ 静脉给予皮质类固醇治疗，防止视神经病变和眼眶水肿（甲基氢化泼尼松丁二酸钠，30 毫克/千克；间隔 2～6 小时给予 15 毫克/千克）。

☆ 眼睛周围的部位常规无菌处理，应避免使用刺激性较强的药物，使用眼睑板、手术刀柄或湿的灭菌纱布轻压眼球使其复位。

☆ 如复位困难，则可行外侧眼角切开术还纳眼球。然后实行暂时性的睑缘缝合术，作 3～4 针水平纽扣状缝合，缝线可穿上乳胶管以减少对睑缘的压力。内侧眼角留一适当空隙，以方便上药。

◆ 术后。

☆ 全身应用抗生素 5～7 天，消除炎症并控制继发感染。

☆ 使用皮质类固醇治疗，以降低色素层炎和眼球痨发生的危险。

☆ 局部应用于光谱抗生素眼膏，每天 2 次。

☆ 1％阿托品软膏可降低并发青光眼的风险。

☆ 手术后 10～14 天拆线，如有感染可适当延后拆线。

【预防】

◆ 犬外出时应拴犬绳。

◆ 避免到犬密集区牵遛。

◆ 严禁犬在外单独自由活动。

第四节　第三眼睑脱出

第三眼睑腺脱出又称樱桃眼，指第三眼睑腺肥大突出于第三眼睑腺（瞬膜）缘，多发生于内眼角，少数见于下眼睑。本病常见于犬（彩图29-5）。

【病因】

◆ 先天性原因可能是因腺体与周围组织发育不全或组织间先天性缺损。腺体周围血流丰富，腺体分泌过剩而致腺体肥大，继而第三眼睑腺突出于内眼角（彩图29-6）。

◆ 长期饲喂高蛋白高能量动物饲料常是其诱发因素。

◆ 多见于眼球突出的犬种。如：

 ☆ 美国可卡犬

 ☆ 英国斗牛犬

 ☆ 巴赛特猎犬

 ☆ 比格犬

 ☆ 波士顿狻

 ☆ 北京犬

 ☆ 西施犬

 ☆ 哈巴犬

【症状】

◆ 多数在眼内出现小块粉红色椭圆形软组织，逐渐增大，有薄的纤维膜状蒂与第三眼睑相连，少数发生于下眼睑结膜的正中央，纤维膜状蒂与下眼睑结膜相连。

◆ 由于肿胀暴露在外，腺体充血、肿胀、泪溢。

◆ 患犬不安，常用前爪搔抓患眼，或用眼蹭笼栏或家具，脱出物呈暗红色、破溃，经久不治可引起结膜炎、角膜炎角膜损伤、溃疡化脓。

【诊断】根据临床表现可确诊。

【临床急救】

◆ 外科手术切除

 ☆ 犬经全身麻醉后，以加有青霉素的注射水冲洗眼结膜，并滴含有肾上腺素局麻药。

☆ 用组织钳夹住肿物体包膜外引，充分暴露出基部，以弯止血钳夹钳基部数分钟，然后以手术刀沿夹钳外侧切除，或以外科小剪刀剪除，腺体务必切除干净，尽量不损伤结膜及瞬膜，再以青霉素水溶液冲洗创口。

☆ 去除夹钳，以干棉花压迫局部止血。

◆ 注意 腺体的部分切除术是仅切除暴露部分（大约1/3）。

【预防】

◆ 饲喂营养均衡的犬粮或食品。

◆ 定期检查犬的眼睛。

◆ 查出患该病的犬后应尽早手术，术后长期使用滴眼液以减少干眼病的发生。

（闫　勇　董淑珍）

第三十章
宠物耳病急救

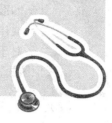

第一节　耳　血　肿

耳血肿是指耳软骨与皮肤之间出血引起的肿胀。多见于耳郭内侧的凹面，有时两侧同时发生。以垂耳犬多发。

【病因】

◆ 主要由皮肤病、外耳炎等引起瘙痒，频繁摩擦或抓耳导致耳血管破裂所致。

◆ 耳郭咬伤可直接导致此病。

◆ 耳寄生虫感染、异物和肿瘤刺激也可诱发本病。

【症状】耳血肿是以在耳的表面上出现坚实的充满液体的固定的团块为特征。

【诊断】发病后，耳朵肿胀部呈明显波动感，血肿周围呈坚实感，并有捻发音，局部增温，疼痛穿刺可抽出血水，部分病例有体温升高及食欲降低等症状。

【临床急救】本病的治疗应以消除出血，缩小空腔为原则。

◆ 对于小的局限的血肿

☆ 若无进一步肿胀，一般不需治疗，可自行吸收。

☆ 也可用注射针头穿刺抽取血液，同时在肿胀部使用加压耳绷带，以制止继续出血，但要注意松紧适度，使用不当可引起耳瘀血坏死。

◆ 对于较大的血肿　应立即进行手术切除。

☆ 切口在耳郭内面，血肿上行"十"字形或 S 形切口。

☆ 除净血肿腔内的血液，充分冲洗，同时查找出血源。

☆ 较大的血管出血可进行结扎，而对毛细血管及淋巴管的出血可用蘸有肾上腺素的纱布充分压迫止血。

☆ 缝合时应先从耳郭外面进针，内面出针，再从内面进针，同样点处出针，缝合耳郭全层，在外壳打结。同样方法缝合数次，以闭合血肿空腔。

☆ 术后不必包扎，2周后拆线即可。

◆ 为防止术后犬抓耳，导致血肿复发，可对患犬采取以下措施：

☆ 四肢用布包裹。

☆ 或用纸盒或泡沫塑料盒做一个头套以减小对耳部的刺激。

☆ 对于外耳炎引起本病的，术后还需抗菌消炎，以防止脓肿的发生。

【预防】防止耳部机械性损伤，及时发现，尽早处理。

第二节　中耳炎和内耳炎

中耳炎是由于耳道的炎症或咽鼓管感染引起鼓室的一种炎症。犬的中耳炎及内耳炎是指犬的中耳和内耳炎症性病变。犬的中耳炎及内耳炎常同时或相继发生。表现为犬耳发臭，多见于耳朵大的垂耳犬，因为这类犬的耳道通风性差、潮湿，适宜细菌或真菌的繁殖。有时，耳螨的寄生刺激耳垢分泌亦可引起耳臭。严重的感染还会引起中耳炎及全身症状。

【病因】中耳炎及内耳炎常同时或相继发生。常见的发生原因有：

◆ 病原菌通过血液途径感染。

◆ 外耳炎蔓延感染或经穿孔的鼓膜直接感染。

◆ 经咽鼓管感染。

【症状】宠物摇头、转圈（向患侧转）、共济失调、耳痛、耳聋、有耳漏，严重时炎症侵及面神经和副交感神经，引起面部麻痹、干性角膜炎和鼻黏膜干燥，甚至侵及脑膜引起脑脊膜炎，可导致死亡。

【诊断】

◆ 检耳镜检查可见鼓膜穿孔。经咽鼓管感染或血源感染者可见鼓膜外突或变色。

◆ X线检查见鼓室积液和鼓室泡骨发生硬化性变化的可疑似为本病。

【临床急救】全身应用抗生素，配合中耳冲洗。

◆ 中耳冲洗应在全身麻醉下进行，冲洗液用37～38℃生理盐水。

◆ 冲洗液通过一根长10厘米，直径1毫米的中耳导管经鼓膜孔注入中耳。

◆ 冲洗后再吸出冲洗液。

◆ 反复冲洗直至吸出的冲洗液洁净为止。

【预防】应定期检查和清理犬的耳道，必要时应使用兽用杀菌灭螨的滴耳剂。

（罗　燕　孟　凯）

第三十一章
宠物疝性疾病急救

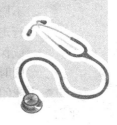

第一节　膈　疝

　　腹腔内脏器官通过天然孔或外伤性膈裂孔突入胸腔，称为膈疝。疝内容物以胃、小肠和肝脏多见。犬猫均有发生。

　　【病因】本病可分为先天性和后天性两类。

　　◆ 先天性膈疝的发病率很低，是由于膈的先天性发育不全或缺陷，腹膜腔与心包腔相通或膈的食道裂隙过大所致，大多数不具有遗传性。

　　◆ 后天性膈疝（彩图31-1）最为多见，多是由于宠物受机动车辆冲撞，胸腹壁某处破裂所致。

　　◆ 膈疝的先天性和后天性分类有一定的局限性，两者界限并非十分清楚。因为膈的先天性发育不全或缺陷可成为后天性膈疝发生的因素，钝性外力引起腹内压增大只是诱因而已。

　　【症状】膈疝无特征性临床症状，其具体表现与进入胸腔内的腹腔内容物的多少及其在膈裂孔处有无嵌闭有密切关系。

　　◆ 进入胸腔的腹腔脏器少时，对心肺压迫影响不大，在膈裂孔处不发生嵌闭，一般不表现明显症状。

　　◆ 当进入胸腔内的腹腔脏器较多时，便对心脏、肺脏产生压迫，引起宠物出现下列反应：

　　　　☆ 呼吸困难

　　　　☆ 脉搏加快

　　　　☆ 黏膜发绀等表现

　　　　☆ 听诊心音低沉，肺听诊界明显缩小，且在胸部听到肠蠕动音

　　◆ 进入胸腔的腹腔脏器如果在膈裂处发生嵌闭，则可引起明显的疼痛反应，宠物表现为：

☆ 头颈伸展

☆ 腹部蜷缩

☆ 不愿卧地

☆ 行走谨慎

☆ 或保持犬坐姿势

☆ 同时精神沉郁，食欲废绝

◆ 当嵌闭的脏器因血液循环障碍发生坏死后，犬猫即转入中毒性休克或死亡。

【诊断】

◆ 根据以下情况可做出初步诊断。

☆ 犬猫有外伤病史

☆ 有呼吸困难表现

☆ 结合听诊心音，心音低沉

☆ 肺界缩小

☆ 胸部出现肠音等

◆ X 线检查，透视可看到典型的膈疝影像。

☆ 心膈角消失

☆ 膈线中断

☆ 胸腔内有充气的胃和肠段，还可能有液平面等

◆ 宠物投服 20%～25%硫酸钡胶浆做胃小肠联合造影，有助于确诊本病。

【临床急救】本病一经确诊，宜尽早施行手术修复。

◆ 术前应重视改善犬猫呼吸状态，稳定病情，提高犬猫对手术的耐受性。

◆ 考虑并拟定术中犬猫出现气胸即缺氧状态的纠正方法，以及适应于不同膈缺损的多种修补方法。

◆ 具体方法是：

☆ 全身麻醉，气管内插管和正压呼吸，将宠物仰卧保定后，于腹中线上自剑状软骨至耻骨前缘做常规无菌准备。

☆ 自剑状软骨向后至脐部打开腹腔，探查膈裂孔的位置、大小、进入胸腔的脏器及其多少，有无嵌闭。

☆ 轻轻牵拉脱出的内脏，如有粘连则应谨慎剥离；如有嵌闭则可适当扩大膈裂孔再行牵拉。

☆ 用灭菌生理盐水浸湿的大块纱布或毛巾将腹腔内脏向后隔离，充分显露膈裂孔。

☆ 为便于缝合，先用两把组织钳将创缘拉近并用创巾钳固定，接着用10 号丝线由远及近做间断水平纽扣缝合或连续锁边缝合法闭合膈裂孔。

☆ 在缝合之前，应注意先将胸腹腔多量的积液抽吸干净。然后利用提前放置的胸腔引流管或带长胶管的粗针头做胸腔穿刺，并于肺充气阶段抽尽胸腔积气，恢复胸腔内负压。

☆ 仔细检查和修补腹腔内脏可能发生的损伤，用生理盐水对腹腔进行冲洗，腹腔放入抗生素以预防感染，常规闭合腹壁切口。

☆ 术后胸腔引流，一般维持 2～3 天，全身应用抗生素 5 天。

☆ 此外，还需根据犬猫精神、食欲的恢复情况采用适宜的液体支持疗法。

【预防】防止外伤或钝性外力伤害的发生，如有发生及时检查。

第二节　腹股沟疝

腹股沟疝（彩图 31-2）是指腹腔脏器经腹股沟环脱出至腹股沟管内，形成局限性隆起。疝内容物多为网膜或小肠，也可能有子宫（彩图 31-3）、膀胱等脏器。母犬多发，公犬的腹股沟疝比较少见，主要表现为疝内容物沿腹股沟管下降至阴囊鞘膜腔，称之为腹股沟阴囊疝，以幼年公犬多见。

【病因】本病分先天性和后天性两类。

◆ 先天性腹股沟疝的发生与遗传有关，即因腹股沟内环先天性扩大所致。如以下犬种具有较高的发病率。

☆ 中国的北京犬和沙皮犬

☆ 国外的巴圣吉犬和巴塞特猎犬等

◆ 后天性腹股沟疝常发生于成年犬猫，多因以下因素引起腹内压升高及腹股沟内环扩大，以致腹腔脏器落入腹股沟管内而发生本病。

☆ 妊娠

☆ 肥胖

☆ 剧烈运动

【症状】

◆ 在股内侧腹股沟处出现大小不等的局限性的卵圆形隆起。

◆ 疝内容物。

☆ 若为网膜或一小段肠管，则隆起的直径为 2～3 厘米。

☆ 若为妊娠子宫或膀胱，隆肿直径则可达 10～15 厘米。

◆ 疝发生早期容易还纳入腹腔，隆肿随之消失。当压挤隆肿或如前改变宠物体位均不能使隆肿缩小时，多是由于疝内容物已与腹膜发生粘连或被腹股沟内环嵌闭所致。

◆ 嵌闭性腹股沟疝一般少见，但一旦发生肠管嵌闭，局部显著肿胀、皮肤紧张、疼痛剧烈，宠物迅即出现食欲废绝、体温升高等全身反应。

◆ 如不及时修复，很快会因嵌闭肠管发生坏死，宠物转入中毒性休克而死亡。

【诊断】可复性腹股沟疝临床容易诊断。

◆ 将宠物两后肢提举并压挤隆肿部，隆肿缩小或消失，恢复宠物正常体位后隆肿再次出现，即可确诊。

◆ 当疝内容物不可复时，应考虑腹股沟处可能发生的其他肿胀。如血肿、脓肿、肿瘤淋巴结肿大等。通过仔细询问病史，细致触摸肿胀部，并结合宠物全身表现，不难与上述肿胀进行区分。同时，也可对疝内容物作出初步判断。

◆ 必要时应用 X 线或造影技术对隆肿部进行检查，有助于确定疝内容物的性质。

【临床急救】本病一经确诊，宜尽早实施手术修补。

◆ 在母犬猫或不留种用的公犬猫，当疝内容物完全还纳入腹腔后，旋转精索筋膜和鞘膜，在靠近腹股沟内环处结扎疝囊颈部，并将结扎线以外多余部分的疝囊（含公犬猫睾丸）切除（彩图 31－4）。

◆ 对欲保留作种用的公犬猫，还纳疝内容物后注意保护精索。采用结节或螺旋缝合法适当缩小腹股沟外环或内环即可。

☆ 对于母犬猫的双侧性腹股沟疝，可经同一腹中线皮肤切口对左右两侧腹股沟进行修复，但皮肤切口一般较长。

☆ 若欲同时实行卵巢、子宫摘除术则可沿腹中线打开腹腔完成。

【预防】注意合理饲喂、防止外伤。

第三节　阴　囊　疝

【病因】

◆ 先天性疝与遗传有关，即因腹股沟内环先天性扩大所致。

◆ 后天性疝多因宠物肥胖或剧烈运动等使腹内压增高及腹股沟内环扩大，以致腹腔脏器下降所致。

【症状】一侧阴囊显著增大。

【诊断】

◆ 阴囊一侧或两侧增大，触之柔软、无热无痛。

◆ 倒提宠物并压挤阴囊，疝内容物可还纳入腹腔，阴囊随之缩小，即为可复性疝。

◆ 不可复性阴囊疝应注意与睾丸炎或睾丸肿瘤进行区分。

【临床急救】

◆ 宠物全身麻醉后取仰卧位保定，腹股沟处无菌准备，于腹股沟环处切开，向下分离至显露疝囊及腹股沟环。

◆ 将疝内容物完全还纳入腹腔后：

　　☆ 对不作种用的公犬猫，结扎精索并切除，然后闭合腹股沟环。

　　☆ 对欲作种用的公犬猫，还纳疝内容物后注意保护精索，采用结节或螺旋缝合法适当缩小腹股沟环即可。

◆ 常规闭合皮肤切口。

◆ 术后　连续给予抗生素 5～7 天。

【预防】注意合理饲喂、防止外伤。

（罗　燕　张立梅）

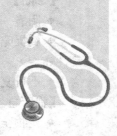

第三十二章
宠物骨骼疾病急救

第一节　骨　　折

　　骨折是指骨的连续性和完整性遭受破坏，常伴发不同程度的软组织损伤，如神经、血管及肌肉挫伤、断裂；骨膜分离和皮肤破裂等。主要由各种外力引起，如撞伤、跌打、打击、奔跑等。宠物患某些骨髓病时（彩图 32 - 1）也易发生骨折。

　　【病因】
　　（1）直接暴力
　　　　☆ 车辆冲撞、压轧
　　　　☆ 钝性物体的冲击和压轧
　　　　☆ 枪击
　　　　☆ 从高处跌落
　　（2）间接暴力
　　　　☆ 奔跑
　　　　☆ 跳跃
　　　　☆ 急转弯
　　　　☆ 跨沟
　　　　☆ 滑倒
　　　　☆ 爪子嵌入洞穴、木栅缝隙
　　（3）病理性骨折
　　◆ 主要是因为骨质本身的疾病。如：
　　　　☆ 骨营养不良
　　　　☆ 骨髓炎
　　　　☆ 骨软症

　　　　☆ 佝偻病

　　　　☆ 骨肿瘤

　　◆ 也有因慢性中毒引起的，如慢性氟中毒。

　　（4）以上都能引起骨质脆弱和应力降低，有时遭受不大的外力也可以引起骨折。

　　【症状】骨折症状分为骨折特有症状和其他症状。分述如下：

　　（1）骨折特有症状

　　1）变形

　　◆ 骨折两断端在受伤时的外力、肌肉牵拉力和肢体重力的作用下发生骨折段移位，如：

　　　　☆ 成角移位

　　　　☆ 侧方移位

　　　　☆ 旋转移位

　　　　☆ 纵轴移位

　　　　☆ 嵌入移位

　　◆ 临床上可见患肢呈弯曲、缩短、延长等异常姿势。

　　2）异常活动

　　◆ 在骨折后做负重运动或被动运动时，出现屈曲、摆动、旋转等异常活动。

　　◆ 但肋骨骨折、椎骨骨折、蹄骨骨折等部位往往异常活动不明显。

　　3）骨摩擦　在骨折处触诊，可听到两断端相互触碰的骨摩擦音。

　　（2）骨折其他症状

　　◆ 由于骨折可引起骨膜、骨髓，及周围软组织的血管、神经的损伤，因此局部出现：

　　　　☆ 出血

　　　　☆ 炎性肿胀

　　　　☆ 明显疼痛

　　◆ 功能障碍在四肢骨折和脊椎骨折表现特别明显。

　　◆ 一般不出现全身症状，但骨折后两三天，因炎症及组织分解产物会引起宠物体温升高等全身症状。

　　【诊断】

　　◆ 依据病史和特有症状一般不难做出初步诊断。

　　◆ 如要确诊则需进行 X 线诊断，特别是对肌肉组织比较厚的部位和靠近关节的骨骺处。

　　☆ 在宠物镇静或麻醉的情况下，拍多方位的 X 光片能够确诊骨、关节和软组织损伤的严重程度及性质（彩图 32-2 至彩图 32-5）。

　　☆ 难以辨认的或是细微的骨折需要通过拍 X 光片与对侧健肢进行比较。

　　【临床急救】发生骨折后，应采取紧急救护措施，最好在发病地点进行处理，以防因移动病犬时骨折断端移位或发生严重并发症。紧急救护包括以下两方面。

　　◆ 伤口的即时处理。

　　☆ 伤口上方用绷带、布条、绳子等结扎止血。

　　☆ 患部用碘酊大面积消毒。

　　☆ 创内撒布碘仿磺胺粉。

　　◆ 对骨折进行临时包扎、固定，随即送兽医诊所治疗。

　　【防治】当前对骨折的治疗常采用外固定和内固定两种方法。

　　（1）外固定法　当髋、肘和膝关节以下的骨折经整复易复位者可用外固定法。

　　◆ 首先全身麻醉。

　　◆ 局部消毒。

　　◆ 术者手持近侧骨折端，助手沿纵轴牵引远侧肢，保持一定拉力，使两断端对合复位。

　　◆ 复位后，在骨折上下两关节用药棉包裹，然后根据具体条件选择固定材料。固定材料有以下几种：

　　☆ 木或竹子夹板

　　☆ 金属夹板或支架

　　☆ 热塑塑料夹板

夹板的长度超过骨折上下两关节，宽度适宜。

　　◆ 在骨折处前后左右装上夹板，外用绷带固定夹板。

　　☆ 绷带的松紧要适当，过松易脱落且固定不确切。

　　☆ 过紧会影响局部血液循环。

　　（2）内固定法　如果是肘或膝关节以上的骨折，多采用内固定法。内固定常用骨髓针和接骨板，对较小的犬猫用骨髓针。其方法如下：

　　◆ 首先按照手术常规对宠物进行全身麻醉，局部剪毛、消毒。切开皮肤，在肌沟钝性分离肌肉，显露骨折两断端，清除创内凝血块和碎骨。

　　◆ 装骨髓针的方法

☆ 在骨折一端插入骨髓针，并用骨钻将骨髓针刺出骨外，然后退骨钻，将此端插入另一骨折断端骨髓腔内，使其两端对合。

☆ 清理创内异物，包括坏死组织、游离组织和血凝块，用消毒液冲洗创口，然后用生理盐水冲洗创腔，在创内注入抗生素。

☆ 最后按手术常规缝合创口。

◆ 装接骨板的方法

☆ 根据骨折骨宽度和长度选择 4 孔、6 孔的接骨板。

☆ 分离出骨折两断端后，应根据接骨板的孔距用骨钻将装接骨板的骨钻孔，然后用骨螺丝将接骨板固定在骨上。

☆ 检查骨折两断端对接如何、固定是否牢固。

☆ 最后清洗和消毒创口，注入抗生素和缝合伤口。

（3）术后　不管外固定或内固定，在术后 2 周均应限制宠物运动，2 周后自由活动。

◆ 期间，全身应用抗生素，预防和控制感染。

◆ 术后 24～48 小时，检查固定下方是否有水肿，若有肿胀，则说明包扎过紧，应重新包扎。

◆ 外固定一般 45～60 天拆除绷带；内固定 90 天可手术拆除骨髓针或接骨板，但必须进行 X 线检查（彩图 32－6），掌握骨折愈合情况方可确定是否拆除绷带。

◆ 另外，术后要加强宠物饲养管理和营养，补充维生素 A、维生素 D 和钙制剂。

（王书凤　孙秀辉）

第二节　全　骨　炎

犬全骨炎是一种暂时性的，发生于年轻的、生长速度快的大型或巨型犬的自发性的疾病。

德国牧羊犬、大丹犬、圣伯纳犬、杜宾犬、金色猎犬、爱尔兰赛特犬、德国短毛指示犬等发病率高。本病于 1951 年第一次在欧洲报道，称此病为慢性骨髓炎，以后有的称为嗜酸性全骨炎（青年骨髓炎、内生骨疣、内骨症等），本病仅见于犬，发病部位在管状骨的长骨干和干骺端。

【病因】

◆ 本病病因至今尚不明确，由于德国牧羊犬易患此病，因此，认为遗传因子是本病的一个病因因素。

◆ 其他因素如应激、感染、代谢、自身免疫疾病及寄生虫病也被认为是致病原因，但尚未被确定。

【症状】多见于 5～12 月龄的大型或巨型犬。

◆ 病犬突然跛行但无受伤历史，几天后跛行会自然减轻，但几周以后会在另一肢出现。

◆ 慢性情况下再发间隔可长达几个月。

◆ 尺骨、桡骨、肱骨、股骨和胫骨等部位易发。

◆ 发病过程中，病犬一般体温正常，无肌肉萎缩现象，触诊病犬长骨骨干和干骺端有疼痛感，严重病例可出现厌食、发热、精神沉郁等症状。

☆ 随年龄的增长，症状严重的程度逐渐变轻，再发的间隔时间延长。

☆ 到 18～20 月龄后，临床上的症状不再出现。该病公犬比母犬多发。

【诊断】临床症状和临床检查对做出正确诊断很有意义。其中，X 线检查对本病的诊断具有重要价值，但 X 线所表现的病变严重程度与临床症状之轻重无相关性。

◆ X 线征象在该病早期与晚期不及中期明显。

◆ 病变可能在多块骨上存在。

◆ 因此，应在多块骨上做多次 X 线检查。

◆ 最常见的 X 线征象是：

☆ 发病长骨的骨髓腔里出现透射线性差的或不透射线的阴影，阴影呈斑块状，密度中等，界限不清，部分骨小梁界限不清或消失。

☆ 此外，还可出现骨内膜的骨性增厚及骨膜反应，骨膜上新骨形成一般是光滑的层状结构。

☆ 该病早期还可能出现骨髓腔内局灶性透明度增加的征象。

【临床急救】

◆ 该病无特异性疗法，治疗目的就是为了减轻病犬疼痛，缓解不适。

◆ 常用的治疗方案是对症治疗，止疼、消炎。如：

☆ 口服阿司匹林，10～2 毫克/千克，每天 2 次。

☆ 亦可短期试用口服皮脂类固醇，0.25～0.5 毫克/千克，每天 2 次。

【防治】无特别有效的预防措施。

（任铁艳　倪　静）

第三十三章
宠物关节韧带疾病急救

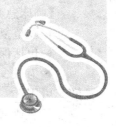

第一节　关节脱位

关节脱位又称关节脱臼，是指关节因受机械外力、病理性作用而导致骨间关节面失去正常的对合。

◆ 如关节完全失去正常对合，则称全脱位，反之则称不全脱位。

◆ 犬猫最常发生髋关节、髌骨脱位；肘关节、肩关节也偶有发生；腕关节、跗关节、寰枕关节及下颌关节发生较少。

【病因】

◆ 以间接外力作用为主，如登空、关节强烈伸曲、肌肉不协调的收缩等。

◆ 另一因素是直接外力，使关节活动处于超生理范围的状态下，关节韧带和关节囊受到破坏，使关节脱位，严重时会引发关节骨或软骨的损伤。

◆ 关节发育不良、关节炎、关节囊损伤、控制固定关节的有关肌肉弛缓性麻痹或痉挛，也可引起关节脱位。

【症状】全身各部位的关节均有脱位的可能，但以四肢肘膝以上关节多见。虽然症状表现不完全相同，但有基本相同的体征。主要有以下几个方面：

◆ 关节变形　改变原来解剖学上的隆起与凹陷。

◆ 异常固定　因关节错位加之肌肉和韧带异常牵引，使关节固定在非正常位置。

◆ 关节肿胀　严重外伤时，周围软组织受损，关节出血、炎症、疼痛及肿胀。

◆ 姿势改变　脱位关节下方姿势改变，如内收、外展、屈曲或伸展等。

◆ 机能障碍　由于关节异常变位、疼痛，运动时患肢出现跛行。

【诊断】

◆ 临床上通过观察、比较肢势与姿势的变化，运步与他动运动，可以发现患部。

◆ X线检查可以确诊关节脱位的程度与组织损伤情况（彩图 33-1）。

【临床急救】

◆ 以整复、固定和功能恢复为原则。

◆ 包括保守治疗和手术治疗两种。

◆ 为减少肌肉、韧带的张力和疼痛，使整复手术顺利进行应将宠物全身麻醉，可用：

☆ 速眠新（846合剂），每千克体重 0.06～0.1 毫升。

☆ 舒泰每千克体重 5～7 毫克，肌内注射。

☆ 必要时可静脉注射丙珀酚每千克体重 0.5 毫克，做维持麻醉。

☆ 阿托品每千克体重 0.02～0.04 毫克，皮下注射，做麻醉前给药。

（1）保守疗法。

◆ 对不全脱位或轻度全脱位，应尽早采用闭合性整复与固定。

◆ 一般将宠物侧卧保定，患肢在上，整复者必须懂得局部解剖知识，对比对侧正常的关节，采用牵拉、按揉、内旋、外展、伸屈等方法，使关节复位。并选择夹板绷带、可塑型绷带（包括石膏绷带）。

（2）手术疗法。

◆ 对中度或严重的关节全脱位和慢性不全脱位的病例，多采用开放性整复与固定。

◆ 根据不同的关节脱位，使用不同的手术径路。通过牵引、旋转患肢，伸屈和按压关节或利用杠杆原理，使关节复位。

◆ 根据脱位性质，选择髓内针、钢针和钢丝等进行内固定，有的韧带断裂，则尽可能缝合固定，并配合外固定以加强内固定。

◆ 有些关节脱位，如先天性髌骨脱位，可通过关节矫形术，恢复关节功能。

（3）中西医结合治疗。

◆ 一般常用保守整复法。

◆ 整复前先按揉患部以活血祛瘀，然后用力将患肢向一方牵引，使脱出的关节头离开，然后突然松手，使其自然复位，即所谓"欲合必先离"的整复原则。

◆ 整复后在关节的上下左右各扎火针 1 次，以示巩固固定。髌骨暂时性上方脱位，可火针掠草（膝下）穴或巧治掠草穴，即用大宽针割断髌内直韧带。

（4）整复 1 周后应让患病宠物适当运动，以利于患肢的功能恢复。

第二节　关节创伤性疾病

关节创伤是指各种不同的外界因素作用于关节囊导致关节囊的损伤。关节囊损伤有时也并发关节软骨的损伤。

◆ 犬猫常见的关节疾病。

◆ 根据外力作用的不同和关节是否与外界相通，可以分为：

　　☆ 关节扭伤

　　☆ 挫伤

　　☆ 关节透创

【病因】锐性或钝性物体猛烈作用于关节或关节突然受到间接的外力作用，如刀伤、枪伤、车祸、跳跃、跌倒、失足蹬空等，使关节超越活动范围，瞬间过度伸展、屈曲或扭转，从而导致支持关节的软组织及关节软骨发生透创、扭伤和挫伤。

【症状】

（1）关节扭伤时，病初患病关节触诊或他动试验时疼痛明显，关节囊肿胀，局部增温，有波动。

（2）关节腔穿刺正常或穿出积血、过量的渗出液、软骨碎片等。

（3）转为慢性后，疼痛、肿胀、增温有所好转，但关节囊结缔组织增生和骨质增生，关节强硬。

（4）扭伤关节不同其临床表现也不同，肘关节或跗关节以上的关节扭伤以混合跛为主，膝、指（趾）关节扭伤以支跛为主。

（5）关节挫伤时，不仅关节受伤，关节周围组织也发生不同程度的损伤，其症状比关节扭伤更明显，波及范围更大，局部肿胀、疼痛，跛行更严重。

（6）关节透创时，创口流出黏稠透明、淡黄色关节液，有时混有血液或有纤维素形成的絮状物。

1）病初一般无明显跛行，严重挫伤时跛行明显，跛行常为悬跛和混合跛。

2）如伤后关节囊伤口长期不闭合，滑液流出不止，抗感染能力下降，则会出现感染症状，发生化脓性关节炎或腐败性关节炎。

◆ 急性化脓性关节炎。

　　☆ 关节及其周围组织广泛的肿胀疼痛、水肿，从伤口流出混有滑液的淡黄色脓性渗出物，触诊和他动运动时疼痛剧烈。

　　☆ 宠物站立时以患肢轻轻负重，运动时跛行明显。

☆ 宠物精神沉郁，体温升高，严重时形成关节旁脓肿。

☆ 有时并发化脓性腱炎和腱鞘炎。

◆ 急性腐败性关节炎。

☆ 发展迅速，患关节表现急剧的进行性浮肿性肿胀，从伤口流出混有气泡的污灰色带恶臭味稀薄渗出液，伤口组织进行性变性坏死，患肢不能活动。

☆ 全身症状明显，精神沉郁，体温升高，食欲废绝。

（7）关节损伤的同时，有时也会并发骨和软骨的损伤。有时骨损伤愈合良好，但软骨愈合较差，导致在伤后数月或几年后发生退行性关节病。

【诊断】

◆ 根据病史和症状可以做出初步诊断。

◆ 可以通过向关节内注射带色消毒液来确诊关节囊透创。

◆ 也可以进行关节囊充气造影 X 线检查来确诊关节内有无金属异物和骨骼的损伤。

◆ 诊断关节创伤时，忌用探针检查，以防污染和损伤滑膜层。

【临床急救】根据病情分别处理。

（1）关节扭伤和挫伤的治疗原则为控制炎症、促进吸收、镇痛消炎、恢复关节机能。

◆ 病初 1～2 天可进行冷敷，同时限制宠物活动；2 天后改用温热疗法以促进渗出液的吸收。

◆ 同时使用普鲁卡因青霉素局部封闭，可的松青霉素关节腔注射。疼痛严重者可以使用镇痛药，如痛立定。

◆ 转为慢性炎症时，可使用刺激性药物，如四三一擦剂、10％以上的碘酊等局部涂擦。皮肤擦伤时，不能使用冷敷或热敷进行治疗，可按一般创伤处理对其进行处理。

（2）关节透创的治疗原则是防止感染，增强抗病力，及时合理的处理伤口，力争在关节腔未出现感染之前闭合关节囊伤口。

◆ 及时清理创内异物、血凝块，切除挫灭组织，消除创囊，用 0.25％普鲁卡因青霉素药液或 0.1％新洁尔灭溶液冲洗关节腔。

☆ 冲洗时应从伤口对侧向关节腔注入冲洗液，切忌由伤口向关节腔冲洗，以防止污染关节腔。

☆ 用可吸收缝线缝合关节囊，其他软组织可不缝合。

☆ 最后涂碘酊，包扎创口，对关节透创应包扎固定绷带。

◆ 对已感染化脓的创口。

☆ 清净创口。

☆ 除去坏死组织。

☆ 用防腐剂穿刺冲洗关节腔，清除异物、坏死组织和游离骨片。

☆ 用魏氏流膏涂布伤口，包扎绷带。

◆ 局部应用温热疗法改善新陈代谢，促进伤口早日愈合。

◆ 全身应用抗生素疗法，控制感染。

（3）中西医结合治疗

◆ 关节扭伤和挫伤可配合用白及膏或如意金黄散外敷患部。

◆ 透伤的关节局部不宜外敷中药，可配合内服仙人活命饮。

◆ 抗生素可注入病患邻近的穴位内。

第三节　前十字韧带断裂

犬的前十字韧带在正常情况下能限制胫骨向前移动及向内旋转。对于强度减弱或发生变性的韧带，过度创伤是导致前十字韧带断裂的最常见的原因。有学者认为，免疫介导性韧带变性发生于韧带断裂之前。直腿犬如罗威纳、杜宾犬的异常形态易发本病。

【病因】

◆ 本病的发生多因外伤所致，常因激烈的活动中膝关节过度伸展，或胫骨过度旋转引起韧带断裂，多见于赛犬和工作犬。

◆ 慢性前十字韧带断裂多与膝关节畸形或周围肌肉发育不良有关。

◆ 突然过度承重导致韧带扭转和断裂，因而发生关节极度不稳和功能异常，会出现内侧半月板受损、关节积液和关节囊周围纤维化。

◆ 转为慢性后则继发性骨关节炎。

【症状】

◆ 常见急性后肢跛行。

☆ 断裂后 72 小时内跛行明显，减负或免负体重，几周后逐渐好转。

☆ 大约 6 周后随变性关节炎的发展，又引发逐渐加重的跛行。

◆ 触诊膝关节有痛感，关节内有不同程度的积液。

◆ 慢性前十字韧带断裂的宠物表现出继发性骨关节炎的症状，如：

☆ 关节肿胀

☆ 触诊疼痛

☆ 关节活动时发出"噼啪"的响声

【诊断】

◆ 临床检查时，诊断的依据是诱发前拉运动。检查者的一只手从股骨远端后侧握住股骨，拇指放在股骨髁外侧，其他手指放在髌骨上，另一只手从胫骨近端握住胫骨，拇指放在腓骨头上，其他手指放在胫骨脊上。移动胫骨：

　　☆ 胫骨向前移动增加（3～5毫米）表明前十字韧带断裂。

　　☆ 如果为部分断裂则表现为屈曲时关节松弛。

◆ 腓肠肌紧张试验。屈曲跗关节，同时抬高股骨使之与胫骨成90°角，胫骨向前移动则表明前十字韧带试验阳性。

◆ 慢性病例在损伤后4～6周的X线检查可见发展迅速的变形性关节病的征象。

　　☆ 前脂肪腑垫受损或减少，髌骨周围或滑车周围有骨赘形成。

　　☆ 胫骨相对于股骨向前脱位。

◆ 关节触诊时见关节内侧纤维化（内侧突起形成）是关节不稳定的特征性指标。

◆ 有条件的地方可用关节镜检查诊断。

【临床急救】

◆ 小的犬和猫限制运动，口服止痛药物。

◆ 大型犬和猫需经外科手术治疗。

　　☆ 小型犬（5～10千克），应用关节囊外缝合术。用不可吸收缝线或吸收慢的缝线环绕外侧籽骨，然后通过胫骨脊拉紧缝线。

　　☆ 大于10千克的犬，可做腓骨头移位术。用外侧侧韧带阻止胫骨前移或内转位，将腓骨头前移，用Kirschner丝或骨螺钉固定。

　　☆ 大于20千克的犬，常用关节囊内修复术。制作外侧张肌筋膜上带，在半月板间韧带下通过，翻到股骨外侧髁上，并固定在外侧髁上。

第四节　后十字韧带断裂

后十字韧带的作用是限制胫骨的后移。单纯性后十字韧带断裂很少发生，严重病例常与前十字韧带和半月板的损伤同时发生。

【病因】

◆ 单纯的后十字韧带撕裂在小动物很少见，主要是以下原因。

　　☆ 后十字韧带处于关节内，这样常导致韧带损伤的负荷被加在了前十字韧带。

　　☆ 后十字韧带比前十字韧带更结实。

　　☆ 可导致后十字韧带断裂的原因很少碰到。
◆ 单纯后十字韧带断裂多由对胫骨近端的由前至后的打击所致。
　　☆ 这类损伤与机动车事故或膝关节弯曲时跌坐在腿上有关。
　　☆ 后十字韧带损伤与膝关节的严重错位有关。
　　☆ 主要的关节限制（前、后十字韧带和内侧副韧带）和次要的关节限制（关节囊、肌腱及半月板囊韧带）一起破裂，可发生在车祸等严重外伤事故之后。

【症状】
◆ 由创伤引起的急性后肢跛行，关节不稳定程度高于前十字韧带断裂。
◆ 股胫关节半脱位，关节积液、积血、触诊和运动有痛感。
◆ 胫骨出现后拉现象。

【诊断】
◆ 根据病史和临床表现可以做出初步诊断。
◆ 进行 X 线检查有助于后十字韧带损伤的诊断。
　　☆ 在侧位片上，与韧带撕裂有关的小的骨片在股骨髁远端后面也许会很明显。
　　☆ 同时可看到与股骨髁相关联的胫骨平台向后移位。
◆ 单纯的后十字韧带撕裂的诊断是以关节前后不稳定为基础的。由前十字韧带断裂和后十字韧带损伤造成的前后运动难以区分，可以通过以下几点进行区分。
　　☆ 关节伸展时，与前十字韧带撕裂相比，后十字韧带撕裂可触及到的不稳定程度小。
　　☆ 使患病宠物仰卧，膝关节弯曲，胫骨与地面平行，如果有后十字韧带断裂则胫骨节结明显突出在胫骨平台的前方。
　　☆ 当胫关节向前动时，如果有后十字韧带断裂则向前动会有一明显的端点。
　　☆ 胫关节伸展，如果后十字韧带断裂，膝关节屈曲向内旋时会有胫关节明显的向后半脱位。

【临床急救】
◆ 单纯后十字韧带损伤的犬经笼养休息和限制活动症状通常会消失。
◆ 如果跛行在 1 个月以上，则可用关节外固定术或用后十字韧带断裂修补术治疗。

（牛瑞燕　孟　凯）

第三十四章
宠物病毒性传染病急救

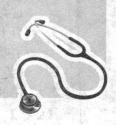

第一节 犬 瘟 热

犬瘟热（canine distemper，CD），俗称"犬瘟"，是由犬瘟热病毒引起的一种犬科（犬、狐、貉）、鼬科（水貂、雪貂、黄貂）和浣熊科动物的急性、热性和高度接触性传染病。该病传染性强、发病率高、传播广，遍布全世界。临床症状极为多样，以双相热型、鼻炎、严重消化道障碍和呼吸道炎症等为特征。少数病例可发生脑炎。继发细菌感染和二次感染时，病情加重，死亡率高达 80% 以上；康复犬还易遗留抽搐、癫痫、麻痹等后遗症。

【病原及流行病学】

（1）犬瘟热是由犬瘟热病毒（canine distemper virus，CDV）引起的一种传染病。

（2）犬瘟热病毒为单股负链不分阶段的 RNA 病毒，属于副黏病毒科、麻疹病毒属，与该属的麻疹病毒和牛瘟病毒有密切的抗原关系。

（3）犬瘟热病毒的抵抗力不强。

◆ 常规消毒剂可杀灭环境中的病毒。

☆ 乙醚

☆ 三氯甲烷

☆ 福尔马林

☆ 石炭酸

☆ 季铵盐消毒剂

☆ 氢氧化钠溶液

☆ 紫外线

◆ 室温（20℃）下，病毒可在组织和分泌物中存活 3 小时。

◆ 2～4℃可存活数周，50～60℃ 1 小时可灭活该病毒。

◆ 气温越低，犬瘟热病毒的存活时间越长，在 $-70℃$ 或冻干条件下可长期保存。

◆ 最适 pH 为 $7.0～8.0$。

（4）该病的流行特征。

◆ 宿主范围较广。

　☆ 犬科（犬、狐狸、豺、狼等）

　☆ 鼬科（貂、雪貂、黄鼬、白鼬、貉等）

　☆ 浣熊科（海豹、熊猫、浣熊、白鼻熊等）

　☆ 猫科（虎、豹、狮）

◆ 在世界各地均有犬瘟热发生。

◆ 断奶至 1 岁龄犬发病率最高，老龄犬和哺乳仔犬极少发病。

◆ 仔犬可通过胎盘和初乳获得抗体而获得保护。

（5）本病一年四季都可发生。

◆ 但以冬季和早春多发。

◆ 有每隔 $2～3$ 年流行一次的周期性。

◆ 发病动物和带毒动物是该病的传染源。

（6）传播途径主要是呼吸道，其次是消化道。

◆ 带毒飞沫可经眼结膜、口腔、鼻黏膜，以及阴道、直肠黏膜而感染。

◆ 胎儿可通过胎盘屏障而感染。

【症状】犬瘟热的临床症状取决于感染毒株的毒力、环境、宿主的年龄和免疫水平等，为多系统症状，其潜伏期为 $3～9$ 天。

（1）病犬首先出现呼吸道症状。表现为精神沉郁，厌食，眼结膜发红，眼、鼻流出水样分泌物，$1～2$ 天转为脓性黏液（彩图 34－1），伴随咳嗽和呼吸困难。肺部听诊呼吸音粗厉，有啰音，存在湿性或干性咳嗽（彩图 34－2）。

（2）体温呈双相热。开始体温升高至 $40℃$ 左右，持续 $8～18$ 小时，经 $1～2$ 天无热期后，体温再度升高至 $40℃$ 左右。血液检查可见外周血白细胞下降。

（3）消化道症状。表现为呕吐，食欲不振；当胃肠出血时，食欲废绝，排黏液便或干便，严重时排出高粱米汤样血便（彩图 34－3），病犬迅速脱水、消瘦，有时出现肠套叠。

（4）皮肤上可见水疱性和化脓性皮炎，皮屑大量脱落（彩图 34－4）。病程稍长者，足垫增厚、变硬甚至干裂（彩图 34－5），这是临床诊断的重要指征之一。

（5）犬的眼睛受到损伤（彩图 34－6），以结膜炎、角膜炎为特征。角膜炎大多是在发病后 15 天左右多见，角膜变白，重者可出现角膜溃疡、穿孔、失明。

（6）神经症状。通常出现于恢复期后 7～21 天，表现为癫痫、转圈、站立姿势异常、步态不稳、共济失调、咀嚼肌及四肢出现阵发性抽搐等神经症状，此种神经性犬瘟热预后多为不良。

（7）母犬怀孕期间感染犬瘟热时，可能会出现流产、死胎或弱仔。

【诊断】

◆ 根据临床症状、病理变化和流行病学可作出初步诊断。

◆ 确诊需要实验室检查。

◆ 典型症状为眼、鼻流出浆液性或脓性分泌物，体温呈双相热型，体温在 39.5℃以上，精神沉郁，食欲不佳，出现神经症状，中后期鼻镜结痂，龟裂，足底硬化。

【临床急救】

治疗原则为：对症治疗，控制细菌继发感染，维持体液平衡，增强抵抗力，控制神经症状。良好的护理是治疗成功的关键。

◆ 出现临床症状时。

　☆ 可用大剂量的犬瘟热高免血清进行皮下注射，增强宠物机体的免疫力，以达到治疗目的。注射剂量为每千克体重 1～2 毫升，每天 1 次，连用 3～4 天。

　☆ 应用具有很高的中和活性的犬瘟热病毒单克隆抗体来治疗时，可取得比高免血清更好的治疗效果。

　☆ 如无高免血清，可改用康复犬血清，每次 4～5 毫升或康复犬全血每次 10～15 毫升。

　☆ 清热可用双黄连，剂量为 60 毫克/千克，皮下注射，每天 2 次。

◆ 出现呼吸道症状时。

　☆ 可用青霉素等抗生素，以防止继发感染，缓解支气管肺炎症状。

　☆ 为制止渗出和促进炎性渗出物的吸收可静脉注射 10％葡萄糖酸钙溶液。

　☆ 氨苄西林或阿莫西林的用量为每千克体重 20 毫克。

　☆ 为缓解呼吸困难，可应用氨茶碱。

◆ 出现消化道症状时。

　☆ 可用胃复安止吐。

　☆ 大量补充液体（糖盐水、ATP、辅酶 A 等），以防脱水。

　☆ 适当补充碳酸氢钠，以防止酸中毒。

　　☆ 加入氯化钾，可防止因腹泻引起的低血钾症。

　　☆ 使用鞣酸蛋白等药物灌服或深部灌肠以止泄。

◆ 出现神经症状时。

　　☆ 可用氯丙嗪或安定等药。

　　☆ 静脉注射 20％甘露醇、25％山梨醇、右旋糖苷液等来降低颅内压。

　　☆ 应用维生素 B_1 缓慢肌内注射恢复神经机能。

　　☆ 角膜出现炎症时，可采用自家血疗法。

◆ 此外，应加强饲养管理，注意饮食，给予一定的支持疗法。

【预防】

（1）发生犬瘟热时，立即隔离病犬，避免与其他健康犬接触。

（2）用以下溶液对环境、犬舍以及用具等进行消毒。

　　☆ 3％福尔马林溶液

　　☆ 3％氢氧化钠溶液

　　☆ 5％石炭酸溶液

（3）对尚未发病的健康犬和受疫情威胁的其他犬，可考虑用犬瘟热高免血清或小儿麻疹疫苗做紧急预防注射。

（4）坚持进行免疫注射。

◆ 疫苗主要有：

　　☆ 鸡胚弱毒苗

　　☆ 细胞弱毒苗

　　☆ 三联苗（犬瘟热、犬传染性肝炎和犬细小病毒病）

　　☆ 五联苗（犬瘟热、犬传染性肝炎、犬细小病毒病、犬副流感和狂犬病）等

◆ 新生幼犬免疫程序为：

　　☆ 6 周龄、9 周龄和 12 周龄各注射 1 次，以后每年 1 次。

　　☆ 3 月龄以上的犬，连续注射 2 次，每次间隔 3～4 周，以后每年 1 次。

（5）对刚购回的幼犬，最好先注射犬用抗病毒多联血清，饲养 2～3 周，待其逐步适应新环境后，再进行免疫接种。

（6）平时应加强饲养管理，注意犬舍、食盆等的清洁卫生。

第二节　犬细小病毒病

犬细小病毒病是由犬细小病毒（canine parvovirus，CPV）引起的一种急

性传染病。临床表现以急性出血性肠炎和非化脓性心肌炎为特征，是临床最常见的犬传染病之一。该病多发生于幼犬，病死率达 10%～50%。

【病原及流行病学】

（1）犬细小病毒病是由犬细小病毒引起的一种传染病。

（2）犬细小病毒对多种理化因素和常用消毒剂具有较强的抵抗力。

◆ 在 4～10℃可存活 6 个月。

◆ 37℃存活 14 天。

◆ 56℃存活 24 小时。

◆ 80℃存活 15 分钟。

◆ 在室温下保存 3 个月感染性仅轻度下降。

◆ 在粪便中可存活数月至数年。

◆ 该病毒

☆ 对乙醚、氯仿、醇类有抵抗力。

☆ 对紫外线、福尔马林、β-丙内酯、次氯酸钠和氧化剂敏感。

（3）细胞凝集和在细胞上增殖情况，在 4℃条件下，犬细小病毒：

◆ 可凝集猪和恒河猴的红细胞。

◆ 对犬、猫、羊等其他动物的红细胞不发生凝集作用。

◆ 可在以下细胞上增殖。

☆ 原代猫胎肾、肺细胞

☆ 原代犬胎肠细胞

☆ MDCK 细胞

☆ CRFK 细胞

☆ FK81 细胞

（4）犬是本病的主要自然宿主，其他犬科动物，如郊狼、丛林犬、食蟹狐和鬣狗等也可感染。

◆ 随着病毒抗原漂移，猫小熊、貉等动物也可感染该病毒。

◆ 豚鼠、仓鼠和小鼠等实验动物不感染。

◆ 不同年龄、性别、品种的犬均可感染，但小犬的易感性更高。小于 4 周龄的仔犬和大于 5 岁的老犬发病率低，断乳前后的仔犬易感染性最高，其发病率和病死率都高于其他年龄段。

◆ 纯种犬比杂种犬和土种犬易感。

（5）病犬和康复带毒犬是本病的主要传染源。

◆ 病犬通过以下媒介排毒，而康复犬粪尿长期排毒。

　　☆ 粪便

　　☆ 尿液

　　☆ 唾液

　　☆ 呕吐物

　◆ 以下媒介可传播病毒。

　　☆ 污染的饲料

　　☆ 饮水

　　☆ 垫草

　　☆ 食具

　　☆ 周围环境

（6）本病一年四季均可发生。

　◆ 但以冬春季（冬季 11～12 月、春季 3～4 月）多发。

　◆ 天气寒冷、气温骤变、卫生条件差及并发感染均可加重病情和提高死亡率。

【症状】该病在临床上主要以肠炎型和心肌炎型两种形式出现。

　◆ 肠炎型

　　☆ 潜伏期为 7～14 天。

　　☆ 最初病犬表现为精神沉郁、厌食、软便、轻微呕吐（彩图 34 - 7）、体温升高（40～41℃）。最初粪便呈灰色，黄色或乳白色，带果冻状黏液，其后排出恶臭的酱油样或番茄汁样血便（彩图 34 - 8）。

　　☆ 这时病犬迅速脱水，消瘦，眼窝深陷，被毛凌乱，皮肤无弹性，耳鼻、四肢发凉，精神高度沉郁，休克，死亡。

　　☆ 有的病犬后期体温低于常温，可视黏膜苍白，尾部及后肢常被粪便污染，严重者肛门松弛。

　◆ 心肌炎型

　　☆ 多见于 4～6 周龄幼犬。

　　☆ 表现为轻微腹泻，继而呼吸困难，心悸亢进，可视黏膜苍白，体质衰竭，常突然死亡。

【诊断】

　◆ 根据流行病学、典型临床症状和病理变化可作出初步诊断。

　　☆ 发病之前犬的饮食无明显变化，突然上吐下泻，且有特殊腥臭味稀便或血便时，可怀疑此病。

　◆ 可用易感的猫肾细胞或犬肾细胞来分离病毒株，通过电镜或免疫电镜来观察病毒。

◆ 也可通过以下试验方法检测犬细小病毒。

☆ 血凝和血凝抑制试验

☆ 乳胶凝集试验

☆ 酶联免疫吸附试验

☆ 免疫荧光试验

☆ 对流免疫电泳

☆ 中和试验等

☆ 胶体金试纸条

【临床急救】临床上常采用对症治疗配合高免血清和单克隆抗体治疗。

◆ 针对病原。

☆ 可用高免血清或单克隆抗体每千克体重 0.5～1 毫升，皮下注射，每天 1 次，连用 3～5 天。

☆ 利巴韦林每千克体重 5～7 毫克，皮下注射或肌内注射，每天 1 次。

◆ 防止细菌继发感染。

☆ 可用氨苄西林每千克体重 20～30 毫升，内服，每天 2～3 次，或每千克体重 10～20 毫升，静脉滴注、皮下注射或肌内注射，每天 2～3 次。

☆ 头孢唑林钠 15～30 毫升/千克，静脉滴注或肌内注射，每天 3～4 次。

◆ 止吐可用胃复安，每千克体重 0.2～0.5 毫升，内服、皮下注射，每天 3～4 次。

◆ 止血。

☆ 可用酚磺乙胺（止血敏）2～4 毫升/次，肌内注射或静脉注射。

☆ 维生素 K_3 30 毫克/次，肌内注射。

◆ 止泻。

☆ 可用思密达，每千克体重 250～500 毫克，内服。

☆ 维迪康每千克体重 0.02～0.08 克，内服，每天 2 次，连用 2～4 天。

◆ 休克症状明显者可肌内注射地塞米松 5～15 毫克。

◆ 输液疗法在 CPV 感染的治疗上具有重要意义，可选用乳酸林格氏液，补加以下成分：

☆ 葡萄糖

☆ ATP

☆ 碳酸氢钠

☆ 抗生素

【预防】

◆ 预防本病主要依靠注射疫苗和严格犬的检疫制度。

　　☆ 7～8 周龄第 1 次注射犬六联苗。

　　☆ 间隔 4 周后 11～12 周龄第 2 次注射。

　　☆ 14～15 周龄第 3 次注射。

　　☆ 以后每年加强免疫注射 1 次。

◆ 应采取综合防疫措施，及时隔离病犬，对犬舍及用具等用 2%～4% 火碱水或 10%～20% 漂白粉液反复消毒。

第三节　犬传染性肝炎

犬传染性肝炎（infectious canine hepatitis，ICH）是由犬腺病毒Ⅰ型病毒（canine adenovirus type 1，CAV-1）引起的以肝炎为主的一种急性败血性传染病。临床上主要侵害 1 岁以内的幼犬，常与犬瘟热混合感染，使病情更加复杂严重。主要表现为肝炎和角膜混浊（即蓝眼病）症状，以肝小叶中心坏死，肝实质细胞和皮质细胞核内出现包涵体及凝血时间延长为特征。

【病原及流行病学】

（1）犬传染性肝炎的病原为犬腺病毒Ⅰ型病毒，属于腺病毒科、哺乳动物腺病毒属成员。

（2）该病毒抵抗力相当强。

◆ 室温下可存活 10～13 周，4℃可存活 270 天，37℃存活 29 天。

◆ 对乙醚、氯仿和酒精有抵抗力，苯酚、碘酊和氢氧化钠可用于消毒。

◆ 能凝集人 O 型血和鸡、豚鼠的红细胞。

◆ 可在原代犬、猪、雪貂、豚鼠、浣熊的肾细胞和睾丸细胞，以及 MD-CK 细胞上增殖。

（3）本病主要发生在 1 岁以内的幼犬，成年犬很少发生且多为隐性感染。

◆ 据报道山犬、狼、浣熊、黑熊等也可感染。

◆ 病犬和康复带毒犬是主要的传染源，其呕吐物、唾液、鼻液、粪便和尿液均带有病毒。康复犬尿液中排毒可达 180～270 天。

◆ 该病主要经消化道感染，也可通过胎盘感染。

◆ 体外寄生虫可成为传播媒介。

（4）本病发生无明显季节性，以冬季多发，幼犬的发病率和病死率均较高。

【症状】

◆ 自然感染时，潜伏期为 6～9 天。初期症状与犬瘟热相似。

◆ 表现为精神沉郁，食欲废绝，渴欲增加，体温升高达 41℃，腹痛、呕吐、腹泻，粪便中带血，多在 24 小时内死亡。

◆ 病程长者，可见精神沉郁，流水样鼻液，结膜发炎，羞明流泪。

◆ 还可见贫血、黄疸、咽炎、扁桃体炎、淋巴结肿大。

◆ 头、颈、眼睑及腹部皮下水肿（彩图 34-9）。

◆ 口腔及齿龈出血或见出血点。

◆ 特征性症状是角膜水肿、混浊、变蓝，即"蓝眼"病（彩图 34-10）。

◆ 慢性病例一般不会死亡，常可自愈。

【诊断】

◆ 根据流行病学、典型临床症状和病理变化可作出初步诊断。

　☆ 特征症状为病犬精神沉郁，食欲不振，渴欲明显增加，甚至两前肢浸入水中狂饮。

　☆ 部分犬的角膜混浊，出现"蓝眼"病。

◆ 可采取病犬血液、扁桃体，或肝、脾等材料处理后接种犬肾原代细胞或传代细胞进行血凝抑制试验或免疫荧光试验。

◆ 琼脂扩散试验、补体结合试验、中和试验和酶联免疫吸附试验等方法可进行诊断。

◆ 应用聚合酶链式反应（PCR）方法进行诊断。

【临床急救】以对症和支持疗法为原则，采用综合性治疗措施。

◆ 在发病初期，可用高免血清或丙种球蛋白进行治疗，大型犬每次 5～10 毫升，小型犬每次 5 毫升，每天 1 次，连用 3～5 天。

◆ 静脉注射。

　☆ 复方生理盐水 200～500 毫升。

　☆ 50% 葡萄糖溶液 40 毫升。

　☆ ATP 1 支。

　☆ 辅酶 A、维生素 C、维生素 B_6、先锋霉素各 1 支，混合静脉注射，每天 1 次，连用 3～5 天。

◆ 肌内注射。

　☆ 肝泰乐，每千克体重 5～8 毫克，每天 1 次，连用 3～5 天。

　☆ 维生素 B_{12} 防止组织渗血和出血，每天 1 次，连用 5 天。

◆ 出现角膜混浊现象，则采用氯霉素眼药水和普鲁卡因青霉素少许混合点眼。对腹腔积液较多的病犬进行腹腔穿刺排液。

【预防】

◆ 预防本病的根本措施在于定期免疫接种和实施常规的卫生措施。

◆ 加强饲养管理，平时要搞好犬舍卫生及消毒，自繁自养，严禁与其他犬混养。

◆ 定期进行免疫接种，预防注射犬五联弱毒苗，30～90 日龄的犬接种 3 次，90 日龄以上的犬接种 2 次，每次间隔 2～4 周。

◆ 尽早隔离病犬，对无治愈可能的犬应立即扑杀，进行无害化处理；对污染的环境可用百毒杀、消毒威、3％福尔马林溶液、次氯酸钠或 0.3％过氧乙酸进行消毒。

第四节　犬冠状病毒病

犬冠状病毒病（canine coronavirus disease）又称犬冠状病毒性腹泻，是由犬冠状病毒引起的一种以呕吐、厌食、腹泻、脱水为特征的急性传染病。临床症状消失后 14～21 天仍可复发，是当前对养犬业危害较大的一种传染病。本病发病急、传染快、病程短、死亡率高。如与犬细小病毒、类星状病毒或轮状病毒混合感染，病情加剧，病犬常因急性腹泻和呕吐而脱水迅速死亡。

【病原及流行病学】

（1）犬冠状病毒（canine coronavirus）属冠状病毒科冠状病毒属，只有 1 个血清型。

（2）犬冠状病毒对以下理化条件敏感。

　　☆ 氯仿

　　☆ 乙醚

　　☆ 脱氧胆酸盐敏感

甲醛、紫外线可使其灭活，但对胰蛋白酶和酸有抵抗力。在粪便中可存活 6～9 天。

（3）犬、貂、狐狸等犬科动物易感。

◆ 不同品种、性别、年龄的犬都可感染，但幼犬最易感，发病率和死亡率均很高。

◆ 本病的传染源是病犬和带毒犬。

◆ 传播途径。

　☆ 被污染的饲料

　☆ 饮水等经消化道感染。

◆ 病犬经呼吸道和消化道随口涎、鼻液及粪便向外排毒。

(4) 本病一年四季均可发生，以冬季多发。以下因素可诱发本病：

　☆ 天气突变

　☆ 卫生条件差

　☆ 犬群密度大

　☆ 断奶转舍

　☆ 长途运输

【症状】

◆ 自然感染的潜伏期1～5天。传播迅速，数日内可蔓延全群，临床症状轻重不一。

◆ 最急性型无明显的临床症状就突然死亡。

◆ 病犬精神消沉、食欲减少或废绝、口渴、鼻镜干燥、呕吐，持续数天后出现腹泻，排出恶臭稀软而带黏液的粪便。

◆ 粪便呈粥样或水样，红色或暗褐色，或黄绿色，恶臭，混有黏液或少量血液。迅速脱水，体重减轻。有的犬后期肛门失禁、精神沉郁、卧地不动，强行驱赶则步态摇摆。

◆ 如无继发感染，多数病例可在7～10天恢复，但有些病犬，特别是幼犬常在发病后2～3天死亡。

【诊断】

◆ 本病在临床症状、流行病学和病理变化上，与犬细小病毒性肠炎十分相似，故确诊应进行电镜观察，病毒分离，荧光抗体或血清学试验。

◆ 以下方法也可确诊本病。

　☆ 中和试验

　☆ 乳胶凝集试验

　☆ 酶联免疫吸附试验

◆ 病毒分离可用 A-72 细胞或犬肾原代细胞，用特异抗体染色检测是否存在病毒，或待细胞出现病变后，用已知阳性血清作中和试验鉴定病毒。

【临床急救】主要采取对症治疗，如止吐、止泻、补液，用抗生素防止继发感染等。

◆ 可用高免血清或康复犬的全血静脉输液，进行特异治疗。

◆ 控制继发感染时，可用氨苄青霉素，每千克体重 20～30 毫克，每 8～12 小时注射 1 次。

　　◆ 对症治疗时：

　　　　☆ 常用钙剂或安钠咖强心

　　　　☆ 维生素 K 止血

　　　　☆ 用活性炭止泻

　　◆ 用 5%～10% 葡萄糖溶液和 5% 碳酸氢钠溶液静脉输液，以纠正酸碱平衡。

【预防】

◆ 加强饲养管理，严格执行兽医卫生措施。

◆ 每天打扫犬舍，清除粪便，保持干燥、清洁卫生。

◆ 隔离病犬，专人专具饲养护理。病犬吃过的饲料、饮水挖坑深埋，饲具要彻底消毒后方可使用。

◆ 刚生下的幼犬要吃足初乳，以获得母源抗体和免疫保护力。目前，国内外已有疫苗用来预防该病。

第五节　犬轮状病毒病

犬轮状病毒（canine rotavirus，CRV）感染是由轮状病毒引起的主要侵害新生幼犬的，以腹泻、脱水为特征的急性接触性传染病。成年动物感染后，多呈隐性经过。

【病原及流行病学】

（1）犬轮状病毒属于呼肠病毒科轮状病毒属的成员。

（2）轮状病毒对理化因素的抵抗力较强，对温度、乙醚、酸和胰酶不敏感。

◆ 有的病毒株在室温条件下，可存活 4 个月之久。

◆ 粪便中的病毒在 18～20℃ 条件下，至少能存活 7～9 个月。

◆ 加热 60℃ 经 30 分钟仍存活，但 63℃ 经 30 分钟可被灭活。

◆ 用以下试剂处理病毒，经 60 分钟仍存活。

　　☆ 1% 高锰酸钾溶液

　　☆ 来苏儿

　　☆ 碘酊

　　☆ 碳酸钠

    ☆ 十六烷基三甲基溴化胺

◆ 以下试剂可将病毒灭活。

    ☆ 0.01％碘溶液

    ☆ 1％次氯酸钠溶液

    ☆ 70％酒精溶液

（3）在 4℃和 37℃条件下，犬轮状病毒对猪和人红细胞（O、AB 型）具较好的凝集作用。

（4）本病常呈地方流行性。

◆ 病犬和带毒犬是主要的传染源。

◆ 易感动物主要通过以下途径经消化道传染。

    ☆ 接触被感染动物

    ☆ 污染的饮水

    ☆ 污染的饲料用具

    ☆ 污染的环境

◆ 幼犬常严重感染，特别是 10～45 日龄的幼犬。

（5）成年犬常呈隐性经过。

（6）本病的发生无明显季节性，全年均可发生。

【症状】患病幼犬体温偏高，精神沉郁，食欲减少或废绝，排黄绿色稀便，夹杂中等量黏液，严重者混有少量血液，严重脱水，体温降低，心跳加快，被毛粗乱，肛门周围皮肤被粪便污染，常以死亡告终。

【诊断】

◆ 导致犬腹泻的病因很多，根据临床症状、病理变化只能作出初步确诊。

◆ 确诊需要病毒分离，在电镜下观察病毒粒子。

    ☆ 取腹泻液或后段小肠内容物，制样，用磷钨酸负染后镜检，用电镜观察，若发现轮状病毒形态，即可判为阳性。

◆ 血清学检测方法包括：

    ☆ 放射免疫测定法

    ☆ 免疫荧光试验

    ☆ 对流免疫电泳

    ☆ 酶联免疫吸附试验

    ☆ 血凝和血凝抑制试验

◆ 犬轮状病毒检测试纸进行诊断。

【临床急救】

◆ 主要采取对症治疗，如：

　　☆ 止吐

　　☆ 止泻

　　☆ 补液

　　☆ 用抗生素防止继发感染等

◆ 及时隔离发病幼犬，停止哺乳。

◆ 让病犬自由饮用葡萄糖氨基酸溶液或葡萄糖甘氨酸溶液（葡萄糖 45 克，氯化钙 8.5 克，甘氨酸 6 克，枸橼酸 0.5 克，枸橼酸钾 0.13 克，磷酸二氢钾 4.3 克，水 200 毫升）。

◆ 静脉注射葡萄糖盐水和碳酸氢钠溶液，防止病犬脱水和酸中毒。

◆ 给予抗菌药物，以预防和治疗继发性细菌感染。

【预防】

◆ 及时隔离发病幼犬，停止哺乳，让病犬自由饮用葡萄糖氨基酸溶液或葡萄糖甘氨酸溶液。

◆ 保证幼犬能摄食足量的初乳而使其获得免疫保护；可试用皮下注射成年犬血清。

◆ 目前尚无疫苗可用。

第六节　犬副流感

犬副流感是由犬副流感病毒（canine parainfluenza virus，CPIV）引起的犬、狐等动物的一种以咳嗽、流涕、发热为特征的呼吸道传染病。临床以发热、流黏性鼻涕、打喷嚏、咳嗽等急性呼吸道症状为主要特征，病理变化以卡他性鼻炎和支气管炎为特征。

【病原及流行病学】

◆ 犬副流感病毒又称副流感病毒Ⅴ型，属于副黏病毒科副黏病毒属中的一个亚群，只有一个血清型，但毒力有所差异。

◆ 具有血凝作用，在 4℃ 和 24℃ 条件下可凝集人 O 型血、鸡、豚鼠、大鼠、兔、犬、猫和羊的红细胞。

◆ 病毒对外界抵抗力差，4℃ 和室温条件下保存，感染性很快下降。

　　☆ pH 3.0 和 37℃ 可迅速灭活病毒。

　　☆ 对氯仿和乙醚敏感，季铵盐类是有效消毒剂。

◆ 各种年龄的犬都可发生该病，但幼龄犬病情较重。

☆ 急性期病犬是主要的传染源。

☆ 通过呼吸道感染。

【症状】

◆ 潜伏期 5～6 天，常突然发病。

◆ 病犬突然发热，精神沉郁、厌食、打喷嚏、剧烈咳嗽，鼻腔有大量黏液性、脓性分泌物。

◆ 呼吸急促，听诊肺部时，支气管呼吸音粗。

◆ 触诊喉头或气管易诱发阵咳。

◆ 与支气管败血波氏菌混合感染时，临床表现更严重，成窝犬咳嗽、肺炎，病程 3 周以上。

◆ 2～3 月龄犬感染后病程为 1 周至数周，成年犬感染后症状较轻，一般可完全恢复正常。

◆ 有少数犬感染后表现后躯麻痹和运动失调。

【诊断】

◆ 犬呼吸道传染病的临床表现非常相似，因此，根据临床症状很难确诊。

◆ 确诊需要病毒分离和血清学鉴定。

◆ 取病犬的鼻腔黏液、气管或支气管分泌物、肺脏等组织进行电镜观察，可确诊。

◆ 应用特异荧光抗体，在气管和支气管上皮细胞中检测出特异荧光细胞，也可确诊。

◆ 血凝与血凝抑制试验是常用的方法，免疫金标记法是鉴定副流感病毒抗原及抗体的较好的方法。反转录-聚合酶链式反应（RT－PCR）、逆转录-巢式聚合酶链式反应（RT－nest PCR）等方法快捷敏感，可为犬副流感的早期快速诊断提供有力的工具。

【临床急救】目前尚无特异疗法，一般对症治疗。隔离消毒、防治继发感染、止咳化痰和增强机体抵抗力是主要的治疗原则。

◆ 增强机体抵抗力，可用：

☆ 胸腺肽 5～10 毫克/次。

☆ 同时配合五联高免血清或犬副流感高免血清每千克体重 2 毫升，肌内注射，每天 1 次，连用 3～5 天。

◆ 抗病毒感染可用：

☆ 头孢唑啉钠或头孢曲松钠每千克体重 0.1 毫克。

☆ 双黄连每千克体重 1～3 毫升，静脉注射。

◆ 呼吸困难者可用氨茶碱 1～2 毫升，地塞米松 2～4 毫克，肌内注射或静脉注射。

【预防】

◆ 犬副流感目前尚无特异疗法，因而预防很重要。

◆ 在饲养过程中，应加强管理，注意防寒保暖，避免环境突然改变等应激因素刺激。

◆ 新购入犬进行检疫、隔离和预防接种。

◆ 发现病犬应及时隔离治疗，并严格消毒。

◆ 以预防为主，提前注射疫苗防止疾病发生。

◆ 用镇咳药及抗生素治疗，对有细菌混合感染的有一定疗效。

第七节　犬传染性气管支气管炎

犬传染性气管支气管炎（infectious tracheobroncheitis，ITB）通常称为犬咳或犬窝咳，是由多种病原引起的一种犬传染性呼吸道疾病。临床上以阵发性咳嗽、气管支气管炎和鼻炎等为主要特征。本病多发于幼犬，特别是在初生仔犬中成窝发病。

【病原及流行病学】

◆ 犬传染性气管支气管炎是由多种致病因子引起的，一般认为多数是由犬副流感病毒、犬腺病毒Ⅱ型、疱疹病毒、呼肠孤病毒等引起，也认为该病主要由支气管败血波氏杆菌和革兰氏阴性杆菌引起。

◆ 本病只感染犬和狐狸，可发生于任何年龄的犬。成年犬多表现轻微症状，但 120 日龄以下幼犬发病率较高，特别是刚断奶的幼犬最易发病，且可能引起死亡。

◆ 一年四季均可发病，但以春秋两季多发。

◆ 病犬和带毒犬为主要传染源。

☆ 该病具有高度接触传染性。

☆ 呼吸道感染是其主要传播途径。

☆ 传染的速度非常快，常造成生活在一起的幼犬全部发病。

【症状】

◆ 自然感染的潜伏期为 3～10 天。

◆ 主要表现为喉炎、气管炎和支气管炎的症状。

◆ 病初犬的精神、食欲无明显变化，常突然出现短而粗干咳，随后症状加重，出现痉挛性干咳，早晚咳嗽加剧，且运动或兴奋时干咳加剧，有干呕或作呕表现，严重者两侧鼻孔流出水样或黏液脓性分泌物。

◆ 有的犬表现为阵发性呼吸困难、呕吐或腹泻等，触压喉头或气管容易诱发咳嗽。病重犬张口呼吸，呼吸困难，体温升高（41～42℃），听诊肺泡呼吸音粗厉，此时，病犬精神委顿、食欲减退、可发展成肺炎。

【诊断】

◆ 根据流行病学、临床症状和病理变化，即可作出初步诊断。

◆ 确诊需要实验室检查。

◆ 支气管镜检可见支气管黏膜充血、变厚，支气管内有大量分泌物。

◆ X线检查可见病变肺部纹理增粗。

◆ 病理检查可见气管内有炎性渗出，黏液分泌增多，鼻腔、喉、气管黏膜肿胀，充血和发炎。

【临床急救】应加强护理，改善营养，对症治疗和防止继发性感染，限制病犬的活动和使其兴奋的刺激。

（1）可采用特异性高免血清或免疫球蛋白、胸腺因子进行治疗。

（2）镇咳可用以下药物。

◆ 联邦止咳露或水合萜二醋可待因口服，每天3～4次，每次2～5毫升。

◆ 硫酸可待因每千克体重0.25毫克。

◆ 右美沙芬每千克体重1～2毫克。

（3）化痰止咳解痉平喘可采用以下药物。

◆ 咳必清

◆ 复方甘草片

口服，1～2片/次，每天3次。

（4）气管注射给药。

☆ 氨苄青霉素0.5～1克

☆ 1％利多卡因1～2毫升

☆ 地塞米松1～2毫升

混合注射，每天1次。

（5）补液、增强机体免疫力可用以下药物。

◆ 5％球蛋白葡萄糖生理盐水250～500毫升，静脉注射，每天1次，连用2～3天。

◆ 而后再静脉注射。

☆ 5％葡萄糖注射液100～250毫升

　　☆ ATP 10～20 毫克

　　☆ 辅酶 A 50～100 国际单位

　　☆ 维生素 C 2 毫升

每天 1～2 次，连用 5～7 天。

【预防】

◆ 注意保温防寒，加强营养，定期消毒和进行检疫。

◆ 及早隔离病犬，及时治疗，并进行环境消毒。

◆ 制订合理的免疫程序，定期免疫。

◆ 避免刚断奶的仔犬与成年犬或疑有本病的犬群接触。

第八节　猫泛白细胞减少症

　　猫泛白细胞减少症（feline panleukopenia，FP）又称猫瘟热、猫传染性肠炎、猫细小病毒感染，简称猫瘟，是由猫泛白细胞减少症病毒（feline panleu-kopenia virus，FPV）引起的猫的特别是幼龄猫易感的一种发热性、高度接触性、致死性传染病。该病是猫最严重的传染病之一，对养猫业造成了巨大的损失。临床表现为突然发病，循环血白细胞显著减少、高热、厌食、精神沉郁、呕吐、出血性肠炎和高度脱水。

【病原及流行病学】

（1）猫泛白细胞减少症病毒属于细小病毒科细小病毒属。只有 1 个血清型，与水貂肠炎病毒、犬细小病毒具有抗原相关性。

（2）对外界因素具有极强的抵抗力。

◆ 能耐受 56℃ 30 分钟的加热处理，但 50℃ 1 小时可灭活。

◆ 组织中的病毒在室温下可存活 1 年。

◆ 在低温或甘油缓冲液内能长期保持感染性。

◆ 对以下理化试剂具有一定抵抗力。

　　☆ 氯仿

　　☆ 乙醚

　　☆ 胰蛋白酶

　　☆ 70％乙醇

　　☆ 0.5％石炭酸

　　☆ 有机碘化物

　　☆ 酚制剂

☆ 季铵溶液

☆ pH 3.0 的酸性环境

次氯酸钠对其有杀灭作用。

(3) 4℃条件下，猫泛白细胞减少症病毒能凝集猴和猪的红细胞。

(4) 除了感染家猫以外，该病毒还可感染猫科、浣熊科和鼬科的多种动物（如虎、豹、狮、家猫、野猫、山猫、豹猫、金猫、雪貂、猞猁、水貂、浣熊等），其中以体型较小的猫科动物和水貂最为易感。

◆ 各种年龄的猫均可感染，主要发生于 1 岁以下的幼猫，成年猫也可感染，但常无临床症状。

◆ 因种群免疫状况不同，该病的发病率和死亡率也不相同。

(5) 发病猫和带毒猫是主要传染源。

◆ 病毒随病猫呕吐物、唾液、粪便和尿液排出体外，污染食物、食具、猫舍以及周围环境，使易感猫接触后感染发病。

◆ 康复猫可向外排毒达 1 年之久。

(6) 传播途径主要是消化道和呼吸道。

◆ 跳蚤和一些吸血昆虫可作为机械传播者。

◆ 此外，孕猫可经盘胎垂直传染给胎儿。

(7) 该病一年四季均可发生，但冬末至春季多发，尤以 3 月发病率最高。

◆ 随着猫年龄的增长，该病的发病率逐渐降低。

◆ 营养不良，体弱及绝育手术的猫易感。

【症状】

◆ 该病潜伏期 2～9 天，平均为 4 天。

◆ 最急性型病猫无任何前驱症状而突然死亡。

◆ 急性病例表现为精神沉郁，食欲不振，体温可达 40℃，常在 24 小时内死亡。

◆ 亚急性病例表现为精神沉郁，食欲不振，体温升高至 40℃以上，持续 24 小时后降至常温，2～3 天后体温再次升高，呈双相热。

◆ 病情加重，表现为高度沉郁、衰弱、俯卧、顽固性呕吐、腹泻。

◆ 每天呕吐数十次。口腔及眼、鼻有黏性分泌物。

◆ 粪便呈水样，带血，体重迅速下降，常因严重脱水而衰竭致死。

◆ 病猫眼球震颤。

◆ 白细胞总数迅速减少，降至 5 000 个/毫升以下，严重的很难找到白细胞。

◆ 妊娠母猫有时流产，出现死胎，胎儿小脑可能发育不全。

◆ 病猫多于病后 72 小时内死亡，幼猫病死率为 90％以上，成年猫约 50％。

【诊断】

◆ 根据流行病学、临床症状以及病理变化和血液学检查可作出初步诊断。

◆ 病猫表现为顽固性呕吐，呕吐物黄绿色，双相体温，白细胞数明显减少。

◆ 组织学检查时可见：

　　☆ 肠隐窝扩张，上皮细胞和坏死碎片脱落在肠腔内，肠上皮细胞核内有包涵体。

　　☆ 肾干细胞、肾小管上皮细胞变性。

◆ 每微升血液中白细胞总数分为以下三种情况。

　　☆ 减少到 8 000 个/毫升左右时，判断为疑似。

　　☆ 5 000 个/毫升以下时，表示严重发病。

　　☆ 2 000 个/毫升以下时，为典型发病。

◆ 采取猫粪便、感染细胞等，用猪红细胞作血凝试验也可作出诊断。

◆ 也可分离病毒做电镜和免疫荧光检测。

【临床急救】主要采用特异性疗法和对症疗法。

◆ 特异疗法可用高效价的猫瘟高免血清，每千克体重 2 毫升，肌内注射，隔天 1 次。

◆ 对症疗法主要是补液和维持电解质平衡，同时应用广谱抗生素防止继发感染。

◆ 止吐可用胃复安注射液，每千克体重 0.15～0.25 毫升，每天 2 次，肌内注射。

◆ 消炎抗菌可用以下药物。

　　☆ 庆大霉素每千克体重 1 万单位

　　☆ 卡那霉素每千克体重 5 万～10 万单位

每天 2 次，肌内注射。

◆ 解热可用柴胡注射液，每千克体重 0.3 毫升，每天 2 次。

◆ 维持电解质平衡可用以下试剂混合静脉注射。

　　☆ 25％葡萄糖溶液 5～10 毫升

　　☆ 5％碳酸氢钠注射液 5 毫升

　　☆ 复方生理盐水 30～50 毫升

◆ 止血可用维生素 K_3 注射液，每千克体重 0.3 毫升，每天 2 次，肌内注射。

◆ 抗病毒可用芭布注射液，每千克体重 1～3 毫升，每天 2 次。

【预防】

◆ 加强饲养管理，平时应搞好猫舍及其周围环境的卫生。

◆ 科学免疫接种，一般在 7～10 周龄第 1 次接种，在 12 周龄第 2 次接种，16 周龄时进行第 3 次接种，以后每年接种 1 次。

◆ 病死猫和中后期病猫扑杀后深埋或焚烧。

◆ 对病猫污染的环境可用以下试剂进行彻底消毒。

　☆ 1％福尔马林

　☆ 0.5％过氧乙酸

　☆ 4％火碱水

第九节　猫传染性腹膜炎

猫传染性腹膜炎（feline infectious peritonitis，FIP）是由猫传染性腹膜炎病毒（feline infectious peritonitis virus，FIPV）引起的猫科动物的一种慢性进行性致死性传染病，以腹膜炎、大量腹水积聚及致死率较高为主要特征。本病传染率非常高，好发于 4 岁以下的年轻猫，尤其是群聚饲养的猫群。

【病原及流行病学】

（1）猫传染性腹膜炎病毒属于冠状病毒科冠状病毒属，为有囊膜的正链 RNA 病毒。

（2）病毒在外界环境中很不稳定，对乙醚等脂溶剂敏感，一般用消毒剂可将其灭活。

◆ 室温下 1 天失去活性。

◆ 对酚、低温和酸性环境抵抗力较强。

（3）本病潜伏期长短不一，从数月至数年不等，呈地方性流行。

◆ 不同年龄的猫均可感染，但 6 月龄至 2 岁的猫及老猫（大于 11 岁）发病率较高。

◆ 纯种猫发病率高于一般家猫。

◆ 品种与性别无明显区别。

（4）带毒猫为主要传染源，健康猫接触病猫、污染食物和饮水或病猫的粪便时，可经消化道感染。昆虫可作为传播媒介，也可经胎盘垂直传播。以下情况可诱发此病。

◆ 应激条件，如：

　　☆ 怀孕

　　☆ 断奶

　　☆ 移入新环境

◆ 猫免疫力下降，可诱发本病。

【症状】本病症状分为"湿性"（渗出性）和"干性"（非渗出性）两种。

◆ 渗出型或"湿性"患猫多于发病 2 个月内死亡，以体腔内浆膜面纤维素性炎症和积液为特征。

　　☆ 病初症状不明显，病猫食欲减退，体重减轻，精神沉郁，嗜睡，有时会出现腹泻。

　　☆ 随后体温升高达 39.5～41℃，白细胞总数增加。持续 1～6 周后，胸腹腔出现大量渗出液，表现为腹围明显增大，出现气喘或呼吸困难。

　　☆ 渗出液增多时，病猫呼吸急促、贫血、消瘦、心音沉闷。

　　☆ 数周后病猫衰竭死亡。

　　☆ 有些病例可见到黄疸。

　　☆ 雄猫阴囊可能会肿大。

◆ 非渗出性或"干性"病例主要侵害眼、中枢神经、肾和肝等组织器官，几乎不伴有腹水。

　　☆ 眼部表现为角膜水肿、角膜混浊、眼前房蓄脓、虹膜睫状体发炎和视力障碍等。

　　☆ 神经症状表现为后躯麻痹、运动失调、痉挛发抖、背部感觉过敏和性情异常。

　　☆ 肝、脾、肾、网膜及淋巴结出现结节病变；腹部触诊可摸到肠系膜淋巴的结节。

　　☆ 有时出现贫血和黄疸。

【诊断】

◆ 根据流行病学、临床症状和病理变化可做出初步诊断。

◆ 确诊需结合实验室检查。

◆ 渗出的胸腔和腹腔积液呈淡黄色、黏稠，暴露空气中静置可凝固。

◆ 血清学检查可用中和试验和免疫荧光试验。

◆ 有人用 PCR 技术作为辅助诊断工具。

【临床急救】

◆ 目前本病还没有切实可靠的治疗方法。只能采用支持疗法，应用具有抑制免疫和抗炎作用的药物。

◆ 高剂量皮质类固醇具有一定的效果。

◆ 为减缓症状和防止继发感染，可应用以下药物，并配合一定的维生素进行治疗。

  ☆ 氨苄青霉素

  ☆ 泰乐霉素

  ☆ 泼尼松等

◆ 支持疗法主要是强制病猫进食，输液可矫正脱水，胸腔穿刺术可舒缓呼吸症状。

【预防】

◆ 注重猫舍的环境卫生，降低环境中粪便感染的机会，消灭猫舍的吸血昆虫和啮齿类动物。

◆ 病猫和带毒猫是本病传染源，应避免健康猫与之接触。

◆ 对污染的猫舍用 0.2% 福尔马林或 0.05% 洗必泰液进行消毒，关闭 1～2 周后再用。

◆ 定期实施血清抗体检测。

◆ 近年来发现，由血清 II 型 DF$_2$ 株制备的温度敏感突变株，对预防本病的发生有一定的效果。

第十节　狂　犬　病

狂犬病（rabies），又称恐水症（hydrophobia），俗称疯狗病，是由狂犬病病毒（rabies virus，RV）引起的人和所有温血动物共患的一种急性直接接触性传染病，是一种感染中枢神经系统的病毒病，能引起急性脑脊髓炎，一旦出现症状，几乎 100% 致死。临床表现为极度兴奋、狂躁、流涎和意识丧失，终因局部或全身麻痹而死亡。

【病原及流行病学】

（1）狂犬病病毒属于弹状病毒科狂犬病病毒属，为单股不分节段的负链 RNA 病毒。

（2）狂犬病病毒对不利环境的抵抗力非常弱。

◆ 可被紫外线、日光、超声波、70% 酒精溶液、1%～2% 肥皂水、丙酮、0.01% 碘液、乙醚等灭活。

◆ 对酸、碱、新洁尔灭、石炭酸、甲醛等消毒药敏感。

◆ 不耐湿热，56℃ 15～30 分钟或 100℃ 2 分钟即可灭活，但在冷冻或冻干状态下可长期保存。

（3）狂犬病病毒可在 5～6 日龄鸡胚绒毛尿囊膜、卵黄囊、尿囊腔和鸡胚成纤维细胞中生长，还可在小鼠、仓鼠、兔、犬及人的原代或继代细胞中生长。

（4）各种温血动物都可感染狂犬病，但敏感程度不一，哺乳类动物最为敏感。

◆ 有家犬、野犬、猫、狼、狐狸、豺、獾、牛、羊、马、熊、鹿等动物感染狂犬病的报道。

◆ 禽类则不敏感。

◆ 一切冷血动物可抵抗狂犬病毒的感染。

（5）患狂犬病的动物和携带狂犬病的动物是主要传染源。

◆ 野生动物是狂犬病病毒的主要自然宿主。

◆ 本病主要通过以下途径经消化道感染。

　☆ 咬伤的皮肤黏膜。

　☆ 通过气溶胶经呼吸道感染。

　☆ 人误食患病动物的肉。

　☆ 动物间相互蚕食。

　☆ 在人、犬、牛及实验动物也有经胎盘垂直传播的报道。

（6）本病一年四季均可发生，有明显的连锁性流行特点。

◆ 伤口离头部越近，其发病率越高。

◆ 以下因素影响潜伏期的长短。

　☆ 被动物咬伤的部位。

　☆ 伤口的严重程度。

　☆ 伤口感染病毒的量。

（7）本病与年龄和性别无关。

【症状】本病潜伏期长短不一，一般 14～56 天，最短 8 天，最长数月至数年。病型分为狂暴型和麻痹型。

（1）犬　狂暴型分前驱期、兴奋期和麻痹期 3 期。

◆ 前驱期　表现为：

　☆ 精神沉郁、怕光喜暗，反应迟钝，不听主人呼唤，不愿接触人，食欲反常，喜咬食异物，吞咽伸颈困难，唾液增多，后躯无力，瞳孔散大。

☆ 此期时间一般 1～2 天。

◆ 兴奋期　前驱期后即进入兴奋期，表现为：

☆ 狂暴不安，主动攻击人和其他动物，意识紊乱，喉肌麻痹。

☆ 狂暴之后出现沉郁，表现疲劳不喜动，体力稍有恢复后，稍有外界刺激又可起立疯狂，眼睛斜视，自咬四肢及后躯。

☆ 该犬一旦走出家门，不认家，四处游荡，叫声嘶哑，下颌麻痹，流涎。

◆ 麻痹期　以麻痹症状为主，表现为：

☆ 全身肌肉麻痹，起立困难，卧地不起、抽搐。

☆ 舌脱出，流涎，最后呼吸中枢麻痹或衰竭死亡。

（2）猫　多为狂暴型。

◆ 前驱期通常不到 1 天，表现为低度发热和行为明显改变。

◆ 兴奋期通常持续 1～4 天。

☆ 病猫常躲在暗处，当人接近时突然攻击，因其行动迅速，不易被人注意，又喜欢攻击头部，因此比犬的危险性更大。

☆ 此时病猫表现肌颤，瞳孔散大，流涎，背弓起，爪伸出，呈攻击状。

◆ 麻痹期通常持续 1～4 天，表现

☆ 运动失调，后肢明显。

☆ 头、颈部肌肉麻痹时，叫声嘶哑。

☆ 随后惊厥、昏迷而死。

【诊断】

◆ 根据临床症状和咬伤史可作出初步诊断，确诊需要实验室检查。

◆ 取患病犬猫的脑或唾液腺等组织进行乳鼠脑内接种检测或培养细胞分离病毒。

◆ 诊断方法有：

☆ 直接荧光抗体检验

☆ 组织学检验

☆ 免疫组织化学

☆ 利用单克隆抗体

☆ 特异核酸探针

☆ PCR 技术

◆ 检测血清中狂犬病病毒抗体是评价疫苗效果的一个重要指标。

【临床急救】认真清理伤口，及早注射狂犬疫苗，必要时选用抗生素以防止伤口感染，并用抗破伤风血清。

【预防】

◆ 野生动物是狂犬病病毒的主要自然宿主，因而要避免犬猫与这些动物接触。

◆ 进行疫苗接种。

◆ 建立规范化的狂犬病防治门诊。

◆ 对伤口进行清洗、清创处理，紧急预防。

◆ 犬猫等动物一旦发病，应向有关部门报告疫情，扑杀发病动物，房舍和周围环境应彻底消毒，以避免疫情扩散。

第十一节　伪狂犬病

伪狂犬病（pseudorabies，PR），又称阿氏病（aujeszky's disease，AD），是由伪狂犬病毒（pseudorabies virus，PRV）引起的多种动物都可感染的一种急性传染病，患病动物以急性脑脊髓炎症状、发热和奇痒为特征。

【病原及流行病学】

◆ 伪狂犬病毒属于疱疹病毒科甲型疱疹病毒亚科，只有一种血清型，但毒力有一定的差异。

◆ 病毒对外界环境抵抗力很强。

　　☆ 8℃可存活46天。

　　☆ 在污染的动物房内可存活30～46天。

　　☆ 在物体表面和液体中可存活7天。

　　☆ 在0.5％碳酸溶液中可以存活10天。

　　☆ 对热的抵抗力较强，55～60℃经30～50分钟才能灭活，80℃经3分钟灭活。

　　☆ 紫外线、氯制剂、甲醛制剂、福尔马林、乙醚、氢氧化钠、胰蛋白酶和胃蛋白酶等均能将其灭活。

◆ 病毒粒子不能凝集禽类和哺乳动物的红细胞。

◆ 伪狂犬病毒具有泛嗜性，能在猪、牛、羊、兔、猴肾细胞，牛睾丸细胞，鸡成纤维细胞以及MDCK、Hela、PK_{15}等传代细胞上增殖。

◆ 伪狂犬病毒具有广泛的宿主范围。

　　☆ 牛、山羊、绵羊、猪、犬、猫、獾、狼、大鼠、兔、浣熊、水貂、狐狸等能自然感染。

☆ 鸡、鸭、鹅和人等也可感染该病毒。

☆ 实验动物中家兔最为易感，其次为犬、猫、小鼠、大鼠、豚鼠和仓鼠。

◆ 猪和鼠类是本病最重要的传染源。

☆ 特别是猪既是原发感染动物，又是贮存和排毒者，是犬猫和其他动物的疫源动物。

☆ 发病动物通过鼻液、唾液、乳汁、尿液和阴道分泌物等向外排毒，动物康复后 20 天内仍能排毒。

◆ 本病可经以下途径传播，胎儿还可通过胎盘感染，犬主要经消化道感染。

☆ 上呼吸道

☆ 消化道

☆ 伤口

☆ 交配

☆ 吸血昆虫叮咬

◆ 本病无季节性，但以春秋季多发，常呈暴发流行，初期死亡率高。

【症状】本病的潜伏期随动物种类和感染途径不同而不同，一般为 2～8 天。

◆ 犬

☆ 病初精神沉郁，体温升高，对周围事物淡漠，常凝视和舔擦局部皮肤。随后不安，出现不同程度的神经症状，皮肤痒感增加。病犬用爪搔抓或用嘴咬，致使身体出现大块烂斑，周围组织水肿。

☆ 病犬常无故狂吠，对呼唤无反应。

☆ 咽部麻痹时，可见唾液增多，呼吸增数。

☆ 剧痒难忍时，病犬狂暴不安，常撕咬局部而造成严重损伤，对外界刺激反应强烈，痛苦呻吟或哀嚎。

☆ 最后，病犬头颈部肌肉出现间歇性抽搐，口吐白沫，呼吸困难，常在 24～36 小时死亡。

☆ 有的病犬症状不明显或无瘙痒表现，突然出现神经症状，经数分钟到 1 小时死亡。

◆ 猫

☆ 与犬相似。

☆ 猫的瘙痒程度较犬严重，烦躁不安，搔抓头部，致使皮肤破损、发炎，甚至咬伤舌头。

　　☆ 偶尔表现明显的神经症状，运动失调，昏迷，病程很短，一般在症状
　　　出现后 18 小时以内死亡。

　　【诊断】根据病史、临床症状和病理变化可作出初步诊断。确诊需要实验
室检查。

　　◆ 病毒分离和鉴定。取脑组织、扁桃体，制成悬液接种猪、牛肾细胞或鸡
胚成纤维细胞，镜检观察嗜酸性核内包涵体。

　　◆ 兔体接种试验。将上述悬液经腹侧皮下或肌肉接种家兔，在 36～48 小
时后家兔出现剧痒症状，家兔啃咬注射部位皮肤。

　　◆ 血清学试验包括：

　　　☆ 微量中和试验

　　　☆ 酶联免疫吸附试验

　　　☆ 免疫荧光抗体试验

　　　☆ 乳胶凝集试验

此外，还可通过核酸探针检测技术和 PCR 技术进行辅助诊断。

　　【临床急救】

　　◆ 目前尚无特效疗法，应尽早扑杀病犬猫，深埋或烧毁尸体。

　　◆ 若要治疗：

　　　☆ 早期可用抗伪狂犬病高免血清。

　　　☆ 同时使用广谱抗生素以防继发感染。

　　【预防】

　　◆ 预防本病主要是要消灭传染源，其次是要进行免疫接种，提高机体免
疫力。

　　◆ 严禁犬进入猪场。

　　◆ 注意犬舍内外的防鼠、灭鼠工作，严防犬吃死鼠。

　　◆ 加强饲养管理，定期清洁消毒犬场、犬舍和用具等。

　　◆ 发现病犬时应及时隔离，对犬舍可用 2％氢氧化钠溶液消毒。

　　◆ 用伪狂犬病弱毒疫苗对犬进行接种免疫。

　　◆ 病死动物尸体处理的过程中，有关人员应注意自身防护。

（付志新　吴培福）

第三十五章
宠物立克次氏体和
支原体疾病急救

第一节　犬附红细胞体病

犬附红细胞体病（canine eperythrozoonosis）亦称黄疸性疾病、类边虫病、无形体病、原虫病、赤兽体病和红皮病等，简称犬附红体病，是由附红细胞体寄生于红细胞表面、血浆及骨髓所引起的人兽共患传染性疾病。临床上主要表现为高热、黄疸和溶血性贫血。在我国，犬附红细胞体病于 1991 年首次发生于上海。

【病原及流行病学】

（1）对宠物犬猫而言，犬主要感染犬附红细胞体，猫主要感染温氏附红细胞体。

（2）附红体的抵抗力

◆ 对干燥和化学药品的抵抗力很弱，常规消毒剂可将其杀死。

☆ 0.5％石炭酸 37℃ 3 小时可将其杀死。

◆ 对低温的耐受性较强。

☆ 5℃可保存 15 天。

☆ 在冰冻凝固血液中可存活 31 天。

☆ 在加 15％甘油的血液中于－79℃条件下可保存 80 天。

☆ 冻干保存可存活 2 年。

（3）本病呈全世界分布，无地域性分布特点。

（4）吸血昆虫蚊、螫蝇、虱、蠓等为主要传播媒介。

（5）患病和隐性感染的犬猫等是主要的传染源。

（6）传播途径有以下 4 种方式。

☆ 接触性

☆ 血源性

☆ 垂直性

☆ 媒介昆虫

【症状】

◆ 潜伏期为 3～10 天，以贫血、黄疸和发热为基本特征。

◆ 患犬多呈隐性经过，饮食欲一般正常，但当外界应激因素和病原体侵入等造成机体抵抗力下降时，犬表现出症状。

◆ 最初，患犬表现为精神沉郁，食欲不振，体温升高至 40℃左右，随后表现为食欲废绝、呕吐、下痢，呼吸困难。

◆ 严重感染时出现贫血、黄疸，体温升高至 41℃左右，被毛粗乱，食欲废绝，呼吸加快，尿少而色深黄，眼结膜苍白或黄染。

◆ 大多数患犬伴有呕吐、腹泻等急性胃肠炎症状，呈现不同程度的脱水和渐进性消瘦。

◆ 急性病例的病程约为 1 周。

◆ 母犬感染本病时多有空怀、弱胎、流产、死胎等繁殖机能障碍。

◆ 剖检变化。

☆ 可见黏膜、浆膜和脏器表面黄染，血液稀薄如水，血凝时间延长。

☆ 心包积水，心肌变性、坏死，有出血点。

☆ 肝脾肿大，胆囊充盈。

☆ 肺水肿、气肿，有弥漫性出血。

☆ 肾肿大，间或有出血点。

☆ 胃壁静脉怒张，黏膜有出血点或浅表性溃疡；肠系膜淋巴结肿大，切面多汁，黄染，有卡他性出血性肠炎的病变。

☆ 患犬红细胞数、红细胞压积、血红蛋白、血糖、血清 A/G、血清尿酸等出现不同程度的下降，而谷丙转氨酶、肌酸肌酶、天冬氨酸转氨酶、血清总胆红素、总胆汁酸、血清碱性磷酸酶，及血钾、血钠、血钙等不同程度升高。

【诊断】根据流行病学、临床症状和剖检病变可作出初步诊断。确诊需要实验室检查。

◆ 血压片检查　将血用等量生理盐水稀释，取 1 滴压片后，在油镜下观察，可见上述形态的折光小体。

◆ 血涂片镜检　将血涂片常规固定，用姬姆萨染色，可见附着于红细胞表面的淡紫色的附红细胞体。

◆ 血清学检查

　　☆ 补体结合试验

　　☆ 间接血凝试验

　　☆ 酶联免疫吸附试验

　　☆ 免疫荧光试验

◆ 动物接种试验　将血液病料接种小鼠的腹腔、鸡胚卵黄囊或单层细胞，观察发病、死亡或细胞病变的情况。

◆ 分子生物学技术　用以下方法来诊断附红细胞体病。

　　☆ DNA 探针法

　　☆ PCR 法

　　☆ 定量 PCR

【临床急救】主要采取对因疗法和支持疗法。

（1）对因疗法　主要消灭感染的附红细胞体。

◆ 可用咪唑苯脲、青蒿素、大蒜素、贝尼尔、四环素、土霉素、金霉素等药物。

　　☆ 咪唑苯脲的疗效较佳，剂量为每千克体重 5 毫克，稀释成 100 毫升/升溶液，肌内注射，间隔 24 小时再用 1 次。

　　☆ 青蒿素剂量为每千克体重 50 毫克，深部肌内注射，每天 1 次，连用 3 天。

　　☆ 大蒜素剂量为每千克体重 10 毫克，葡萄糖生理盐水稀释后静脉注射，连用 3 天。

　　☆ 研究表明，青蒿素、大蒜素的疗效优于四环素和新胂凡纳明。

（2）支持疗法　适当的补充维生素以及造血物质，还要强心、补液、纠正酸碱平衡。

◆ 可用安痛定、胃复安、维生素 K_3、维生素 B_{12}、地塞米松等颈部皮下注射。

◆ 治疗过程中应尽量减少地塞米松的用量，高剂量地塞米松可使宿主产生免疫抑制，给治疗带来困难。

【预防】

◆ 该病目前尚无疫苗预防，只能采取综合性预防措施。

◆ 加强环境卫生管理，搞好犬舍和饲养用具的卫生。

◆ 夏秋季经常喷洒杀虫药物，驱灭环境中的蚊蝇。

◆ 定期皮下注射或肌内注射阿维菌素或伊维菌素等进行驱虫。

◆ 积极预防其他疫病，提高犬抵抗力，注射疫苗时要一犬一针头，以防通过针头传染。

◆ 避免与患犬的接触。

◆ 避免各种应激因素和机械传播。

第二节　犬埃利希氏体病

犬埃利希氏体病（ehrlichiosis）是由犬埃利希氏体属成员引起的主要发生于犬科动物的一种急性或慢性传染病。临床上主要表现为呕吐、黄疸、发热、进行性消瘦、化脓性结膜炎和后期严重贫血等。发生该病时，幼犬的病死率高于成年犬。

【病原及流行病学】

◆ 本病病原为犬埃利希氏体，属于立克次氏体目立克次氏体科埃利希氏体族。

◆ 埃利希氏体对理化因素的抵抗力较弱，对低温和干燥抵抗力强。

　☆ 一般消毒药56℃10分钟可将其杀灭。

　☆ 金霉素和四环素等广谱抗生素能抑制其繁殖，但青霉素无作用，磺胺类药物对某些埃利希氏体有促繁殖作用。

◆ 本病主要发生于热带和亚热带地区。

◆ 传播媒介。

　☆ 春秋季节蜱大量繁殖时为本病流行的盛期，因而蜱是本病的贮存宿主和传播媒介，特别是血红扇头蜱等。蜱也是犬梨浆虫的传播宿主，因而常导致二病的并发感染。

　☆ 跳蚤虽不是贮存宿主，但也携带病原体，在1年多的时间内起着传播作用。

◆ 易感动物。

　☆ 除家犬外，本病还可感染野犬、狼、狐、豺和啮齿动物等野生动物，其中犬的易感性高。

　☆ 感染犬和发病犬是该病的传染源。

◆ 人为输血也是重要的传播途径。

◆ 本病多为散发性，也可呈流行性发生。

【症状】本病潜伏期为1～3周。犬的品种、年龄、免疫状况和病原不同时，其症状也有所不同。按病程可分为：

　　☆ 急性期

　　☆ 亚临床期

　　☆ 慢性期

　　（1）急性期

　　◆ 体温突然升高，食欲下降，精神沉郁，呕吐，进行性消瘦，黏液性、脓性鼻漏，咳嗽或呼吸困难，结膜炎，淋巴结炎，脾脏肿大，四肢或阴囊水肿。

　　◆ 有的病犬腹泻，呼出恶臭气味。各类血细胞出现短暂性减少。

　　◆ 有时重症犬出现贫血和低血压性休克，其鼻黏膜、口腔黏膜和生殖道黏膜可见出血变化。

　　◆ 有的病例发生鼻出血。与梨浆虫混合感染时，会出现黄疸症状。

　　（2）亚临床期　急性期1～3周后，病犬好转，转入亚临床期，这时犬不表现临床症状，但有轻度血小板减少和高球蛋白血症。亚临床阶段可持续40～120天，仍不能康复的犬则转入慢性期。

　　（3）慢性期　可持续数月或数年，再次出现急性症状，以恶性贫血和严重消瘦为主要特征。

　　◆ 病犬表现为精神沉郁，消瘦，发热，脾明显肿大，肾小球肾炎，肾衰，肺炎，眼色素层炎，血尿，黑粪症，皮肤和黏膜瘀斑，小脑共济失调，感觉过敏或麻痹。

　　◆ 有些品种的犬常出现鼻出血。各类血细胞严重减少，血小板减少，骨髓发育不良。血清丙种球蛋白增高，白蛋白/球蛋白比例降低。多数犬出现氮血症。

　　（4）本病与巴贝斯虫、血巴尔通氏体等混合感染时，致死率高。幼犬较成年犬高。

　　（5）伊氏埃利希氏体或马埃利希氏体感染时，病犬表现为体温升高，贫血，单肢或多肢跛行，肌肉僵硬，呈高抬腿姿势，弓背，关节肿大、疼痛。

　　（6）中性粒细胞、血小板减少，单核细胞、淋巴细胞和嗜酸性粒细胞增多。

　　（7）血小板埃利希氏体感染时，临床症状不明显，主要表现为血小板减少，凝血能力降低。

　　（8）个别犬出现前眼色素层炎。

　　【诊断】根据流行病学特点、临床症状、剖检病变和病犬体表有蜱等可作出初步诊断。确诊需要实验室检查，如血液学检查、病原分离鉴定、血清学试验、生化试验等。

◆ 本病的剖检病变　主要有：
　☆ 贫血，浆膜和黏膜有出血变化，肝脾肿大，淋巴结肿大，骨髓增生。
　☆ 少数病例可见肺水肿、有瘀血点，胃肠黏膜出血、溃疡，胸腹腔
　　积水。
◆ 血液涂片检查
　☆ 取病犬初期或高热期血液或肝脾等组织涂片。
　☆ 姬姆萨染色。
　☆ 镜检，在单核细胞和中性粒细胞中可见犬埃里希氏体和包涵体。
◆ 血液学检查　症状出现1周内取病犬血液检查，可见：
　☆ 单核细胞增多。
　☆ 中性粒细胞消失。
　☆ 红细胞总数和血红蛋白下降。
　☆ 白细胞内有立克次氏体。
◆ 病原分离鉴定
　☆ 取发热期犬的血液接种于犬腹腔巨噬细胞、鸡胚或鸡胚成纤维细胞，
　　根据病变和镜检可作出诊断。
　☆ 也可用荧光抗体检测病原体。
◆ 动物接种　取犬血或肝脾等组织匀浆液接种动物，可使犬出现典型
症状。
◆ 血清学检查　可用间接荧光抗体技术和酶联免疫吸附试验来检测血清中
的抗体。
◆ 分子诊断技术
　☆ 目前PCR是诊断埃利希氏体最有效的方法之一，大大提高了检测的
　　敏感性，即根据16SrRNA设计特异引物来扩增特异片段。
　☆ 还可利用荧光探针来诊断。
【临床急救】目前，该病尚无特效治疗药物，常选用广谱抗生素（如四环
素、金霉素、土霉素）和磺胺类药物，有一定的疗效，但不能消除带菌状态。
◆ 四环素每千克体重10毫克，静脉注射，每天2次。或每千克体重20毫
克，口服，3次/天。
◆ 金霉素每千克体重30～100毫克，口服。
◆ 磺胺二甲基嘧啶每千克体重60毫克，口服，每天3次。
◆ 四环素无效时可用强力霉素，每千克体重5～10毫克，口服或静脉注
射，每天2次。

◆ 对危重病例需要支持疗法，可进行输血、补液、补充能量等措施。

◆ 对继发自身免疫病的犬，要用糖皮质激素治疗。

【预防】

◆ 目前尚无有效的疫苗。

◆ 消灭其传播宿主蜱是防治重点，但血红扇头蜱的宿主范围广，不易消灭，给本病的预防带来了一定困难。

◆ 犬从有蜱的地方回来后，要检查其体表有无蜱感染。

◆ 蜱或跳蚤威胁严重时，可用体表涂药和药浴的方法杀灭蜱或跳蚤。

◆ 定期对犬做血清学检查，可有效预防本病。

◆ 输血时，血液血清学反应应为阴性。

◆ 及时隔离发病犬，进行治疗。

◆ 口服长效四环素，每千克体重 0.6 毫克，每天 1 次，也可预防该病。

第三节　Q　热

Q 热（Q fever），又称寇热、九里热、柯克斯体病，是由贝纳柯克斯体（*Coxiella burnetii*）引起的一种急性自然疫源性人兽共患传染病。临床上主要以发热、肺炎、肝炎，甚至心内膜炎和慢性类疲劳综合征为特征。

【病原及流行病学】

◆ 贝纳柯克斯体属立克次氏体目立克次氏体科立克次氏体族柯克斯体属，具有滤过性，为革兰氏阴性小杆菌或球杆菌，姬姆萨染色呈紫色，专性细胞内寄生。

◆ 贝纳柯克斯体对理化因素的抵抗力较强。

☆ 在干燥蜱粪中可存活 586 天。

☆ 在干燥沙土中 4～6℃可存活 7～9 个月。

☆ 在干血中能存活 6 个月。

☆ 60℃ 60 分钟仍具有感染性。

☆ 0.5%石炭酸在室温下 5 天，1%甲醛 24 小时，牛奶中煮沸 10 分钟可将其完全灭活。

☆ 对脂溶剂和光谱抗生素敏感。

◆ 易感动物。以下动物均可感染，成为本病的传染源。

☆ 哺乳动物（如牛、羊、马、驴、骡、骆驼等）

☆ 鸟类（鸽、鹅、火鸡等）

☆ 啮齿动物

☆ 爬虫类动物

☆ 蜱类

◆ 传播媒介与途径。

☆ 感染动物的分泌物、排泄物、胎盘、羊水中可长期携带病原体。

☆ 蜱叮咬、间接接触受染动物的排泄物或胎盘膜可使其他动物受到感染。

☆ 慢性感染动物的生殖道内含有大量病原体，分娩过程中易形成传染性气溶胶。

☆ 动物间的传播主要以蜱（包括血红扇头蜱）为媒介的。

☆ 人可通过呼吸道、接触和消化道途径传播感染。

◆ 本病无明显的季节性，但以春季较多。

【症状】

◆ 动物感染后多无症状，有时仅表现为发热、倦怠和食欲下降。

◆ 人感染后表现为发热、肺炎、肝炎，甚至出现心内膜炎和慢性类疲劳综合征。

◆ 在高发病区，犬血清抗贝纳柯克斯体阳性率较高。

【诊断】 本病无明显的临床症状，因而难以根据病史和临床症状作出诊断，确诊需要实验室检查。

◆ 病原检查 取胎盘组织或阴道分泌物进行以下操作可检查到病原体。

☆ 姬姆萨和革兰氏染色。

☆ 免疫荧光抗体检测。

◆ 病原分离

☆ 取血、尿等材料，通过心肌和腹腔接种于豚鼠或仓鼠，在2～5周内测定血清补体结合抗体，动物出现发热和脾肿大，2～3周内死亡。

☆ 也可用鸡胚卵黄囊或组织培养法分离病原菌。

◆ 血清学检查 可采用以下方法来检测。

☆ 补体结合试验

☆ 免疫荧光抗体试验

☆ 微量凝集试验

☆ 酶联免疫吸附试验

☆ 毛细管凝集试验等

◆ 分子诊断技术 可用 DNA 探针技术和 PCR 技术，特异性强，敏感度高。

【临床急救】

◆ 由于动物感染后无明显的临床症状，因而很少用相应药物进行治疗。

◆ 一旦发现该病，可使用以下广谱抗生素进行治疗，具有一定的疗效。

    ☆ 四环素

    ☆ 金霉素

    ☆ 土霉素

    ☆ 强力霉素

◆ 此外，以下药物也有良好的疗效。

    ☆ 磺胺甲基嘧啶

    ☆ 利福平

    ☆ 氧氟沙星

【预防】

◆ 本病无有效的预防药物。控制传染源是预防本病的关键。

◆ 对动物分娩期的排泄物、胎盘及其污染的环境进行彻底的消毒处理。

◆ 杀灭动物生活环境中的蜱。

◆ 严防犬猫进入有蜱的地区。

◆ 隔离血清呈阳性的动物。

◆ 相关操作人员，应注意自身的防护。

第四节　血巴尔通体病

血巴尔通体病（hemobartonellosis）是由血巴尔通体引起的猫和犬以免疫介导性红细胞损伤而导致动物贫血和死亡为特征的疾病。

【病原及流行病学】

（1）目前，巴尔通体有 22 个种和亚种，犬和猫血巴尔通体病的病原分别为猫血巴尔通体（*Femobartonella felis*）和犬血巴尔通体（*Femobartonella canis*），属立克次氏体目无浆体科血巴尔通体属的成员。

◆ 感染猫的血巴尔通体　有以下 2 种，蚤类为主要传播媒介。

    ☆ 大型猫血巴尔通体

    ☆ 小型猫血巴尔通体

◆ 感染犬的血巴尔通体　有以下 3 种，血红扇头蜱为主要传播媒介。

    ☆ 文氏巴尔通体

☆ 汉氏巴尔通体

☆ 克氏巴尔通体

（2）本病具有地方流行性。

◆ 各种年龄段的犬猫均可感染本病，但易感性和症状与以下因素有关。

☆ 年龄

☆ 健康状况

☆ 感染病原的种类

◆ 1～3 岁的猫易感性和发病率较高，尤其是公猫更高。

◆ 犬多呈亚临床感染。

◆ 已感染的犬猫是主要传染源。

◆ 吸血的节肢动物（蚤、虱、蜱等）是主要的传播媒介，通过叮咬可传播该病。

◆ 输血或注射器污染时可发生医源性传染。

（3）本病还可经子宫内传染，咬伤也可能是一种传播途径。

【症状】

（1）猫血巴尔通体病

◆ 急性猫血巴尔通体病

☆ 临床症状主要表现为体温升高（39.5～40.5℃）、精神沉郁、厌食、虚弱、消瘦、贫血，有的出现轻度黄疸、脾脏肿大和血红蛋白尿。

☆ 有些患猫对外界刺激无反应，四肢轻微反射消失。

☆ 濒死猫的体温低于正常，常见厌食、黄疸、精神沉郁和脾肿大等症状。

◆ 慢性猫血巴尔通体病　表现为体温正常或低于正常、食欲不佳、消瘦、贫血和体虚。呼吸困难的症状与贫血程度有关。

（2）犬血巴尔通体病

◆ 常为亚临床感染，不表现出临床症状。

◆ 有些犬出现心内膜炎、肉芽肿鼻炎、肉芽肿淋巴结炎和紫癜肝，有的犬会出现间歇性跛行或无名热。

【诊断】根据临床症状和剖检变化可做出初步诊断，确诊须借助实验室手段。

◆ 病理剖检　可见可视黏膜和浆膜黄染，脾脏肿大，血液稀薄，肠系膜淋巴结肿大，有时可见心内膜炎、肉芽肿鼻炎、肉芽肿淋巴结炎和紫癜肝。

◆ 血液学检查

☆ 白细胞总数增加

☆ 红细胞数减少

☆ 单核细胞绝对数增加

☆ 血红蛋白降至 7 克/毫升以下

◆ 血涂片检查　取血液涂片镜检，可见典型的再生性贫血。

◆ 病原体检查

☆ 连续数天采血做涂片染色镜检，观察血巴尔通体。

☆ 也可用组织培养来检测。

◆ 血清学检查

☆ 补体结合试验

☆ 间接血凝试验

☆ 酶联免疫吸附试验

◆ 分子诊断技术　可用 PCR 技术来检测特异性片段，特异性强，敏感度高。

【临床急救】该病的治疗主要采用消除病原和对症疗法。

◆ 本病的首选药物是四环素类，强力霉素、恩诺沙星等药物也是有效的药物，但并不能完全从体内清除病原体。

☆ 四环素每千克体重 10 毫克，用含糖盐水缓慢静脉注射。

☆ 土霉素每千克体重 35～44 毫克，每天 2 次，口服，连用 10～14 天。

☆ 强力霉素每千克体重 5～10 毫克，每天 2 次，口服，连用 10～14 天。

☆ 恩诺沙星每千克体重 5 毫克，每天 2 次，口服，连用 10～14 天。

◆ 出现溶血时：

☆ 可每隔 2～3 天输入全血（30～80 毫升）。

☆ 为有利于机体造血，可用碘化亚铁糖浆 5～10 滴，每天 2 次。

☆ 也可用维生素 B_{12}（25 毫克/毫升）1 毫升，皮下注射。

☆ 此外，还要及时调节体液、电解质和酸碱平衡。

【预防】

◆ 搞好环境卫生、加强饲养管理、提高机体抵抗力是防止隐性感染病例发作的必要措施。

◆ 消灭吸血昆虫（如虱、蜱等），防止吸血节肢动物咬伤动物。

◆ 治疗时要注意器具的消毒，特别是输血时。

◆ 清除患病或阴性感染的动物。

◆ 0.1% 的伊维菌素每千克体重 0.2 毫升，皮下注射驱虫。

（吴培福　付志新）

第三十六章
宠物细菌性传染病急救

第一节　钩端螺旋体病

本病是由致病性的钩端螺旋体引起的一种人兽共患病。由于感染的菌型不同，其临床特点也不相同。

◆ 有的症状明显，病犬高热、黏膜出血、黄疸、溃疡或坏死，血红蛋白尿。

◆ 有的病例呈隐性经过，缺乏明显的临床症状。

【病原及流行病学】

（1）钩端螺旋体在一般的水田、池塘、沼泽及淤泥中可以生存数月或更长。

（2）该病的动物宿主非常广泛，几乎所有的温血动物都可感染。其中，啮齿目的鼠类是最重要的贮存宿主。鼠类感染后，大多呈健康带菌者，且带菌率高，是本病自然疫源的主体。

（3）主要通过皮肤、黏膜和经消化道食入而传染。也可通过交配、人工授精，以及菌血症期间通过吸血昆虫如蜱、虻、蝇等传播。

（4）钩端螺旋体侵入动物机体后，进入血流，最后定位于肾脏的肾小管，生长繁殖，间歇地或连续地从尿中排出。

【症状】各种年龄的犬均可感染，发病率公犬高于母犬。潜伏期5～15天。

（1）急性病例

◆ 可突然发生，机体衰弱，不食、呕吐、体温升高（39.5～40℃）、精神沉郁、后躯肌肉僵硬和疼痛、不愿起立走动、呼吸困难、可视黏膜出现不同程度的黄疸或出血。

◆ 一般2天内机体衰竭，体温下降死亡。

（2）亚急性病例

◆ 以发热、呕吐、厌食、脱水黄疸及黏膜坏死为特征，病犬口黏膜可见有不规则的出血斑和黄疸；眼部可见有结膜炎症状。眼角可见有黏液性分泌物。同时可见有咳嗽气喘及呼吸困难。

◆ 患犬有烦渴、多尿等症状，有过亚急性感染史的犬 2～3 周后恢复。

（3）慢性病例

◆ 症状多以急性或亚急性症转归而来。

◆ 常有慢性肝、肾及胃肠道症状出现，通过对症治疗，大多均可恢复。

◆ 少数以尿毒症、肝硬化腹水、机体衰竭死亡。

【诊断】

（1）流行特点

◆ 病的发生多与接触病犬或带菌鼠的尿有关。

◆ 通常公犬发病较多，幼龄犬比老龄犬发病多，常散发。

（2）临床特征

◆ 由黄疸出血型钩端螺旋体所引起的病犬。

☆ 开始高热，但第 2 天就下降至常温或以下。不久在眼结膜和口腔黏膜上出现黄疸。

☆ 病犬体质虚弱、食欲不振、呕吐、精神沉郁、四肢（尤其后肢）乏力。

☆ 尿量减少，呈黄红色，大便中有时混有血液。

◆ 由犬型钩端螺旋体引起的病犬。

☆ 黄疸症状不明显，一般表现呕吐，排带血的粪便，腹痛，口腔恶臭，黏膜发生溃疡，舌部坏死、溃烂。

☆ 腰部触压时敏感，多尿，尿内含有大量蛋白质、胆色素，病犬多因尿毒症而死亡。

◆ 剖检特征。通常以黄疸、各脏器的出血、消化道黏膜的坏死为特征，腹水增多，且常混有血液，肠黏膜有小出血点，肝肿大，胆囊充满带有血液的胆汁。

根据以上特点，可作初步诊断。确诊还要依据病原学检验和血清学检查。

【临床急救】

（1）青霉素和链霉素对本病有较好疗效。

◆ 青霉素每千克体重 4 万～8 万单位。

◆ 链霉素每千克体重 10～15 毫克。

两者混合肌内注射，每天 2 次。

（2）对症治疗。

◆ 补液

◆ 补糖

◆ 补碱

一般可用 5％葡萄糖盐水 200～500 毫升、5％碳酸氢钠注射液 10～40 毫升混合静脉滴注。

　　◆ 消除胃肠道症状

　　　　☆ 止吐可用胃复安，每千克体重 2 毫克肌内注射，每天 2 次。

　　　　☆ 口服吗丁啉片，每千克体重 2 毫克，每天 2 次。

　　◆ 止血

　　　　☆ 用维生素 K 每千克体重 12 毫克。

　　　　☆ 维生素 K_3 每千克体重 1 毫克。

　　　　☆ 肌内注射，每天 2 次。

　　　　☆ 消除皮肤黏膜溃疡等。口腔黏膜溃疡可涂布碘甘油。

【预防】

◆ 消除传染源，尤其要做好灭鼠工作。

◆ 消除和清理被污染的水源、污水、淤泥、犬粮、用具等以防止传染和散播。

◆ 实行预防接种，加强饲养管理，提高犬的特异性和非特异性抵抗力。

◆ 发病期间，在饲料中添加 0.1％的土霉素，也有较好的预防效果。

第二节　莱　姆　病

莱姆病是由伯氏疏螺旋体引起的多系统性疾病，也叫疏螺旋体病，是一种由蜱传播的自然疫源性人兽共患病。该病与犬、牛、马、猫及人类的多关节炎有关。

【病原及流行病学】

（1）本病病原为伯氏疏螺旋体，菌体形态似弯曲的螺旋，呈疏松的左手螺旋状，有数个大而疏的螺旋弯曲，末端渐尖，有多根鞭毛。

（2）革兰氏染色阴性，姬姆萨染色着色良好。

（3）伯氏疏螺旋体的宿主范围很广，自然宿主包括人、牛、马、犬、猫、鹿、浣熊、狼、野兔、狐及多种小啮齿类动物。

（4）传播媒介与途径

◆ 主要是通过感染蜱的叮咬传播。

☆ 螺旋体存在于未采食感染蜱的中肠，蜱在采食过程中螺旋体进行细胞分裂并逐渐进入到血腔中，几小时后侵入蜱的唾液腺并通过唾液进入叮咬部位。

☆ 菌体在蜱体内通常可发生传递，而经卵传递极少发生。

☆ 犬和人进入有感染蜱的流行区即可能被感染。

◆ 伯氏疏螺旋体也可能通过黏膜、结膜及皮肤伤口感染。

【症状】

◆ 病犬体温升高，食欲不振，精神沉郁，出现急性关节僵硬和跛行，感染早期可能有疼痛表现。

◆ 急性感染犬一般关节不肿大，所以难以确定其疼痛部位。

◆ 犬莱姆病较明显的症状为经常发生间歇性非糜烂性关节炎，多数犬反复出现跛行并且多个关节受侵害，腕关节最常见。跛行常常表现为间歇性，并且从一条腿转到另一条腿。

◆ 莱姆病阳性犬可能出现心肌功能障碍，病变表现为心肌坏死和赘疣状心内膜炎。

◆ 在流行区，犬常出现脑膜炎和脑炎，与伯氏疏螺旋体的确切关系还未完全证实。

◆ 自然感染伯氏疏螺旋体的犬可继发肾病，肾小球肾炎和肾小管损伤，出现氮血症、蛋白尿、血尿等。

◆ 猫感染伯氏疏螺旋体主要表现为厌食、疲劳、跛行或关节异常。

【诊断】莱姆病感染的症状一般只表现低热、关节炎和跛行等，常常容易与其他疾病相混淆，在诊断时应注意病史。

◆ 首先本病的发病高峰与当地蜱类活动高峰季节一致。

◆ 患病宠物进入过林区或被蜱叮咬过（特别是猎犬）。

◆ 体检时可能发现一个或多个关节肿大，或者外表正常关节在触诊时有明显的疼痛表现。

【临床急救】对有莱姆病症状或者血清学阳性犬应使用抗生素治疗2～3周。可选用以下药物。

◆ 四环素，每千克体重15～25毫克，每8小时给药1次。

◆ 强力霉素，每千克体重10毫克，每12小时给药1次。

◆ 头孢菌素，每千克体重22毫克，每天给药1次。

◆ 氨苄青霉素、羧苄青霉素、红霉素等对伯氏疏螺旋体也有一定疗效。

感染宠物用抗生素治疗后很快见效。如果治疗见效，应在1～3个月之后再做一次血清学检验。如果某种抗生素治疗效果不佳，则应考虑选用另一种抗生素或做进一步诊断。

【预防】

◆ 国外已有犬莱姆病灭活菌苗上市，但疫苗对自然感染及无症状感染犬的保护效果资料较少。

◆ 不能完全依靠疫苗来进行预防的情况下，可以考虑减少犬被感染的机会，如：

　　☆ 控制犬进入自然疫源地。

　　☆ 应用驱蜱药物减少环境中蜱的数量。

　　☆ 定期检验宠物身上是否有蜱，并及时清除以减少感染机会。

　　☆ 给犬戴驱杀蜱项圈等。

第三节　沙门氏菌病

沙门氏菌病又称副伤寒，是沙门氏菌属细菌引起犬猫及其他动物以肠炎和败血症为主的一种常见传染病。

【病原及流行病学】

◆ 引起犬发病的沙门氏菌有以下几种。

　　☆ 鼠伤寒沙门氏菌

　　☆ 肠炎沙门氏菌

　　☆ 亚利桑那沙门氏菌

　　☆ 猪霍乱沙门氏菌

其中，鼠伤寒沙门氏菌最常见。

◆ 沙门氏菌的理化特性。

　　☆ 对干燥、腐败、日光等因素具一定的抵抗力，在外界各种条件下，可生存数周至数月。

　　☆ 病菌于60℃1小时、70℃20分钟、75℃5分钟环境中可被杀死。

　　☆ 对常用消毒剂抵抗力较低。

◆ 主要的传染源。

　　☆ 病犬

　　☆ 健康带菌犬

　　☆ 其他病畜（禽）

☆ 被污染的饲料、饮水或用具等

◆ 本病主要经消化道、呼吸道感染。

◆ 各种年龄、品种的犬均可感染，发病没有明显的季节性，受年龄、营养状况、应激等因素影响较大。

【症状】

◆ 突然发病，呈现急性胃肠炎症状。体温升高，食欲废绝，呕吐，腹泻，排水样和黏液样粪便，甚至混有脓液和血液。

◆ 可视黏膜苍白，迅速脱水，行走无力，常因休克而死亡。

◆ 幼龄犬猫出现腹泻后，体温降低，衰弱，昏迷卧地，常发生菌血症和内毒素血症。

◆ 亚临床感染，当侵入细菌数量不多，或犬猫抵抗力较强时，感染的犬猫可能仅出现一过性或不表现任何症状。

【诊断】本病易与犬瘟热、细小病毒病、猫泛白细胞减少症等相混淆，仅凭借临床症状很难诊断，因此要进行实验室检验，采取病犬猫的脾、肠系膜淋巴结、肝、胆汁等进行培养、分离、鉴定，才能最后确诊。

【临床急救】急救要点如下。

（1）迅速补液防止犬猫休克　因病犬猫呕吐、腹泻易于脱水，因此首先应用50％葡萄糖盐水，静脉注射，以解除脓血症，防止休克。

（2）抗菌消炎

◆ 可在上述输液药品中加入卡那霉素（每千克体重10毫克）或庆大霉素，静脉滴注。

◆ 同时口服以下药物。

　　☆ 甲氧苄氨嘧啶每千克体重4～8毫克

　　☆ 或痢特灵每千克体重2～6毫克

◆ 用磺胺脒、颠茄片、木炭末同时口服，有制菌、收敛止泻的作用。

（3）对症治疗

◆ 呕吐可用硫酸阿托品、654－2等肌内注射。

◆ 为保护心脏功能，可肌内注射0.5％强尔心。

　　☆ 成年犬1～2毫升

　　☆ 幼犬0.5～1毫升

【预防】

◆ 加强饲养管理，消除诱发因素。

◆ 发现病犬及时隔离，严格消毒，尸体深埋或焚烧。

◆ 日常管理中，注意灭鼠、灭蝇，保持周围环境卫生，并严格定期彻底消毒。

◆ 饲养员、兽医及其他与犬接触密切的人员，应注意个人保护。

第四节　破　伤　风

破伤风又称强直症，俗称锁口风、脐带风。本病是由破伤风梭菌从伤口侵入人体，在厌氧条件下生长、繁殖并分泌破伤风毒素而引起的人兽共患的急性、中毒性传染病。本病特征是运动神经中枢应激性增高，肌肉持续痉挛性收缩。

【病原及流行病学】

◆ 破伤风梭菌又称强直梭菌，为革兰氏阳性厌氧性的芽孢杆菌，其芽孢的抵抗力极强，在干燥处可存活 10 年以上。

◆ 破伤风梭菌广泛存在于自然界中，但本病是通过创伤感染后由病毒产生的毒素所致，不能通过直接接触传播，因此本病常为散发性。

◆ 传播途径。

☆ 猫的皮肤坚韧，游离性、移动性大，不易发生外伤，所以破伤风梭菌从伤口感染的机会较少，主要是母猫分娩时从产道侵入，公母猫去势时从切口侵入。

☆ 幼猫出生时从脐带切口侵入。

【症状】

◆ 本病潜伏期为 5～10 天，长的可达几周。受伤的部位离头部越近，发病越快，并且症状也重。

◆ 犬与其他动物相比，对破伤风毒素的抵抗力较强。

◆ 临床上多见局部性肌肉强直性收缩。

☆ 但部分病例可见有全身性强直痉挛，牙关紧闭怕光、怕声音、怕惊吓，稍有刺激患犬即可表现兴奋、肌肉强直、形如木马、口角后吊、两耳直立且靠拢、瞬膜外露、手触患犬全身肌肉僵硬。

☆ 由于呼吸肌痉挛收缩可见有呼吸困难。咬肌收缩使患犬咀嚼吞咽困难。

◆ 破伤风的病程差异很大。

☆ 严重病例有的 2～3 天死亡，有的缓慢发生并不严重。

☆ 大多在出现症状后 3～10 天死亡。

☆ 康复期可能持续很长时间，有时 4～6 周后仍可观察到患病宠物运动不灵活及肌肉僵硬的症状。

◆ 大多数病例预后不良，因进食困难，易造成营养不良、衰竭死亡。但局部强直的患犬预后良好。

【诊断】本病根据临床症状及有破伤后出现肌肉强直性收缩和体温正常大多可以确诊。

【临床急救】消除病原、中和毒素、镇静解痉，抗菌消炎的对症治疗方法。

◆ 伤口处理。

☆ 找出伤口扩创，用双氧水（30%）冲洗伤口，然后用 2%～5% 碘酊局部处理伤口，创口内撒布碘仿磺胺粉。

☆ 伤口应暴露、忌包扎。

◆ 肌内注射或静脉注射破伤风抗血清 3 万～5 万国际单位/次，每天 1 次，连用 3 天。

◆ 抗菌消炎，青霉素每千克体重 5 万单位，每天 2～3 次。连续注射 1 周。

◆ 镇静解痉，氯丙嗪每千克体重 5 毫克。

【预防】为了预防破伤风的发生，应及时处理外伤，同时用抗破伤风血清定期预防注射。

第五节　耶尔森菌病

耶尔森菌病是由耶尔森菌属中的有关致病菌引起的多种动物的传染病。在兽医上有重要意义的是由小肠结肠耶尔森菌引起的腹泻和由伪结核耶尔森菌引起的伪结核病。

【病原及流行病学】

◆ 耶尔森菌属在分类上属于肠杆菌属。本属细菌共有 7 个种，已知其中 4 个有致病性，即：

☆ 鼠疫耶尔森菌

☆ 小肠结肠耶尔森菌

☆ 伪结肠耶尔森

☆ 鲁克氏耶尔森菌

◆ 本属细菌为短杆状至球杆状，无芽孢，除鼠疫菌外，其余均无荚膜。

◆ 患病和带菌的动物是传染源，动物体内可长期带菌，有的感染后可出现临诊症状。

【症状】

◆ 小肠结肠耶尔森菌病。

　☆ 在动物中大多为隐性感染，无明显症状。

　☆ 有报道观察到犬猫等感染后出现腹泻症状或在肝脏形成结节性病变，但一般较为少见。

◆ 伪结核病。

　☆ 常取慢性经过，腹泻是常见症状。

　☆ 剖检病变主要是内脏器官，特别是肠系膜淋巴结肿大，并有干酪样坏死病灶。

【诊断】

◆ 确诊本病需进行病原菌的分离鉴定和血清学检查。

◆ 在病程的早期或发生败血症的病例可取血液进行细菌学检查，活体检查时还可以采取粪便分离培养。

【临床急救】可选用链霉素、头孢类药、四环素或磺胺类等敏感药物进行治疗。

【预防】病菌广泛分布在自然界中，传染源种类繁多，预防本病主要依靠一般性措施。

◆ 注意环境卫生和消毒。

◆ 加强肉品的卫生监督。

◆ 加强灭鼠、灭蝇等工作。

◆ 发现患病动物及时隔离并做好消毒工作。

第六节　结　核　病

结核病是由结核分支杆菌引起的人、畜及野生动物共患的慢性传染病。其特征是多种组织器官形成肉芽肿和干酪样钙化结节。

【病原及流行病学】

（1）结核分支杆菌简称结核杆菌，可分为牛型、人型和禽型三型。它不产生芽孢、荚膜，无鞭毛，不能运动，为专性需氧菌，革兰氏染色阳性。

（2）对常用消毒剂和链霉素、异烟肼、利福平等敏感。

（3）犬对牛型及人型结核分支杆菌易感。猫对牛型结核杆菌则更易感。

（4）传染源与传播途径。

◆ 开放性结核病患者、患病宠物是本病的传染源。

◆ 其能通过多种途径向外界散播病原。主要传播媒介有以下几种。

☆ 含大量结核杆菌的痰液

☆ 咳嗽形成的气溶胶

☆ 被这种痰液污染的尘埃

◆ 犬和猫结核菌主要通过呼吸道和消化道感染。

【症状】

◆ 犬和猫结核病多为亚临诊感染。有时会在病原侵入部位引起原发性病灶。

◆ 犬猫的原发性肠道病灶，可引起呕吐、腹泻等消化道吸收不良症状及贫血。肠系膜淋巴结常肿大，有时在腹部体表就能触摸到。

◆ 犬常表现为支气管肺炎，发热，食欲下降，体重减轻，肺部听诊有啰音，干咳，胸膜上有结节形成和肺门淋巴结炎。

◆ 骨结核可见跛行及自发性骨折。

◆ 结核病灶蔓延至胸膜及心包膜时可引起胸膜、心包膜渗出增多，发绀，患病宠物出现呼吸困难、右心衰竭。

◆ 猫的肝、脾等脏器及皮肤也常见结节及溃疡。

◆ 有的还出现咯血、血尿及黄疸等症状。

【诊断】大多数患猫、患犬无明显症状，若怀疑为本病则应结合如下诊断进行确诊。

◆ 血液、生化及透视检验　患结核病的动物常伴有中等程度的白细胞增多和贫血，血清白蛋白含量偏低及球蛋白血症。

☆ 肺结核时，X线透视检验可见气管支气管淋巴结炎和间质性肺炎的变化。疾病后期亦可见肺硬化、结节形成、肺钙化灶。

☆ 发生继发性结核时，亦可见肝、脾、肠系膜淋巴结及骨组织的相似病变。

◆ 皮肤试验

☆ 对于犬，皮内接种 0.1～0.2 毫升卡介苗，阳性犬 48～72 小时后出现红斑和硬结。

☆ 但要注意被感染犬可能出现急性超敏反应，试验有一定风险。

◆ 血清学检验　包括血凝（HA）及补体结合反应（CF），具有较大的诊断价值，尤其是补体结合反应，其阳性检出率可达 50%～80%。

◆ 细菌分离

☆ 先将病料用 4% NaOH 处理 30 分钟，再用 0.3% 新洁尔灭处理去除杂菌然后接种于 Lowenstenin-Jensen 氏培养基进行培养。

☆ 或将淋巴结、脾脏和肉芽等可疑病料，腹腔接种于豚鼠、兔、小鼠和仓鼠，以鉴定分支杆菌的种别。

☆ 直接取病料做成抹片或涂片，抗酸染色后镜检，可直接检到细菌。也可用荧光抗体法检验病料中的结核杆菌。

【临床急救】

◆ 首先应考虑犬猫结核病对公共卫生构成的威胁，最好施以安乐死并进行消毒处理。

◆ 需要治疗的犬，应在隔离条件下应用抗结核药物治疗，如异烟肼每次每千克体重 4～8 毫克，每天 2～3 次，内服。

◆ 对犬舍及犬经常活动的地方要进行严格消毒。

◆ 严禁结核病人饲喂和管理犬。

【预防】

◆ 对犬猫定期检疫，将可疑及患病宠物尽早隔离。

◆ 人或牛发生结核病时，与其经常接触的犬猫应及时检疫。

◆ 对开放性结核患犬或猫，无治疗价值者应尽早扑杀，尸体焚烧或深埋。

◆ 加强饲养管理，平时不用未经消毒的牛奶及生的动物杂碎饲喂犬猫。

第七节　弯曲菌病

空肠弯曲菌病是由弯曲菌属中的空肠亚种细菌所致的人和动物共患的肠道传染病，主要引起人和动物的肠炎。以前曾称"空肠弧菌病"。

【病原及流行病学】

◆ 肠弯曲菌属螺菌科弯曲菌属，胎儿弯曲菌空肠亚种。具有一个或多个螺旋状弯曲的细长杆菌，一端或两端有单个鞭毛，螺旋细直线运动，不形成芽孢，为革兰氏阴性菌。

◆ 本菌抵抗力较弱，对干燥、阳光和一般消毒剂敏感。

◆ 空肠弯曲菌的致病性较弱，幼犬的带菌率很高。

◆ 传染源。

☆ 病人

☆ 病犬

☆ 带菌的人和犬

☆ 被病原菌污染的食物、饮水、用具和周围环境

☆ 牛奶和其他分泌物

◆ 传播途径。

　☆ 通过消化道感染

　☆ 也可通过接触传染和胎盘传染

◆ 以 2～6 月龄幼犬较易感。

【症状】

◆ 患犬以轻重不等的腹泻为主，轻者仅为软便，但对一般抗生素反应敏感。

◆ 重者可出现血便，但出现血样腹泻的可致死。

◆ 因腹泻而出现食欲不振，精神沉郁，眼球下陷，皮肤无弹性等症状。

【诊断】必须进行细菌学检查方可诊断。

【临床急救】

◆ 本病对以下药物敏感，每天 2 次，连用 5～7 天，结合支持疗法即可治愈。

　☆ 庆大霉素（2.2毫克/千克）

　☆ 红霉素（10毫克/千克）

◆ 对青霉素、头孢菌素耐药。

【预防】加强幼犬的饲养管理，定期消毒，保持犬的用具、犬舍以及犬食的干净卫生。

第八节　肉毒梭菌毒素中毒

肉毒梭菌中毒症是一种人、畜共患中毒病，是因犬猫摄食了肉毒梭菌毒素而引起的一种中毒症。临床上以运动神经中枢麻痹和延髓麻痹为特征。

【病原及流行病学】

◆ 肉毒梭菌是一种专性厌氧的革兰氏阳性杆菌，有甲膜，有周鞭毛，能运动，两端钝圆，单个或成队排列。

◆ 该菌的致病作用主要由其产生的毒素引起。本菌在动物尸体、肉类、饲料、罐头食品中繁殖时能产生毒力极强的毒素。

　☆ 该毒素能耐受胃酸、胃蛋白酶和胰酶的作用。

　☆ 在消化道不被破坏。

　☆ 毒素经80℃30分钟或煮沸5～20分钟被破坏，在固体食物内则需煮沸 2 小时。

◆ 肉毒梭菌广泛分布于自然界，产生的毒素分为 A、B、Ca、Cb、D、E、F、G 等 8 型。

　　☆ A 型毒素见于肉、鱼、果蔬制品和各种罐头食品。

　　☆ B 型毒素见于各种肉类及其制品。

　　☆ 犬对 A 型毒素易感性低，但对 B 型毒素易感性高，尤其是幼犬猫。

◆ 本病主要是由于犬猫食入带有毒素的肉类而发病。

【症状】

◆ 本病的潜伏期、中毒程度与犬猫摄入毒素的量和犬猫个体的敏感性有关。

◆ 潜伏期数小时至数天不等，症状出现越早中毒越严重，幼犬的症状较成年犬严重。

◆ 病犬猫失声嗷叫、呕吐、口吐白沫，两眼有多量脓性分泌物。

◆ 表现不同程度的运动神经麻痹，步态蹒跚，随着病情的发展，病犬猫精神沉郁，喜卧不起，肌肉松弛，但神志清醒，体温一般无明显变化。

◆ 严重病例会出现头颈向后弯曲，呼吸困难，心跳加快，心律不齐，瞳孔散大，小便失禁，最终因呼吸困难死亡。

【诊断】

◆ 根据临床症状、病理剖检变化，可做初步诊断，确诊需做实验室诊断。

◆ 一般取可疑饲料、尸体等进行肉毒梭菌毒素检测。

【临床急救】以解毒、补液、强心为治疗原则。

◆ 抗毒素治疗　早期应用抗毒素血清或混合多价抗毒素血清进行治疗，一般按每千克 1 500 单位一次大剂量静脉滴注。

◆ 对症治疗

　　☆ 排除胃内容物，减少毒素吸收，更换饲料，同时应用抗生素控制肠内肉毒梭菌的数量。

　　☆ 对摄取了毒素而尚未发病的犬，可用洗胃、灌肠及灌服泻药等方法排毒。

　　☆ 心脏衰弱者应进行强心治疗，脱水者应补液。

【预防】平时不让犬猫接近腐肉，饲料应煮熟后再喂。本病发病后，病程短、死亡率高，应积极进行抢救治疗。

第九节　放线菌病

　　放线菌病是由放线菌感染引起的一种人兽共患慢性传染病，临床特征的慢性化脓性肉芽肿以及肿胀坏死。本病多见于老龄犬。

【病原及流行病学】

◆ 放线菌是厌氧的多形杆菌或分支的菌丝，直径 1 微米，不能运动，不形成芽孢，无抗酸性。

◆ 感染犬的主要是牛放线菌。

◆ 本菌广泛分布于自然界，不能直接传染给犬和人，主要通过皮肤、黏膜的创伤而感染，局部发生坏死，消耗氧气，放线菌在无氧的条件下繁殖而致病。

【症状】

◆ 放线菌由创伤进入皮下和黏膜，引起局部组织肿胀、化脓性肉芽肿、蜂窝织炎和坏死灶，瘘管排出的脓汁为黄白色，其中混有特征性硫黄颗粒状菌支。

◆ 由创伤的部位不同，可分为：

☆ 皮肤型

☆ 胸腔型

☆ 骨髓型

☆ 腹腔型等

犬以皮肤型（多见于四肢）与胸腔型为主。

◆ 皮肤型表现为皮肤及皮下结缔组织发生慢性化脓性肉芽肿，形成瘘管，渗出红褐色脓汁。

◆ 胸腔型主要为体温稍高、咳嗽、消瘦、呼吸困难、胸腔液增多等。

【诊断】根据典型症状和流行病学只能做初步诊断，确诊需进行病原菌培养和分离鉴定。

◆ 放线菌革兰氏染色阳性、无抗酸性，具有分支菌丝，无氧条件下可生长繁殖，诺卡氏菌通常具有部分抗酸性，在有氧条件下才能生长繁殖。

◆ 可取脓液中的硫黄色颗粒放置玻片上，盖上玻片，放置显微镜下观察，可见有放射状排列，周围具有菌鞘的放射菌丝，即可确诊。

【临床急救】

◆ 采取内外科结合的综合疗法。

◆ 对带瘘管的脓肿应将瘘管彻底切除、清洗、消毒。

◆ 胸腔感染时，应用生理盐水稀释的青霉素清洗脓肿，消除感染，直至无渗出为止。

◆ 同时配合抗生素、碘化钾做全身处理。

【预防】

◆ 预防本病首要的是尽量不使宠物受伤，发现伤口后及时清创、消毒，勿使形成厌氧环境。

◆ 饲喂食物注意勿带尖刺状硬物，以免刺伤宠物口腔、食管及胃肠。

（罗　燕　才冬杰）

第三十七章
宠物原虫病急救

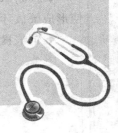

第一节 球 虫 病

犬猫球虫病由艾美耳科等孢属（*Isospora*）的球虫引起的，寄生于犬猫的小肠和大肠黏膜上皮细胞内，造成出血性肠炎。

【病原及流行病学】

（1）犬等孢球虫（*I. canis*）　寄生于犬的小肠和大肠，具有轻度至中度致病力。卵囊呈椭圆形至卵圆形（彩图 37 - 1），大小为（32～42）微米×（27～33）微米。孢子发育时间为 4 天。

（2）俄亥俄等孢球虫（*I. ohioensis*）　寄生于犬小肠，通常无致病性。卵囊呈椭圆形至卵圆形，大小为（20～27）微米×（15～24）微米。

（3）猫等孢球虫（*I. felis*）　寄生于猫的小肠，有时在盲肠，主要在回肠的绒毛上皮细胞内，具有轻微的致病力。卵囊呈卵圆形（彩图 37 - 2），大小为（38～55）微米×（27～39）微米，囊壁光滑，无卵膜孔。孢子发育时间为 72 小时。生活史为 7～8 天。

（4）芮氏等孢球虫（*I. rivolta*）　寄生于猫的小肠和大肠，具有轻微的致病力。卵囊呈椭圆形至卵圆形，大小为（21～28）微米×（18～23）微米，囊壁光滑，无卵膜孔。孢子发育时间为 4 天。生活史为 6 天。

（5）幼龄犬猫对本病易感。成年动物或患病动物是感染来源。

（6）生活史

◆ 犬猫由于吞食了散布在土壤、地面、饲料和饮水等外界环境中的有感染能力的孢子化卵囊而感染球虫。

◆ 卵囊对消毒药有很强的抵抗力，在干热的空气中迅速死亡。

◆ 孢子化卵囊内含 8 个子孢子，子孢子即单细胞形式的寄生虫。孢子化卵囊进入动物小肠，卵囊破裂、内含的子孢子释放，子孢子迅速进入肠上皮细胞，然后发育为裂殖体。

◆ 裂殖体再分裂成 12 个裂殖子，裂殖子可再度破坏宿主细胞，大量的肠上皮细胞被破坏。

◆ 裂殖子发育为大配子和小配子，大小配子受精成为合子。

◆ 合子变为卵囊，卵囊随动物粪便排出体外。

◆ 整个生活史为 9～11 天。

【症状】

◆ 感染轻微时，本病不表现症状。

◆ 严重感染时，幼犬和幼猫于感染后 3～6 天，出现水泻或排出泥状粪便，有时排带黏液的血便。

◆ 病者轻度发热，精神沉郁，食欲不振，消化不良，消瘦，贫血。

◆ 如果宠物抵抗力较强，感染 3 周以后，临床症状逐步消失，大多数可自然康复。

◆ 老龄宠物抵抗力较强，常呈慢性经过。

◆ 病理变化为整个小肠出现卡他性肠炎或出血性肠炎，但多见于回肠段尤以回肠下段最为严重，肠黏膜肥厚，黏膜上皮脱落。

【诊断】根据临床症状（下痢）和在粪便中发现大量卵囊便可确诊。从粪便和肠壁刮取物中发现卵囊可确诊为球虫病。

◆ 取少许粪便放在载玻片上，与甘油水溶液（等量混合液）1～2 滴调和均匀，加盖玻片，置显微镜 10 倍或 40 倍物镜下观察。

◆ 如果卵囊较少，则可用饱和盐水漂浮法检查粪便中的卵囊。

　　☆ 饱和盐水配制方法：1 000 毫升水中加食盐 380 克，煮沸 10 分钟，相对密度约 1.18，虫卵比重较轻，在饱和盐水中上浮富集。

【临床急救】

◆ 抗球虫药

　　☆ 磺胺六甲氧嘧啶，每天每千克体重 50 毫克，连用 7 天。

　　☆ 氨丙啉，每天每千克体重 110～220 毫克，混入食物，连用 7～12 天。出现呕吐等副作用时，应停止使用。

◆ 对症治疗

　　☆ 具有肠炎等症状的宠物，应及时补液、纠正酸中毒、消炎，可采用葡萄糖盐水每天每千克体重 30 毫升。

　　☆ 出现酸中毒的宠物，可用 5％碳酸氢钠每天每千克体重 2 毫升，静脉滴注。

【预防】

◆ 搞好环境卫生，防止球虫感染。

◆ 常见的消毒药很难杀灭球虫卵囊，所以需要每天打扫卫生，减少环境中的卵囊数量。

◆ 可用蒸气和加热或火烧等方法杀灭卵囊。

◆ 药物预防可用 1～2 大汤匙 9.6％的氨丙啉溶液混于 4.5 升水中，作为唯一的饮水，在每犬产崽前 10 天内饮用。

第二节　弓形虫病

犬猫弓形虫病是由刚第弓形虫（*Toxoplasma gondii*）引起的一种原虫病。多数为隐性感染，但也有出现症状甚至死亡的。

【病原及流行病学】刚第弓形虫，根据其不同发育阶段，其形态各异，滋养体和包囊出现在中间宿主体内；裂殖体、配子体和卵囊只出现在终宿主——猫体内。弓形虫有几种不同的形态：

（1）滋养体　又称速殖子，呈弓形、月牙形，大小为（4～7）微米×（2～4）微米。

◆ 主要出现于急性病例（免疫力弱的动物）的腹水中，可见到游离的（细胞外的）单个虫体。

◆ 在淋巴细胞内可见到正在进行内双芽增殖的虫体。

◆ 有时许多滋养体簇集在一个淋巴细胞内形成"假囊"。

（2）包囊　见于慢性病例（免疫力正常的动物）的脑、骨骼肌、心肌和视网膜等处。

◆ 包囊呈圆形，直径 50～100 微米，内有数十个至数千个慢殖子。

◆ 当动物免疫力降低，慢殖子可以转化成滋养体造成本病的急性发作。

（3）卵囊　见于猫科动物（家猫、野猫及狮、虎、豹）粪便中。

◆ 卵囊大小为（11～14）微米×（7～11）微米。

◆ 孢子化卵囊内有 2 个孢子囊，每个孢子囊内有 4 个子孢子。

弓形虫在终宿主（猫）肠内进行球虫型发育，在中间宿主（哺乳类、鸟类等）体内进行肠外期发育。

【症状】

（1）急性型症状

◆ 患病宠物突然废食，体温升高，呼吸急促，眼内出现浆液性或脓性分泌物，流清鼻涕。

◆ 精神沉郁，嗜睡，发病后数日出现神经症状，后肢麻痹，病程 2～8 天，常发生死亡。

◆ 慢性病例的病程则较长，表现为厌食，逐渐消瘦，贫血。

◆ 随着病程的发展，可出现后肢麻痹，并导致死亡，但多数宠物可耐过。

（2）隐性感染　犬多数为无症状的隐性感染。

1）幼年犬和青年犬感染较普遍而且症状较严重，成年犬也有致死病例。

2）症状类似犬瘟热、犬传染性肝炎，主要表现为发热、咳嗽、厌食、精神委靡、虚弱，眼和鼻有分泌物，黏膜苍白，呼吸困难，甚至发生剧烈的出血性腹泻。

3）少数病犬剧烈呕吐，随后出现麻痹和其他神经症状。

4）怀孕母犬发生流产或早产，所产仔犬往往出现排稀便、呼吸困难和运动失调等症状。

5）血液检查

◆ 急性病例

　☆ 红、白细胞减少。

　☆ 中性粒细胞增多。

　☆ 中性粒细胞减少和单核细胞增多者较少见。

◆ 慢性病例

　☆ 白细胞总数增多。

　☆ 主要为中性粒细胞增多。

　☆ 血小板减少，但没有出血倾向。

（3）病理变化

1）急性病例出现全身性病变，淋巴结、肝、肺和心脏等器官肿大，并有许多出血点和坏死灶。

2）肠道重度充血，肠黏膜上常可见到扁豆大小的坏死灶。

3）肠腔和腹腔内有多量渗出液。

4）病理组织学变化

◆ 急性病例

　☆ 网状内皮细胞和血管结缔组织细胞坏死，有时有肿胀细胞的浸润，弓形虫的滋养体位于细胞内或细胞外。

　☆ 急性病变主要见于幼龄宠物。

◆ 慢性病例

☆ 可见有各内脏器官的水肿，并有散在的坏死灶。

☆ 病理组织学变化为明显的网状内皮细胞的增生，淋巴结、肾、肝和中枢神经系统等处更为显著，但不易见到虫体。

☆ 慢性病变常见于老龄宠物。

（4）隐性感染的病理变化主要是在中枢神经系统内见有包囊，有时可见有神经胶质增生性和肉芽肿性脑炎。

【诊断】本病的临床表现、病理变化不能作为确诊的依据，必须在实验室诊断中查出病原体或特异性抗体，方可做出诊断。

◆ 可将宠物肺、肝、淋巴结等组织做成涂片，染色检查有无滋养体。

◆ 将组织研碎、接种于小鼠并观察。

◆ 血清学诊断可采用：

☆ 染料试验

☆ 间接血球凝集试验

☆ 补体结合反应

☆ 中和抗体试验

☆ 荧光抗体法

☆ 酶联免疫吸附试验等

◆ 犬猫弓形虫抗原快速检测试纸卡能够通过检测犬猫的血清、粪便来诊断犬猫是否患有弓形虫病。

◆ 犬瘟热—弓形虫抗原快速检测试纸卡可以在数分钟内准确地鉴别诊断犬是否患有犬瘟热和弓形虫病。

【临床急救】主要是采用磺胺类药物治疗本病。应注意在发病初期及时用药，如用药较晚，虽可使临床症状消失，但不能抑制虫体进入组织形成包囊，结果使宠物成为带虫者。

◆ 可用20％磺胺嘧啶钠3～5毫升配5％葡萄糖生理盐水250毫升静脉注射，每天1次，连用3～5天，必须现配现用。

◆ 磺胺六甲氧嘧啶15～30毫克/千克，一次静脉注射，连用3～5天。

◆ 新诺明（磺胺甲基异噁唑）15～30毫克/千克，一次口服，每天2次，连用3～5天。

【预防】

◆ 感染本病的猫粪便中含有卵囊，大部分消毒药对卵囊无效，需要每天打扫卫生，减少环境中的卵囊数量。

◆ 可用蒸气和加热或火烧等方法杀灭卵囊。

◆ 避免用生肉喂宠物，生肉内可能含有弓形虫包囊。

第三节　犬巴贝斯虫病

犬巴贝斯虫病（canine babesiosis）是由蜱传播的，寄生于红细胞内的一种严重的寄生原虫病，临床以高度贫血、黄疸和血红蛋白尿为主要特征。

【病原及流行病学】

◆ 吉氏巴贝斯虫（*Babesia gibsoni*）虫体很小，多位于红细胞边缘，呈环形，偶尔可见成对的小梨子形虫体。虫体小于红细胞直径的 1/8。1 个红细胞内可寄生 1~13 个虫体。

◆ 本病主要通过感染有巴贝斯虫的蜱叮咬吸血而传播，媒介为：

　☆ 长角血蜱

　☆ 镰形扇头蜱

　☆ 血红扇头蜱

该病多发生于春秋季。

◆ 此病对幼犬危害较轻，地方土犬对本病的抵抗力较强，纯种犬和引进犬易感。

◆ 衰弱和应激可促进犬发病。

【症状】

◆ 当犬由非疫区进入疫区时，常出现最急性病例。

　☆ 表现体温升高，可达 42℃ 以上，持续数天不退。

　☆ 黏膜先呈淡红色，随之发灰或呈黄疸，多在 1~2 天死亡。

◆ 通常本病常呈慢性经过。

　☆ 病初病犬精神沉郁，喜卧厌动，活动时四肢无力，身躯摇晃。

　☆ 发热（40~41℃），持续 3~5 天后，有 5~10 天体温正常期，呈不规则间歇热型。

　☆ 渐进性贫血，结膜、黏膜苍白，食欲减少或废绝，营养不良，明显消瘦。

　☆ 触诊脾脏肿大：肾（双侧或单侧）肿大且疼痛，尿呈黄色至暗褐色，少数病犬有血尿。

　☆ 轻度黄疸，还有血性紫斑和肌肉疼痛。

　☆ 部分病犬呈现呕吐，鼻漏清液、眼有分泌物等症状。

　☆ 如能耐过，经 3~6 周后贫血症状逐渐消失而康复。

【诊断】

(1) 首先了解疫情　掌握以下流行病学资料。

◆ 本病在当地的流行情况。

◆ 有无传播本病的蜱。

◆ 病犬是否刚由非疫区到疫区等。

(2) 临床症状　在发病季节,病犬出现高热、贫血、黄疸和血红蛋白尿等临床症状。

(3) 血液检查　在血液涂片中发现红细胞内的虫体(彩图 37-3)即可确诊。

【临床急救】可应用下述特效药治疗吉氏巴贝斯虫病。

(1) 硫酸喹啉脲

◆ 剂量为每千克体重 0.5 毫克皮下注射或肌内注射,有时需隔天重复注射 1 次。对早期急性病例疗效显著。

◆ 用药后,有的病犬呈现不同程度的副作用,如兴奋、流涎、呕吐等,持续 1～2 小时,此后精神沉郁,个别病犬可保持数天。

◆ 剂量降低至每千克体重 0.25 毫克,可减轻不良反应。故可多次(3～4 次)低剂量给药。

(2) 三氮脒(diminazene,贝尼尔 berenil)　剂量为每千克体重 1 毫克,1%溶液皮下注射或肌内注射,间隔 5 天连用 2 次。

(3) 咪唑苯脲　剂量为每千克体重 5 毫克,10%溶液皮下注射或肌内注射,间隔 2 周再用 1 次。

(4) 对症治疗

◆ 治疗贫血。

☆ 大量输血。

☆ 同时用维生素 B_{12} 0.2 毫克肌内注射,每天 2 次。

☆ 丙酸睾丸酮 25～100 毫克肌内注射,每天 2 次。

☆ 或口服人造血浆 10 毫升,每天 3 次。

◆ 应用广谱抗菌药以防继发或并发感染。

◆ 补充大量液体、糖类及维生素,预防严重脱水及衰竭。

◆ 如有黄疸可用保肝药。

【预防】

◆ 预防的关键是杀灭蜱。

◆ 使用犬猫体外驱虫药品如项圈等,可防止吸血昆虫对宠物的叮咬。

◆ 如果蜱已经叮咬了宠物，可使用灭蚤喷剂杀死蜱，不可直接用手将蜱拔出，因蜱假头会断裂在皮肤内，引起发炎。

（李宏梅　武利利）

第三十八章
宠物线虫病急救

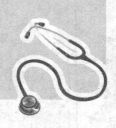

第一节　蛔　虫　病

犬猫蛔虫病是常见的寄生虫病。常引起幼犬和猫发育不良、生长缓慢，严重时可导致死亡。

【病原及流行病学】

◆ 犬弓首蛔虫（*Toxocara canis*）　寄生于幼龄犬小肠中，虫体浅黄色，头部有三片唇，缺口腔，食道简单，食道与肠管连接处有一个小胃，虫体前端两侧有向后延伸的颈翼，头部向腹面弯曲。

☆ 雄虫长 5～11 厘米，尾部弯曲，有尾翼膜，尾尖有圆锥状突起物，交合刺 2 根，长 7.5～9.5 微米。

☆ 雌虫长 9～18 厘米，尾端直，阴门开口于虫体前半部。

☆ 虫卵呈亚球形，卵壳厚，表面有许多点状凹陷，大小为（68～85）微米×（64～72）微米。

◆ 猫弓首蛔虫（*Toxocara cati*）　寄生于猫小肠中，外形与犬弓首蛔虫近似，颈翼最发达、前窄后宽，使虫体前端如箭镞状。

☆ 雄虫长 3～6 厘米，交合刺 2 根，等长，长 16.3～20.8 微米。

☆ 雌虫长 4～10 厘米。

☆ 虫卵大小为 65 微米×70 微米，虫卵表面有点状凹陷，与犬弓首蛔虫卵相似。

◆ 狮弓首蛔虫（*Toxascaris leonina*）　寄生于成年犬猫小肠中，头端向背侧弯曲，颈翼发达。

☆ 雄虫长 3～7 厘米。

☆ 雌虫长 3～10 厘米。

☆ 虫卵偏卵圆形，卵壳光滑，大小为（49～61）微米×（74～86）微米。

【症状】

◆ 成虫（彩图 38-1）寄生时刺激肠道，可引起卡他性肠炎和黏膜出血。

◆ 当动物发热、怀孕、饥饿、服用药物或饲料成分改变时，虫体可能窜入胃、胆管或胰管，引起呕吐。

◆ 严重感染时，常在肠内集结成团，造成肠阻塞或肠扭转、肠套叠，甚至肠破裂。

◆ 幼虫移行时损伤肠壁、肺毛细血管和肺泡壁，引起肠炎或肺炎。

◆ 蛔虫的代谢产物对动物有毒害作用，能引起造血器官和神经系统中毒，发生过敏反应。

◆ 患犬表现为渐进性消瘦，食欲不振，营养不良，黏膜苍白，呕吐，异嗜，消化障碍，下痢或便秘。

◆ 偶见有癫痫性痉挛，幼龄宠物腹部膨大，生长发育受阻。

【诊断】

◆ 根据临床症状和显微镜检查粪便发现虫卵即可确诊。

◆ 另外，犬蛔虫病也可以通过蛔虫病 IgG 或 gM 抗体检测试剂盒进行快速诊断。

【临床急救】

◆ 驱虫可选用以下药物。

☆ 枸橼酸哌嗪（驱蛔灵）每千克体重 100 毫克，一次口服。

☆ 左咪唑每千克体重 10 毫克，一次口服。

☆ 硫苯咪唑、芬苯达唑（fenbendazole）每千克体重 25～50 毫克，一次口服。

☆ 甲苯达唑（mebendazole）每千克体重 10 毫克，每天 2 次，连服 2 天。

☆ 噻嘧啶（抗虫灵）每千克体重 5～10 毫克，一次口服。

注意：犬猫应慎用伊维菌素、阿维菌素驱虫。有些种类的犬对伊维菌素、阿维菌素敏感，会导致严重后果。如雪利犬或称柯利犬及有雪利犬血统的犬，还有大部分体型较小的犬，易发生过敏反应。

◆ 具有肠炎等症状的宠物，应及时补液、消炎。

☆ 可用葡萄糖盐水每天每千克体重 30 毫升，抗生素等，静脉滴注。

【预防】

◆ 注意环境卫生，食物和食槽要保持清洁，粪便及时清扫并堆积发酵。

◆ 给犬猫定期驱虫。

◆ 每天打扫犬猫住所，减少环境中感染性虫卵数量。

第二节　绦虫病

寄生于犬猫的绦虫种类很多。这些绦虫成虫（彩图 38－2）对犬猫的健康危害很大，幼虫期大多以其他家畜（或人）为中间宿主，严重危害家畜和人的身体健康。

【病原及流行病学】

（1）犬复孔绦虫（*Dipylidium caninum*）是犬和猫的常见寄生虫，偶可感染人。

◆ 形态特征

☆ 长 10～15 厘米，宽 0.3～0.4 厘米，约有 200 个节片。

☆ 头节的功能是附着于小肠肠壁，约 0.4 毫米，具有 4 个吸盘和 1 个顶突，其上有小钩。

☆ 头节后是颈节，颈节有生长功能。

☆ 近颈部的幼节较小，外形短而宽，往后节片（彩图 38－3）渐大并接近方形，成节和孕节为长方形。每个节片都具有雌雄生殖器官各两套。

☆ 孕节内含若干个储卵囊（彩图 38－4），每个储卵囊含虫卵 2～40 个。

☆ 虫卵圆球形，直径 35～50 微米，具两层薄的卵壳，内含 1 个六钩蚴（彩图 38－5）。

☆ 绦虫成虫、幼虫均没有消化系统，依靠体表直接吸收营养。

（2）中线（殖）绦虫（*Mesocestoides lineatus*）属中绦科，寄生于犬猫和野生食肉动物（狐狸、浣熊、郊狼等）的小肠中，偶寄生于人体。

◆ 形态特征

☆ 虫体呈乳白色，长 30～250 厘米，最宽处 3 毫米。

☆ 头节上有 4 个吸盘。

☆ 颈节很短；成节近似方形，每节有一套生殖系统。孕节似桶状。

◆ 发育史

☆ 第一中间宿主为食粪的地螨，地螨约 1 毫米大，在土壤表层活动。

☆ 第二中间宿主为蛙、蛇、蜥蜴、鸟类、啮齿类。它们吞食了含囊尾蚴的地螨后可在其体内形成四槽蚴，第二中间宿主被终末宿主吞食后，四槽蚴在宿主小肠内经 16～20 天发育为成虫。四槽蚴能从肠道向组织或腹腔移行，也能由腹腔移行至肠道。

（3）孟氏迭宫绦虫亦名孟氏裂头绦虫（*Spirometra mansoni*），多见于南方各省，寄生于犬猫和一些食肉动物包括虎等的小肠中，人偶能感染。其幼虫为孟氏裂头蚴，寄生于蛙、蛇、鸟类和一些哺乳动物包括人的肌肉、皮下组织、胸腹腔等处。

◆ 形态特征

☆ 孟氏迭宫绦虫一般长 40～60 厘米，头节上有 2 个吸槽。体节宽度大于长度。

☆ 虫卵大小为（52～76）微米×（31～44）微米，淡黄色，椭圆形，两端稍尖，有卵盖。

☆ 孟氏裂头蚴呈乳白色，长度大小不一，从 30～105 毫米，扁平，不分节，前端具有横纹。

（4）在犬小肠内还有以下绦虫寄生。

◆ 细粒棘球绦虫

◆ 多房棘球绦虫

◆ 泡状带绦虫

◆ 多头绦虫

◆ 豆状带绦虫等

◆ 各自形态特征

☆ 细粒棘球绦虫、多房棘球绦虫体型很小，几毫米长。其他种类绦虫均为大型虫体。

☆ 绦虫数量少时，只影响犬的营养方面；绦虫数量多时，犬有时会发生肠堵塞等严重症状。

☆ 细粒棘球绦虫、多房棘球绦虫、多头绦虫的虫卵，肉眼看不见，会出现在犬粪便中，也会黏在犬毛上，如果人类及牛羊等动物摄入这 3 种虫卵，在内脏、脑中发育出绦虫幼虫，将产生极为严重的后果。

（5）在猫小肠还有猫肥颈绦虫寄生。

◆ 形态特征

☆ 本虫体长 15～16 厘米，宽 0.5～0.6 厘米。

☆ 成熟节片比较厚而呈大豆状，头节后部无颈节。

◆ 发育史

☆ 虫卵被中间宿主的鼠（野鼠、沟鼠、小鼠等）经口摄取后，在小肠内经过孵化的六钩幼虫穿孔肠壁，再经过门脉达到肝脏，约经 60 天形成包囊。

　☆ 不久在包囊的外侧发育形成节片，变为体长约为 20 厘米的带状囊虫（带状囊尾蚴）。

　☆ 猫吃下鼠体中的带有带状囊虫，在猫小肠内约经 27 天发育为成虫。

【症状】

◆ 轻度感染时常不出现症状。

◆ 严重感染时，出现呕吐、慢性肠卡他、贪食、异嗜，病犬渐进性消瘦，营养不良，精神不振，有的呈现剧烈兴奋（假狂犬病），病犬扑人，有的发生痉挛或四肢麻痹。

　◆ 患犬复孔绦虫犬。

　☆ 精神较差，消瘦，被毛无光泽，食欲不振，消化不良，腹泻，便中带有形似黄瓜子样的异物，有的成串连在一起。

　☆ 因孕节自动从肛门逸出引起肛门瘙痒和烦躁不安，患犬不时回头啃咬肛门，或在地上摩擦肛部。

　◆ 中线（殖）绦虫。

　☆ 人工感染犬体后犬表现食欲不振、消化不良、被毛无光泽。

　☆ 严重感染时有腹泻，可引起腹膜炎及腹水等。

　☆ 人体感染时表现为食欲不振、消化不良、精神烦躁、体渐消瘦等。

◆ 其他种类绦虫感染数量少时，无症状或仅表现营养不良。

【诊断】主要依靠粪便检查进行诊断，发现虫卵或孕节即可确诊。

◆ 取患犬复孔绦虫犬粪便中的瓜子形异物（为绦虫的孕节），在显微镜下观察。

　☆ 瓜子样物为寄生虫的成熟节片。

　☆ 两头较尖的部位是节片的两个生殖孔开口。

　☆ 节片内有许多卵袋。

　☆ 每个卵袋内含有数个至数十个圆形虫卵。

◆ 线中（殖）绦虫，可通过粪便检查，发现极活跃的 2～4 毫米的长呈桶状的孕节来确诊。

◆ 孟氏迭宫绦虫及其他种类绦虫，可通过粪便检查，10 倍物镜显微镜观察发现虫卵来确诊。

【临床急救】驱绦虫前给犬断食 12～20 小时后再给药，以确保驱虫效果。驱虫后几天内的粪便应深埋，以防止虫卵污染外界环境。有些种类犬绦虫的虫卵对人畜危害极大。

◆ 氯硝柳胺　每千克体重 100～150 毫克，一次口服。禁食第二中间宿主可防止感染。

◆ 氢溴酸槟榔碱　犬每千克体重 1.5～2 毫克，一次口服。

☆ 为了防止出现流涎、呕吐等的副作用，应在服药前 15～20 分钟给予稀碘酊液（水 10 毫升，碘酊两滴）。

☆ 本药对猫特别危险。

◆ 吡喹酮　用量为每千克体重 5～10 毫克，一次口服。

◆ 盐酸丁萘脒　用量为每千克体重 25～50 毫克，一次口服。驱除细粒棘球绦虫每千克体重用 50 毫克，间隔 48 小时再用 1 次。

【预防】

◆ 妥善处理屠宰废弃物，防止犬采食带有绦虫蚴的中间宿主或其未煮熟的脏器。

◆ 保持犬舍和犬体清洁，经常用杀虫剂杀灭犬体上的蚤与虱，消灭啮齿动物。

◆ 定期给犬猫灭蚤和驱虫，给犬猫勤洗澡，用杀虫剂杀灭周围环境中的蚤，可选用防蚤项圈，以切断其中间宿主。

◆ 在裂头绦虫病流行地区捕捞的鱼、虾，最好不生喂犬猫。

第三节　犬心丝虫病

犬心丝虫病（canine dirofilariosis）是由丝虫科的犬恶丝虫（*Dirofilaria immitis*）寄生于犬心脏的右心室及肺动脉（少见于胸腔、支气管），引起循环障碍、呼吸困难及贫血等症状的一种丝虫病。犬心丝虫病除感染犬外，还可感染猫、狐、狼等肉食动物。

【病原及流行病学】

◆ 犬心丝虫（犬恶丝虫）（*Dirofilaria immitis*）是由蚊传播的，寄生于犬、猫、狐、狼的右心室和肺动脉使动物出现循环障碍、呼吸困难及贫血等症状。

◆ 形态特征。

☆ 雄虫长 12～16 厘米，尾部呈螺旋形弯曲，有窄的侧翼膜和 11 对乳突，肛前有 5 对，肛门 6 对，有 2 根不等长的交合刺。

☆ 雌虫长 25～30 厘米，尾部直，阴门开口于食道后端，距头端约 2.7 毫米，雌虫在血液中胎生幼虫（微丝蚴），不带鞘。

◆ 本病在我国分布甚广，北至沈阳南至广州，均有发现。广东的犬心丝虫的感染率很高，可达 50％左右。

【症状】

◆ 感染后 5～9 个月幼虫才发育。

◆ 患犬可发生慢性心内膜炎，心脏肥大及右心室扩张，严重时会因静脉瘀血导致腹水和肝肿大等病变。

◆ 患犬表现为咳嗽，心悸亢进，脉细而弱，心内有杂音，腹围增大，呼吸困难，不愿活动，有时咯血。

◆ 后期血液色淡，红细胞减少，血液中出现幼稚型的红细胞，重症患犬逐渐消瘦衰弱致死。

◆ 有的宠物表现为沿头部至背部中线分布的结节，易发生瘙痒、破溃。

◆ 显微镜下可见以结节为中心管的化脓性肉芽肿，在化脓性肉芽肿周围的血管内常见有微丝蚴，治疗后，皮肤结节也随之消失。

【诊断】

◆ 根据临床症状并在外周血液内发现微丝蚴即可确诊，可取犬血液做薄血片或厚血片，显微镜 10 倍物镜检查。

◆ 临床上还可以用犬恶丝虫抗原检测试纸进行快速诊断，可检查血液、血清、血浆中是否含有虫体抗原。

【临床急救】

◆ 驱虫。

☆ 硫胂酰胺钠，剂量为每千克体重 2.2 毫克，静脉注射，每天 2 次，连用 2 天。静脉注射时应缓缓注入，药液不可漏出血管，以免引起组织发炎及坏死。

☆ 可用碘化噻唑青胺每千克体重 6～11 毫克，口服，每天 1 次，连用 7 天。

☆ 菲拉辛（filarsen）每千克体重 1 毫克，口服，每天 3 次，连用 10 天。

◆ 对症治疗。

☆ 对出现呼吸困难、胸腹水、衰竭的犬，每次用安钠咖 0.2～0.5 克，肌内注射。病情特别严重的，可用 25％葡萄糖溶液 20～40 毫升、细胞色素 C 15 毫克静脉缓慢推注，每天 1 次，连用 2～3 次。

☆ 有腹水症状的速尿每千克体重 1～2 毫克，肌内注射，维生素 B_1 每次 50～100 毫克。

☆ 有肝肿大症状的，用肾上腺素、护肝药治疗。

◆ 感染虫体数量多的病犬输液时，虫体有时会聚集成团，导致病犬窒息死亡。有时可采用外科手术取出虫体。

【预防】

◆ 防止和消灭中间宿主是很重要的措施。

　　☆ 可用左旋咪唑 10 口服，连用 2～3 周或左旋咪唑擦剂涂在犬猫耳背上，杀死微丝蚴。

◆ 在蚊虫活跃季节，注射伊维菌素预防感染。

　　☆ 海群生（枸橼酸乙胺嗪）每千克体重 6.6 毫克，夏季连续用药，只能用于未感染动物的预防，不能用于治疗已经发病的动物。

◆ 对犬猫慎用伊维菌素、阿维菌素驱虫，有些种类的犬对伊维菌素、阿维菌素敏感，会导致严重后果。如雪利犬或称柯利犬及有雪利犬血统的犬，还有大部分体型较小的犬，易发生过敏反应。

◆ 对流行地区的犬，应定期进行血检，有微丝蚴的犬应给予治疗。

（才冬杰　武利利）

第三十九章
宠物蜘蛛昆虫病急救

第一节 疥螨病

犬猫疥螨病（sarcoptidosis）又叫疥癣，俗称癞病，是由疥螨寄生在犬体表而引起的慢性皮肤病。

【病原及流行病学】

（1）犬疥螨，呈圆形，微黄白色，背面稍隆起，腹面扁平。雌螨（彩图39-1）大小为（0.33～0.45）微米×（0.25～0.35）毫米，雄螨（彩图39-2）大小为（0.2～0.23）微米×（0.14～0.19）毫米。

（2）形态特征

◆虫体可分前后两部，前部称为背胸部，有第1和第2对足。

◆后部称背腹部，有第3和第4对足，两部之间无明显界限。

◆虫体背面有细横纹、锥突、鳞片和刚毛，假头后方有一对粗短的垂直刚毛，背胸上有一块长方形的胸甲，肛门位于背腹部后端的边缘上。

◆虫体腹面有4对粗短的足。

☆前后两对足之间的距离较远，每对足上均有角质化的支条，第1对足上的后支条在虫体中央并成一条长杆。

☆第3、4对足上的后支条，在雄虫体上是互相连接的。前两对足大，超出虫体边缘，每个足的末端有两个爪和一个只有短柄的吸盘；后两对足较小，除有爪外，在雌虫足的末端只有刚毛，雄虫第3对足的末端为刚毛，第4对足的末端为吸盘。

☆虫卵呈椭圆形，平均大小为150微米×100微米。

（3）发育史 疥螨属不完全变态，发育过程包括卵、幼虫、若虫和成虫（彩图39-3）4个阶段。

◆雌雄疥螨在皮肤表面交配后，雌螨钻进宿主表皮挖凿"隧道"，在"隧道"内产卵，卵经 3～8 天孵化为幼虫。

◆ 幼虫移至皮肤表面生活，在毛间的皮肤上开凿小穴，在里面蜕化变为若虫。

◆ 若虫也钻入皮肤挖掘浅的"隧道"，若虫在"隧道"中蜕皮变为成虫。

◆ 疥螨的整个发育过程为 8～22 天，平均 15 天。

【症状】

（1）本病特征是剧痒，湿疹性皮炎，脱毛，患部逐渐向周围扩展且具有高度传染性。

◆ 剧痒的原因是螨体表长有很多刺、毛和鳞片，还能分泌毒素。

◆ 随温度增高，螨的活动也增强，当动物进入温暖场所或运动后皮温增高时，痒觉加剧，剧痒会使病犬不停地啃咬患部，并在各种物体上用力摩擦，因而越发加重患部的炎症和损伤，同时还向周围环境散布大量病原。

◆ 当动物蹭痒时，皮肤破溃，流出组织液，干燥后就结成痂皮。

　☆ 痂皮被擦破或除去后，创面有多量液体渗出及毛细血管出血，又重新结痂。

　☆ 随着角质层角化过度，患部脱毛，皮肤肥厚，失去弹性而形成皱褶。

（2）犬疥螨病先发生于头部，后扩散至全身，小犬尤为严重（彩图 39 - 4）。

（3）患部皮肤发红，有红色或脓性疱疹，上有黄色痂皮；奇痒、脱毛、皮肤变厚而出现皱纹。

（4）由于发痒，病犬终日啃咬，烦躁不安，消瘦，影响其正常采食和休息，并使其消化、吸收机能降低。

【诊断】

◆ 显微镜检一

　☆ 用小刀蘸水或者煤油，用力刮健康皮肤与患病皮肤交界处的皮屑，刮到轻微出血为止，但这样易留下疤痕。

　☆ 取皮屑，置于玻片上，滴加 50％甘油水溶液使皮屑透明。

　☆ 加盖玻片后 10 倍物镜显微镜检查，看到虫体或虫卵即可确诊。

◆ 显微镜检二

　☆ 将待检的病料置于试管中，加入 10％氢氧化钾溶液，浸泡过夜（如亟待检查可在酒精灯上煮沸数分钟），使皮屑溶解，尔后待其自然沉淀（或以 2 000 转/分钟的速度离心沉淀 5 分钟）。

　☆ 弃去上清液，吸取沉渣检查。

　☆ 或向沉渣中加入饱和硫酸镁溶液，直立，待虫体上浮，再取表面液体镜检。

【临床急救】用温肥皂水刷洗患部，除去污垢和痂皮，再施用药物治疗。

◆ 可使用各种外用灭蚤剂等杀虫剂，但要防止宠物吃下药物导致中毒。

☆ 涂擦或喷杀虫剂时避开天然孔（口、鼻、耳、肛门），因为天然孔分布着黏膜，药物会被黏膜上的血管迅速吸收，导致严重后果。

☆ 本病很难根除，外用药需反复使用，因杀虫剂只能杀死虫体，对虫卵无效，所以要每隔 7 天用 1 次杀虫剂，以杀死刚孵出的下一代幼虫。

◆ 对犬猫慎用伊维菌素、阿维菌素、多拉菌素杀虫。因为有些种类的犬猫对伊维菌素、阿维菌素、多拉菌素敏感，会导致严重后果。

☆ 如雪利犬或称柯利犬及有雪利犬血统的犬，还有大部分体型较小的犬，易产生过敏反应。

☆ 伊维菌素类目前尚无特效解毒药，而且伊维菌素类在动物体内代谢很缓慢。

☆ 过敏后可试用强力解毒敏（复方甘草酸铵注射液）解毒。

☆ 伊维菌素等的杀虫效果，4～7 天才比较明显。

【预防】本病直接接触传播，所以应防止健康犬与病犬接触。

第二节 犬蠕形螨病

犬蠕形螨病（canine demodicidosis）是蠕形螨科（Demodicidae）蠕形螨属（*Demodex*）的犬蠕形螨（*D. canis*）寄生于犬的毛囊和淋巴腺内引起的。蠕形螨也称脂螨或毛囊螨。犬蠕形螨偶尔也能引起猫发病。

【病原及流行病学】

◆ 形态特征。

☆ 蠕形螨（彩图 39 - 5）是一种小型的寄生螨。虫体细长，呈蠕虫状，体长为 0.25～0.3 毫米，宽约 0.04 毫米，外形上可以分为前、中、后 3 个部分。

☆ 口器位于前部，呈膜状突出，其中含 1 对三节组成的须肢，1 对刺状的螯肢和 1 个口下板。

☆ 中部有 4 对很短的足，各个足由 5 节组成。

☆ 后部细长，表面密布横纹。雄虫的生殖孔开口于背面。雌虫的生殖孔则在腹面第 4 对足之间。

◆ 发育史。

　　☆ 犬蠕形螨全部发育过程都在犬体上进行。

　　☆ 发育史包括卵、幼虫、稚虫、成虫 4 个阶段，稚虫有 3 期。

　　☆ 犬蠕形螨除寄生于毛囊内外，还能生活在犬的组织和淋巴结内，部分可在那里繁殖（转变为内寄生虫）。犬蠕形螨多半在发病皮肤毛囊的上部寄生，尔后转入毛囊底部，很少寄生于皮脂腺内。

　◆ 本病多因健康犬与病犬（或被病犬污染的物体）接触而引起。

　　☆ 正常的幼犬身上常存在蠕形螨，但不发病。当虫体遇有发炎的皮肤或机体处于应激状态，并有丰富的营养物质时，才大量繁殖并引起发病。

　　☆ 本病多发于 5～6 月龄的幼犬。

　　☆ 犬蠕形螨寄生于面部与耳部（彩图 39 - 6）最为常见，严重时可蔓延至全身。

【症状】

　◆ 临床症状各异，起初常为局灶性皮损，随后扩大。

　◆ 常出现斑片状、局灶性、多灶性或弥漫性脱毛，伴有各种红斑、银灰色皮屑、丘疹和/或瘙痒。

　◆ 感染皮肤可能出现苔藓化、色素过度沉着、脓疱、糜烂、粗糙和/或浅表性溃疡或深部脓皮病。皮损可出现在包括爪部的全身任何部位。

　◆ 爪部皮炎以下列症状同时出现为特征：指（趾）间瘙痒、疼痛、红斑、秃毛、色素过度沉着、苔藓化、鳞屑、增生、结痂、脓疱、大疱以及窦道（彩图 39 - 7）。

　◆ 常出现体表淋巴结肿大。

　◆ 如发生细菌继发感染，也可能出现全身症状（发热、沉郁、厌食）。

【诊断】

　◆ 显微镜检查（深部皮肤刮取物）　大量蠕形螨成虫（彩图 39 - 8）、若虫、幼虫和/或卵。

　◆ 皮肤组织病理学　毛囊内蠕形螨，伴随不同程度的毛囊周围炎、毛囊炎和/或疖病。

【临床急救】

（1）局灶性蠕形螨病

　◆ 皮损局部用 2.5%～3% 的过氧化苯甲酰浴液、洗剂、乳剂或凝胶涂擦，每 24 小时 1 次。

　◆ 因许多病例可自愈，所以也可不采用杀螨治疗。

◆ 选用含鱼藤酮的产品或苯甲酸苄酯洗剂用于皮损处，每 24 小时 1 次，有杀螨作用。

◆ 选用 0.03%～0.05%阿米曲士溶液（0.7 毫升 Mitaban，1 毫升 Taktic 或 2.5 毫升 Extodex，溶于 200 毫升水中，现配现用），每天用于皮损处，通常有效。

◆ 坚持局部治疗，直至皮损好转和痊愈。

（2）全身性蠕形螨病

◆ 确定和去除任何潜在的病因。

◆ 对任何继发性脓皮病进行治疗，适当延长全身抗生素的使用时间（最短 3～4 周），直到脓皮病的临床症状消失后 1 周停药。

◆ 传统的杀螨方法：如果是中长毛型犬，可全身剪毛。

☆ 每周用含 2.5%～3.0%过氧化苯甲酰浴液洗浴。

☆ 随后全身应用 0.025%～0.05%的阿米曲士溶液。

☆ 治愈率 50%～86%。

◆ 对于蠕形螨引起的爪部皮炎，除每周使用阿米曲士药浴外，每 1～3 天用 0.125%阿米曲士清洗爪部。

◆ 伊维菌素。

☆ 使用 0.6 毫克/千克，PO，每 24 小时 1 次，最初剂量为第 1 天 0.1 毫克/千克，PO，第 2 天，第 3 天 0.2 毫克/千克，以后每天剂量增加 0.1 毫克/千克，直到 0.6 毫克/（千克·天），确认无中毒症状出现。

☆ 如果犬无法耐受 0.6 毫克/（千克·天）的剂量，则可考虑 0.4 毫克/（千克·天）。

☆ 0.6 毫克/（千克·天）的治愈率是 85%～90%，0.4 毫克/（千克·天）的治愈率为 45%～50%。

◆ 肟化米尔倍霉素。

☆ 使用 2 毫克/千克，PO，每 24 小时 1 次。

☆ 治愈率 85%～90%。

◆ 对传统的阿米曲士、伊维菌素和米尔倍霉素治疗效果不明显或出现不良反应的犬，每天半身应用浓缩的阿米曲士溶液可能有效。治疗计划包括：

☆ 如果是中长毛犬，则应修剪全身被毛，每周用 2.5%～3%过氧化苯甲酰浴液洗澡，使用 0.125%阿米曲士喷洒，每天喷洒半身。

☆ 治愈率为 5%～80%。

无论选择哪种杀螨方法，治疗都需要持续很长时间（数周或数月）。应坚持治疗至少1个月，直到由螨虫造成的皮损症状完全消除为止。

【预防】

◆ 加强犬猫日常管理，保持宠物住所清洁。

◆ 注意不要与患病动物及污染物接触。

第三节　耳痒螨病

犬猫的耳痒螨病（otodectosis）都是由犬耳痒螨（*Otodectes cynotis*）引起的。此螨世界分布，犬猫感染较为普遍，而且还可感染雪貂和红狐。此病临床多见。

【病原及流行病学】

◆ 犬耳痒螨（*Otodectes cynotis* var. *canis*）大小约为300微米，肉眼无法发现。虫体呈长椭圆形，体表有稀疏的刚毛和细皱纹。

☆ 雄螨全部足，雌螨第1对、第2对足末端有吸盘。

☆ 雌螨第4对足不发达，不能伸出体缘。

☆ 雄螨体后端的尾突很不发达，每个尾突上有2长、2短共4根刚毛，尾端前方的腹面有2个不明显的吸盘。另外，还有猫耳痒螨亚种。

◆ 生活史与痒螨、足螨相似，其发育也经过卵（彩图39-9）、幼螨、若螨和成螨4个阶段。

☆ 仅寄生于动物的皮肤表面，采食脱落的上皮细胞。

☆ 整个生活史约需3周。

☆ 通过直接接触进行传播。犬猫之间也可相互传播。

【症状】

◆ 大多数的猫都感染有耳痒螨，但多不表现临床症状。

◆ 耳痒螨病具有高度传染性。犬耳痒螨寄生于犬外耳道，引起大量耳脂分泌和淋巴液外溢，且往往继发化脓（彩图39-10）。

◆ 病犬不停地摇头、抓耳、鸣叫或摩擦耳部，后期可能蔓延到额部及耳壳背面。

◆ 主要症状。

☆ 剧烈瘙痒，犬猫常以前爪挠耳，造成耳部淋巴外渗或出血，常见耳血肿和淋巴液积聚于耳部皮肤下。

☆ 耳部发炎或出现过敏反应。

　　☆ 外耳道内有厚的棕黑色痂皮样渗出物堵塞。

　　【诊断】用小刀蘸水或者煤油，用力刮健康皮肤与患病皮肤交界处的皮屑，刮到轻微出血为止，但这样易留下疤痕。滴加甘油使皮屑透明，10 倍物镜显微镜检查，看到虫体或虫卵即可确诊。

　　【临床急救】

　　◆ 在麻醉状态下清除耳道内渗出物。

　　◆ 耳内滴注杀螨药，最好为专门的杀螨耳剂，同时配以抗生素滴耳液辅助治疗。

　　◆ 全身用杀螨剂，对杀死耳部的螨是必要的。

　　◆ 伊维菌素治疗，对犬猫慎用伊维菌素、阿维菌素杀虫。

　　注意：有些种类的犬对伊维菌素、阿维菌素敏感，会导致严重后果。如雪利犬或称柯利犬及有雪利犬血统的犬，还有大部分体型较小的犬，易产生过敏反应。伊维菌素、阿维菌素的杀虫效果，需经 4～7 天才比较明显。

　　【预防】本病直接接触传播，应防止健康犬与病犬接触。

第四节　犬虱病

犬虱病包括吸血虱病和毛虱病。

【病原及流行病学】

（1）寄生于犬的吸血虱属颚虱属（*Linogualtus*）的犬颚虱（*L. setosus*）。

　　◆ 形态特征

　　　☆ 雄虱长 1.5 毫米，雌虱长 2 毫米，体呈淡黄色，头部较胸部窄，呈圆锥形，触角短，通常由 5 节组成，眼退化，口器为刺吸式。

　　　☆ 胸部有 3 对粗短的足，其末端有一强大的爪，腹部有 11 节，第 1、2 节多消失。雄虱末端圆形，雌虱末端分叉。

　　◆ 生活史　吸血虱终身不离开宿主，生活史包括卵、稚虱和成虱 3 个阶段。

　　　☆ 雌虱产卵于宿主毛上，卵经 9～20 天孵化为稚虱。

　　　☆ 稚虱经 3 次蜕化后发育为成虱。

　　　☆ 从卵发育为成虱需 30～40 天。

（2）寄生于犬的毛虱属（*Trichodectes*）的犬毛虱（*T. canis*）。

　　◆ 形态特征

　　　☆ 雄虱长约 1.74 毫米，雌虱长 1.92 毫米，淡黄色具褐色斑纹，头端钝圆，头部的宽度大于胸部，咀嚼式口器，触角 1 对。

☆ 两性不相同，有 3 对粗短的足，足末端有一爪，腹部明显可见由 8 或 9 节组成，每一腹节的背面后缘均有成列的鬃毛，雄虱尾端圆钝，雌虱尾端常是分叉状。

☆ 犬毛虱也可在小猫身上发现。

◆ 生活史　毛虱一生均在宿主身上度过。

☆ 雌虱产卵于宿主毛上，卵经 7～10 天孵化为稚虱。

☆ 稚虱经 3 次蜕化后变为成虱。

☆ 成熟的雌虱可存活 30 天左右，离开宿主的毛虱，在外界只能存活 2～3 天。

（3）虱终生都在动物体表生存，卵也产在动物体表。

（4）本病直接接触传播。

【症状】

◆ 犬颚虱在吸血时，能分泌有毒素的唾液，刺激宿主的神经末梢，产生痒感，引起犬不安。

◆ 严重感染吸血虱，过于密集时，可引起化脓性皮炎，有脱皮和蜕皮现象。

◆ 由于虱的骚扰影响犬的采食和休息，所以一般患犬消瘦，幼犬发育不良，也降低了对其他疾病的抵抗力。

◆ 犬毛虱以毛和表皮鳞屑为食，使宠物发生瘙痒和不安，因啃咬而损伤皮肤，可能引起继发性的湿疹、丘疹、水疱、脓疱等细菌性的感染。

◆ 危害严重时，引起脱毛，食欲不振，睡眠不足，产生营养性的衰弱。

【诊断】根据临床症状，若宠物体表发现虱，则可显微镜下观察是毛虱还是吸血虱。从而进行诊断。

【临床急救】可给犬佩戴除虱颈圈，可采用福来恩等外用药。对虱害严重的犬，要止痒、消炎等。

◆ 伊维菌素　每千克体重 0.2 毫克，皮下注射。

◆ 西维因（sevin）　0.5%，涂擦患部。

◆ 林丹（lindane）　0.1%，涂擦患部。

【预防】防止健康犬与病犬直接接触，以免传染虱病。

第五节　蚤　　病

犬猫的常见蚤有犬栉首蚤（*Ctenocephalides canis*）和猫栉首蚤（*C. felis*）。

这两种蚤常引起犬猫的皮炎，也是犬绦虫的传播者。猫栉首蚤主要寄生于犬猫，有时也可见于其他多种温血动物；犬栉首蚤仅限于犬及野生犬科动物。两者均呈世界分布。有时可寄生于人体。

【病原及流行病学】

◆ 形态特征。

☆ 猫栉首蚤和犬栉首蚤的大小变化范围很大，体长 1~3 毫米，雌蚤长，有时可超过 2.5 毫米，而雄蚤则不足 1.0 毫米，两性之间可相差 1 倍。

☆ 虫体左右扁平，无翅，足粗长，善跳，呈深褐色或黄褐色，其卵为白色，小，呈球形。

◆ 生活史。

☆ 成蚤（彩图 39 - 11）在宿主被毛上产卵，卵很快从被毛上掉下，在适宜的条件下经 2~4 天孵化。

☆ 有 3 种幼虫，1 龄幼虫和 2 龄幼虫以植物性物质和动物性物质（包括成蚤的排泄物）为食；3 龄幼虫不吃食，做茧。茧为卵圆形，肉眼不太容易发现，一般都附着在犬猫垫料上，经几天后化蛹。3 个幼虫期大约需 2 周。

☆ 在适宜的温度和湿度下，从卵发育到成虫需 18~21 天，但在自然条件下所需时间可能要长，其长短取决于温度、湿度和适宜宿主的存在。

☆ 犬猫通过直接接触或进入有成蚤的地方而感染。

【症状】

◆ 感染跳蚤后的临床症状主要是瘙痒。病犬表现不安，频频搔抓、啃咬和摩擦被毛，引起脱毛、断毛和皮肤损伤等。

◆ 有时可引起过敏反应而形成湿疹，严重者会因皮肤损伤而导致化脓性感染。

◆ 蚤过敏性皮炎导致犬后躯脱毛。多见于犬的背部、尾下等处，因自残而出现脱毛、渗出性皮炎以及色素沉着等。

【诊断】

（1）蚤是暂时寄生虫，只有吸血时才到犬体表，吸血后离开，隐蔽在地毯下或土里。用白色湿毛巾拍打犬后躯，如果有蚤粪，则会沾到湿毛巾上，蚤粪内含血液成分，在白毛巾上留下红色痕迹。

（2）用一张浸湿的白纸放于犬体下，将犬后躯的被毛，收集皮屑于纸上，蚤粪可以迅速在纸上产生血迹。

（3）仔细检查犬颈部及尾根部等处被毛，逆毛方向梳起被毛，注意观察毛根部及皮肤，若发现跳蚤，或见有黑、硬、发亮的蚤粪，即可确诊。此时，皮肤上可能有擦伤、小结节、红斑、出血点或坏死灶等。

（4）犬体喷杀虫剂后，收集的皮屑可见到死亡的蚤。

【临床急救】

◆ 可选用防蚤颈圈。

◆ 杀蚤药品有外用的杀虫剂滴剂和喷剂，如：

☆ 有机磷酸盐类

☆ 氨基甲酸类

☆ 除虫菊酯类

☆ 伊维菌素类

许多杀虫剂可杀死犬猫的跳蚤，但杀虫剂都有一定的毒性，猫对杀虫剂比犬敏感，使用时应更加小心。

◆ 防治继发细菌感染可用氨苄青霉素每千克体重 10～20 毫克，每天 2 次，肌内注射。

◆ 止痒可用地塞米松（0.5～1.0 毫克/次）或苯海拉明（5～50 毫克/次），肌内注射。

【预防】

◆ 搞好犬体和圈舍卫生，定期喷洒杀虫剂。

◆ 环境中的跳蚤卵很难杀死，必须连续用药数次，一般每周 1 次，连续用药 1 个多月以上才行。

◆ 选用含有防治幼虫生长成分的杀跳蚤的喷雾剂。

（李宏梅　才冬杰）

第四十章
宠物免疫性疾病急救

第一节　过敏反应性疾病

一、肠道过敏反应（食物过敏）

食物过敏（food allergy）是某些特异性食物抗原刺激机体引起的免疫反应，是一类较常见的变态反应性疾病，该病较难确诊。一般表现急性或慢性皮肤和胃肠道疾病，或二者之一。

【病原及流行病学】

◆ 犬猫的大多数食物都可以引起犬猫食物过敏。这些食物包括：饼干、生牛皮、牛奶、牛肉、马肉、鸡肉、猪肉、蛋、鱼、大豆、小麦、玉米和马铃薯等。

◆ 发病无季节性，各种年龄和品种的犬猫都可发病，1 岁以内的犬较多发。

◆ 此病皮肤型的约占犬猫皮肤病的 1％。

【症状】食物过敏主要表现为过敏性皮肤病和消化紊乱等症状。

◆ 过敏性皮肤病主要症状。

☆ 通常食后 4～24 小时出现全身瘙痒，或全身皮肤出现红斑疹和鳞片，患病宠物频繁地抓耳挠腮，被毛脱落，表皮脱落或溃疡，荨麻疹和血管性水肿，脓疱和耳炎样症状。

☆ 猫主要症状为粟疹、湿疹和小结痂，或类似嗜酸性肉芽肿综合征的溃疡和皮脂溢，溃疡是猫常见的皮肤症状。

◆ 食物过敏引起的消化紊乱主要表现为食后 1～2 小时呕吐、腹泻、脱水、腹部触痛，以及便中带血和黏液等。

◆ 消化紊乱可能是长期的，应用抗生素久治不愈。皮肤过敏和消化紊乱有时同时发病，但多为单一出现。

◆ 发病皮肤组织切片可见表层血管周围肥大细胞浸润，并混有不同数量的中性粒细胞和散在浆细胞，有时还有血管周围水肿。

【诊断】

（1）目前对犬食物过敏的诊断方法很多，但没有快速特异的诊断方法。作者在临床上，主要根据患犬病史、食物组成、临床症状、流行病学以及治疗情况（尤其是采取各种治疗措施后，临床症状没有好转），进行综合判断，作出初步诊断。

（2）在初步诊断的基础上实施治疗，进行治疗性诊断。

（3）诊断时应注意与吸入抗原性皮炎相区别，以及食物不应性的区别。食物不应性不涉及免疫系统，如成年犬猫由于缺少二糖酶，多喝牛奶腹泻，采食霉败食物引起肠炎等。

【临床急救】

◆ 治疗继发性脓皮病、外耳炎等。治疗食物过敏时必须控制继发感染。

◆ 避免饲喂有变应原的食物。

  ☆ 饲喂均衡的自制日粮、商品性低敏日粮或食物过敏处方食品，只让病犬饮用蒸馏水。

  ☆ 不能让犬接触到所有可能的食物来源，包括玩具、牛皮骨、剩饭、各种添加剂等。

  ☆ 目前已知牛肉、奶制品、小麦、鸡肉和猪肉易引起犬过敏。

  ☆ 为了确定并避免变应原，可每2～4周在低敏日粮中加入一种新的食物成分。假如该成分是变应原，则7～10天会出现临床症状。

  ☆ 使用商品低敏日粮对这些犬无效，可能是因为犬对食品添加剂过敏。

◆ 也可以尝试使用药物治疗，如犬遗传性过敏症中所述，包括：

  ☆ 全身糖皮质激素类药物

  ☆ 抗组胺药

  ☆ 脂肪酸

  ☆ 局部治疗，但通常疗效甚微。

◆ 对于一些反复出现浅表性脓皮病症状的犬，只长期低剂量使用抗生素就可以控制病情。

  ☆ 头孢氨苄，20毫克/千克，口服，每8小时1次；或30毫克/千克，口服，每12小时1次（最少4周）。

☆ 在症状完全消失后至少再用药 1 周。维持剂量为 20 毫克/千克，口服，每 24 小时 1 次。

◆ 对难以治愈的犬，要排除以下情况。

☆ 主人不遵从医嘱

☆ 对低敏日粮的成分过敏

☆ 继发感染（细菌、马拉色菌、皮肤真菌）

☆ 疥螨

☆ 蠕形螨

☆ 过敏

☆ 蚤叮过敏性皮炎

☆ 接触性过敏等

动物对某种食物的过敏可能是终生的，因此，对本病治疗可能要贯穿患犬的终生。

【预防】饲喂低过敏处方粮。

二、特应性皮炎

特应性皮炎（allergy to inhaled antigens）又名变应性皮炎、异位性皮炎、遗传过敏性皮炎、吸入过敏性皮炎或吸入抗原性过敏，是一种发生于多种动物的瘙痒性、慢性皮肤病，约 10％的犬易患本病，麦町犬发病率较高。目前，认为本病的发生与遗传、免疫功能紊乱、药理生理学异常有关。

【病原及流行病学】

◆ 犬特应性皮炎最常见的有害变应原有以下几种。

☆ 尘螨

☆ 花粉

☆ 霉菌

☆ 羽毛

☆ 人和动物的皮屑等

◆ 这些有害抗原通过吸进、食入或穿透皮肤进入宠物体内，其中多数通过呼吸道吸进体内。

◆ 任何年龄的犬都可发病，而 1～3 岁犬多发。

◆ 犬发生此病虽然具有季节性，但慢性吸入抗原性过敏全年都可发病，其病程或多年或一生发病。

◆ 猫的特应性皮炎以食物性过敏原更为常见。

【症状】

◆ 剧烈瘙痒和皮肤出现疹和鳞片是本病的主要症状。

　　☆ 病变常出现在指（趾）部、面部、腹部、腋下等处。

　　☆ 皮肤的损害因为宠物的舔嚼、抓搔引起继发感染而加重。

◆ 偶见荨麻疹和皮肤湿润，有的患犬反而出现皮肤干燥；慢性患犬，眼周围、腋下和腹股沟区皮肤上形成苔藓样红斑，有的色素沉着过多。

◆ 病犬偶见有结膜炎、鼻炎和打喷嚏，吸入抗原性过敏常与脓皮病、甲状腺机能减退和继发性皮脂腺溢并发。

◆ 猫的特应性皮炎表现为粟疹或局部炎症反应。

【诊断】根据病史和症状可作出初步诊断，皮内试验、血清测试可以确诊。

【临床急救】

◆ 加强饲养管理，避开过敏原。如果与食物有关，则应饲喂低过敏处方粮。

◆ 脱敏疗法。每隔 1 个月肌内注射 1 次适量的诱发变应原，直到改善为止。

◆ 肾上腺皮质激素疗法。

　　☆ 泼尼松每千克体重 1 毫克，口服，每天 1 次。

　　☆ 连续服用 5～7 天，然后，每天每千克体重 0.5 毫克，连续服用 7 天，以后隔天服用，每千克体重 0.5 毫克。

【预防】饲喂低过敏处方粮。

三、过敏性休克

过敏性休克见第二十八章第三节。

第二节　自身免疫疾病

一、系统性红斑狼疮

系统性红斑狼疮（systemic lupus erythematosus，SLE）是由于血清中存在以抗核抗体为主的多种自身抗体所引起的一种多系统非化脓性炎症性自身免疫疾病。主要涉及犬猫口腔、皮肤、关节、肾脏、心肌、肌肉、血液、淋巴结、肝和脾等多系统炎症性疾病。常见于 4～6 岁的母犬，猫也可发生。

【病原及流行病学】SLE 的多种自身抗体形成的病因不明，可能与以下因素有关。

　　☆ 遗传素质

　　☆ 免疫调节功能紊乱

　　☆ 微生物感染

　　☆ 药物诱导等因素

【症状】

（1）犬　症状无特异性，且严重程度有波动。

1）常见皮肤症状　表现各异，而且经常出现与其他皮肤疾病相似的症状。

◆ 黏膜皮肤或黏膜出现糜烂和溃疡。

◆ 皮肤病变包括糜烂、溃疡、鳞屑、红斑、脱毛、结痂和瘢痕。

　　☆ 多病灶性或弥散性发病。

　　☆ 病变可发生于身体的任何部位，但最常见于面部、耳部和四肢末端。

　　☆ 常出现外周淋巴结肿大。

2）其他症状

　　☆ 波浪形发热

　　☆ 多关节炎

　　☆ 多发性肌炎

　　☆ 肾功能衰竭

　　☆ 血恶液质

　　☆ 胸膜炎

　　☆ 肺炎

　　☆ 心包炎或心肌炎

　　☆ 中枢或周围神经病变

　　☆ 淋巴水肿

3）SLE 血液学变化　包括：

　　☆ 贫血

　　☆ 血小板减少（血小板减少性紫癜）

　　☆ 白细胞总数减少

　　☆ 血清白蛋白减少

　　☆ 球蛋白增多

　　☆ 胆红素增多

　　☆ 库姆斯氏试验阳性

尿液检验：由于肾小球肾炎，尿蛋白阳性。

（2）猫

◆ 皮肤有多种病变　包括：

　　☆ 红斑

　　☆ 脱毛

　　☆ 鳞屑

　　☆ 结痂

　　☆ 瘢痕性皮肤病

　　☆ 表皮脱落性红皮症

　　☆ 鳞屑过多（皮脂溢）

身体各个部位均可出现病变，但常见于面部、耳郭和爪部。

◆ 可发生口腔溃疡

◆ 其他症状

　　☆ 发热

　　☆ 多关节炎

　　☆ 肾功能衰竭

　　☆ 神经系统或行为异常

　　☆ 血液异常

【诊断】

（1）很难确诊。以下几种情况同时出现时，则提示极有可能患有本病。

◆ 血象

　　☆ 贫血（coombs 阳性或阴性）

　　☆ 血小板减少

　　☆ 白细胞减少或增多

◆ 尿检验　蛋白尿。

◆ 关节穿刺（多关节炎）　无菌性化脓性炎症（类风湿因子阳性或阴性）。

◆ 抗核抗体试验阳性　然而其他许多慢性疾病也可能出现阳性。

◆ 红斑性狼疮（LE）细胞试验　阳性。

（2）皮肤组织病理学特征性病变包括以下几种。

◆ 基底膜区局部增厚。

◆ 真皮下有空泡形成。

◆ 水肿或苔藓样皮炎。

◆ 或白细胞破裂性脉管炎。

然而并不是总可以看到这些病变，且其中一些可能并无特异性。

（3）免疫荧光或免疫组织化学（皮肤活组织样品）。

◆ 免疫球蛋白或补体在基底层斑片状沉积。

◆ 其本身并无诊断意义，因为可能出现假阳性结果，而且假阴性结果很常见。

【临床急救】

（1）使用相应的浴液对除痂有益。

（2）为治疗或预防继发性脓皮病，应长期给予全身性抗生素（至少 4 周）。持续使用抗生素，直到同时采用的免疫抑制疗法控制住全身性红斑狼疮为止。

（3）口服免疫抑制剂量的泼尼松或甲泼尼龙。

◆ 连续每天给予诱导剂量，直到病变消失（4～8 周）。

◆ 然后在一段时期内（8～10 周）逐渐降低剂量，直到隔天给药可维持疗效的最低剂量。

◆ 如果开始治疗后 2～4 周内病情无明显改善，在排除同时患有皮肤感染后，应考虑换药和/或增加免疫抑制药物。

（4）对顽固性病例，可更换糖皮质激素类药物，包括去炎松和地塞米松。

（5）尽管单独全身用糖皮质激素类药物可维持病变不再发生，但所需剂量会产生不能接受的副作用。因此，对于需要长期维持治疗的病例，推荐非类固醇类免疫抑制药物与糖皮质激素联合使用。

（6）可以使用的非类固醇免疫抑制药物包括：

☆ 硫唑嘌呤（只用于犬）

☆ 苯丁酸氮芥

☆ 金硫葡萄糖

☆ 环磷酰胺

☆ 环孢菌素

用药后 8～12 周内病情会改善。对需要长期维持治疗的病例来说，当病变消失后，应逐渐降低非类固醇免疫抑制药物的剂量和使用频率。

（7）如果出现溶血性贫血、血小板减少症或者肾小球肾炎，则愈后谨慎。

◆ 出现以上症状的病例在治疗的第 1 年内死亡率达 40％以上，死亡原因包括：

☆ 肾衰竭

☆ 疗效不显著

☆ 药物并发症

☆ 或者继发全身性感染（肺炎、败血病）

◆ 对单独使用糖皮质激素治疗有效果的病例来说，预后要好一些，其中的50％可以长期存活。

◆ 应定期检查临床症状、血象和血液生化指标，以便根据需要及时调整治疗方案。

【预防】养犬时选择没有此病史血统的犬。

二、自身免疫溶血性贫血

自身免疫溶血性贫血（autoimmune hemolytic anemia，AIHA）是一组与形成患病犬猫自身红细胞抗体有关的再生性贫血病，其共同特征是溶血。

◆ 临床上分为原发性和继发性 2 种，或分为急性和慢性 2 种。

☆ 急性的见于中年中型犬，Cocker spaniels 犬易发。

☆ 慢性的多见于猫。

【病原及流行病学】

◆ 自身免疫溶血性贫血是一类由自身抗体破坏成熟红细胞导致的贫血性疾病，是造血系统中的红细胞被具有特异性抗体破坏造成的。这些抗体分别是自身成分抗原的真正抗体，外来抗原的交叉反应抗体及药物或微生物诱变的细胞膜抗原抗体。

◆ 原发性自身免疫溶血性贫血由真正抗体引起，也称为真正自身免疫溶血性贫血，继发性自身免疫溶血性贫血是由其他抗体引起的。有关原发性病因尚不明确。

◆ 继发性自身免疫溶血性贫血常继发于：

☆ 某些疾病

☆ 药物

☆ 感染

☆ 寄生虫

☆ 或新生瘤

【症状】自身免疫溶血性贫血属再生性贫血。

◆ 突然出现贫血，可视黏膜苍白。

◆ 2～3 天后逐渐出现黄疸，精神沉郁，虚弱不愿走动，呼吸急促，心搏过速，肝、脾明显肿大。

◆ 多数病犬发病初期体温升高；四肢出现浅在性皮炎，尾和耳的尖端坏死。

◆ 血液学检查。

☆ 红细胞压积急剧下降，伴有高胆红素血症和黄疸，有时出现血红蛋白尿，表现为茶色或颜色更深的尿液。

☆ 由于骨髓增生，红细胞计数升高。

☆ 中性粒细胞增加，核左移。

☆ 出现小型且中央浓染的球形红细胞。

☆ 血小板减少至 10^3 万个/毫升以下。

☆ 数天后出现明显的幼稚红细胞再生象。

☆ 血清胆红素增多达 20～40 毫克/升。

【诊断】

◆ 一般根据临床症状、病史可做出初步诊断。血液学检查结果有助于确诊本病。

◆ 危重指标有以下几种。

☆ 重度贫血。

☆ 高度黄疸。

☆ 心衰。

☆ 休克。

☆ 溶血危象。

☆ 可见贫血及白细胞总数增多超过 25×10^9/升，主要是中性粒细胞增多，核左移，类似败血病。

【临床急救】去除病因，迅速控制溶血，防治溶血并发症，改善贫血，阻止单核巨噬细胞系统对红细胞的吞噬。

◆ 首先大剂量使用强的松龙每千克体重 2～4 毫克，分 2 次口服。

☆ 症状缓解后应逐渐减量，10～20 天后用维持量每千克体重 0.5～1 毫克口服。

☆ 类固醇无效或长期使用出现副作用时，用环磷酰胺每千克体重 2 毫克，口服，每天 1 次，连用 4 天。

◆ 药物治疗无效者，应摘除脾脏。

◆ 重度贫血者，可输入洗涤红细胞，同时使用大剂量皮质类固醇。

◆ 对于溶血并发症如心衰、尿毒症、黄疸等可参照对应疾病处理。

◆ 用肝素每千克体重 0.075 毫克，皮下注射，每天 2 次，以防止血栓形成或发生弥散性血管内凝血。

◆ 治疗过程中，使宠物保持绝对安静。

【预防】养犬时选择没有此病史血统的犬。

三、重症肌无力

重症肌无力（myathenia gravis，MG）是神经肌肉连接部的疾病。其特征是出现不同程度的肌肉软弱和容易疲劳。

【病原及流行病学】一般认为是由于缺乏乙酰胆碱受体，乙酰胆碱被破坏，使乙酰胆碱和受体分子间相互作用下降，神经肌肉传导受到损害而出现的症候。

【症状】

◆ 患病宠物精神高度沉郁，食欲废绝，体温升高，全身肌肉无力，运动时全身肌肉无力症状加剧。

◆ 个别临床病例，其症状只局限食管、喉头和面部肌肉无力。

【诊断】抗胆碱酯酶药物阻滞乙酰胆碱在突触水解，延长它的作用和增强乙酰胆碱受体的相互作用的能力，升高微小终板电位，增加神经肌肉传导的安全系数。这些药物能缓解或减轻重症肌无力患病宠物的临床症状和电生理异常，确诊需要进行滕喜龙试验。

◆ 腾喜龙是最常用的抗胆碱酯酶药，它作用短暂，对95％重症肌无力病例有效。阳性反应则可确诊，个别病例反应阴性，但不能排除重症肌无力的诊断。

◆ 建议傍晚或运动后在肌无力最重时才作此检查。

◆ 眼肌对此药物最不敏感，故对局限于眼肌的重症肌无力病例难以做出诊断。

◆ 临床上若无滕喜龙，可用新斯的明代替。

【临床急救】

◆ 甲基硫酸新斯的明0.3毫升（1毫升含0.5毫克）皮下注射，每天2次。

◆ 溴比斯的明（pyridostigmine bromide）（极少用于猫）按每千克体重0.6毫克，每天3次。

◆ 头孢曲松钠，口服维生素 B_1、维生素 B_{12}、复合维生素 B 和泼尼松进行辅助治疗。

◆ 地塞米松磷酸钠注射液1毫升（2毫克），100克/升安钠咖注射液0.5毫升，混合静脉滴注。

在治疗过程中密切关注患犬的状况，以防因过量用药引起的胆碱能危象。

【预防】养犬时选择没有此病史血统的犬。

（李宏梅　武利利）

附 录 一
犬猫正常生理生化值

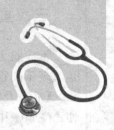

犬猫正常生理生化值

项　　目	犬	猫
红细胞数（×10^{12}个/升）	5.4～7.8	5.8～10.7
血红蛋白含量（体积分数）	0.37～0.54	0.30～0.47
红细胞压积（飞升）	64～74	41～51
平均红细胞血红蛋白浓度（克/升）	340～360	310～350
平均红细胞血红蛋白含量（皮克）	22～27	13～18
红细胞分布宽度（%）	12～15	14～19
血小板数（×10^9个/升）	160～430	300～800
血小板平均体积（飞升）	6.7～11.1	7.0～12
纤维蛋白原含量（克/升）	1～4	1～3
黄疸指数	＜5	＜5
血浆蛋白含量（克/升）	60～78	62～80
白细胞数（×10^9个/升）	6.0～17.0	5.5～19.5
杆状中性粒细胞数（×10^9个/升）	0～0.3	0～0.3
叶状中性粒细胞数（×10^9个/升）	2.6～10.5	2.3～8.7
中性粒细胞数（×10^9个/升）	3.0～11.5	2.5～12.5
淋巴细胞数（×10^9个/升）	1.0～4.8	1.5～7.0
单核细胞数（×10^9个/升）	0.15～1.35	0～0.85
酸性粒细胞数（×10^9个/升）	0.1～1.25	1～1.5
碱性粒细胞数（×10^9个/升）	＜0.1	＜0.1
血氨浓度（微摩尔/升）	0～40	0～40
碱性磷酸酶含量（国际单位/升）	10～73	15～92

（续）

项　目	犬	猫
谷丙转氨酶含量（国际单位/升）	15～58	30～100
谷草转氨酶含量（国际单位/升）	16～43	12～56
淀粉酶含量（国际单位/升）	510～1 864	365～948
阴离子间隙值（毫摩尔/升）	11～26	13～24
胆红素总量（微摩尔/升）	1.7～5.1	1.7～3.4
血钙浓度（毫摩尔/升）	2.25～2.7	1.85～2.6
二氧化碳浓度（毫摩尔/升）	20～27	15～25
氯化物浓度（毫摩尔/升）	110～118	116～125
胆固醇浓度（毫摩尔/升）	2.8～6.9	1.0～4.8
胆碱酯酶含量（国际单位/升）	1 347～2 269	1 000～2 000
皮质醇浓度（毫摩尔/升）	28～188	5～72
肌酸激酶含量（国际单位/升）	40～254	59～527
肌酸酐浓度（微摩尔/升）	44～124	62～159
γ-谷氨酰转移酶含量（国际单位/升）	1～5	0～2
血糖浓度（毫摩尔/升）	4.3～6.7	3.2～6.7
血铁浓度（微摩尔/升）	15～42	12～42
脂肪酶含量（国际单位/升）	13～200	0～83
血镁浓度（毫摩尔/升）	0.6～1.0	0.7～1.7
重量摩尔渗透压值（毫摩尔/千克）	291～315	292～356
血无机磷浓度（毫摩尔/升）	0.8～2	0.8～2.6
血钾浓度（毫摩尔/升）	4.2～5.6	4.0～5.3
血蛋白含量（克/升）	54～71	57～79
白蛋白含量（克/升）	25～36	23～34
球蛋白含量（克/升）	24～40	26～45
血钠浓度（毫摩尔/升）	145～153	151～158
山梨醇脱氢酶含量（国际单位/升）	3～8	4～8
三碘甲腺原氨酸浓度（纳摩尔/升）	0.9～1.3	0.7～1.2
甲状腺素浓度（微摩尔/升）	1.6～2.4	1.2～3.0
游离甲状腺素浓度（皮摩尔/升）	1.2～2.4	1.8～2.7
甘油三酯浓度（毫摩尔/升）	0.2～1.3	0.1～1.3
尿素氮浓度（毫摩尔/升）	2.5～8.9	6.4～11.8

（刘永夏）

附 录 二
犬猫常用药物剂量

一、止咳、祛痰、平喘药

药物名称	用　法	剂　量	适应证/作用
枸橼酸喷托维林	内服，每天3次	一次量，犬25毫克，猫5～10毫克	止咳
可待因（甲基吗啡）	内服，每天3次	一次量，犬10～30毫克，猫5～10毫克	止咳、胸膜炎
复方甘草合剂	内服，每天3次	一次量，犬5～10毫升，猫2～4毫升	止咳、祛痰
复方甘草片	内服，每天3次	一次量，犬猫1～2片	止咳、祛痰
杏仁水	内服，每天3次	一次量，犬猫0.2～2毫升	止咳、平喘
甘草流浸膏	内服	一次量，犬猫1～5毫升	止咳
氯化铵（氯化铔）	内服，每天3次	一次量，犬0.5～1克，猫0.2～0.5克	祛痰、支气管炎
碳酸铵	内服，每天2（3）次	一次量，犬0.5～1克，猫0.2～0.5克	祛痰、支气管炎
碘化钾（灰钾）	内服，每天2（3）次	一次量，犬0.2～1克，猫0.1～0.2克	祛痰、支气管炎

（续）

药物名称	用　法	剂　量	适应证/作用
乙酰半胱氨酸（痰易净、易咳净）	喷雾，10%～20%溶液喷至咽喉部、上呼吸道。每天2（3）次	犬每次吸入量2～5毫升，每次吸入5分钟	祛痰
溴苄环己铵（溴己新、必消痰）	内服，每天2（3）次	犬每千克体重1.6～2.5毫克；猫每千克体重1毫克	祛痰
愈创木酚甘油醚	内服	一次量，犬猫0.1～0.2克	祛痰
急支糖浆	内服，每天3次	一次量，犬5～10毫升，猫2～3毫升	祛痰
远志流浸膏	内服	一次量，犬3～5毫升，猫1～2毫升	祛痰
桔梗酊	内服	一次量，犬3～5毫升，猫1～2毫升	祛痰
桔梗流浸膏	内服	一次量，犬3～5毫升，猫1～2毫升	祛痰
盐酸麻黄素片	内服，每天2～3次	一次量，犬5～15毫克，猫2～5毫克	支气管扩张药
盐酸麻黄碱注射液	皮下注射	一次量，犬10～30毫克	支气管扩张药
异丙肾上腺素片	内服	一次量，犬猫10～15毫克	哮喘
异丙肾上腺素注射液	静脉注射，混入100毫升5%葡萄糖注射液中缓慢滴注（每分钟不超过100滴）	一次量，猫0.1～0.2毫克	哮喘
氨茶碱注射液	静脉注射或肌内注射	一次量，犬猫0.05～0.1克	支气管扩张药

二、抗休克血管活性药

药物名称	用　　法	剂　　量	适应证/作用
盐酸多巴胺	静脉注射	2～40 毫克/次	休克、心收缩力弱
多巴酚丁胺（杜丁胺）	静脉注射	犬 5～7 微克/（千克·分钟）	心源性休克及术后低血压
氟尼辛葡胺	静脉注射，1 次	犬 1 毫克/千克，猫 0.5 毫克/千克	休克
氢化可的松琥珀酸钠	静脉注射或肌内注射	犬或猫 10～50 毫克/千克	休克
		猫 1～4 毫克/千克	猫哮喘
氢化泼尼松琥珀酸钠	静脉注射	犬或猫 11～30 毫克/千克	休克、心肺复苏、过敏反应
	静脉注射或肌内注射	猫 10～20 毫克/千克	过敏性支气管炎、哮喘
异丙肾上腺素	静脉注射，加入 250 毫升 5％葡萄糖溶液	一次量，0.01～0.02 微克/（千克·分钟）；或 0.2～0.5 毫克	心源性或感染性休克
重酒石酸间羟胺（阿拉明）	静脉注射，加入 5％葡萄糖溶液	犬 2～10 毫克/次	休克及休克引起的低血压
重酒石酸去甲肾上腺	肌内注射或静脉注射	0.4～2 毫克/次	休克
盐酸苯氧苄胺（盐酸酚苄明）	内服，每天 2 次	一次量，犬 0.2～1.5 毫克/千克	休克和嗜铬细胞瘤

三、抗变态反应药

药物名称	用　　法	剂　　量	适应证/作用
盐酸苯海拉明（苯那君、可他敏）	内服，每天 2 次	一次量，犬 20～60 毫克	过敏症、荨麻疹、血管神经性水肿
盐酸异丙嗪	肌内注射	一次量，犬 0.025～0.1 克	抗组胺剂、荨麻疹

（续）

药物名称	用　法	剂　量	适应证/作用
马来酸氯苯那敏	内服，每 12 小时 1 次，每天 2 次	一次量，犬 2～4 毫克，猫 2～3 毫克	鼻炎、皮肤黏膜过敏
茶苯海拉明（乘晕宁）	内服，每 8 小时 1 次，每天 3 次	犬猫每千克体重 1～1.5 毫克	眩晕
色甘酸钠气雾剂	起雾吸入，每天 3 次		哮喘
色甘酸钠滴眼液	2%。每天 4 次	1～2 滴/次	哮喘

四、中枢兴奋药

药物名称	用　法	剂　量	适应证/作用
氨茶碱	内服、肌内注射或静脉注射	口服：犬猫 10～15 毫克；注射：犬 0.05～0.1 克	哮喘
樟脑磺酸钠	静脉注射、肌内注射或皮下注射	一次量，犬 0.05～0.1 克	呼吸抑制、呼吸困难
咖啡因粉	内服	一次量，犬 0.2～0.5 克，猫 0.1～0.2 克	中枢性呼吸及循环衰竭
尼可刹米（可拉明）	静脉注射、肌内注射或皮下注射	一次量，犬 125～500 毫克	呼吸困难
戊四氮（可拉佐、卡地阿唑）	静脉注射、肌内注射或皮下注射	一次量，0.02～0.1 克	麻醉药引起的呼吸抑制
回苏灵（盐酸二甲弗林）	肌内注射或缓慢静脉注射	一次量，犬 4～8 毫克	中枢性呼吸衰竭
莫达非尼	内服	犬 1～5 毫克/（千克·天）	嗜睡病
硝酸士的宁	皮下注射	犬 0.5～0.8 毫克/次，猫 0.1～0.3 毫克/次	瘫痪、巴比妥类中毒
苏醒灵 3 号	皮下注射或肌内注射	犬 0.05～0.1 毫升/千克，猫 0.05 毫升/千克	麻醉后苏醒
盐酸山梗菜碱（盐酸洛贝林）	皮下注射	一次量，犬 1～10 毫克	呼吸抑制和新生仔窒息

五、镇痛药

药物名称	用　法	用　量	适应证/作用
吗啡	肌内注射或皮下注射	犬每千克体重 0.5～1 毫克，每 2 小时 1 次；猫每千克体重 0.1 毫克，每 3～6 小时 1 次	止痛、镇静
盐酸哌替啶注射液	皮下注射、肌内注射	犬每千克体重 5～10 毫克，每 2～3 小时 1 次；猫每千克体重 3～5 毫克，每 2～4 小时 1 次	止痛、镇静
枸橼酸芬太尼注射液	静脉注射、肌内注射或皮下注射	犬猫每千克体重 0.005～0.01 毫克，每 2 小时 1 次	慢性疼痛
盐酸美沙酮注射液	肌内注射、皮下注射	一次量，犬每千克体重 0.5～2.2 毫克；猫每千克体重 0.1～0.5 毫克，每 3～4 小时 1 次	重度疼痛
喷他佐辛（镇痛新）	静脉注射、肌内注射或皮下注射	猫每千克体重 2.2～3.3 毫克，每 4 小时 1 次	慢性剧痛
二氢埃托啡	肌内注射	一次量，犬每千克体重 0.1～0.15 毫升，猫每千克体重 0.2～0.3 毫升	急性重度疼痛
延胡索乙素	皮下注射	犬 0.05～0.1 克	疼痛

六、激素类药

药物名称	用　法	用　量	适应证/作用
醋酸可的松	肌内注射	一次量，犬 20～50 毫克，每 12 小时 1 次，每天 2 次	炎症
氢化可的松（可的索）	静脉注射	一次量，犬 5～10 毫克，猫 1～5 毫克，每天 1 次	炎症
醋酸泼尼松（强的松）	内服	犬猫每千克体重 0.5～2 毫克，每天 1 次	炎症、过敏

（续）

药物名称	用 法	用 量	适应证/作用
泼尼松龙（氢化泼尼松、强的松龙）	内服，每天1次	犬2～5毫克/次（7～14千克体重），5～15毫克/次（14千克以上的体重）	炎症、过敏
地塞米松（氟美松）	静脉注射，每天1次	一次量，犬0.125～1毫克，猫0.25～0.5毫克	炎症、过敏
倍他米松	内服	一次量，犬猫0.25～1毫克	炎症
醋酸氟氢松（肤轻松）	外用涂擦患处，每天3（4）次		皮炎、湿疹
促肾上腺皮质素（促皮质素）	肌内注射	一次量，犬5～10国际单位，每天2（3）次	肾上腺皮质功能衰弱
胰岛素	静脉注射	犬每千克体重2国际单位，每2～6小时静脉注射一次，直至显效	降血糖
胰岛素	静脉注射	犬每千克体重0.5～1国际单位，每国际单位加入1～2克葡萄糖	降血钾
甲状腺素（干甲状腺）	内服	每千克体重20～40微克，每天1次	呆小症
降钙素（密钙息）	肌内注射，每8～12小时1次	犬每千克体重4～6国际单位	血钙高

七、抗癫痫药和抗惊厥药

药物名称	用 法	剂 量	适应证/作用
硫酸镁注射液	肌内注射或静脉注射	一次量，犬猫1～2克	破伤风、的士宁中毒、膈肌痉挛、胆道痉挛
苯妥英钠	内服，每6～8小时1次	一次量，犬每千克体重25～35毫克	癫痫大发作
扑米酮	内服，每8小时1次	一次量，犬猫的起始剂量为每千克体重8～10毫克，每8～12小时1次；然后可增至每千克体重10～15毫克	癫痫
癫安舒	内服，每天1次	一次量，犬每千克体重2～8毫克	癫痫
三甲双酮	内服	犬猫每次0.3～1克	癫痫小发作、惊厥

八、抗消化性溃疡药和解痉挛药

药物名称	用　法	剂　量	适应证
碳酸钙	内服，每天2（3）次	一次量，犬0.5～2克	胃酸过多、溃疡
氧化镁（煅制镁）	内服，每天2（3）次	一次量，犬0.2～1克	胃酸过多、溃疡、胃鼓气
雷尼替丁	内服、静脉注射或皮下注射每天2（3）次	犬0.5～2毫克/千克；猫0.5毫克/千克	慢性胃炎、胃肠道溃疡
镁乳（含氢氧化镁8%水混悬液）	内服	犬5～30毫升/次；猫5～15毫升/次	胃酸过多、溃疡
氢氧化铝	内服	犬0.5～2克	胃酸过多、溃疡
甲氰米胍	内服，每6小时1次	犬每千克体重5～10毫克	胃酸过多、胃溃疡
普鲁本辛	内服，每8小时1次	小犬5～7.5毫克/次；中犬15毫克/次；大犬30毫克/次；猫5～7.5毫克/次	胃痉挛、胃酸
硫糖铝（胃溃宁）	内服，每天2（3）次	犬每25千克体重0.5～1克；猫250～500毫克/千克	食道炎、胃肠道溃疡
格隆溴铵（胃肠宁）	肌内或皮下注射	犬每次每千克体重0.01毫克	胃溃疡、胃炎

九、抗高血压药

药物名称	用　法	剂　量	适应证/作用
二氮嗪（降压嗪）	附专用溶剂20毫升，内服，每天2（3）次	犬每千克体重5～13毫克	高血压
氨氯地平（阿洛地平、络活喜）	内服，每天1次	犬每千克体重0.05～0.25毫克；猫每千克体重0.625～1.25毫克	高血压、心绞痛、冠心病
贝那普利	内服，每天1次	犬每千克体重0.25～0.5毫克；猫每千克体重0.5～1毫克	高血压

（续）

药物名称	用 法	剂 量	适应证/作用
卡托普利（开博通）	内服，每天2（3）次	犬每千克体重0.5～2毫克	高血压
赖诺普利	内服，每天1次	犬每千克体重0.5毫克	高血压病和肾性高血压
依那普利（悦宁定）	内服，犬每天1（2）次，猫每天1次至隔天1次	犬每千克体重0.25～1毫克；猫每千克体重0.25～0.5毫克	高血压
肼屈嗪（阿普利素灵）	内服，每天2次	犬每千克体重0.5～2毫克；猫2.5毫克	肾型高血压及舒张压较高
亚硝基铁氰化物	静脉注射	犬1～10微克/（千克·分钟）	高血压
盐酸苯氧苄胺（盐酸酚苄明）	内服，每天2次	犬0.2～1.5毫克/千克	高血压
哌唑嗪	内服，每天1～3次	犬10～15千克体重1毫克	轻、中度高血压

十、促凝血、抗凝血药、溶血栓及血容量扩充药

药物名称	用 法	剂 量	适应证/作用
维生素K₁注射液	皮下注射、肌内注射、静脉注射	犬猫每千克体重0.5～2毫克	促凝血
速血凝M（止血凝、复方凝血质）	皮下注射或肌内注射	犬5～10毫升	促凝血
新凝灵（双乙酰胺乙酸乙二胺）	肌内注射	犬2～10毫升/次	止血、促凝血
明胶海绵（吸收性明胶海绵）	可按出血创面的面积，将本品切成所需大小，贴于出血处，再用干纱布压迫		止血
酚磺乙胺（止血敏）	肌内注射或静脉注射	犬2～4毫升/次；猫1～2毫升/次	止血、促凝血

（续）

药物名称	用　法	剂　量	适应证/作用
肾上腺素缩胺脲（肾上腺素、安特诺新、安络血）	肌内注射，每天 2（3）次	犬 2～4 毫升/次	促凝血
肝素钠（肝素）	肌内注射或静脉注射	犬每千克体重 150～250 单位，猫每千克体重 250～375 单位	抗凝血
枸橼酸钠（柠檬酸钠）	静脉输血时加入	每 100 毫升血液加入 10 毫升本品	体外抗凝、溶栓
藻酸双酯钠	内服	犬 30～50 毫克/次	降低血液黏度、抗凝血
双香豆素（败坏翘摇素）	内服，每天 2（3）次	犬猫首日每千克体重 4 毫克，以后每天每千克体重 2.5 毫克	抗凝血
草酸钠（乙二酸钠）	静脉输血	每 100 毫升血液中加入 2% 草酸钠溶液 10 毫升即可	体外抗凝血
华法林（苄丙酮香豆素）	内服，每天 1 次	犬猫每千克体重 0.1～0.2 毫克	溶血栓
葡萄糖（右旋糖）	静脉注射	犬 5～25 克/次；猫 2～10 克/次	血容量扩充
缩合葡萄糖	静脉滴注	犬 500～2 000 毫升/次；猫 40～50 毫升/次	血容量扩充
右旋糖酐（葡聚糖）	静脉注射	犬猫每千克体重 20 毫升	溶血栓
羟乙基淀粉代血浆（706 代血浆）	静脉注射或滴注	犬猫每千克体重 20 毫升	血容量补充
氧化聚明胶代血浆	静脉注射	犬猫每千克体重 20 毫升	血容量补充

十一、降低和升高血糖药物

药物名称	用　法	剂　量	适应证/作用
正规胰岛素	静脉注射用于急救；皮下注射，早餐或晚餐前 0.5 小时注射，每天 3（4）次	犬每千克体重 2 国际单位，每 2～6 小时静脉注射 1 次，直至显效	高血糖

（续）

药物名称	用　　法	剂　　量	适应证/作用
低精蛋白锌胰岛素	皮下注射，早餐或晚餐前1小时注射，每天1（2）次	犬猫2～4国际单位/次	高血糖
精蛋白锌胰岛素	皮下注射，早餐或晚餐前1小时注射，每天1次	犬猫4国际单位/次	高血糖
甲苯磺丁脲	内服，每天2（3）次	犬猫每次0.5克	高血糖
氯磺丙脲	内服，每天1次	犬猫每次0.2～0.3克	高血糖
格列喹酮	一般应在餐前半小时服用，每天1（2）次	犬猫日剂量为15～180毫克	高血糖
甲福明（二甲双胍）	内服，每天3次，餐前0.5小时服用	犬猫每次0.25～0.5克	高血糖
苯乙福明（苯乙双胍）	内服	犬猫常用量50～200毫克/天，分3次服用	高血糖
胰高血糖素	肌内注射、皮下注射或静脉注射	犬猫每次0.5～1.0毫克	低血糖
葡萄糖	内服或静脉注射	静脉推注50%葡萄糖20～50毫升，继而10%葡萄糖持续静滴	低血糖

十二、抗心力衰竭药

药物名称	用　　法	剂　　量	适应证/作用
洋地黄（洋地黄叶、毛地黄）	内服，维持量：内服全效量1/10	犬每千克体重0.03～0.04克	慢性心功能不全
地高辛（狄戈辛）	内服：犬每天2次	小型犬每千克体重10微克，大型犬每千克体重5微克；猫每天每千克体重4微克，或隔天每千克体重7～15微克	高血压，慢性心功能不全
毒毛花苷K	静脉注射	犬0.25～0.5毫克/次，猫每千克体重0.08毫克	急性充血性心力衰竭
毒毛花苷G	静脉注射	用量为毒毛花苷K的1/2～2/3	急性充血性心力衰竭

（续）

药物名称	用　法	剂　量	适应证/作用
黄夹苷（强心灵）	静脉注射，在 24 小时内，不宜超过 3 次	犬 0.08～0.18 毫克/次	急、慢性心功能不全
多巴酚丁胺（杜丁胺）	静脉注射	犬 2～25 微克/（千克·分钟），猫 1～2 微克/（千克·分钟）	正性肌力药
肾上腺素	皮下、静脉注射、肌内注射、心室	犬 0.1～0.5 毫升/次，猫 0.1～0.2 毫升/次	心脏骤停
去甲肾上腺素	静脉注射，给药期间需监护	犬 0.15 毫克/千克	血管加压药
去乙酰毛花丙苷（毛花强心丙、西地兰 D）	静脉注射，混于10～20 倍 5% 葡萄糖注射液中缓慢注射	犬猫 0.3～0.6 毫克/次	急、慢性心力衰竭
氨力农（氨吡酮、氨双吡酮、氨利酮）	内服	犬每千克体重 2～10 毫克	急、慢性心力衰竭

十三、抗心绞痛药

药物名称	用　法	剂　量	适应证/作用
硝酸甘油	静脉滴注，加入 10% 葡萄糖溶液 250～500 毫升	犬猫一次量 5～10 毫克	心绞痛
硝酸异山梨酯	内服，每 4～6 小时 1 次	犬猫一次量 6～10 毫克	冠心病、心绞痛
单硝酸异山梨酯	内服，每天 2 次	犬猫每次剂量 10 毫克	冠心病、心绞痛
普萘洛尔	内服	犬猫开始每次 5 毫克，每天 3（4）次，每 3～7 天逐渐加量，用到每天 50～100 毫克	心律失常、心绞痛、高血压
吲哚洛尔	内服，每天 3 次	犬猫每次 2～3 毫克，逐渐增加到每天 20～30 毫克	窦性心动过速、心绞痛
美托洛尔	内服	犬猫自 20 毫克开始，每天 2（3）次，每 3～7 小时可逐渐加剂量至 30 毫克，维持一般每天 50 毫克	心绞痛

（续）

药物名称	用 法	剂 量	适应证/作用
阿替洛尔	内服，每天 1（2）次	犬猫起始量为 10～30 毫克，逐渐增加剂量至每天 100～200 毫克	高血压、心绞痛及青光眼
维拉帕米	静脉注射	犬猫每次 2～5 毫克，于 10 分钟内缓慢注入	高血压、心绞痛、心律失常
硝苯地平	内服，每天 3 次	犬猫每次 10～20 毫克	心绞痛、高血压

十四、解毒药

药物名称	用 法	剂 量	适应证/作用
依地酸钙钠（解铅乐）	皮下注射	犬猫每千克体重 25 毫克	铅中毒
羟乙基乙烯二胺三醋酸	内服，每天 3 次	每次 0.3 克，日用量不宜超过 1 克	铁中毒
二巯基丙醇	肌内注射，第 1～2 天，每 4 小时 1 次，第 3 天，每 4 小时 1 次，第 4 天，每 8 小时 1 次，以后 10 天内，每天 2 次直至痊愈	一次量，犬猫每千克体重 2.5～5 毫克	砷中毒
二巯基丙磺酸钠	静脉注射，一般用生理盐水稀释成 5%～10% 溶液，缓慢注入	一次量，犬猫每千克体重 20 毫克	砷、铬、铋、铜、锑等中毒
青霉胺（二甲基半胱氨酸）	内服，每天 4 次，5～7 天为一个疗程，间隔 2 天	一次量，犬猫每千克体重 5～10 毫克	重金属
曲铁敏（去铁胺）	肌内注射	开始量每千克体重 10 毫克，维持量每千克体重 5 毫克，总日量不超过 60 毫克	铁中毒
碘解磷定（派姆）	静脉注射	犬猫每千克体重 15～30 毫克	有机磷中毒

（续）

药物名称	用　　法	剂　　量	适应证/作用
双复磷	肌内注射、静脉注射，根据病情减量或延长间隔时间	一次量，犬猫每千克体重 15～30 毫克	有机磷中毒
氯解磷定（氯磷定、绿化派姆）	肌内注射、静脉注射	一次量，犬猫每千克体重 15～30 毫克	有机磷中毒
硫酸阿托品	静脉注射	犬猫每千克体重 0.05 毫克	有机磷中毒
亚硝酸钠	静脉注射	一次量，犬猫 0.1～0.2 克	氰化物中毒
硫代硫酸钠	肌内注射、静脉注射	一次量，犬 1～2 克	氰化物中毒
乙酰胺（解氟灵）	肌内注射、静脉注射	一次量，犬猫每千克体重 25～50 毫克	有机氟中毒
维生素 K_1	肌内注射或深部皮下注射，每天 1（2）次	每次 1 毫克，24 小时内总量不超过 10 毫克，连用 4～6 天	老鼠药中毒
抗蛇毒血清	通常采用静脉注射，也可做肌内注射或皮下注射，一次完成	蝮蛇咬伤注射抗蝮蛇毒血清 6 000 单位；五步蛇咬伤注射抗五步蛇的血清 8 000 单位；银环蛇或眼镜蛇咬伤注射抗银环蛇毒血清 10 000 单位或抗眼镜蛇毒血清 2 000 单位	蛇毒
亚甲蓝（美蓝）	静脉注射	一次量，犬猫每千克体重 1～2 毫克，注射后 1～2 小时未见好转者，可重复注射以上剂量或半量	硝酸盐中毒

十五、抗心律失常药

药物名称	用　　法	剂　　量	适应证/作用
硫酸奎尼丁	内服，每天 3（4）次	犬每千克体重 6～16 毫克；猫每千克体重 4～8 毫克	阵发性心动过速、心房颤抖、早搏
普罗卡因胺	内服，每天 4 次，每 4～6 小时 1 次	犬每千克体重 8～20 毫克	心律失常

（续）

药物名称	用　法	剂　量	适应证/作用
盐酸利多卡因（昔罗长因）	静脉注射	犬每千克体重 1～2 毫克	心律失常
苯妥英钠（大仑丁）	静脉注射	犬每千克体重 5～10 毫克，注射速度为 25～50 毫克/分钟	心律失常、癫痫
盐酸乙吗噻嗪（莫雷西嗪）	内服	犬猫 100～300 毫克/天，分 2～3 次服用	阵发性心动过速
盐酸普罗帕酮（心律平、苯丙酮、丙胺苯丙酮）	内服，每天 2～3 次	犬猫 50～100 毫克/次	心律失常
盐酸醋丁洛尔（醋丁心安）	内服	犬猫 200～400 毫克/天，分 2 次内服	心律失常
异丙吡胺	内服，每天 4 次	犬每千克体重 6～15 毫克	心律失常

十六、利尿药、脱水药

药物名称	用　法	剂　量	适应证/作用
呋塞米（呋喃苯胺酸、利尿磺胺、速尿）	内服，每天 1（2）次	犬猫 2.5～5 毫克/千克	水肿性疾病
汞撒利（撒利汞）	肌内注射	犬 50～100 毫克	心脏性和肝性水肿
依他尼酸	内服，每天 2 次	犬每千克体重 5 毫克，猫每千克体重 1～3 毫克	水肿性疾病
布美他尼	内服	犬猫每千克体重 0.1 毫克	顽固性水肿及急性肺水肿
氢氯噻嗪（双氢克尿噻）	内服，每天 2 次	犬猫每千克体重 3～4 毫克	心源性水肿、肝源性水肿和肾性水肿
氯噻酮（氯肽酮）	内服，隔天 1 次	犬每千克体重 2～3 毫克	水肿性疾病
环戊氯噻嗪（环戊噻嗪、环戊甲噻嗪）	内服，每天 2 次	犬 0.25～0.5 毫克/次	各类水肿及高血压
苄氟噻嗪	内服，每天 2 次	犬 5～10 毫克/次，猫 2.5～5 毫克/次	水肿性疾病

（续）

药物名称	用　法	剂　量	适应证/作用
利尿素（水杨酸钠柯柯碱）	内服	犬 0.1～0.2 克/次；猫 0.05～0.1 克/次	水肿性疾病
甘露醇	静脉注射	犬每千克体重 0.5～0.1 克；猫每千克体重 0.25～0.5 克	少尿、脑水肿
山梨醇	静脉注射	同甘露醇	心肾功能正常的水肿少尿、脑水肿

十七、抗生素类药

药物名称	用　法	剂　量	适应证/作用
青霉素（盘尼西林）	静脉注射，每天 3 次	犬 2 万～3 万单位/千克	脑（脊）膜炎、细菌性心内膜炎
	静脉注射，每天 4 次；或 10 万单位伤口内注射	犬 2 万单位/千克	放线菌病、破伤风
普鲁卡因青霉素	肌内注射或皮下注射，每天 1 次，连用 2～3 次	犬 2 万～3 万单位/千克	钩端螺旋体病、放线菌病
苄星青霉素（长效西林）	肌内注射，每 2（3）天 1 次	犬 2 万～3 万单位/千克	呼吸道感染、子宫内膜炎、乳腺炎
甲氧苯青霉素（新青霉素Ⅰ、甲氧西林）	肌内注射，每天 4 次	犬 4～5 毫克/千克	常规葡萄球菌感染
苯唑青霉素（新青霉素Ⅱ、苯唑西林）	内服、静脉注射或肌内注射，每天 3（4）次，连用 2～3 天	犬或猫 15～20 毫克/千克	葡萄球菌感染
乙氧萘青霉素（新青霉素Ⅲ、萘夫西林）	肌内注射，每天 4（6）次，连用 2～3 天	犬或猫 7～11 毫克/千克	耐药性葡萄球菌引起的呼吸道、泌尿道感染
率唑西林（邻氯青霉素）	内服或肌内注射，每天 2 次，连用 2～3 天	犬或猫 20～40 毫克/千克	葡萄球菌引起的败血症、化脓性关节炎、脊髓炎

（续）

药物名称	用　　法	剂　　量	适应证/作用
氨苄西林	内服、静脉、皮下、肌内注射，每天2（3）次	犬或猫20～30毫克/千克	多重感染、钩端螺旋体
阿莫西林（氨苄青霉素）	内服，每天2（3）次，连用5天	犬或猫10～20毫克/千克	呼吸道、泌尿道、消化道等感染
	皮下注射、静脉注射、肌内注射，每天2（3）次，连用5天	犬或猫5～10毫克/千克	
羧苄青霉素（卡比西林、羧苄西林）	肌内注射或静脉注射，每天1（2）次	犬或猫10～20毫克/千克	烧伤、创伤感染、败血症、腹膜炎、呼吸道感染
海他西林（缩酮氯苄青霉素）	内服，每天2（3）次	犬或猫20～30毫克/千克	多重感染，钩端螺旋体
	静脉注射或肌内注射，每天2（3）次，连用3～5天	犬或猫10～20毫克/千克	
头孢氢氨苄	内服，每天1（2）次，连用3～5天	犬或猫10～20毫克/千克	呼吸道、泌尿道、消化道、皮肤、软组织等严重感染
头孢菌素V（先锋V、头孢唑啉钠）	静脉注射或肌内注射，每天3（4）次	犬或猫15～30毫克/千克	呼吸道、泌尿道、消化道等严重感染，心内膜炎
	静脉注射，手术前1小时	犬或猫20～25毫克/千克	牙科手术
	静脉注射、肌内注射、皮下注射，每天3（4）次	犬或猫20毫克/千克	急腹症，骨髓炎，败血症
头孢西丁钠	皮下注射、肌内注射、静脉注射，每天3（4）次	犬15～30毫克/千克；猫22毫克/千克	呼吸道、泌尿道、消化道、皮肤、软组织等严重感染
头孢噻肟钠（头孢氨噻肟）	皮下注射、肌内注射、静脉注射，每天3（4）次	犬20～40毫克/千克	呼吸道、泌尿道、消化道等感染，脑脊髓炎

（续）

药物名称	用　　法	剂　　量	适应证/作用
头孢噻呋	皮下注射，每天1次，连用5～14天	犬20毫克/千克	尿道严重感染或反复感染
头孢氨苄（先锋Ⅳ）	内服，每天3次，连用3～5天	犬22毫克/千克	葡萄球菌、口腔炎、包柔螺旋体
头孢噻吩	肌内注射或静脉注射，每天3（4）次	犬或猫20～35毫克/千克	呼吸道、泌尿道、乳房炎、手术后严重感染
头孢噻啶（头孢菌素Ⅱ）	肌内注射或皮下注射，每天2次，肾功能不佳慎用，连用不超过7天	犬或猫10～15毫克/千克	敏感菌引起的呼吸道、泌尿道严重感染
头孢拉定（先锋Ⅵ）	内服，每天2次	犬50～100毫克/千克	呼吸道、泌尿道、皮肤、软组织等感染
	肌内注射或静脉注射，每天2次	犬25～50毫克/千克	
	肌内注射或静脉注射，每天2次	犬或猫100～150毫克/千克	脑膜炎、伤寒
头孢曲松	肌内注射、皮下注射、静脉注射，每天2次	犬或猫20～30毫克/千克	呼吸道、泌尿道、消化道、皮肤、软组织等严重感染
头孢哌酮	肌内注射或静脉注射，每天2次	犬或猫25～50毫克/千克	呼吸系统感染、腹膜炎、胆囊炎、肾盂肾炎、尿路感染、脑膜炎、败血症
阿米卡星（丁胺卡那霉素）	肌内注射或皮下注射，犬每天1（3）次，猫每天3次	犬5～15毫克/千克，猫10毫克/千克	严重的感染、心内膜炎、骨髓炎、败血症、肠胃炎
庆大霉素	皮下注射、肌内注射、静脉注射，每天2次，连用3～5天	犬或猫3～5毫克/千克	严重的细菌感染、骨髓炎
	内服	10～15毫克/千克	肠道感染
巴龙霉素（巴母霉素）	内服，每天2次，连用5天	犬125～165毫克/千克	肠道细菌、隐孢子虫病、毛滴虫病

（续）

药物名称	用　　法	剂　　量	适应证/作用
链霉素	肌内注射，每天 1（4）次	犬 10～25 毫克/千克	钩端螺旋体病、心内膜炎、肺结核
	肌内注射，每天 1 次，连用 14 天	犬 20 毫克/千克	布鲁氏菌病
妥布霉素	皮下注射、肌内注射、静脉注射，每天 3 次，与羧苄青霉素合用	犬 1 毫克/千克	抗绿脓杆菌、产气假单胞菌感染
硫酸卡那霉素	内服，每天 2 次，肾功能差者慎用	犬或猫 10～15 毫克/千克	革兰氏阴性菌引起的肠炎、呼吸道、泌尿道感染、乳腺炎
	肌内注射，每天 2 次，肾功能差者慎用	犬或猫 5～7 毫克/千克	
硫酸新霉素	内服，每天 2 次，软膏、眼药水可外用	犬或猫 5～10 毫克/千克	大肠杆菌引起的肠炎、葡萄球菌感染
硫酸威他霉素（维生霉素）	肌内注射，每天 2 次	犬或猫 30～50 毫克/千克	猫白细胞减少症，毒性比本类药品小
多西环素（脱氧土霉素、强力霉素）	犬急性病：内服，每天 2 次，连用 10～14 天	犬 5～10 毫克/千克	立克次氏体感染、钩端螺旋体、结核病、包柔螺旋体、尖肝簇虫、糜烂性关节炎
	犬慢性病：内服，每天 2 次	犬 10 毫克/千克	
	内服，每天 2 次	猫 2.5～5 毫克/千克	
米诺环素（二甲胺四环素）	内服，每天 2 次，和庆大合用	犬 12.5 毫克/千克	布鲁氏菌病、脊髓炎
	内服，每天 2 次，连用 10 天	犬 10 毫克/千克	立克次氏体感染
土霉素（地霉素）	内服，每天 3 次，连用 3 周	犬 20～30 毫克/千克	血巴尔通体病、胰腺外分泌机能不全、支原体
	内服，每天 2（3）次，连用 3 周	猫 15～30 毫克/千克	
	静脉注射，每天 2 次，连用 2～3 周	猫 5～10 毫克/千克	

（续）

药物名称	用　法	剂　量	适应证/作用
四环素	内服，每天 3 次	犬 15～20 毫克/千克，猫 10 毫克/千克	急性支气管炎
	内服，每天 2（3）次	犬 10～22 毫克/千克	胃肠道细菌过度生长、口腔炎
	内服，每天 3 次，连用 28 天	犬 10～20 毫克/千克	布鲁氏菌病、慢性钩端螺旋体病、包柔氏螺旋体病
	内服，每天 3 次，连用 14～21 天	犬 20～22 毫克/千克	立克次氏体病
	内服，每天 3 次，连用 21 天　内服，每天 2（3）次，与烟酰胺合用	猫 15 毫克/千克　犬 200～250 毫克/千克	趾骨瘘、肉芽肿、免疫性皮肤病、巩膜外层炎
复方长效盐酸土霉素（特效米先）	静脉注射，间隔 3～5 天重复	犬或猫 5～10 毫克/千克	肺炎、肠炎、化脓性炎症
金霉素（氯四环素）	内服，每天 3 次，软膏可外用	犬或猫 20 毫克/千克	子宫内膜炎、乳腺炎、眼炎、化脓创
湖泊氯霉素	肌内注射或静脉注射，每天 2（3）次，连用 2～3 天	犬或猫 40～50 毫克/千克	广谱抗菌、治疗呼吸道感染、泌尿道感染、乳房炎、子宫内膜炎、眼炎
甲砜霉素	内服，每天 1（2）次，连用 2～3 天	犬或猫 7～15 毫克/千克	敏感菌引起的呼吸道、泌尿道、消化道感染
氟苯尼考（普美健）	内服或肌内注射，每天 2 次，连用 3～5 天	犬或猫 20～22 毫克/千克	呼吸道、泌尿道、消化道感染
红霉素（利菌沙）	内服，每天 3 次，连用 3～5 天。软膏、眼药膏外用，涂于眼眶内或皮肤上	犬或猫 10～20 毫克/千克	敏感菌引起的肺炎、子宫炎、乳腺炎、败血症、细菌性毛囊炎、眼炎

（续）

药物名称	用 法	剂 量	适应证/作用
克拉霉素	内服，每天 2 次，连用 14～21 天	犬 5～10 毫克/千克	犬干簇虫、螺旋杆菌
泰勒霉素	内服，每天 2 次，混入食物	犬 10～40 毫克/千克，猫 5～10 毫克/千克	慢性结肠炎、胃肠道细菌速度过快生长
	内服，每天 3 次	猫 25 毫克	上呼吸道感染
	内服，每天 2 次，连用 28 天	犬或猫 11 毫克/千克	隐孢子虫病
无味红霉素	内服，每天 3 次	犬或猫 5～10 毫克/千克	肺炎、败血症、子宫内膜炎
罗红霉素（严迪）	内服，每天 2（3）次	犬或猫 10～20 毫克/千克	革兰氏阳性菌、厌氧菌、支原体引起的呼吸道、泌尿道等感染
交沙霉素	内服，每天 3（4）次	犬或猫 8～15 毫克/千克	呼吸系统，皮肤感染
北里霉素（白霉素）	内服，每天 1 次	犬或猫 5～25 毫克/千克	敏感菌引起的支原体肺炎、上呼吸道感染、扁桃体炎、尿路感染
竹桃霉素	肌内注射或静脉注射，每天 2 次	犬或猫 5～10 毫克/千克	肺炎、痢疾、支原体病、葡萄球菌病
磺胺地索辛	内服，每天 1 次，连用 5～20 天	第 1 天 50 毫克/千克，然后 25 毫克/千克	球虫病
磺胺地索辛-奥美普林	内服，每天 1 次，连用 14 天	犬 27.5 毫克/千克	细菌性毛囊炎
	内服，每天 1 次，连用 14～28 天	犬 55 毫克/千克	球虫病
甲氧苄氨嘧啶-磺胺嘧啶（复方新诺明）	内服或皮下，每天 2 次	犬或猫 15 毫克/千克	一般感染
	内服或肌内注射，每天 2 次	犬或猫 15～30 毫克/千克	脑膜炎

（续）

药物名称	用　法	剂　量	适应证/作用
甲氧苄氨嘧啶-磺胺嘧啶（复方新诺明）	内服，每天2次	犬或猫15～30毫克/千克	前列腺炎、尿道炎、上呼吸道疾病、细菌性毛囊炎
	内服，每天2次，与乙胺嘧啶合用	犬或猫30毫克/千克	原虫性多发性神经根性神经炎
	内服或皮下，每天2次	犬或猫15～30毫克/千克	弓形虫病、球虫病、放线菌病、犬干簇虫
	内服，每天2次	犬15毫克/千克	卡氏肺囊虫、球虫病
二甲氧苄氧嘧啶（DVD）	磺胺增效剂，与磺胺类联合应用		
磺胺嘧啶	肌内注射、静脉注射、皮下，每天1（2）次，连用3～5天	犬或猫50～100毫克/千克	流脑、弓形虫病、诺卡氏菌病
环丙沙星	内服，每天2次	犬或猫10～15毫克/千克	广谱抗菌、敏感菌引起的呼吸、消化、泌尿感染
	肌内注射，每天2次	犬或猫5～7.5毫克/千克	
恩诺沙星（百病消）	内服，每天2次，连用14天	猫5毫克/千克	颅内感染
	内服，每天2次	犬5～15毫克/千克	前列腺炎、骨髓炎、椎间盘炎
	静脉注射，每天2次	犬10～20毫克/千克	败血症
	内服注射、皮下注射、静脉注射，每天2次	犬2.5～5毫克/千克	支原体或钩端螺旋体感染
	内服，每天2次	猫1～2.5毫克/千克	
	内服或肌内注射，每天2次，连用7～14天	犬5～10毫克/千克	立克次氏体感染

（续）

药物名称	用　法	剂　量	适应证/作用
诺氟沙星（氟哌酸）	内服，每天2次	犬或猫10毫克/千克	前列腺炎、脑膜炎、肾炎、肺炎、肠炎
	肌内注射，每天2次	犬或猫5毫克/千克	
氧氟沙星（氟哌酸）	肌内注射或静脉注射，每天2次，连用3～5天	犬或猫3～5毫克/千克	呼吸道、消化道、泌尿道、皮肤软组织浅表感染
	滴耳液、滴眼液外用		
左氧氟沙星（利福星）	内服，每天2（3）次	犬或猫3～5毫克/千克	呼吸、泌尿、生殖、皮肤、肠道等系统感染
洛美沙星（罗氟酸）	内服或肌内注射，每天2次	犬或猫3～5毫克/千克	皮肤、消化道、呼吸道、泌尿生殖细菌和支原体感染
萘啶酸（永妥万灵）	内服，每天4次	犬或猫3～5毫克/千克	革兰氏阳性菌引起的泌尿道感染
二氟沙星（双氟哌酸）	内服，每天1次，连用3～5天	犬或猫5～10毫克/千克	多重感染
两性霉素B（庐山霉素B）	犬：静脉注射	0.25～0.5毫克/千克，溶于0.5～1升5％葡萄糖溶液，隔天一次，总剂量8～10毫克/千克，或不使尿素氮和肌酸酐水平升高	全身性霉菌病、原藻病、隐球菌病
	犬：糖盐水稀释，皮下注射，每周2（3）次	犬0.5～0.8毫克/千克	
	猫：静脉注射，隔天1次	猫0.25毫克/千克，总剂量5～8毫克/千克	
50％的环己烯亚胺（克菌丹）	外用，每周2次，用药后不能清洗	将2大勺（约30克）溶于3.5升水	抗真菌
克霉唑（抗真菌一号）	内服，每天2次，软膏或溶液外用	犬或猫15～25毫克/次	念球菌病，真菌性鼻炎、呼吸道、消化道、尿路等真菌感染
恩康唑	外用，每天2～3次，连用7～10天	5％溶液	鼻曲霉病

（续）

药物名称	用　法	剂　量	适应证/作用
氟康唑（大扶康）	内服或静脉注射，每天2次	犬 1.25～2.5 毫克/千克	真菌性鼻炎、膀胱炎和口腔炎、全身性真菌病
	内服，每天 1 次，连用4～8 周	犬 2.5～5 毫克/千克	
	内服，每天 2 次	猫 50 毫克/次	
	内服或静脉注射，每天 1 次，连用 4～8 周	猫 2.5～5 毫克/千克	
氟胞嘧啶	内服，每天 4 次	犬 25～50 毫克/千克，猫 100 毫克/次	隐球菌病、真菌尿路感染
灰黄霉素	超细粉，内服，每天 2 次，连用 4～6 周	犬或猫 10～30 毫克/千克	毛发、趾甲、爪等皮肤真菌病
	超细粉剂，内服，每天 1（2）次，连用 4～6 周	犬或猫 2.5～5 毫克/千克	
伊曲康唑	内服，每天 1（2）次，连用 2～12 个月	犬 5 毫克/千克，猫 5～10 毫克/千克	全身性真菌病、皮肤真菌病、原藻病、真菌性口腔炎或耳炎
酮康唑	内服，每天 2 次	犬 5～15 毫克/千克，猫 10～15 毫克/千克	全身、口腔、皮肤真菌病、原藻病、真菌性耳炎
	内服，每天 2 次	犬 5～10 毫克/千克	肾上腺皮质功能亢进
	内服，每天 1 次	犬 5～10 毫克/千克	马拉色耳炎
	内服，每天 3 次，连用 3 周	犬或猫 10 毫克/千克	利什曼病
咪康唑（达克宁）	外用，每天 4 次		皮真菌病、眼霉菌感染
盐酸特比萘芬	口服，软膏外用	犬或猫 5～10 毫克/千克	抗真菌
那他霉素（游霉素）	软膏、溶液，外用，每天 3～8 次		眼霉菌感染、皮肤真菌病

（续）

药物名称	用　　法	剂　　量	适应证/作用
噻苯达唑	内服，每天 2 次，连用 8～20 天	犬 100 毫克/千克	曲霉病、钱癣、皮肤霉菌
	犬或猫内服，每天 2 次，连用 2 天	70 毫克/千克	线虫感染
	之后，内服，每天 2 次，连用 20 天	35 毫克/千克	
托萘酯（发癣退）	局部涂抹，每天 2（3）次	1％乳剂或 2％膏剂	皮肤浅表真菌
曲古霉素（发霉素）	内服，每天 3（4）次，连用 7～10 天	5 万～10 万单位/次	毛发真菌、对米巴原虫有抑制作用
	外用	2 万～8 万单位/毫升	
球红霉素（抗生素 414）	用 5％～10％葡萄糖液稀释至浓度为 0.01％～0.05％，静脉注射	犬或猫 1 毫克/千克	全身性真菌病，口腔、皮肤、呼吸道、消化道、尿道、阴道及角膜等霉菌感染
水杨酸（柳酸）	软膏、溶液	外用涂抹	慢性表层皮肤真菌
癣可宁	软膏、酊剂，每天数次		皮肤癣菌病
益康唑（氯苯咪唑硝酸盐）	软膏、酊剂、栓剂	外用	皮肤、黏膜真菌病，阴道真菌感染
金褐霉素	眼药水，每天 20 次；眼膏，每天 3（4）次		霉菌性眼病、泪管炎
碘化钾	内服，每天 2（3）次	犬 40 毫克/千克	孢子丝菌病
	内服，每天 1～3 次	猫 10～20 毫克/千克	
阿糖腺苷（腺嘌呤阿糖苷）	静脉注射，每天 1 次，连用 5～10 天	犬或猫加入 5％葡萄糖稀释后连续缓慢静脉注射，5～7.5 毫克/千克	疱疹、乳头状瘤
双黄连	内服、肌内注射、静脉注射	溶于 5％葡萄糖，犬或猫 60 毫克/千克	清热解毒、抗流感、呼吸道炎症
板蓝根	内服，每天 1 袋		清热解毒、扁桃腺炎、腮腺炎、防治传染性肝炎
	静脉滴注	犬或猫 10～20 毫克/千克	
抗病毒口服液	每天 2（3）次	犬或猫 10 毫升/次	呼吸道感染、流感、结膜炎、腮腺炎

（续）

药物名称	用　法	剂　量	适应证/作用
泰洛伦（替洛隆）	内服，每天1次，连用7～10天	犬或猫25毫克/千克	抑制病毒性肿瘤
干扰素	皮下注射、肌内注射，隔2天1次	犬或猫10万～20万单位/次	传染病、肿瘤辅助治疗、提高机体抗病力
	内服，每天1次或隔天1次	猫30万单位	猫白血病、猫传染性腹膜炎
	皮下注射，每周3次	犬或猫10万～15万单位/千克	蕈样肉芽肿
聚肌胞（聚肌苷酸）	肌内注射，隔天1次	2毫克/次	干扰素诱导剂光谱抗病毒
黄芪多糖	肌内注射或皮下注射，每天1（2）次，连用2～3天	犬或猫2～10毫升/次	诱导机体产生干扰素，调节机体免疫功能，促进抗体形成
阿莫西林—克拉维酸（速诺）	内服，每天2（3）次	犬或猫12～22毫克/千克	严重的细菌感染
	肌内注射或皮下注射，每天1次，连用35天	犬或猫0.1毫升/千克	
提卡西林钠—克拉维酸钾	静脉注射，每天3（4）次	犬40～50毫克/千克	败血症
克林霉素	内服，每天2次	犬10～12.5毫克/千克	支气管炎
	内服，每天3（4）次	犬或猫10毫克/千克	原虫性多发性肌炎、神经炎
	内服，每天2次	犬或猫10毫克/千克	口腔炎、牙病
	内服或肌内注射，每天2次，连用3～6周	犬或猫10～20毫克/千克	弓形虫病、前列腺炎、犬干簇虫
	内服，每天2次	犬或猫12.5毫克/千克	巴贝斯虫病
	内服、肌内注射、静脉注射，每天2（3）次	犬或猫11毫克/千克	骨髓炎
	内服，每天2次	犬或猫10毫克/千克	细菌性毛囊炎、蜂窝织炎

（续）

药物名称	用　法	剂　量	适应证/作用
林可霉素（洁霉素）	内服，每天 3 次，连用 21 天	犬或猫 15 毫克/千克	乳房炎
	内服，每天 2 次	犬或猫 20 毫克/千克	细菌性毛囊炎
	肌内注射，每天 2 次，连用 3～5 天	犬或猫 10 毫克/千克	
乙胺丁醇（肺敌平）	内服，每天 1 次	犬 15 毫克/千克	结核病
利福霉素	内服，每天 1 次，连用 5～6 天	犬或猫 10～15 毫克/千克	肠道感染
甲硝唑	内服，每天 3 次	犬 10～20 毫克/千克	脑膜炎
	内服，每天 3 次	犬 10～20 毫克/千克	脑膜炎
	内服，每天 2（3）次，然后逐渐减到每天 1 次	犬或猫 15 毫克/千克	口腔炎
	内服，每天 3 次	犬 15 毫克/千克	螺旋杆菌
	内服，每天 2 次	猫 62.5 毫克/千克	
	内服，每天 2（3）次	犬 7.5～15 毫克/千克，猫 10 毫克/千克	胃肠道细菌过度繁殖、急性结肠炎、肛周瘘
	内服，每天 2（3）次	犬 7.5 毫克/千克	胰腺外分泌机能不全
	内服，每天 2 次，连用 14 天	猫 20～100 毫克/千克	
	内服，每天 1（2）次，连用 5～7 天	犬 10～30 毫克/千克	贾第虫属、阿米巴属
	内服，每天 1（2）次，连用 5 天	猫 10～25 毫克/千克	毛滴虫属、小袋虫属、巴贝斯虫
	内服，每天 2 次	犬或猫 15 毫克/千克	骨髓炎、蜂窝织炎
杆菌肽	氯化钠注射液溶解，脓腔冲洗或干粉撒于局部	500～1 000 单位/毫升	痢疾、外伤化脓处理
新生霉素	内服，每天 2 次	犬或猫 10～25 毫克/千克	肺炎、败血症、易引起耐药性
磷霉素	静脉注射，每天 2 次	犬或猫 70～90 毫克/千克	肠炎、肺炎、肾炎、脑膜炎、败血症和外伤感染

（续）

药物名称	用　　法	剂　　量	适应证/作用
呋喃唑酮（痢特灵）	内服，每天2次	犬或猫10～20毫克/千克	肠炎、腹泻
	内服，每天1（2）次，连用5～7天	犬或猫4～10毫克/千克	贾第虫、球虫
呋喃妥因	内服，每天2（3）次	犬或猫5毫克/千克	泌尿道感染
黄连素	内服	0.5～1克/次	胃肠炎、痢疾
乌洛托品	内服或静脉注射	0.5～2克/次	尿路感染

十八、抗寄生虫药

药物名称	用　　法	剂　　量	适应证
丙硫咪唑（阿苯达唑、肠虫清片）	内服，每天2次，连用7～14天	犬或猫25～50毫克/千克	肠道线虫、蛔虫、钩虫、绦虫、吸虫等
乙胺嗪（灭丝净、克虫神）	内服，每天1次	犬或猫6.6毫克/千克	预防心丝虫
	内服	犬或猫50毫克/千克	杀成虫
甲苯咪唑	内服，每天1次，连用5天	犬或猫20～30毫克/千克	驱蛔虫、钩虫、绦虫
奥吩达唑	内服，每天1次，连用4周	犬或猫10毫克/千克	蛔虫、钩虫、气管丝虫
芬苯达唑	内服，每天1次，连用3～30天	犬50毫克/千克	毛细线虫属、猫圆线
	内服，每天2次，连用3～30天	猫25毫克/千克	毛细线虫属
	内服，每天1次，连用3天，3周后重复给药1次	犬50毫克/千克	钩虫、鞭虫、蛔虫、绦虫
	内服，每天1次，连用3～6天	犬50毫克/千克，猫30毫克/千克	养殖吸虫、胰内吸虫
	内服，每天1次，连用3～7天	犬50毫克/千克	狐环体线虫、犬贾第虫、滴虫病
噻苯达唑	内服，每天2次，连用8～20天	犬100毫克/千克	曲霉病、钱癣、皮肤霉菌
	内服，每天2次，连用20天	70毫克/千克，每天2次，连用2天，然后35毫克/千克	线虫感染

（续）

药物名称	用　　法	剂　　量	适应证/作用
奥苯达唑（丙氧咪唑）	内服，连用5天	犬10毫克/千克	广谱驱肠虫、驱鞭虫药
非班太尔	配合吡喹酮1～1.5毫克/千克，内服合用	犬或猫10～15毫克/千克	蛔虫、钩虫、鞭虫、绦虫
非班太尔复合剂	口服	每10千克体重0.66克	蛔虫、钩虫、鞭虫、绦虫
噻嘧啶（驱虫灵）	内服，3周后重复	犬或猫5～10毫克/千克	蛔虫、钩虫
伊维菌素	内服，每月1次	犬6～12微克/千克，猫24微克/千克	心丝虫预防
	内服，10天后重复用药1次	犬50微克/千克，猫24微克/千克	微丝蚴血症
	内服或皮下，3周后重复	犬0.2～0.3毫克/千克	肺棘螨属、毛细线虫属、类圆线虫属
	内服	猫24毫克/千克	
	皮下，每天1次，连用3天	犬或猫0.4毫克/千克	颅内黄蝇属感染
	内服，1次	犬0.2毫克/千克	犬食道线虫病
	内服或皮下，2周后重复	犬0.2～0.3毫克/千克	姬螯螨属、疥螨、蠕形螨、虱病
	皮下，2周后重复	猫0.2～0.4毫克/千克	
	内服，每天1次，连用30天	0.05毫克/千克，然后每天增加0.05毫克/千克，直至0.4～0.6毫克/千克	脂螨病
阿维菌素	同伊维菌素		
左旋咪唑（左咪唑）	内服，每天1次，连用5～30天	犬8～10毫克/千克	毛细线虫属等光谱驱蠕虫药
	内服，隔天1次	犬2.2毫克/千克	复发性细菌毛囊炎
	内服，每天1次，连用3天	犬0.5～2.2毫克/千克，猫2.5毫克/千克	免疫增强剂

（续）

药物名称	用　　法	剂　　量	适应证/作用
美拉索明	肌内注射，每天1次，连用2天	犬2.5毫克/千克	杀心丝虫成虫
	肌内注射，30天后再给2次药，每次间隔24小时	犬2.5毫克/千克	杀心丝虫成虫
美贝霉素肟	内服，每月1次	犬或猫0.5毫克/千克	犬心丝虫预防、十二指肠虫和鞭虫预防、微丝蚴血症
	内服，每周1次，连用3周	犬或猫0.5～1.0毫克/千克	姬螯螨属感染
	内服，每天1次，连用60～90天	犬2毫克/千克	成年犬的脂螨病
	内服，每天1次，连用30天	犬0.75毫克/千克	疥螨
	内服，每周1（2）次，连用3周	犬2毫克/千克	
莫昔克丁	皮下，每6个月1次	犬0.17毫克/千克	心丝虫预防
四咪唑	内服	犬或猫10～20毫克/千克	广谱驱蠕虫药
	肌内注射或皮下注射	犬或猫7.5毫克/千克	
硫乙胂胺	静脉注射，每天2次，连用2天	犬2.2毫克/千克	犬心丝虫杀成虫剂
敌百虫	内服，隔3～4天1次，共服3次	犬或猫75毫克/千克	驱体内线虫、体外寄生虫，注意用量，防中毒
	1%溶液局部涂抹		灭螨
	0.1%～0.5%喷洒		灭虱蜱
敌敌畏缓释剂	内服	犬25～30毫克/千克，猫11毫克/千克	蛔虫、钩虫、鞭虫

（续）

药物名称	用　法	剂　量	适应证/作用
硝硫氰酯	内服，每2周1次，直到大便中没有虫体	犬或猫50毫克/千克	绦虫、钩虫、鞭虫、蛔虫、吸虫
氯硝柳胺（灭绦灵）	空腹内服，2～3周重复给药1次	犬100～150毫克/千克	犬绦虫
二氯酚	内服	犬200～300毫克/千克，猫100～200毫克/千克	带状绦虫、瓜实绦虫、肺吸虫
盐酸丁奈脒	内服，6周后重复给药	犬或猫2.5～50毫克/千克	犬猫专用驱绦虫药
氢溴酸槟榔碱	内服	犬或猫2～4毫克/千克，最大剂量12毫克/次	肠胃迟缓、虹膜炎防治粘连、对犬多数绦虫有效
依西太尔	内服	犬5毫克/千克，猫2.5毫克/千克	复孔绦虫
吡喹酮	内服、肌内注射、静脉注射	犬或猫2.5～50毫克/千克	绦虫
	内服，每天1次，连用3天	猫40毫克/千克	胰内吸虫
	内服或皮下注射，1次	犬10～30毫克/千克	片形吸虫属
	内服、皮下注射、肌内注射，连用3天	犬25～50毫克/千克	肺吸虫
槟榔	内服或煎服	20～30克/千克	驱绦虫
南瓜子	内服，与槟榔合用	犬或猫30克/千克	带状绦虫、复孔绦虫
硝氯酚	内服，每天1次，连用3天	犬1毫克/千克	肺吸虫、华支睾吸虫
	内服，隔天1次，连用3天	犬8毫克/千克	
	内服	猫3毫克/千克	
六氧对二甲苯	内服，每天1次，连用10天	犬或猫50毫克/千克	日本血吸虫、肺吸虫、华支睾吸虫

（续）

药物名称	用　法	剂　量	适应证/作用
氨丙啉	拌食，内服，每天 1 次，连用 7～10 天	犬 200 毫克/千克	抗球虫
	拌食，内服，每天 1 次，连用 5 天	猫 60～100 毫克/千克	抗球虫
盐酸氯苯胍（罗贝胍）	内服	犬或猫 10～25 毫克/千克	抗球虫
呋喃唑酮	见抗生素药		
磺胺地索辛	见抗生素药		
乙胺嘧啶	内服，每天 1（2）次，连用 2～4 周，与磺胺类药物合用	犬 0.25～1 毫克/千克	弓形虫病、犬干簇虫、心包虫
磺胺嘧啶	见抗生素药		
乙酰甘氨酸重氮氨苯脒	肌内注射，1 次，控制剂量，防治中毒	犬 3.5 毫克/千克	巴贝斯虫病
硫酸喹啉脲	皮下，每天 1 次，连用 2 天	犬 0.25 毫克/千克	犬的焦虫病
吖啶黄（黄色素）	静脉注射，防止漏入皮下	犬或猫 2～4 毫克/千克	犬巴贝斯虫
米多卡	肌内注射（犬可皮下注射），14 天后重复 1 次	犬 5～7.5 毫克/千克，猫 2～5 毫克/千克	巴贝斯虫病、埃里希体病、犬干簇虫、梨形虫
异丙硝唑	内服，每天 1（2）次，连用 7 天	犬或猫 10～30 毫克/千克	贾滴虫病
甲硝唑	见抗生素		
羟乙磺酸戊氧苯脒	皮下注射，每天 1 次，连用 2 天	犬 15 毫克/千克	巴贝斯虫病、梨形虫
米帕林	内服，每天 1 次，连用 6～12 天	犬或猫 9～11 毫克/千克	贾第虫属

（续）

药物名称	用　法	剂　量	适应证/作用
替硝唑	内服，每天 1 次，连用 3 天	犬 44 毫克/千克	贾第鞭毛虫病
磷酸伯氨喹	内服、肌内注射、皮下注射，1 次	猫 0.5～1 毫克/千克	巴贝斯虫病
戊烷脒	皮下注射或肌内注射	犬或猫 1 毫克/千克	利什曼病
锑酸葡胺	静脉注射或皮下注射，每天 1 次至隔天 1 次，连用 3～4 周	犬 100～200 毫克/千克	利什曼病
硝呋替莫	内服，每天 4 次，连用 3 个月	犬 2 毫克/千克	锥虫病
葡萄糖酸锑钠	皮下注射，每天 1 次，连用 3～4 周	犬 30～50 毫克/千克	利什曼病
敌敌畏	1%溶液喷洒		由于毒性大，多用于杀体外寄生虫
蝇毒磷	0.025%～0.05%溶液	局部涂抹	由于毒性大，多用于杀体外寄生虫
皮蝇磷	0.25%～2.5%溶液	局部涂抹	除蝇、灭虱、蜱、螨、蚤
辛硫磷	0.1%乳液喷洒		灭虱、除蜱
马拉硫磷	0.5%溶液喷洒		灭虱、蜱、螨、蚤
倍硫磷	0.5%～1%溶液喷洒，间隔 2 周，连用 2～3 次		除蝇灭虱
阿米曲士	洗浴风干，每 2 天 1 次，连用 3～6 次	犬每升水 1.5 毫升	疥螨、脂螨性兽疥癣

（续）

药物名称	用　法	剂　量	适应证/作用
非泼罗尼	每只耳朵2滴，2周后重复1次		耳螨
	喷雾，外用1～2个疗程，间隔2～4周	1毫升/千克	疥螨，蠕形螨
	喷雾或滴洒，外用，每月1次	1毫升/千克	杀跳蚤成虫
吡虫啉	外用，每月1次		杀跳蚤成虫
二氯苯醚菊酯—吡虫啉	滴于皮肤	每10千克体重1毫升	体外寄生虫
氰戊菊酯	涂抹	每升水80毫升	除犬蚤
百步酊	20%醇溶液，局部涂抹	除螨、灭虱	
石灰硫黄悬浊液	洗浴风干，每周1次，连用6周	犬1：20稀释，猫1：40稀释	疥螨、皮真菌病、猫脂螨病
氯芬奴隆	内服，每14天2个疗程，然后每月1次	50～100毫克/千克	皮肤真菌病
	内服，每月1次	犬10毫克/千克，猫：30毫克/千克	跳蚤生长抑制剂
尼腾吡蓝		犬或猫（1～10千克）11.4毫克，犬（11千克以上）：57毫克	杀跳蚤成虫剂
塞拉菌素（大宠爱）	内服，每月1次	6毫克/千克	犬心丝虫预防
	外用，每2～4周，连用1～3个疗程	6～12毫克/千克	疥螨
	1～2个疗程，4周间隔		耳螨
	外用，每月1次		杀跳蚤成虫剂

十九、生殖系统药

药物名称	用　法	剂　量	适应证/作用
缩宫素（催产素）	肌内注射或皮下注射，1次	犬5～10国际单位/次	子宫脱垂
	母犬哺乳前5～10分钟鼻内喷雾		刺激泌乳
	肌内注射或皮下注射	犬2～20国际单位，猫1～10国际单位/次	
	犬：肌内注射或静脉注射，30～60分钟后可重复	犬2～10国际单位/次	宫缩乏力
	犬：静脉注射，超过30分钟	10国际单位，加入5%葡萄糖溶液	
	猫：肌内注射或皮下注射，20～30分钟后可重复	猫1～3国际单位/次	
垂体后叶素（垂体激素）	肌内注射或静脉注射	犬5～30国际单位/次，猫5～10国际单位/次	催产、子宫复位、排乳
马来酸麦角新碱（苹果酸麦角新碱）	肌内注射或静脉注射	犬0.1～0.5毫克/次，猫0.07～0.2毫克/次	产后出血、子宫复位、胎衣不下
麦角流浸膏	内服	犬0.3～0.5毫升/次	产后出血、促使子宫早期复位
己烯雌酚	内服或肌内注射，每天1次，连用5天，每5～14天重复	犬0.1～1毫克/次	激素分泌紊乱
	内服或肌内注射	猫0.05～0.1毫克/次	
	内服或肌内注射，每天1次，连用6～9天	犬5毫克/次	诱导发情
	内服，每天1次	0.04～0.06毫克，连用1周，后逐渐减到0.01毫克/天	激素分泌失调

（续）

药物名称	用　法	剂　量	适应证/作用
雌二醇	肌内注射	犬 0.2～1 毫克/次，猫 0.2～0.5 毫克/次	催情、促进脓肿、死胎排出、终止妊娠
己烷雌酚（人造雌酚）	内服、皮下、肌内注射	犬 0.4～1 毫克/次	同己烯雌酚
醋酸甲羟孕酮（甲孕酮、安宫黄体酮）	肌内注射或皮下注射，遵照医嘱	犬 10 毫克/千克	增加性行为
	皮下注射或肌内注射	猫 10～20 毫克/千克	尿斑、焦虑、种内攻击
去氢氯地孕酮	皮下注射	犬 1～1.5 毫克/千克	乳溢、乳漏
醋酸甲地孕酮	内服，隔天 1 次，连用 3 次，然后 1～2 次/周	猫 0.25 毫克/千克	淋巴浆细胞性口炎、嗜酸细胞性肉芽肿
	内服，每天 1 次，连用 5 天	犬 2 毫克/千克	乳溢
	内服，连用 7～14 天	猫 0.5 毫克/（千克·天）	顽固性的嗜酸性角膜炎和结膜炎
黄体酮（孕酮）	肌内注射，3 天 1 次	犬 2 毫克/千克	诱导黄体退化
普罗孕酮	皮下注射	犬 20～30 毫克/千克	乳溢
氟甲睾酮	内服，隔天 1 次，连用 12 周，最大剂量 30 毫克/天	犬 0.5 毫克/千克	睾酮应答皮肤病
枸橼酸氯米芬（舒经芬）	内服，每天 1 次	犬 25 毫克/千克	抗雌激素药、公犬不育
达那唑（炔睾醇）	内服，每天 2（3）次	犬 2～5 毫克/千克	免疫性溶血性贫血、血小板减少症
甲睾酮	内服，每天 1 次，连用 5～7 天，最大剂量 25 毫克/天	犬 1～2 毫克/千克	乳溢
环戊丙酸睾酮	内服，隔天 1 次，最大剂量 30 毫克/天	犬 0.5～1 毫克/千克	睾酮应答皮肤病、脱毛
	肌内注射，每月 1 次	犬 200 毫克	激素分泌失调、去势公犬睾酮应答性尿失禁

（续）

药物名称	用　　法	剂　　量	适应证/作用
苯丙酸诺龙	皮下注射或肌内注射，2周1次	犬25～50毫克/千克，猫10～20毫克/千克	营养不良、促进食欲、刺激生长
伪麻黄药	内服，交配前1～3小时	犬4～5毫克/千克	逆行射精
羟甲烯龙	内服，每天1（2）次	犬或猫1毫克/千克	同化激素类药
绒毛膜促性性腺激素	肌内注射，48小时后重复	犬500～1 000国际单位/次，猫250～500国际单位/次	卵泡黄体化
	犬：皮下，每天1次，用促卵泡激素后连用2天	犬500～1 000国际单位	诱导排卵
	猫：肌内注射，在动情期1～2天	猫250国际单位	
促卵泡激素	犬：皮下注射，每周1次	25毫克	雄性性腺功能减退
	犬：肌内注射，隔天1次	1毫克/千克	
	犬：20国际单位/千克，皮下，每天1次，连用10天，然后500国际单位，人绒毛膜促性腺激素，每天1次，连用2天		诱导发情
	猫：肌内注射，每天1次，连用5天	2毫克	
促性腺激素释放激素	肌内注射，每天1次	犬50～100微克，猫25微克	促进卵泡黄体化
	静脉注射或皮下注射，每周2次	犬50～100微克	刺激腹股沟隐睾
	肌内注射，繁育前1小时	犬1～2微克/千克	公犬性欲不强
促黄体素（黄体生成素）	皮下注射或肌内注射，每天1次，连用7天	犬1毫克/次	促进排卵、治疗卵巢囊肿、增加排乳
孕马血清促性腺激素（孕马血清）	皮下注射、肌内注射、静脉注射，每天1次或隔天1次	犬20～200国际单位/次，猫25～100国际单位/次	诱导发情、增加产子
非那雄胺（非那司提）	内服，每天1次	犬5毫克/千克	良性前列腺增生

（续）

药物名称	用 法	剂 量	适应证/作用
前列腺素 F2	皮下注射，每天 1～2 次，连用 5～7 天	犬 0.1～0.25 毫克/千克	开放性化脓性子宫炎
	皮下注射，每天 1～3 次，连用 5 天	猫 0.1～0.25 毫克/千克	
前列康	内服，每天 1（2）次	犬或猫 0.1 克/千克	前列腺增生
氯前列醇	妊娠后 30 天，皮下注射，每天 1 次，连用 4～7 天	犬 1～2.5 微克/千克	终止妊娠
	皮下注射，每天 1 次，连用 2～3 周，初期给药减半，2～3 天逐渐升至全剂量	犬 1～5 微克/（千克·天）	开放性化脓子宫炎

二十、疫苗、血清

药物名称	用 法	适应证/作用
狂犬疫苗	3 月龄时免疫 1 次，以后每年 1 次	预防狂犬病
犬小二联疫苗	幼龄犬首免 4～6 周，2 免 8～9 周，3 免 12 周，成年犬每年 1 次	预防犬瘟和细小病毒病
犬六联疫苗	50 日龄至 3 个月的幼犬需连续注射 3 次，每次间隔 4 周；3 月龄以上的犬连续注射 2 次，每次间隔 4 周；成年犬每年 1 次	预防犬瘟、细小病毒病、传染性肝炎、副流感、冠状病毒病和钩端螺旋体病
猫三联	首免 12 周龄，二免 15～16 周龄，以后每年 1 次	预防传染性鼻气管炎、猫鼻结膜炎、猫瘟
破伤风抗毒素	犬给 0.2 毫升，皮下注射，皮试，观察 30 分钟，然后给 30 000～100 000 单位（100～1 000 单位/千克），肌内注射或静脉注射或皮下注射，1 次	破伤风治疗
抗毒蛇血清	0.6 万～1 万单位/次，静脉注射	抗蛇毒
犬细小病毒单抗	治疗：0.5～1 毫升/千克，皮下注射或肌内注射，每天 1 次，连用 3 天，严重可加倍	犬细小病毒病的治疗和预防
	预防：0.2 毫升/千克，皮下注射或肌内注射	

（续）

药物名称	用　法	适应证/作用
犬瘟单抗	治疗：0.5～1毫升/千克，皮下注射或肌内注射，每天1次，连用3天，严重可加倍	犬瘟治疗和预防
	预防：0.4～0.6毫升/千克，皮下注射或肌内注射	
犬二联血清	治疗：1毫升/千克，皮下注射或肌内注射，每天1次，连用3天	犬瘟、细小病毒病预防和治疗
	预防：0.5毫升/千克，皮下注射或肌内注射，1次	
猫瘟血清	皮下注射或肌内注射，1毫升/千克	治疗和预防猫瘟

二十一、机体免疫功能调节及抗肿瘤药

药物名称	用　法	剂　量	适应证/作用
免疫增强剂	保健：每周1（2）次，连用3周	2毫升/次	传染病辅助治疗、提高机体抗病力
	治疗：2天1次	1毫升/次	
免疫球蛋白	每天1次，连用3天，静脉注射	5千克以下犬5毫升/次 5～10千克犬10毫升/次 10千克以上犬10～20毫升/次	严重感染、免疫缺乏症
转移因子	隔天1次，连用5次	犬或猫2～10毫克/次	传染病辅助治疗、提高机体抗病力
丙种球蛋白	静脉注射，超过12小时	犬0.5～1.5克/千克	免疫溶血性贫血
粒细胞集落刺激因子	皮下注射，连用3～5天	犬或猫2.5～10.0微克/（千克·天）	中性粒细胞减少症
碳酸锂	内服，每天1（2）次	犬11毫克/千克	周期性中性粒细胞减少症、各类血细胞减少症
	内服，每天2次	犬11毫克/千克	药物诱发血小板减少症
	内服，每天1次	犬25毫克/千克	持续的、不当的抗利尿激素分泌

（续）

药物名称	用　法	剂　量	适应证/作用
干扰素	见抗病毒药		
白细胞介素-2	肿瘤内注射、肌内注射，每天1（2）次，连用20天	犬或猫15～150单位/次	抗肿瘤、免疫缺乏症
胸肽腺	每天1次，连用3个月	犬或猫0.05～0.5毫克/千克	抗病毒、抗肿瘤
聚肌胞（聚肌苷酸）	肌内注射，隔天1次	犬或猫2毫克/次	干扰素诱导剂、光谱抗病毒
黄芪多糖	肌内注射或皮下注射，每天1（2）次，连用2～3天	犬或猫2～10毫升/次	诱导机体产生干扰素、调节机体免疫功能、促进抗体形成
猪苓多糖	肌内注射，每天1次	犬或猫10～20毫克/次	肺癌、食管癌的辅助治疗
左旋咪唑	见驱虫药		
硫唑嘌呤	内服，每天1次，连用7～10天，然后隔天1次	犬2毫克/千克	肺嗜酸性疾病
	内服，每天1次至隔天1次	犬2毫克/千克	顽固性重症肌无力
	内服，每天1次至隔天1次	犬1～2.5毫克/千克，猫0.2～0.3毫克/千克	淋巴细胞/浆细胞瘤、嗜酸性口炎、胃炎或肠炎
	内服，每天1次至隔天1次	犬1～2.5毫克/千克	慢性活化肝炎、肾小球肾炎
	内服，每天1次	犬50毫克/次	肛瘘
	内服	犬：2毫克/千克，每天1次，连用7～10天，然后1毫克/千克，每天1次至隔天1次	免疫溶血性贫血、骨髓纤维化
	内服	犬：2毫克/千克，每天1次，然后减到0.5～1毫克/千克，隔天1次	免疫性血小板减少症

（续）

药物名称	用　法	剂　量	适应证/作用
硫唑嘌呤	内服，每天 1 次至隔天 1 次	犬 2.2 毫克/千克	免疫性皮肤病，无菌绿脓杆菌肉芽肿，表皮组织细胞增多症
	内服，每天 1 次，连用 14～21 天，隔天 1 次	犬 2 毫克/千克	风湿症，免疫介导性关节炎
	内服，每天 1 次，然后逐减	犬 2 毫克/千克	眼睑炎、巩膜外层炎、前色素层炎、结膜炎
	内服，每天 1 次，然后逐减	犬 2 毫克/千克	免疫性多发性肌炎、咬肌炎、脉络膜视网膜炎
环孢霉素 A	内服，每天 2 次	猫 10 毫克/千克	猫过敏性支气管炎
	内服，每天 2 次	犬 5 毫克/千克	肛门周围瘘
	内服，每天 1 次	犬 15 毫克/千克	肾小球肾炎
	内服，每天 1（2）次	犬 10 毫克/千克	免疫溶血性贫血
	内服	犬：5～10 毫克/千克，每天 1 次，连用 5 天，停 2 天，然后 2.5～5 毫克/千克，每天 1 次，连用 5 天，然后逐减	皮脂腺炎、遗传性过敏症
醋酸可的松	见激素类药		
氢化可的松	见激素类药		
地塞米松	见激素类药		
阿柔比星	静脉注射，每天 1 次，连用 5 天	犬 5 毫克/米^2	骨髓发育不良综合征
放线菌素 D	静脉注射，缓慢，每 3 周 1 次	犬 0.5～0.9 毫克/米^2	化学疗法
门冬酰胺酶	肌内注射，每周 1 洗	犬 1 万单位/米^2	淋巴肉瘤、淋巴白血病
	肌内注射、皮下注射、腹膜内注射，每周 1（2）次	犬 400 单位/千克	抗肿瘤药
	皮下注射，每周 1 次	犬 2 万单位/米^2	
	肌内注射、皮下注射、腹膜内注射	猫 400 单位/千克	

（续）

药物名称	用　法	剂　量	适应证/作用
博来霉素（争光霉素）	静脉注射或皮下注射，每天1次，连用4天，每周最大剂量200毫克/米²	犬10毫克/米²	化学疗法
白消安	内服，每天1次	犬4毫克/米²	用于破坏拟作骨髓移植的患者骨髓细胞的一种烷化剂，慢性粒细胞非白血性白血病
卡铂（碳铂）	静脉注射，每3周1次	大犬250～300毫克/米²	化学疗法
		小犬10毫克/米²	
		猫150毫克/米²	
苯丁酸氮芥（瘤可宁）	内服，隔天1次	犬1～2毫克/千克	淋巴浆细胞口炎
	内服，每3天1次	猫0.25～0.33毫克/千克	
	内服，每天1次至隔天1次	猫1.5毫克/米²	肠炎
	内服，每天1次，连用5天，然后每3周1次	犬0.2毫克/千克或15毫克/米²	慢性淋巴白血病
	内服，隔天1次	猫2毫克	
	内服	0.2毫克/千克，每天1次，连用10天，然后0.1毫克/千克，每天1次	巨球蛋白血症，肥大细胞瘤
	内服，每天1次至隔天1次，和泼尼松内服，每2～3周1次	犬或猫0.1～0.2毫克/千克	免疫性皮肤病
		猫20毫克/米²	猫传染性腹膜炎
氮芥（恩比兴）	静脉注射，每天1次	犬0.08～0.1毫克/千克	骨髓增生、淋巴瘤及肠腺癌
塞替派	静脉注射或肌内注射或腔内注射，每周1～2次	犬0.5毫克/千克	卵巢癌、乳腺癌、膀胱癌、消化道肿瘤、肺癌

（续）

药物名称	用　法	剂　量	适应证/作用
硫鸟嘌呤	内服，每天1次	犬1毫克/千克	急性淋巴细胞白血病
柔红霉素	静脉注射，每周1次	犬0.5～1毫克/千克	急性粒细胞及急性淋巴白血病
普卡霉素	静脉注射，每天1次，连用2～4天	犬2微克/千克	睾丸癌
顺铂	静脉注射，加入生理盐水	大犬60～70毫克/米²，小犬50～60毫克/米²	化学疗法
环磷酰胺	内服，与多柔比星合用	猫50～100毫克/米²	猫乳腺癌
	内服，隔天1次至每天1次	犬或猫50毫克/米²	淋巴肉瘤、骨髓组织增生紊乱、多发性骨髓瘤
	内服或静脉注射，每3周1次	犬或猫250～300毫克/米²	
阿糖胞苷	静脉注射，连用4天	犬或猫100毫克/（米²·天）	淋巴肉瘤、骨髓增生紊乱
	皮下，每天2次，连用2天	犬或猫300毫克/米²	
达卡巴嗪	静脉注射，每天1次，连用5天，每3周重复1次	犬300毫克/米²	化疗
5-氟尿嘧啶	静脉注射，每周1次	犬150毫克/米²	结肠腺癌
多柔比星（阿霉素）	静脉注射，每2～9周1次，最大剂量180毫克/米²	犬25～30毫克/米²，加入150毫升5%葡萄糖溶液	化疗
	缓慢静脉注射	小犬1毫克/千克	
	缓慢静脉注射，每3周1次，最大累积剂量，50毫克/米²	猫1毫克/千克或20～30毫克/米²	

（续）

药物名称	用　　法	剂　　量	适应证/作用
羟基脲	内服，每天1次，直至血细胞压积正常	犬5毫克/千克	骨髓病性红细胞增多症、血小板增多症
	内服，每3天1次	犬80毫克/千克	
	内服，每周3次	猫25毫克/千克	
	内服，连用7天，之后隔天1次，然后每3天1次	猫40毫克/（千克·天）	嗜酸性粒细胞白血病
	内服，每天1次，连用14天，之后隔天1次，然后每3天1次	犬50毫克/千克	慢性粒细胞性白血病、嗜碱性粒细胞白血病
异环磷酰胺	静脉注射，与美司钠合用，每2~3周1次	犬350~375毫克/米²	淋巴肉瘤
罗莫司汀	内服，每4~6周1次	犬50~90毫克/米² 猫50~60毫克/米²	脑肿瘤、肥大细胞瘤、淋巴瘤
美法仑	犬：①0.1毫克/千克，内服或静脉注射，每天1次，连用10天，然后0.05毫克/千克，内服，每天1次，连用2周，然后0.05毫克/千克，内服，隔天1次；②7毫克/米²，内服，每天1次，连用5天，每3周1次；③1.5毫克/米²，内服，每天1次，连用7~10天，重复每3周1次		多发性骨髓瘤
乐疾宁	内服，每天1次	犬2毫克/千克或50毫克/米²	慢性粒细胞性白血病、淋巴瘤
甲氨蝶呤	内服，每天1（2）次	犬2.5毫克/米²	化学疗法
	静脉注射，每3周1次	犬0.6~0.8毫克/米²	
	静脉注射或内服，每4周1次	猫0.8毫克/千克	
长春碱	静脉注射，每周1次	犬或猫1~2毫克/米²	肥大肉瘤、淋巴肉瘤
长春新碱	静脉注射，每周1次，连用4~6周	犬0.025毫克/千克或0.5~0.7毫克/米²	可传染性淋巴肉瘤
	静脉注射，每周1次	犬0.025~0.05毫克/千克或0.5~0.7毫克/米²，猫0.025毫克/千克或0.75毫克/米²	淋巴肉瘤、乳腺癌

（续）

药物名称	用　　法	剂　　量	适应证/作用
阿来司酮	皮下注射，每天1次，连用4～5天	犬或猫10毫克/千克	乳腺纤维瘤增生
米托坦	犬：50～70毫克/千克，内服，每天2次		功能性肾上腺皮质瘤
醋酸奥曲肽	皮下注射，每天2（3）次	犬或猫10～40微克/千克	胰高血糖素瘤、胃泌素瘤
他莫昔芬	内服	犬0.42毫克/（千克·天）	乳房瘤
炎痛喜康	内服，每天1次	犬0.3毫克/千克	转移性细胞癌、癌症引起的疼痛时止痛
	内服，隔天1次	猫0.3毫克/千克	

（刘建柱　白艳飞）

参 考 文 献

卜善述．2004．危重病例的输液疗法［M］．南京：东南大学出版社．

陈家璞．1993．小动物疾病［M］．北京：北京农业大学出版社．

陈玉库，周新民．2006．犬猫内科学［M］．北京：中国农业出版社．

崔中林．2001．实用犬、猫疾病防治与急救大全［M］．北京：中国农业出版社．

代友平，于世龙．1996．人参皂苷对缺血在灌注损伤后犬心肌的保护作用［J］．同济医科大
  学学报（3）：210－212．

董军，潘庆山．2007．犬猫用药速查手册［M］．北京：中国农业大学出版社．

董彝．2004．实用犬猫病临床类症鉴别［M］．北京：中国农业出版社．

福萨姆．2008．小动物外科学［M］．张海彬主译．北京：中国农业大学出版社．

高得仪．2002．犬猫疾病学［M］．北京：中国农业大学出版社．

郭铁．1999．家畜外科手术学［M］．3版．北京：中国农业出版社．

韩博．2005．动物疾病诊断学［M］．北京：中国农业大学出版社．

何庆．2007．危重急症抢救流程解析及规范［M］．北京：人民卫生出版社．

何绍坚．2000．小动物内科学［M］．艺轩图书出版社．

何英，叶俊华．2006．宠物医生手册［M］．辽宁：辽宁科学技术出版社．

何英，叶俊华．2003．宠物医生手册［M］．沈阳：辽宁科学技术出版社．

何英．2003．宠物医生手册［M］．沈阳：辽宁科学技术出版社．

贺宋文，何德肆．2008．宠物疾病诊疗技术［M］．重庆：重庆大学出版社．

侯加法．2002．小动物疾病学［M］．北京：中国农业出版社．

黄亮．2006．急诊科查房掌中宝［M］．广州：广东科技出版社．

黄有德，刘宗平．2001．动物中毒与营养代谢病学［M］．甘肃科学技术出版社．

江苏省畜牧兽医学校．1998．家畜疾病诊断与治疗技术［M］．北京：中国农业出版社．

李玉冰，范作良．2007．宠物疾病临床诊疗技术［M］．北京：中国农业出版社．

林德贵．1998．犬猫诊断图册［M］．北京：中国农业大学出版社．

林德贵．2004．兽医外科手术学［M］．中国农业出版社．

林德贵．2004．动物医院临床技术［M］．北京：中国农业大学出版社．

刘宗平．2006．动物中毒病学［M］．北京：中国农业出版社．

孟庆芳．1997．氧气疗法的临床应用进展［J］．医师进修杂志（2）：71－72．

倪有煌，李毓义．1996．兽医内科学［M］．北京：中国农业出版社．

彭广能．2004．兽医外科学［M］．成都：四川科学技术出版社．

钱珍敏．2010．氧疗安全的研究进展［J］．中国保健营养临床医学学刊，7：261－261．

施启顺．1995．家畜遗传病学．［M］．北京：中国农业出版社．

宋大鲁．宋旭东．2007．宠物急诊手册［M］．北京：中国农业出版社．

宋大鲁．2007．宠物急诊手册［M］．北京：中国农业出版社．

宋大鲁，宋旭东．2009．宠物诊疗金鉴［M］．北京：中国农业出版社．

宋大鲁．2009．宠物金鉴［M］．北京：中国农业出版社．

宋大鲁．2004．宠物养护与疾病诊疗手册［M］．南京：江苏科学技术出版社．

宋志芳．2007．实用危重病综合救治学［M］．北京：科学技术文献出版社．

孙明琴．2007．小动物疾病防治［M］．北京：中国农业大学出版社．

汪世昌，陈家璞．1995．家畜外科学［M］．北京：中国农业出版社．

王春璩，马卫明．2006．狗病临床手册［M］．北京：金盾出版社．

王洪斌．2003．家畜外科学［M］．北京：中国农业出版社．

王建华．2007．家畜内科学［M］．3 版．北京：中国农业出版社．

王俊东，刘宗平．2010．兽医临床诊断学［M］．北京：中国农业出版社．

王强华．1997．动物外科手术图谱［M］．北京：中国农业出版社．

王祥生，胡仲明，刘文森．2004．犬猫疾病防治方药手册［M］．北京：中国农业出版社．

王小龙．2004．兽医内科学［M］．北京：中国农业大学出版社．

夏咸柱，张乃生，林德贵．2009．兽医全攻略——犬病［M］．北京：中国农业出版社．

徐世文，唐兆新．2010．兽医内科学［M］．北京：科学出版社．

叶力森．2000．小动物急诊加护手册［M］．2 版．台北：艺轩图书出版社．

张泉鑫，朱印生．2007．犬猫疾病（畜禽疾病中西医防治大全）［M］．北京：中国农业出版社．

赵玉军．2009．宠物临床急救技术［M］．北京：金盾出版社．

周桂兰，高得仪．2010．犬猫疾病实验室检验与诊断手册［M］．中国农业出版社．

周玉珍．2001．新编临床急救表解手册［M］．北京：金盾出版社．

祝俊杰．2005．犬猫疾病诊疗大全［M］．北京：中国农业出版社．

庄红，陈彬．2010．氧气疗法的有效性和安全性［J］．现代临床医学，4：311－312.

Crow, Walshaw. 2004. 犬猫兔临床诊疗操作技术手册［M］．梁礼成译．北京：中国农业出版社．

Rhea V. Morgan. 2005. 小动物临床手册［M］．施振声主译．北京：中国农业出版社．

Theresa Welch Fossum, Cheryl S. Hedlund, Donald A. Hulse, et al. 2008. 张海彬，夏兆飞，林德贵主译．小动物外科学［M］．2 版．北京：中国农业大学出版社．

Babbs C. F. 1981. Effect of thoracic venting on arterial pressure, and flow during external cardiopulmonary resuscitation in animals ［J］. Crit Care Med, 9：785－788.

Babbs C. F. 1980. New versus old theories of blood flow during CPR ［J］. Crit Care Med, 8：191－196.

Babbs C. F. 1993. Interposed abdominal compression-CPR: A case study in cardiac arrest research [J]. Ann EmergMed, 22: 24 – 32.

Berg R. A., Wilcoxson D., Hilwig R. W., et al. 1995. The need for ventilatory support during bystander CPR [J]. Ann Emerg Med, 26: 342 – 350.

Andrea Battaglia. 2011. Christopher Norkus Small Animal Emergency and Critical Care for Veterinary Technicians [M]. Wiley-Blackwell.

Cofone M. A., Smith G. K., Lenehan T. M. 1992. Unilateral and bilateral stifle arthrodesis in eight dogs [J]. Vet Surg, 21: 299 – 303.

Deborah C. Silverstein, Kate Hopper. 2008. Small animal critical care medicine [M]. Elsevier Inc.

De Haan J. J., Beale B. S. 1993. Compartment syndrome in the dog: Case report and literature review [J]. J Am Anim HospAssoc, 29: 134 – 140.

De Haan J. J., Roe S. C., Lewis D. D. 1996. Elbow arthrodesis in twelve dogs [J]. Vet Comp Orthop Traumatol, 9: 115 – 118.

Deborah C. Silverstein and Kate Hopper. 2009. Small Animal Critical Care Medicine [M]. Sunders.

Deborah Silverstein, Kate Hopper. 2008. Small Animal Critical Care Medicine [M]. Saunders Inc.

Douglass K. Macintire, Kenneth J. Drobatz, Steven c. et al. 2004. Manual of Small Animal Emergency and Critical Care Medicine [M]. Wiley-Blackwell.

Decamp C. E., Martinez S. A., Johnston S. A. 1993. Pantarsal arthrodesis in dogs and a cat: 11 cases (1983 – 1991) [J]. J Am Vet Med Assoc, 203: 1705 – 1707.

Elisa M. Mazzaferro. 2007. Small Animal Emergency and Critical Care [M]. Wiley-Blackwell.

Bonagura J. D. 2000. Kirk's current veterinary therapy [M], vol XIII. Philadelphia, W. B. Saunders, 140 – 147.

Ettinger S. J., Feldman E. C. 2000. Textbook of veterinary internal medicine [M]. ed 5, Philadelphia: W. B. Saunders: 325 – 347.

Laitinen O. M., Flo G. 2000. Mineralization of the supraspinatus tendon in dogs: a long-term follow up [J]. J Am Anim HospAssoc, 36: 262 – 267.

Lewis D. 1997. Gracilis or semitendinosus myopathy in 18 dogs [J]. J Am Anim Hosp Assoc, 33: 177 – 188.

Mathews K. A. 1996. Veterinary emergency and critical care manual [M]. Ontario.

Slatter D. 2002. Textbook of small animal surgery [M]. ed 3. Philadelphia: W. B. Saunders: 2264 – 2271.

Neimann J. T. 1992. Cardiopulmonary resuscitation [J]. N Engl J Med, 327: 1075 – 1080.

Noc M. , Weil M. H. , Tang W. , et al. 1995. Mechanical ventilation may not be essential for initial cardiopulmonary resuscitation [J]. Chest, 108: 821 - 827.

Paula H. Moore. 2004. Fluid Therapy for Veterinary Nurses and technicians [M]. Butterworth-Heinemann.

Pepe P. E. , Abramson N. S. , Brown C. G. 1994. ACLS-Does it really work [J]. Ann Emer Med, 23: 1037 - 1041.

Piermattei D. L. , Flo G. L. 1997. Brinker, Piermattei and Flo's handbook of small animal orthopedics and fracture repair [M]. Philadelphia: W. B. Saunders.

Rudikoff M. T. , Maughan W. L. , Effron M. , et al. 1980. Mechanisms of flow during cardiopulmonary resuscitation [J]. Circulation, 61: 345 - 351.

Safer P. 1993. Cerebral resuscitation after cardiac arrest: Research initiatives and future directions [J]. Ann Emerg Med, 22: 324 - 349.

Signe J. 2000. Plunkett Emergency Procedures for the Small Animal Veterinarian [M]. 2th ed. Saunders.

Wayne E. Wingfield. 2001. Veterinary Emergency medicine Secrets [M]. Hanley & Belfus Inc.

Whitelock R. G. , Dyce J. , Houlton J. E. F. 1999. Metacarpal fractures associated with pancarpal arthrodesis in dogs [J]. Vet Surg, 28: 25 - 30.

Wilke V. L. , Robinson T. M. , Dueland R. T. 2000. Intertarsal and tarsometatarsal arthrodesis using a plantar approach [J]. Vet Comp Orthop Traumatol, 13: 28 - 33.

图书在版编目（CIP）数据

宠物医师临床急救手册 / 刘建柱主编 . —北京：
中国农业出版社，2014.5（2019.12 重印）
（执业兽医技能培训全攻略）
ISBN 978- 7-109-17723-9

Ⅰ.①宠…　Ⅱ.①刘…　Ⅲ.①宠物-动物疾病-急救
-手册　Ⅳ.①S858.93－62

中国版本图书馆 CIP 数据核字（2013）第 049248 号

中国农业出版社出版
（北京市朝阳区农展馆北路 2 号）
（邮政编码 100125）
责任编辑　黄向阳　周锦玉

北京万友印刷有限公司印刷　新华书店北京发行所发行
2014 年 5 月第 1 版　2019 年 12 月北京第 3 次印刷

开本：720mm×960mm　1/16　印张：34.5　插页：6
字数：592 千字
定价：78.00 元
（凡本版图书出现印刷、装订错误，请向出版社发行部调换）

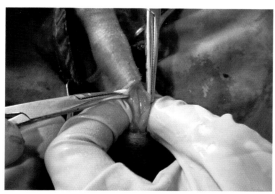

彩图6-1　公犬尿道切开术　　　　（刘建柱）

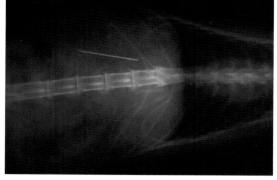

彩图6-2　胃内异物　　　　（张立振）

彩图7-1　会阴疝　　　　（张立振）

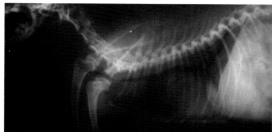

彩图19-1　气管狭窄　　　　（张立振）

彩图19-2　血便　　　　（王宗强）

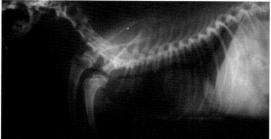

彩图20-1　犬胸腔内食道异物　　　　（林振国）

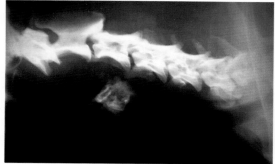

彩图20-2　食道异物　　　　　　（王善辉）

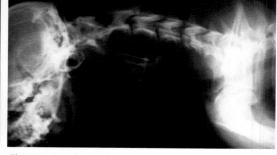

彩图20-3　食道异物　　　　　　（张红超）

彩图20-4　彩图20-3中取出的食道异物（张红超）

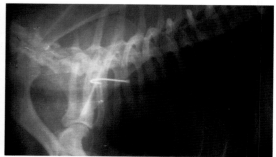

彩图20-5　食道异物（鱼钩）　　　（张红超）

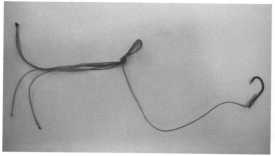

彩图20-6　彩图20-5中取出的鱼钩　（张红超）

彩图20-7　犬胃扩张导致的流涎　　（林振国）

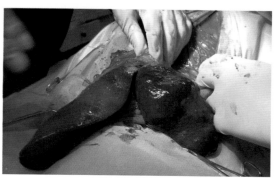

彩图20-8　胃扭转导致的脾坏死　　（林振国）

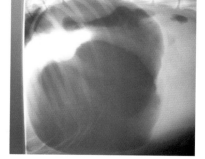

彩图20-9　犬胃扭转X线片　　　　（林振国）

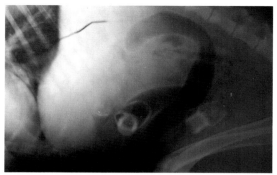

彩图20—10　肠道异物　　　　　（张红超）

彩图20—11　彩图20—10中取出的肠道异物（张红超）

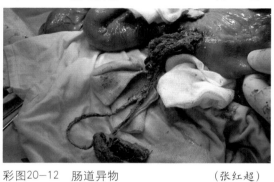

彩图20—12　肠道异物　　　　　（张红超）

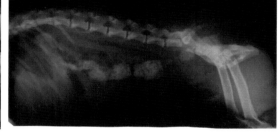

彩图20—13　肠梗阻　　　　　　（林振国）

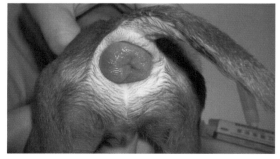

彩图20—14　肠道异物（围棋子）　（张红超）

彩图20—15　肠道异物（鞋垫）　　（张红超）

彩图20—16　直肠脱出　　　　　（张红超）

彩图20—17　腹膜炎造成的腹腔积液，从腹腔中抽出的液体　　　　　　　　（张红超）

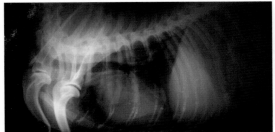

彩图21-1　心脏病并发肺水肿　　　（张立振）

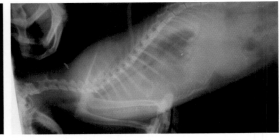

彩图21-2　猫肺脓肿X线片　　　（张立振）

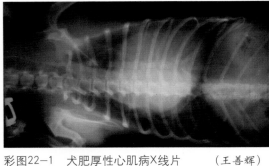

彩图22-1　犬肥厚性心肌病X线片　　（王善辉）

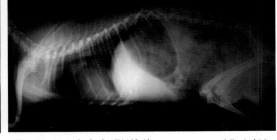

彩图22-2　心力衰竭X线片　　　（张立振）

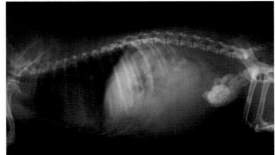

彩图23-1　心力衰竭和膀胱结石　　（张立振）

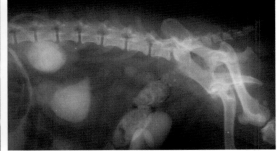

彩图23-2　肾脏及膀胱大块结石　　（王善辉）

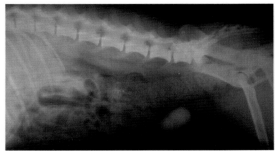

彩图23-3　膀胱结石　　　（张红超）

彩图23-4　取出的膀胱结石　　　（张红超）

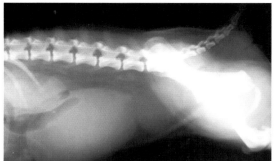

彩图23-5　坐骨弓尿道结石　　　　（王善辉）

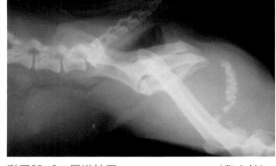

彩图23-6　尿道结石　　　　　　　（张立振）

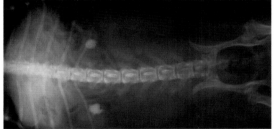

彩图23-7　双肾结石　　　　　　　（张红超）

彩图23-8　犬输尿管结石　　　　　（张立振）

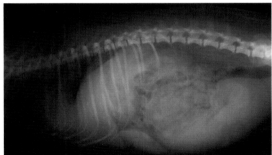

彩图24-1　子宫蓄脓X线片　　　　（张立振）

彩图24-2　子宫积脓手术被皮消毒　（张红超）

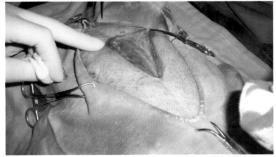

彩图24-3　子宫积脓手术沿腹白线切开（张红超）

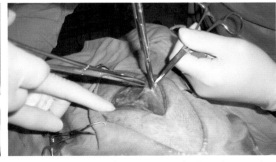

彩图24-4　子宫积脓手术，剪开腹膜　（张红超）

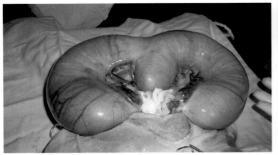

彩图24-5　从腹腔中拉出积脓的子宫　（张红超）

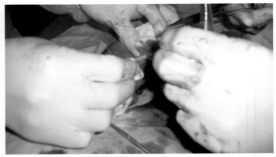

彩图24-6　子宫积脓手术后的缝合　　（张红超）

彩图24-7　产后抽搐症　　　　　　　（林振国）

彩图25-1　黄曲霉毒素中毒的犬腹部剖检（林振国）

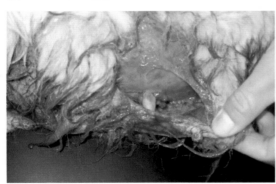

彩图28-1　犬车祸腹部皮肤不规则撕裂

彩图28-2　烫伤清洗后，涂药膏，准备皮肤矫形缝合

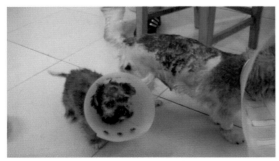

彩图28-3　犬烧伤，皮肤大面积脱落

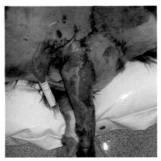

彩图28-4　设置真空管抽吸液体

彩图29-1　外伤致角膜炎　　　　（林振国）

彩图29-2　眼球内异物增生　　　　（王宗强）

彩图29-3　眼球内异物增生　　　　（王宗强）

彩图29-4　眼球脱出　　　　（刘建柱）

彩图29-5　幼犬腹水征并发樱桃眼　　　　（张立振）

彩图29-6　第三眼睑脱出　　　　（刘建柱）

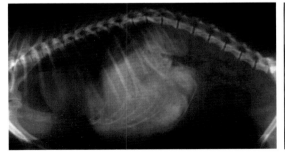

彩图31-1　犬咬伤导致的膈疝　　　　（林振国）

彩图31-2　腹股沟疝　　　　（刘建柱）

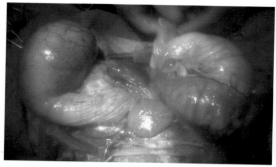

彩图31-3　腹股沟疝疝囊中的子宫　　　（张立振）

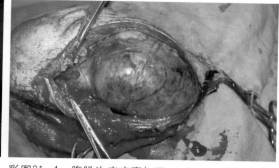
彩图31-4　腹股沟疝疝囊打开　　　　（刘建柱）

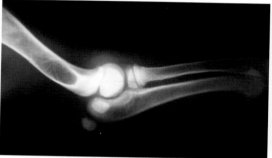

彩图32-1　骨骼提前钙化　　　　（张立振）

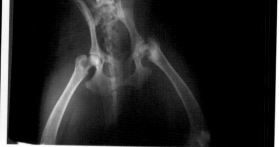
彩图32-2　股骨头骨折　　　　　（张立振）

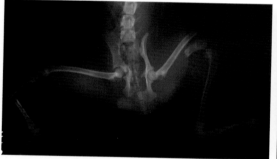
彩图32-3　车祸导致的多处骨折　　　（林振国）

彩图32-4　胫骨骨折　　　　　　（张红超）

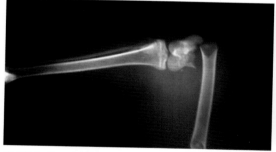
彩图32-5　股骨远端骨折　　　　（张立振）

彩图32-6　胫骨远端骨折固定　　　（张立振）

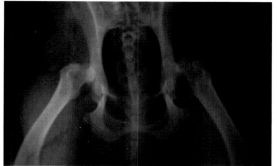

彩图33-1　股骨头双侧脱出　　　　　（张立振）

彩图34-1　犬瘟热（两侧鼻孔脓性涕）（张红超）

彩图34-2　犬瘟热（肺部感染）　　　（王宗强）

彩图34-3　肠炎型犬瘟热（排出的粪便）（王宗强）

彩图34-4　犬瘟热（皮肤角化，皮屑增多）（张红超）

彩图34-5　犬瘟热（足垫增厚、变硬）（张红超）

彩图34-6　犬瘟热（眼见色素沉着）　（林振国）

彩图34-7　犬细小病毒感染（呕吐物）（张立振）

彩图34—8　犬细小病毒感染（排脓血便）　（王宗强）

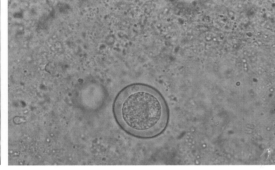
彩图34—9　腹水　　　　　　　　　　　（张立振）

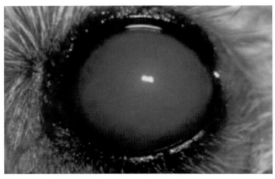
彩图34—10　肝炎引起的"蓝眼"病　　（林振国）

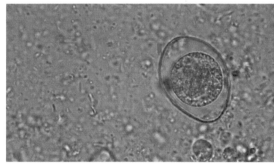
彩图37—1　犬球虫卵　　　　　　　　（张红超）

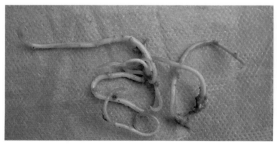
彩图37—2　猫球虫卵

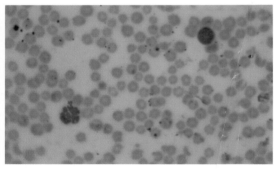
彩图37—3　犬的巴贝斯虫感染的血液

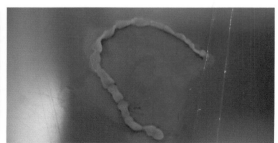
彩图38—1　蛔虫成虫　　　　　　　　（张红超）

彩图38—2　绦虫成虫

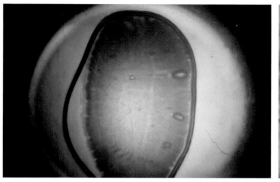

彩图38-3　绦虫节片　　　　　　　（张立振）

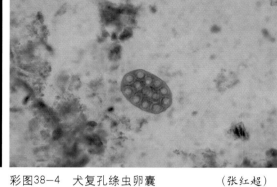

彩图38-4　犬复孔绦虫卵囊　　　　（张红超）

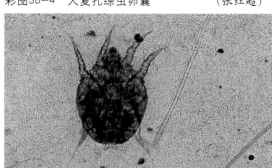

彩图38-5　绦虫卵内六钩蚴　　　　（张红超）

彩图39-1　犬疥螨（雌）　　　　　（张红超）

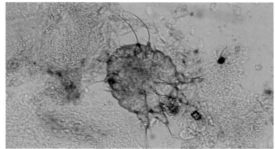

彩图39-2　犬疥螨（雄）　　　　　（张红超）

彩图39-3　犬疥螨的成虫、幼虫和虫卵（张红超）

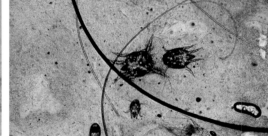

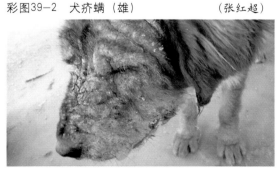

彩图39-4　疥螨引起的脓皮肿　　　（刘建柱）

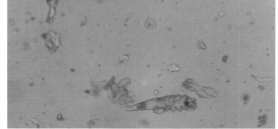

彩图39-5　蠕形螨　　　　　　　　（王宗强）

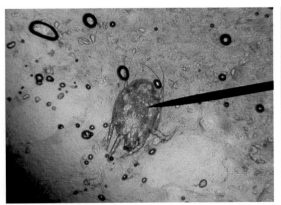

彩图39-6　耳螨（成虫）　　　　（张红超）

彩图39-7　蠕形螨病（脚趾脱毛，大量皮脂样分泌物）　　　　　　　　　　　（张红超）

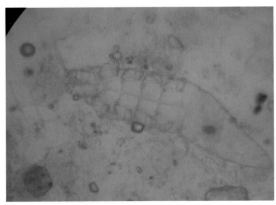

彩图39-8　蠕形螨（成虫）　　　（张红超）

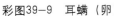

彩图39-9　耳螨（卵）　　　　　（张红超）

彩图39-10　外耳出现大量皮脂　　（张红超）

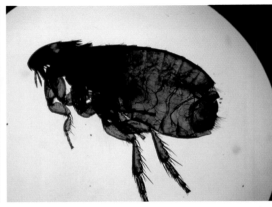

彩图39-11　蚤　　　　　　　　（张红超）